1+X 职业技能等级证书培训考核配套教材

1+X 工业机器人应用编程职业技能等级证书培训系列教材

工业机器人应用编程（博诺）中高级

北京赛育达科教有限责任公司　组编

主　编　郑丽梅　邓三鹏　吴年祥　高月辉

副主编　王志强　刘海平　万鸾飞　武昌俊　岳　刚

参　编　耿东川　陈玲芝　邵自力　徐　航　张海云

凌中水　甘沐阳　任启宏　吴立军　张瑞华

周明龙　张　涛　权利红　党文涛　刘　彦

韩　浩

主　审　陈晓明　李　辉

机械工业出版社

本书由长期从事工业机器人技术相关工作的一线教师和企业工程师，根据在工业机器人技术教学、培训、工程应用、技能评价和竞赛方面的丰富经验，对照《工业机器人应用编程职业技能等级标准》，结合工业机器人在企业实际应用中的工程项目编写而成。本书基于工业机器人应用领域一体化教学创新平台（BN-R116-R3），分为中级篇和高级篇，其中中级篇按照工业机器人应用编程创新平台认知、工业机器人产品出入库、工业机器人视觉分拣与定位、工业机器人谐波减速器装配、工业机器人离线仿真应用编程五个项目进行编写，高级篇按照工业机器人创新平台虚拟调试、工业机器人双机协作应用编程、工业机器人的二次开发三个项目进行编写，按照“项目导入、任务驱动”的理念精选内容，每个项目均含有典型案例的编程及操作讲解，并兼顾智能制造装备中工业机器人应用的实际情况和发展趋势。编写中力求做到“理论先进、内容实用、操作性强”，突出学生实践能力和职业素养的养成。

本书是 1+X 工业机器人应用编程职业技能等级证书中高级培训考核的配套教材，可作为工业机器人相关专业和装备制造、电子与信息大类相关专业的教材，也可作为工业机器人集成、编程、操作和运维等工程技术人员的参考书。

本书配套的教学资源网址为：www. dengsanpeng. com。

图书在版编目（CIP）数据

工业机器人应用编程：博诺：中高级/郑丽梅等主编. —北京：机械工业出版社，2023. 10（2024. 11 重印）

1+X 职业技能等级证书培训考核配套教材　1+X 工业机器人应用编程职业技能等级证书培训系列教材

ISBN 978-7-111-74030-8

Ⅰ. ①工…　Ⅱ. ①郑…　Ⅲ. ①工业机器人-程序设计-职业技能-鉴定-教材　Ⅳ. ①TP242. 2

中国国家版本馆 CIP 数据核字（2023）第 191297 号

机械工业出版社（北京市百万庄大街 22 号　邮政编码 100037）

策划编辑：薛　礼　　　　　责任编辑：薛　礼　章承林

责任校对：樊钟英　薄萌钰　　封面设计：鞠　杨

责任印制：常天培

北京机工印刷厂有限公司印刷

2024 年 11 月第 1 版第 2 次印刷

184mm×260mm · 19 印张 · 470 千字

标准书号：ISBN 978-7-111-74030-8

定价：59. 00 元

电话服务　　　　　　　　　　　网络服务

客服电话：010-88361066　　机　工　官　网：www. cmpbook. com

010-88379833　　机　工　官　博：weibo. com/cmp1952

010-68326294　　金　　书　　网：www. golden-book. com

封底无防伪标均为盗版　　机工教育服务网：www. cmpedu. com

机器人是“制造业皇冠顶端的明珠”，其研发、制造、应用是衡量一个国家科技创新和高端制造业水平的重要标志。在“机器换人”的大趋势下，国内工业机器人产业发展迅猛。推进工业机器人的广泛应用，对于改善劳动条件，提高生产效率和产品质量，带动相关学科发展和技术创新能力提升，促进产业结构调整、发展方式转变和工业转型升级具有重要意义。

2016年，教育部、人力资源和社会保障部、工业和信息化部联合印发的《制造业人才发展规划指南》指出，高档数控机床和机器人行业到2025年人才需求总量为900万人，人才缺口为450万人。基于产业对于机器人技术领域人才的迫切需要，中、高职院校和本科院校纷纷开设工业机器人相关专业。《国家职业教育改革实施方案》中明确提出，在高等职业院校及应用型本科院校启动和实施“学历证书+职业技能等级证书”制度（1+X试点工作）。1+X证书制度的启动和实施极大地促进了技术技能人才培养和评价模式的改革。

为了更好地实施工业机器人应用编程职业技能等级证书制度试点工作，使广大职业院校师生、企业及社会人员更好地掌握相应职业技能，并熟悉1+X技能等级证书考核评价标准，北京赛育达科教有限责任公司协同天津博诺智创机器人技术有限公司，基于工业机器人应用领域一体化教学创新平台（BN-R116-R3），对照《工业机器人应用编程职业技能等级标准》，结合工业机器人在工厂中的实际应用编写了本书。本书分为中级篇和高级篇，其中中级篇按照工业机器人应用编程创新平台认知、工业机器人产品出入库、工业机器人视觉分拣与定位、工业机器人谐波减速器装配、工业机器人离线仿真应用编程五个项目进行编写，高级篇按照工业机器人创新平台虚拟调试、工业机器人双机协作应用编程、工业机器人的二次开发三个项目进行编写，按照“项目导入、任务驱动”的理念精选内容，每个项目均含有典型案例的编程及操作讲解，并兼顾智能制造装备中工业机器人应用的实际情况和发展趋势。编写中力求做到“理论先进、内容实用、操作性强”，突出学生实践能力和职业素质的养成。

本书由机械工业教育发展中心郑丽梅，天津职业技术师范大学邓三鹏，安徽国防科技职业学院吴年祥，天津现代职业技术学院高月辉任主编。北京赛育达科教有限责任公司王志强，湖北工程职业学院刘海平，芜湖职业技术学院万鸾飞，天津交通职业学院岳刚，安徽机电职业技术学院武昌俊任副主编，参与编写工作的还有北京赛育达科教有限责任公司耿东川、陈玲芝，湖北生态工程职业技术学院邵自力、甘沐阳，黑龙江林业职业技术学院徐航，安徽电气工程职业技术学院张海云，安庆职业技术学院凌中水，安徽国防科技职业学院任启宏，芜湖职业技术学院吴立军，南通职业大学张瑞华，安徽机电职业技术学院周明龙、张涛，天津博诺智创机器人技术有限公司权利红、党文涛，安徽博皖机器人有限公司刘彦，湖北博诺机器人有限公司韩浩，以及天津职业技术师范大学机器人及智能装备研究院的李辉教授、蒋永翔教授、祁宇明教授、孙宏昌副教授、石秀敏副教授，研究生王振、张凤丽、罗明坤、夏育泓、邢明亮、时文才、李绪、马传庆、丁昊然、李燊阳、陈伟、陈耀东、李丁丁，天津博诺智创机器人技术有限公司周海龙、白永雷等进行了素材收集、文字图片处理、实验验证、学习资源制作等辅助编写工作。

本书得到了全国职业院校教师教学创新团队建设体系化课题研究项目（TX20200104）和天津市智能机器人技术及应用企业重点实验室开放课题的资助。本书在编写过程中得到了全国机械职业教育教学指导委员会，埃夫特智能装备股份有限公司，天津市机器人学会，天津职业技术师范大学机械工程学院、机器人及智能装备研究院等单位的大力支持和帮助，在此深表谢意！本书承蒙机械工业教育发展中心陈晓明主任和天津职业技术师范大学李辉教授细心审阅，两位专家提出了许多宝贵意见，在此表示衷心的感谢！

由于编者水平所限，书中难免存在不妥之处，恳请同行专家和读者们不吝赐教，多加批评指正，联系邮箱：37003739@ qq. com。

编 者

目录
CONTENTS

中 级 篇

项目一 工业机器人应用编程创新平台认知

学习目标

1. 熟悉工业机器人应用编程职业技能中级标准。
2. 掌握工业机器人应用领域一体化教学创新平台（BN-R116-R3）的组成及安装。
3. 掌握 BN-R3 型工业机器人的性能指标。
4. 熟悉 BN-R3 型工业机器人开机和关机操作流程。
5. 掌握工业机器人基础参数的设置方法。

工作任务

1. 学习工业机器人应用编程职业技能中级标准的相关内容。
2. 了解工业机器人应用领域一体化教学创新平台的组成及模块功能。
3. 完成工业机器人应用编程职业技能中级平台模块的安装和接线。
4. 独立完成启动和关闭 BN-R3 型工业机器人。
5. 按操作流程完成工业机器人零点标定及恢复，能根据任务要求设置工业机器人的工作位置。

实践操作

一、知识储备

1. 工业机器人应用编程职业技能等级标准解读

工业机器人应用编程职业技能等级标准规定了工业机器人应用编程所对应的工作领域、工作任务及职业技能要求。该标准适用于工业机器人应用编程职业技能培训、考核与评价，相关用人单位的人员聘用、培训与考核也可参照使用。

该标准面向的工作岗位群有：工业机器人本体制造、系统集成、生产应用、技术服务等。适用于各类企业和机构的工业机器人单元生产线操作编程、安装调试、运行维护、系统集成以及营销与服务等岗位，也适用于从事工业机器人应用系统操作编程、离线编程及仿真、工业机器人系统二次开发、工业机器人系统集成与维护、自动化系统设计与升级改造、售前售后支持等工作岗位，也可应用于工业机器人技术推广、实验实训和机器人科普等工作。

中级标准要求：能够遵守安全规范，对工业机器人单元进行参数设定；能够对工业机器人及常用外围设备进行连接和控制；能够按照实际需求编写工业机器人单元应用程序；能按照实际工作站搭建对应的仿真环境，对典型工业机器人单元进行离线编程，可以在相关工作岗位从事工业机器人系统操作编程、自动化系统设计、工业机器人单元离线编程及仿真、工业机器人单元运维、工业机器人测试等工作。工业机器人应用编程职业技能中级标准见表1-1。

表1-1　工业机器人应用编程职业技能中级标准

工作领域	工作任务	职业技能要求
工业机器人参数设置	工业机器人系统参数设置	1)能够根据工作任务要求设置总线、数字量I/O、模拟量I/O等扩展模块参数
		2)能够根据工作任务要求设置、编辑I/O参数
		3)能够根据工作任务要求设置工业机器人工作空间
	工业机器人示教器设置	1)能够根据操作手册使用示教器配置亮度、校准等参数
		2)能够根据用户需求配置示教器预定义键
	工业机器人系统外部设备参数设置	1)能够按照作业指导书安装焊接、打磨和雕刻等工业机器人系统的外部设备
		2)能够根据操作手册设定焊接、打磨和雕刻等工业机器人系统的外部设备参数
		3)能够根据操作手册调试焊接、打磨和雕刻等工业机器人系统的外部设备
工业机器人系统编程	扩展I/O应用编程	1)能够根据工作任务要求,利用扩展的数字量I/O信号对供料、输送等典型单元进行机器人应用编程
		2)能够根据工作任务要求,利用扩展的模拟量I/O信号对输送、检测等典型单元进行机器人应用编程
		3)能够根据工作任务要求,通过组信号与PLC实现通信
	工业机器人高级编程	1)能够根据工作任务要求使用高级功能调整程序位置
		2)能够根据工作任务要求进行中断、触发程序的编制
		3)能够根据工作任务要求,使用平移、旋转等方式完成程序变换
		4)能够根据工作任务要求,使用多任务方式编写机器人程序
	工业机器人系统外部设备通信与编程	1)能够根据工作任务要求,编制工业机器人与PLC等外部控制系统的应用程序
		2)能够根据工作任务要求,编制工业机器人结合机器视觉等智能传感器的应用程序
		3)能够根据产品定制及追溯要求,编制RFID应用程序
		4)能够根据工作任务要求,编制基于工业机器人的智能仓储应用程序
		5)能够根据工作任务要求,编制工业机器人单元人机界面程序
	工业机器人典型系统应用编程	1)能够根据工作任务要求,编制工业机器人焊接、打磨、喷涂和雕刻等应用程序
		2)能够根据工作任务要求,编制由多种工艺流程组成的工业机器人系统的综合应用程序
		3)能够根据工艺流程调整要求及程序运行结果,对多工艺流程的工业机器人系统的综合应用程序进行调整和优化

（续）

工作领域	工作任务	职业技能要求
工业机器人系统离线编程与测试	仿真环境搭建	1）能够根据工作任务要求进行模型创建和导入
		2）能够根据工作任务要求完成工作站系统布局
	参数配置	1）能够根据工作任务要求配置模型布局、颜色和透明度等参数
		2）能够根据工作任务要求配置工具参数并生成对应工具的库文件
	编程仿真	1）能够根据工作任务要求实现搬运、码垛、焊接、抛光和喷涂等典型工业机器人应用系统的仿真
		2）能够根据工作任务要求对搬运、码垛、焊接、抛光和喷涂等典型应用的工业机器人系统进行离线编程和应用调试
	工业机器人标定与测试	1）能够根据工业机器人性能参数要求配置测试环境，搭建测试系统
		2）能够根据操作规范对工业机器人杆长、关节角和零点等基本参数进行标定
		3）能够根据工业机器人性能参数要求对工作空间、速度、加速度和定位精度等参数进行测试
		4）能够根据工业机器人产品及用户要求，撰写测试分析报告

2. 平台简介

工业机器人应用领域一体化教学创新平台（BN-R116-R3）是严格按照 1+X 工业机器人应用编程职业技能等级标准开发的，集实训、培训、考核和技能鉴定于一体的教学创新平台，适用于工业机器人应用编程初、中、高级职业技能等级的培训和考核，以工业机器人典型应用为核心，配套丰富的功能模块，可满足工业机器人轨迹、搬运、码垛、分拣、涂胶、焊接、抛光打磨、装配等典型应用场景的示教和离线编程，以及 RFID、智能相机、行走轴、变位机、虚拟调试和二次开发等工业机器人系统技术的教学要求。该平台采用模块化设计，可按照培训和考核要求灵活配置，集成了工业机器人示教编程、离线编程、虚拟调试、伺服驱动、PLC 控制、变频控制、HMI（Human Machine Interface，人机界面）、机器视觉、传感器应用、液压与气动、总线通信、数字孪生和二次开发等技术。工业机器人应用领域一体化教学创新平台如图 1-1 所示。

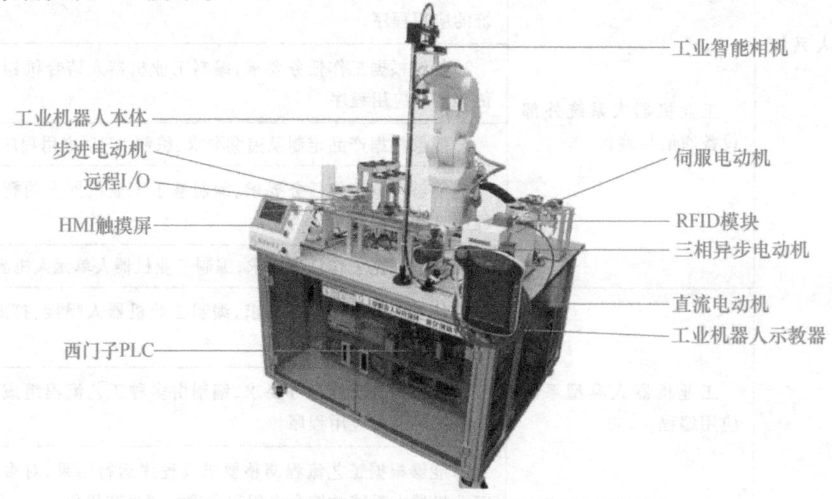

图 1-1 工业机器人应用领域一体化教学创新平台

3. 模块简介

（1）工业机器人本体　图 1-2 所示为 BN-R3 型、负载为 3kg 的六自由度串联工业机器人，其主要参数见表 1-2。

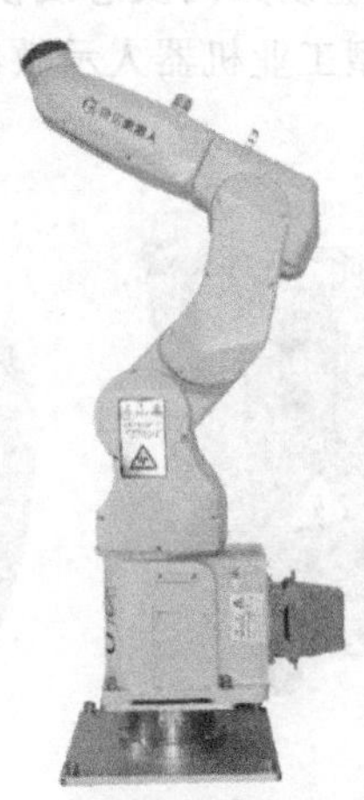

图 1-2　BN-R3 型工业机器人

表 1-2　BN-R3 型工业机器人的主要参数

型号	BN-R3	轴数	6 轴
有效载荷①	3kg	重复定位精度②	±0.02mm
环境温度	0～45℃	本体重量	27kg
能耗	1kW	安装方式	任意角度
功能	装配、物料搬运	最大臂展③	593mm
本体防护等级④	IP40	电柜防护等级④	IP20
各轴运动范围⑤		最大单轴速度⑥	
J1 轴	±170°	J1 轴	400°/s
J2 轴	+85°/-135°	J2 轴	300°/s
J3 轴	+185°/-65°	J3 轴	520°/s
J4 轴	±190°	J4 轴	500°/s
J5 轴	±130°	J5 轴	530°/s
J6 轴	±360°	J6 轴	840°/s
手腕允许扭矩		手腕允许转动惯量	
J4 轴	4.45N · m	J4 轴	0.27kg · m²
J5 轴	4.45N · m	J5 轴	0.27kg · m²
J6 轴	2.2N · m	J6 轴	0.03kg · m²

① 有效载荷是指机器人在工作时能够承受的最大载荷。如果将零件从一个位置搬至另一个位置，就需要将零件的重量和机器人手爪的重量计算在内。

② 重复定位精度是指机器人在完成每一个循环后，到达同一位置的精确度/差异度。

③ 最大臂展是指机械臂所能达到的最大距离。

④ 防护等级是由两个数字组成的，第一个数字表示防尘、防止外物侵入的等级，第二个数字表示防湿气、防水侵入的密闭程度。数字越大，表示其防护等级越高。

⑤ 各轴运动范围。BN-R3 型工业机器人由六个轴串联而成，由下至上分别为 J1、J2、J3、J4、J5、J6，每个轴的运动范围均为转动角度范围。

⑥ 最大单轴速度是指机器人单个轴运动时，参考点在单位时间内能够移动的距离（mm/s）、转过的角度或弧度（°/s 或 rad/s）。

（2）工业机器人控制系统　工业机器人控制系统如图 1-3 所示，由机器人运动控制器、伺服驱动器、示教器和机箱等组成，用于控制和操作工业机器人本体。工业机器人 ROBOX 控制系统配置有数字量 I/O 模块和工业以太网及总线模块。图 1-3a 所示为 BN-R3 型工业机器人控制器，图 1-3b 所示为 BN-R3 型工业机器人示教器。

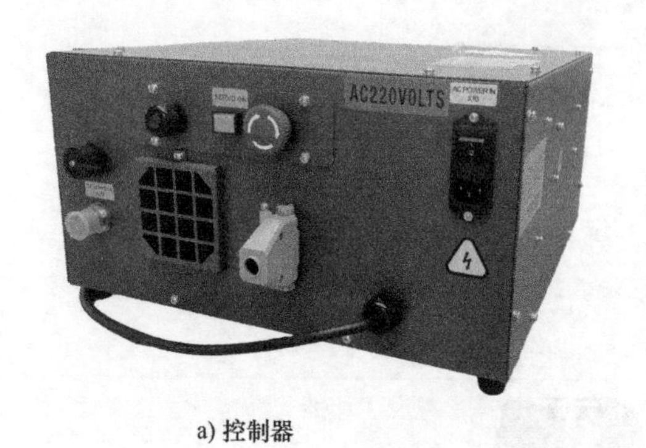

a) 控制器

b) 示教器

图 1-3　工业机器人控制系统

1）示教器。示教器是操作者与机器人交互的设备，操作者使用示教器可以完成控制机器人的所有功能，如手动控制机器人运动、编程控制机器人运动以及设置 I/O 交互信号等。示教器的基本参数见表 1-3。

表 1-3　示教器的基本参数

项目	技术参数
显示器尺寸及型号	8in,TFT LCD
显示器分辨率	1024 像素×768 像素
是否触摸	是
功能按键	急停按钮;模式选择钥匙开关,分别为自动(Auto)、手动慢速(T1)、手动全速(T2);28 个薄膜按键
模式旋钮	三段式模式旋钮
外接 USB	一个 USB 2.0 接口
电源	DC 24V
防尘防水等级	IP65
工作环境	环境温度-20~70℃

注：英寸（in）为非法定计量单位，1in=25.4mm。

2）功能区与按键。示教器外观如图 1-4 所示，示教器各部分功能说明见表 1-4。图 1-5 所示为示教器右侧按键，按键说明见表 1-5。图 1-6 所示为示教器下侧按键，按键说明见表 1-6。

表 1-4　示教器各部分功能说明

序号	名称	说　明
1	薄膜面板	公司 LOGO 彩绘
2,3	液晶显示屏	用于人机交互,操作机器人
4	薄膜面板	含有 10 个按键

（续）

序号	名称	说　明
5	急停按钮	双回路急停按钮
6	模式旋钮	三段式模式旋钮
7	薄膜面板	含有 18 个按键和 1 个红黄绿三色灯
8	触摸屏用笔	代替人手进行细小按键操作
9	USB2.0 接口	USB2.0 接口，用于导入与导出文件及更新示教器
10	使能键	手动模式下，按下使能键，使机器人伺服上电

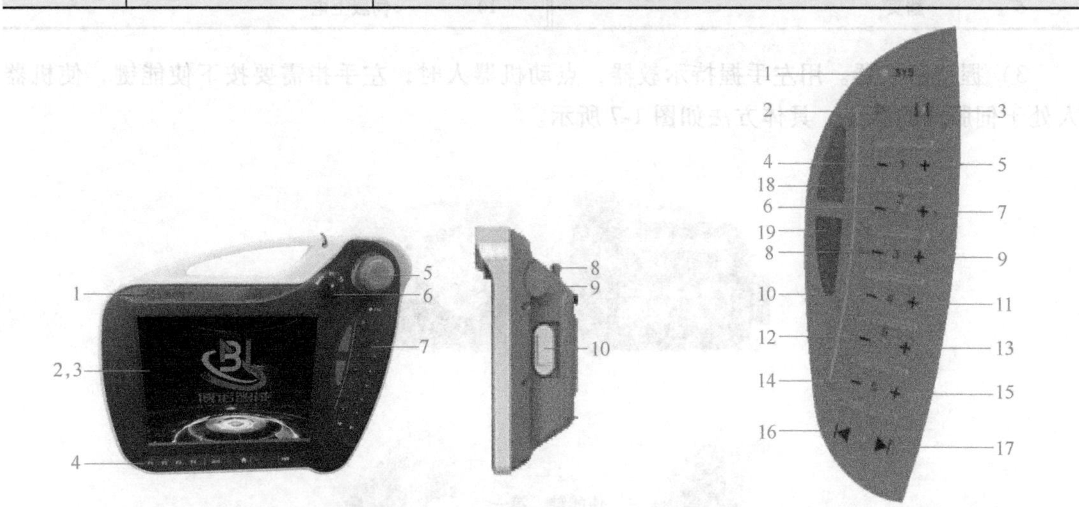

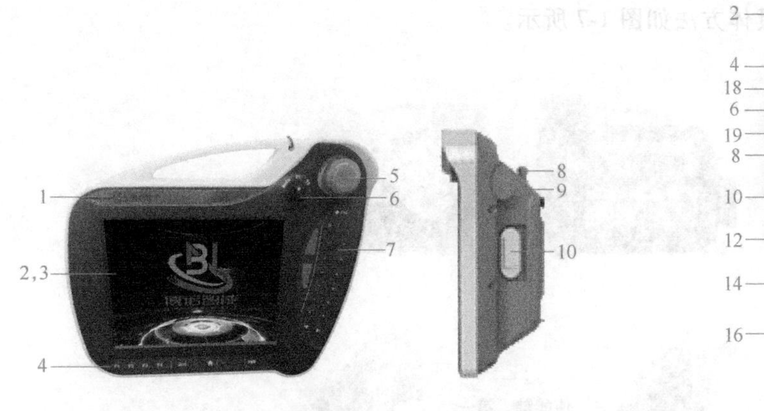

图 1-4　博诺 BN-R3 型工业机器人示教器外观　　图 1-5　示教器右侧按键

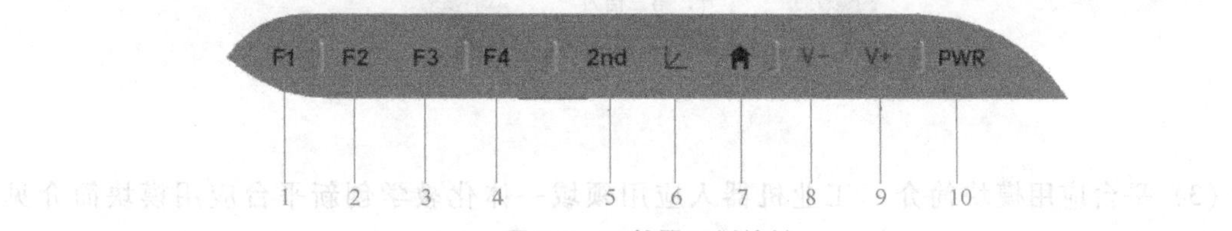

图 1-6　示教器下侧按键

表 1-5　示教器右侧按键说明

序号	名称	序号	名称
1	三色灯	11	轴 4 运动+
2	开始	12	轴 5 运动-
3	暂停	13	轴 5 运动+
4	轴 1 运动-	14	轴 6 运动-
5	轴 1 运动+	15	轴 6 运动+
6	轴 2 运动-	16	单步后退
7	轴 2 运动+	17	单步前进
8	轴 3 运动-	18	热键 1:慢速开关
9	轴 3 运动+	19	热键 2:步进长度开关
10	轴 4 运动-		

表 1-6 示教器下侧按键说明

序号	名称	序号	名称
1	多功能键 F1，暂定：调出/隐藏当前报警内容	6	坐标系切换
2	多功能键 F2	7	回主页
3	多功能键 F3，用于切换程序运行方式（连续、单步进入、单步跳过等）	8	速度-
4	多功能键 F4	9	速度+
5	翻页	10	伺服上电

3）握持示教器。用左手握持示教器，点动机器人时，左手指需要按下使能键，使机器人处于伺服开的状态，具体方法如图 1-7 所示。

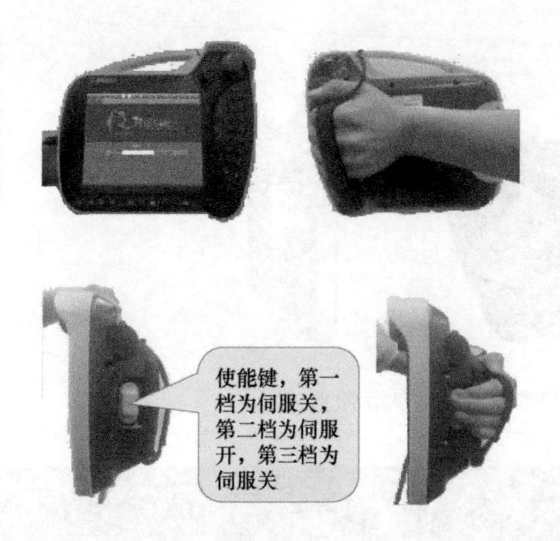

图 1-7 示教器握持方法

（3）平台应用模块简介 工业机器人应用领域一体化教学创新平台应用模块简介见表 1-7。

表 1-7 工业机器人应用领域一体化教学创新平台应用模块简介

功能模块说明	模块示意图
1）标准实训台，由铝合金型材搭建，四周安装有机玻璃可视化门板，底部安装钣金，平台上固定有快换支架，可根据培训项目自行更换模块位置	

（续）

功能模块说明	模块示意图
	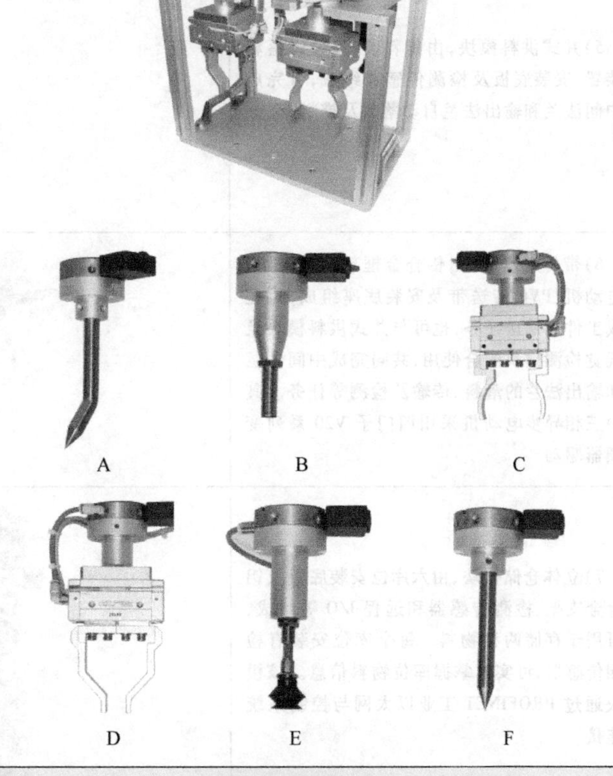
2）快换工具模块，由工业机器人快换工具、支撑架、检测传感器组成。下图分别为焊接工具（A）、激光笔工具（B）、两爪夹具（C、D）、吸盘工具（E）及涂胶工具（F）。可根据培训项目由机器人自动更换夹具，完成不同的培训考核内容	
3）旋转供料模块，由旋转供料台（A）、支撑架（B）、安装底板（C）和步进电动机（D）等组成。它采用步进驱动旋转供料，用于机器人协同作业，完成供料及中转任务	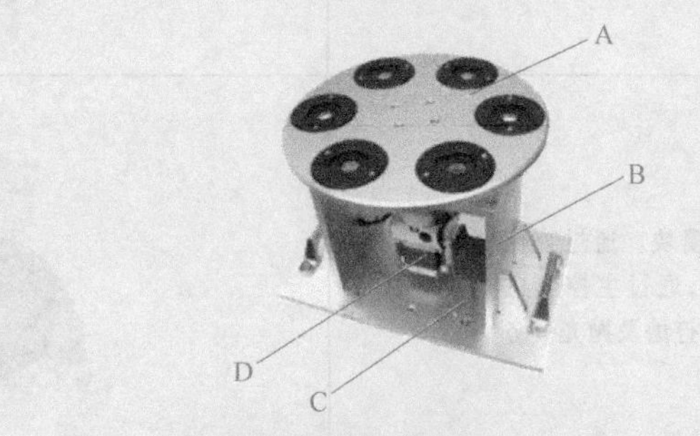
4）伺服变位机模块，由支撑架、安装底板、伺服驱动系统、气动工装和 RFID 智能模块等组成。变位机采用西门子 V90 系列伺服驱动，总线通信，全闭环控制，模拟工业机器人进行装配和 RFID 识别工序。物料内嵌入芯片，并通过总控与机器人通信，可以与其他模块进行组合，完成不同的培训任务	

（续）

功能模块说明	模块示意图
5)井式供料模块,由推料装置、井式落料装置、安装底板及检测传感器组成,可完成中间法兰和输出法兰自动落料及推料	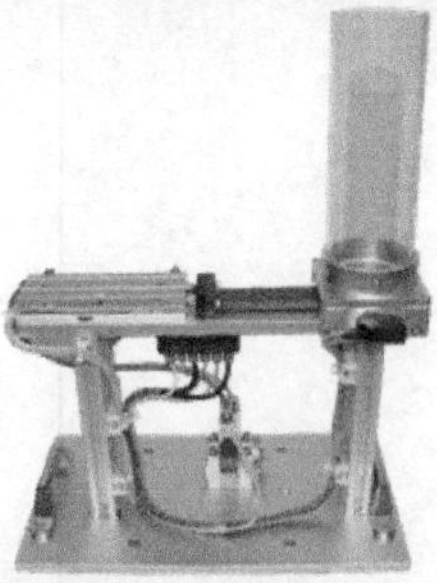
6)带传送模块,由铝合金框架、三相异步电动机、PVC传送带及安装底座组成,可完成工件的输送任务,也可与井式供料模块及视觉检测模块配合使用,共同完成中间法兰和输出法兰的落料、传输及检测等任务。其中三相异步电动机采用西门子V20系列变频器驱动	
7)立体仓储模块,由六库位安装底板及铝合金支架、检测传感器和远程I/O等组成,可用于存储两种物料。每个库位安装有检测传感器,可实时掌握库位物料信息。该模块通过PROFINET工业以太网与控制系统连接	
8)打磨抛光模块。通过直流电动机控制打磨轮/抛光轮,通过主控与机器人进行通信,可完成物料打磨及抛光任务	
9)视觉检测模块,由工业相机、镜头、视觉处理软件、光源控制器、光源、连接电缆和铝材支架等组成,可与带传送模块配合使用,完成中间法兰和输出法兰的定位识别。工业相机选用大华旗下华睿科技公司的产品,配套MVP智能算法平台	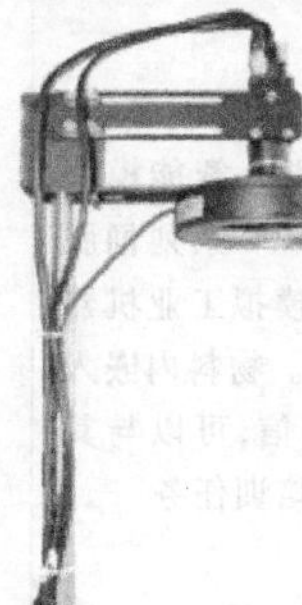

（续）

功能模块说明	模块示意图
10）RFID 智能模块，用于物料内嵌芯片的读取与写入，并通过总控与机器人通信，可以与其他模块进行组合，完成不同的培训任务。RFID 阅读器和 RFID 通信模块选用西门子品牌	
11）原料仓储模块，用于存放柔轮、波发生器和轴套，由机器人末端平口夹爪工具分别将其拾取至旋转供料模块进行装配	
12）码垛模块。工业机器人通过吸盘工具按程序要求对码垛物料进行码垛作业，物料上、下表面设有定位结构，可精确完成物料的码垛和解垛	
13）模拟焊接模块，由立体焊接面板、可旋转支架和安装底板组成。工业机器人通过末端焊接工具进行焊接示教任务，可完成不同角度指定轨迹的焊接任务	a)　　b)
14）雕刻模块，由弧形不锈钢板、安装底板和把手组成，工业机器人通过末端激光笔进行雕刻示教任务	
15）快换底座模块，由铝合金支撑板、底板及铝合金支撑柱组成，上表面留有快换安装孔，便于离线编程模块快速拆装	

（续）

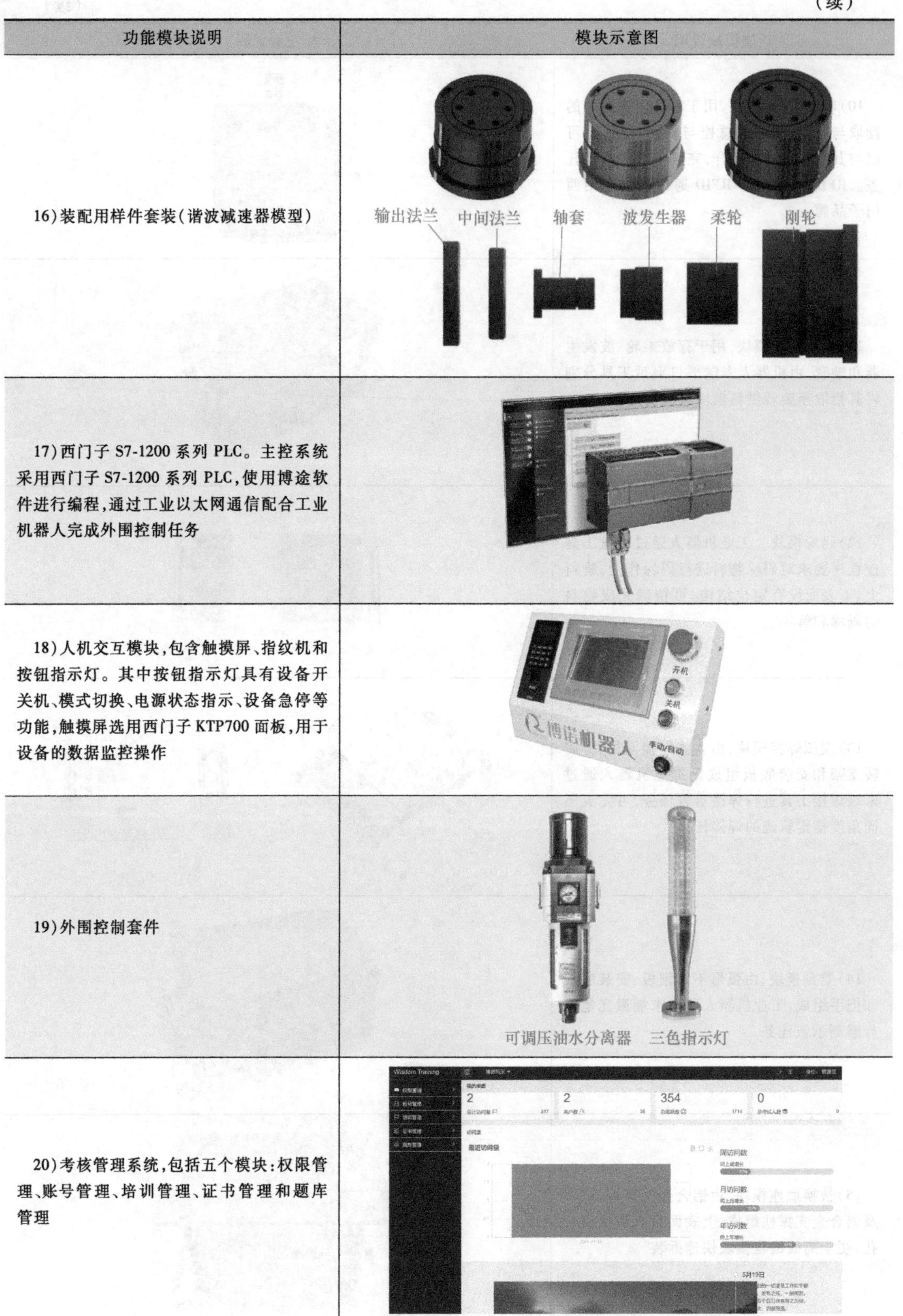

功能模块说明	模块示意图
16）装配用样件套装（谐波减速器模型）	输出法兰 中间法兰 轴套 波发生器 柔轮 刚轮
17）西门子 S7-1200 系列 PLC。主控系统采用西门子 S7-1200 系列 PLC，使用博途软件进行编程，通过工业以太网通信配合工业机器人完成外围控制任务	
18）人机交互模块，包含触摸屏、指纹机和按钮指示灯。其中按钮指示灯具有设备开关机、模式切换、电源状态指示、设备急停等功能，触摸屏选用西门子 KTP700 面板，用于设备的数据监控操作	
19）外围控制套件	可调压油水分离器 三色指示灯
20）考核管理系统，包括五个模块：权限管理、账号管理、培训管理、证书管理和题库管理	

（续）

功能模块说明	模块示意图
21)身份验证系统。身份验证系统是结合考核管理系统进行人证识别的终端。采用人证比对功能,当比对结果出现比对人与有效证件信息一致后,方可通过验证并记录相关信息	
22)数字化监控系统,由工业以太网交换机、网络硬盘录像机、显示器、场景监控和机柜等组成	

（4）平台软件介绍

1）离线编程软件。图 1-8 所示为离线编程仿真软件的主界面，采用 ER_Factory 2.0，具有以下优势：远离调试现场，可以保证现场的轨迹精度要求；通过曲面曲线特征来计算机器人的运动轨迹，可以保证轨迹的精度要求；后置功能强大，具有生产过程的仿真验证功能，能更加高效地完成项目规划。

2）TIA（博途软件）。平台使用的控制器模块为西门子 S7-1200 小型 PLC，具有集成 PROFINET 接口、强大的集成工艺功能和灵活的可扩展性等特点。PLC 所用编程软件为 TIA 博途软件，该软件是一款全集成自动化编程软件，其编辑界面如图 1-9 所示。

3）MVP 视觉软件。平台所用视觉检测模块为华睿科技公司的 12CG-E 小面阵工业相机，配套 MVP 智能算法平台，该平台集成了九类机器视觉系统基础功能算子：①图像采集；②定位；③图像处理；④标定；⑤测量；⑥识别；⑦辅助工具；⑧逻辑控制；⑨通信。MVP 智能算法平台是视觉检测模块的“大脑”，它具备高性能底层算子、多种视觉工具，可对复杂的图像进行计算、处理。

（5）网络通信　图 1-10 所示为机器人与主控制器 PLC 及其他各模块的控制网络拓扑图。

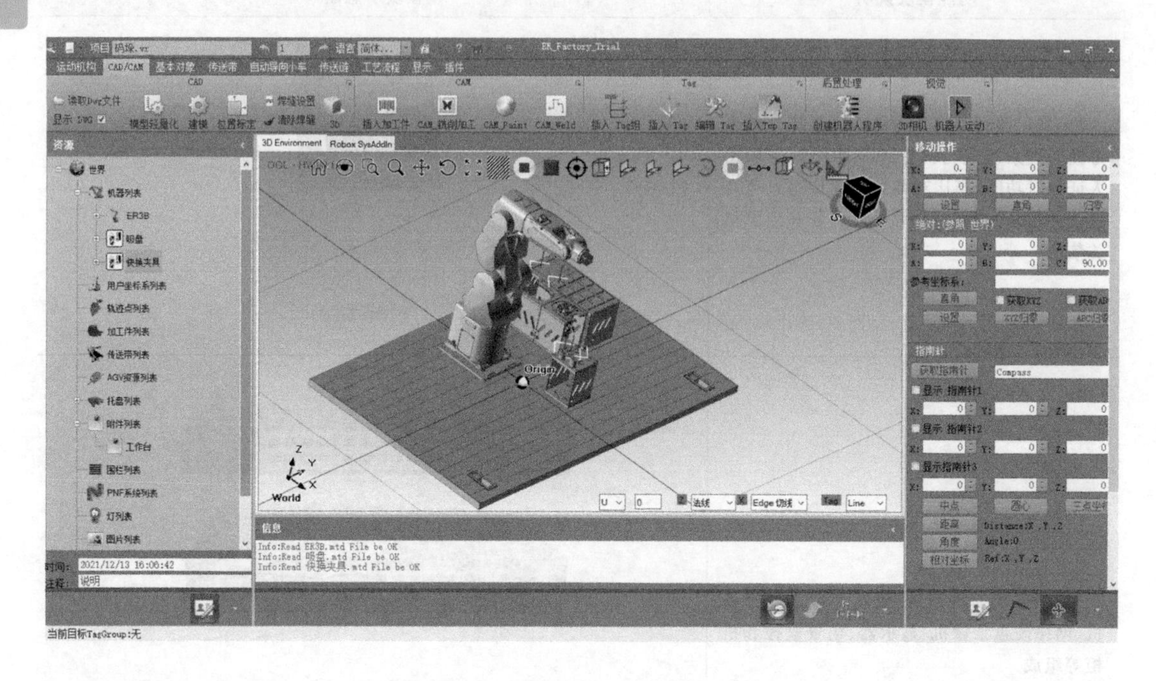

图 1-8　离线编程仿真软件的主界面

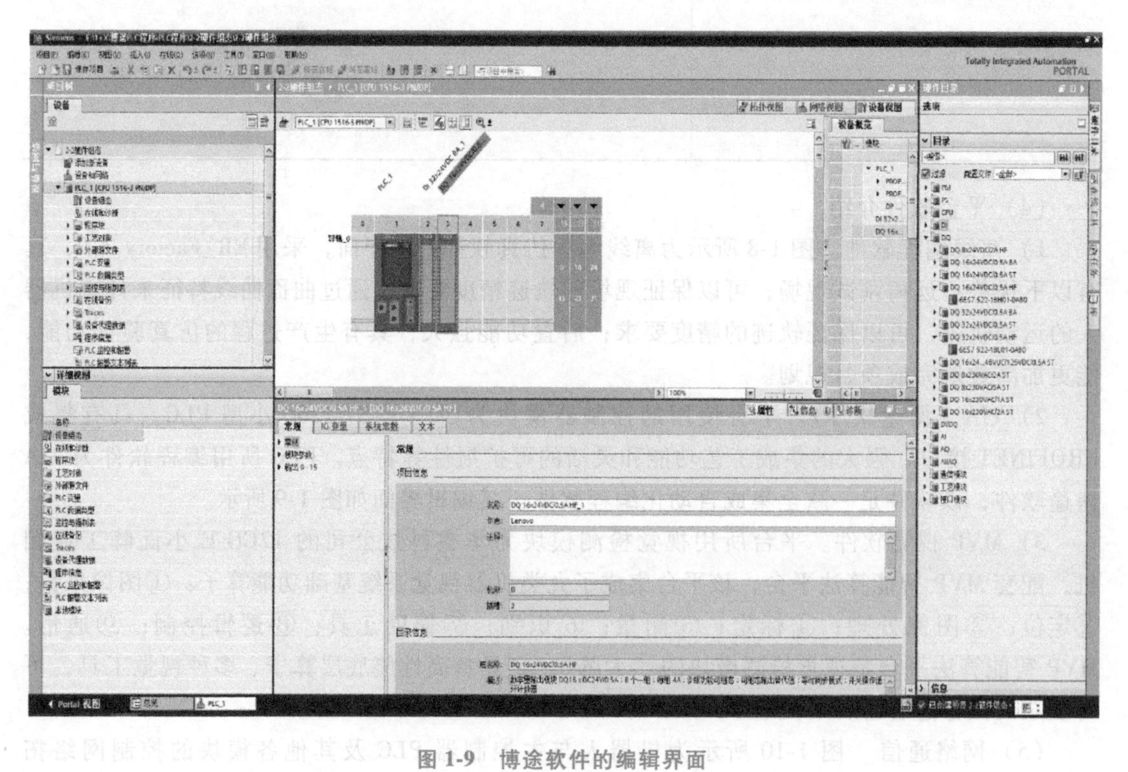

图 1-9　博途软件的编辑界面

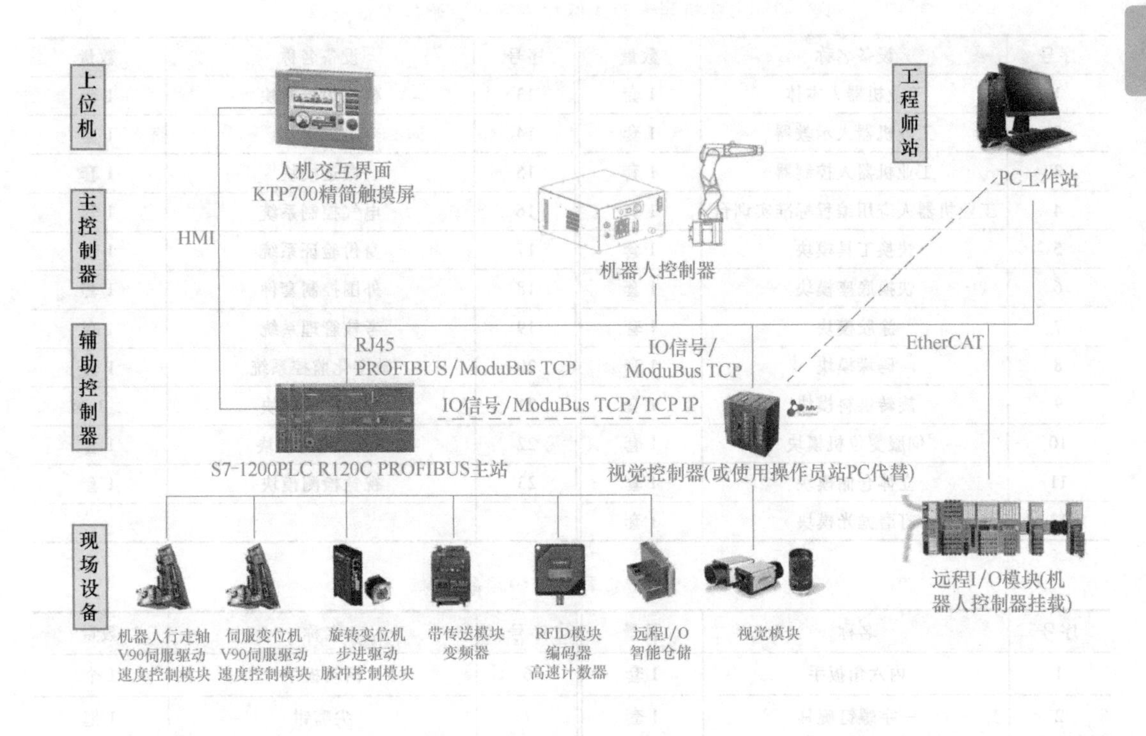

图 1-10　设备控制网络拓扑图

二、任务实施

1. 工业机器人应用编程中级平台的模块安装

（1）场地准备

1）每个工位至少保证 $6m^2$ 的面积，每个工位都应有固定台面，应采光良好，不足部分采用照明补充。

2）场地应干净整洁，无干扰，空气流通性好，有防火设施。实训前应检查准备的材料、设备和工具是否齐全。

3）各平台均需提供单相交流 220V 电源供电设备及 0.5～0.8MPa 压缩空气气源，各平台电源应有独立的短路保护、漏电保护等装置。

（2）硬件准备　工业机器人应用编程中级平台硬件设备清单见表 1-8。

（3）参考资料准备　平台配套编程工作站需要提前准备如下参考资料，并提前放置在“D:\ 1+X 实训 \ 参考资料”文件夹下：

1）BN-R3 型工业机器人操作编程手册。

2）1+X 平台信号表（中级）。

3）1+X 快插电气接口图。

（4）工量具及防护用品准备　相关工量具及防护用品按照表 1-9 所列的清单准备，建议但不局限于表中所列的工量具及防护用品。

表 1-8 工业机器人应用编程中级平台硬件设备清单

序号	设备名称	数量	序号	设备名称	数量
1	工业机器人本体	1套	13	模拟焊接模块	1套
2	工业机器人示教器	1套	14	雕刻模块	1套
3	工业机器人控制器	1套	15	搬运模块	1套
4	工业机器人应用编程标准实训台	1套	16	电气控制系统	1套
5	快换工具模块	1套	17	身份验证系统	1套
6	快换底座模块	1套	18	外围控制套件	1套
7	涂胶模块	1套	19	考核管理系统	1套
8	码垛模块	1套	20	数字化监控系统	1套
9	旋转供料模块	1套	21	井式供料模块	1套
10	伺服变位机模块	1套	22	RFID 智能模块	1套
11	立体仓储模块	1套	23	视觉检测模块	1套
12	打磨抛光模块	1套			

表 1-9 工量具及防护用品清单

序号	名称	数量	序号	名称	数量
1	内六角扳手	1套	6	活动扳手	1个
2	一字螺钉旋具	1套	7	尖嘴钳	1把
3	十字螺钉旋具	1套	8	工作服	1套
4	验电笔	1支	9	安全帽	1个
5	万用表	1个	10	电工鞋	1双

（5）中级平台的模块安装　检查工业机器人应用领域一体化教学创新平台（BN-R116-R3）所涉及的电、气路及模块快换接口。实训前根据实训任务进行布局，安装好各模块，平台所用快换模块均可通过回字块（图 1-11）进行快速安装，根据任务要求自由配置和布局，并完成接线。

1）机械安装。图 1-11 所示为平台上的回字块，其上有四个定位孔，图 1-12 所示为其中一种快换模块，其安装底面有四个定位销，通过回字块定位孔与快换模块安装底面定位销的配合，实现平台上各模块的快速、精确安装。通过紧固螺栓可使模块与回字块连接更加牢固，满足不同任务的要求。

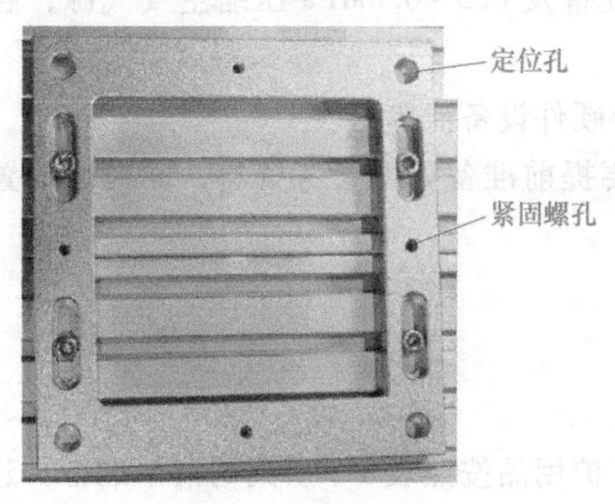

图 1-11　回字块

图 1-12　快换模块安装底面

2）安装样例。图 1-13 所示为模块安装前平台的俯视图，图 1-14 所示为平台安装部分模块的样例。本项目所用的快换工具模块、旋转供料模块和快换底座模块均可通过回字块快速安装固定在平台上。所用的涂胶模块、模拟焊接模块、码垛模块通过四个定位销和定位孔安装到快换底座上，培训和考核时可根据不同任务自由设计和合理布局各模块。

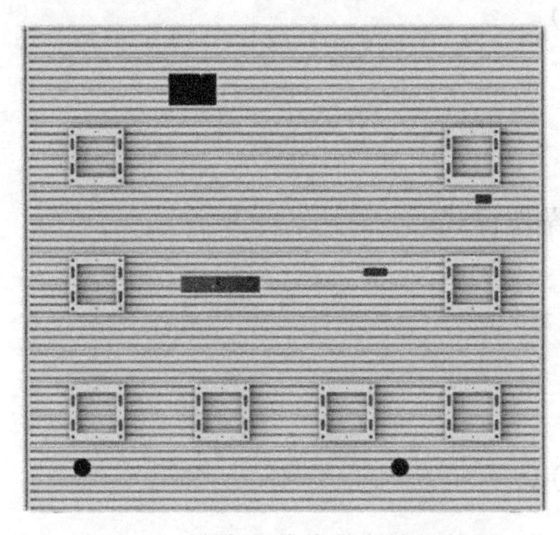

图 1-13　模块安装前平台的俯视图

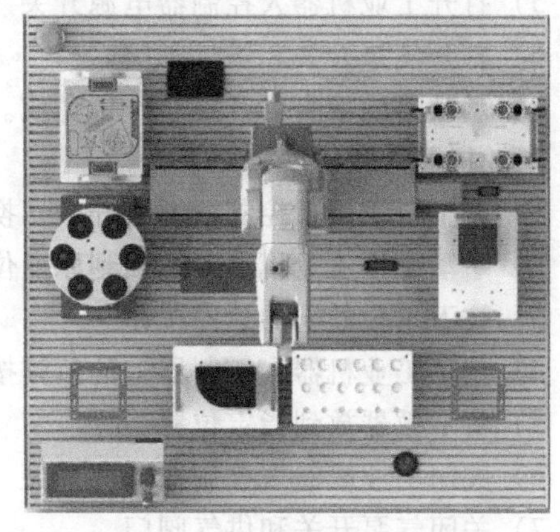

图 1-14　平台参考布局图

3）电气快换接口。图 1-15a 所示为气路快换接口，图 1-15b 所示为电路快换接口和网口，图 1-15c 所示为快换航空插头。

a)

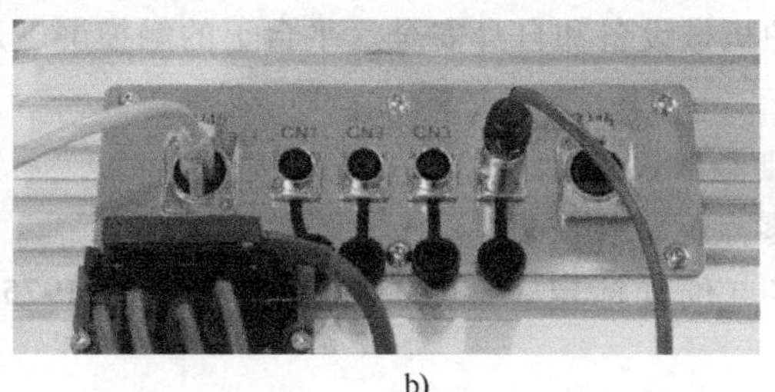

b)

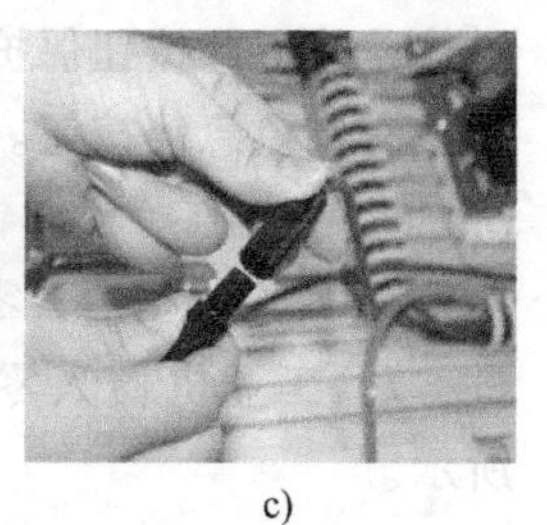

c)

图 1-15　电气快换接口

（6）BN-R3 型工业机器人开机和关机　工业机器人应用领域一体化教学创新平台（BN-R116-R3）的电源开关位于触摸屏的右下侧，如图 1-16 所示；BN-R3 型工业机器人控制器的电源开关位于操作面板的右下角，如图 1-17 所示。

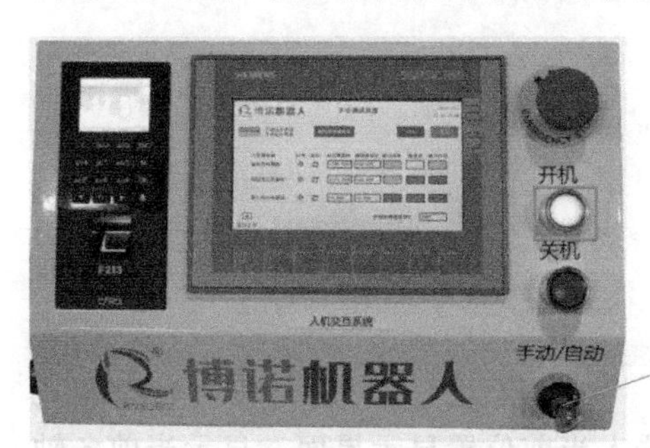

图 1-16　HMI 触摸屏

图 1-17　BN-R3 型工业机器人控制器

工业机器人开机步骤如下：

1）检查工业机器人周边设备、作业范围是否符合开机条件。

2）检查电路、气路接口是否正常连接。

3）确认工业机器人控制器和示教器上的急停按钮已经按下。

4）打开平台电源开关（图 1-16）。

5）打开工业机器人控制器电源开关（图 1-17）。

6）打开气泵开关和供气阀门。

7）示教器画面自动开启，开机完成。

工业机器人关机步骤如下：

1）将工业机器人控制器模式开关切换到手动操作模式。

2）手动操作工业机器人返回到原点位置。

3）按下示教器上的急停按钮。

4）按下工业机器人控制器上的急停按钮。

5）将示教器放到指定位置。

6）关闭工业机器人控制器电源开关（图 1-17）。

7）关闭气泵开关和供气阀门。

8）关闭平台电源开关（图 1-16）。

9）整理工业机器人系统周边设备、电缆和工件等物品。

（7）紧急停止按钮　紧急停止按钮也称为急停按钮，当发生紧急情况时，用户可以通过快速按下此按钮保护机械设备和自身安全。平台上的触摸屏、示教器和机器人控制器上分别设有红色急停按钮。

2. 工业机器人基础参数设置

（1）工业机器人零点标定及恢复

1）工业机器人零点位置标定。零点标定配置密码为 1975，各轴零点位置如图 1-18 所示。

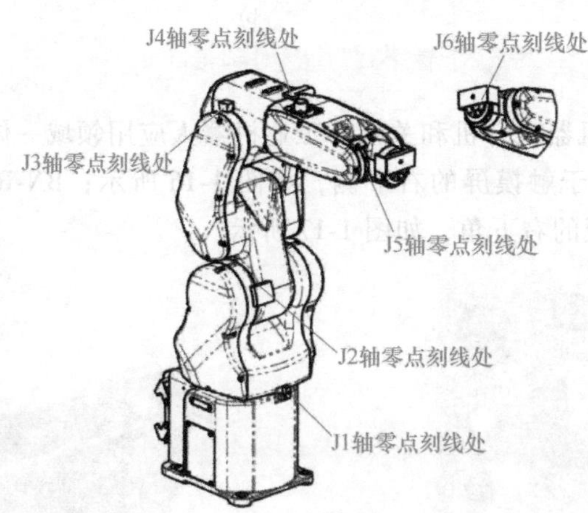

图 1-18　各轴零点位置

将机器人运动到各轴零点位置，打开示教器的机器人当前位置显示界面，显示当前各轴关节角度为 0°，如图 1-19 所示。

2）工业机器人零点恢复。零点恢复功能是指由于编码器电池停止供电或拆卸电动机等

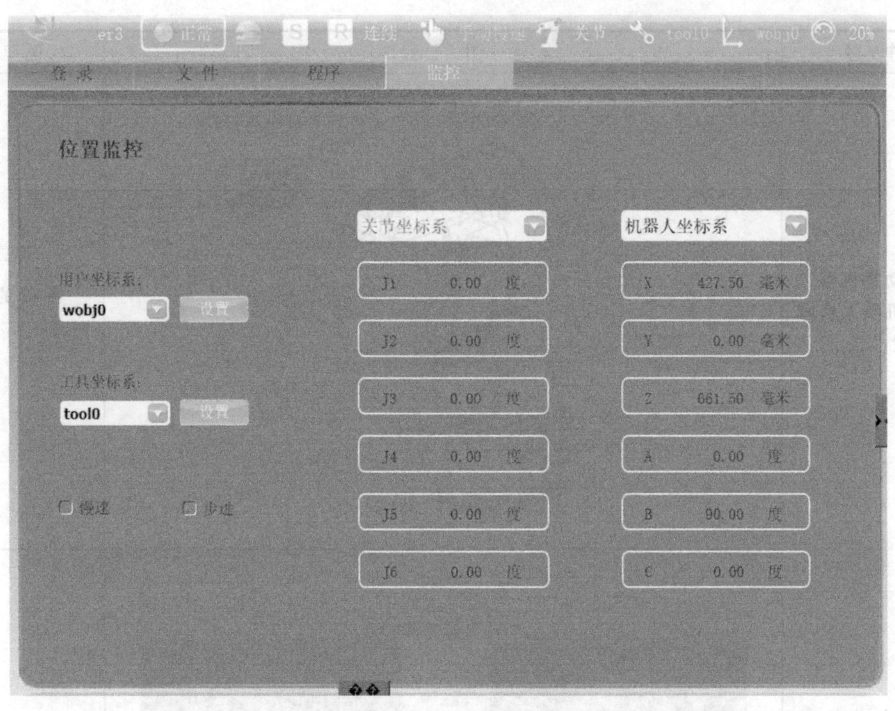

图 1-19　各轴零点位置显示

非正常操作引起机器人零点丢失后，快速找回正常零点位置的功能。机器人机械零点位置是机器人在出厂前已用工装标定好的机械零点。若机器人因故障丢失零点位置，则需要对机器人重新进行机械零点的校对。

零点标定操作步骤见表 1-10。

表 1-10　零点标定操作步骤

操作步骤	图　示	说　明
1）选择机器人“手动慢速”工作模式	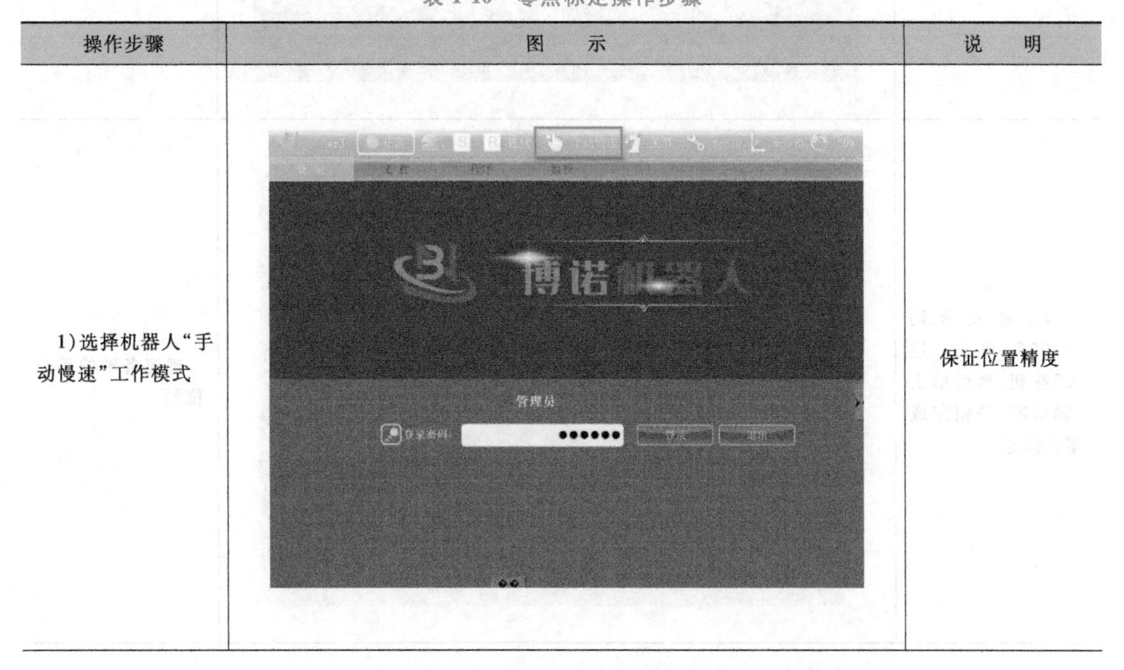	保证位置精度

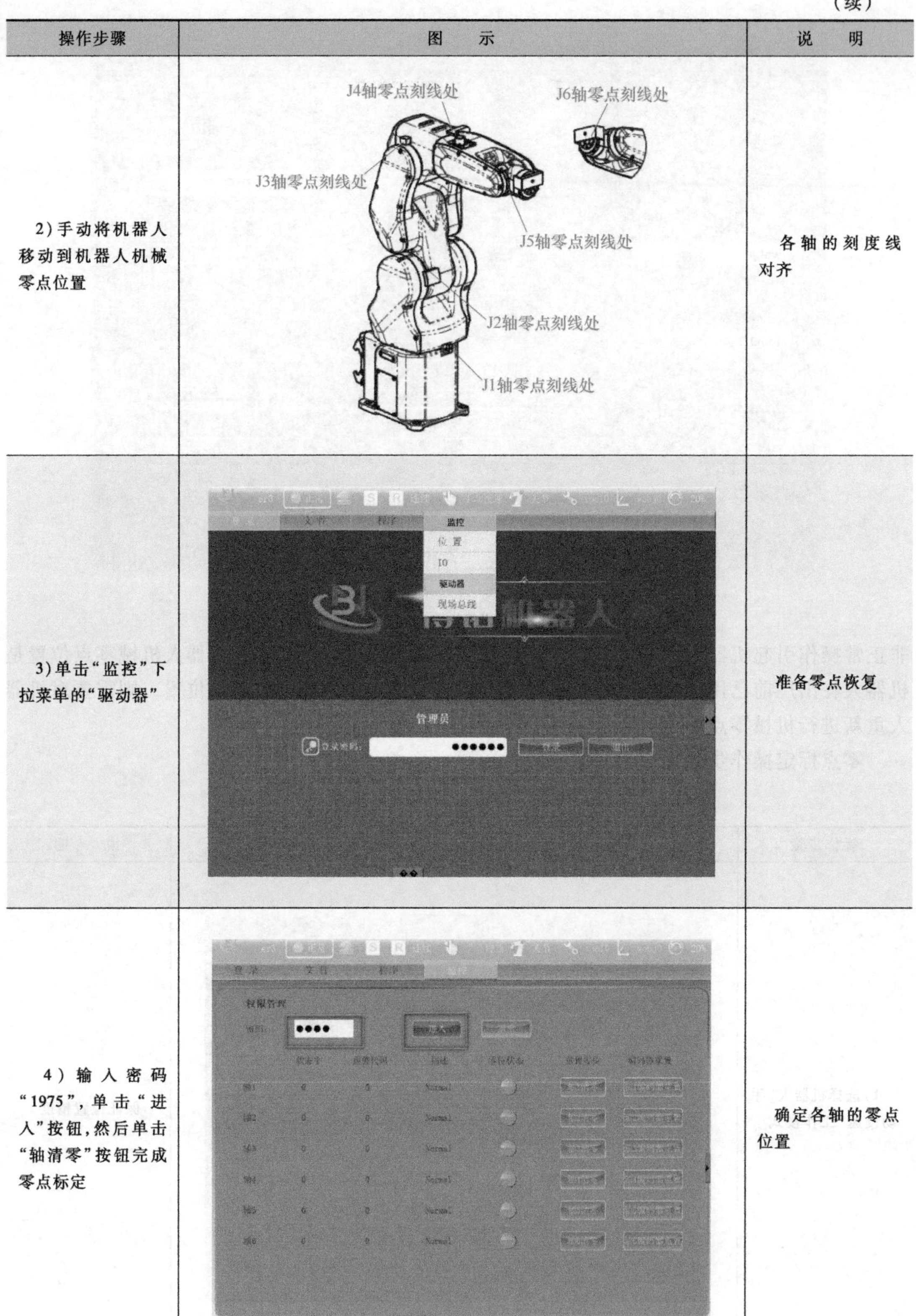

（续）

操作步骤	图　示	说　明
2）手动将机器人移动到机器人机械零点位置	J4轴零点刻线处 J6轴零点刻线处 J3轴零点刻线处 J5轴零点刻线处 J2轴零点刻线处 J1轴零点刻线处	各轴的刻度线对齐
3）单击“监控”下拉菜单的“驱动器”	监控 位 置 IO 驱动器 现场总线 管理员	准备零点恢复
4）输入密码“1975”，单击“进入”按钮，然后单击“轴清零”按钮完成零点标定	权限管理	确定各轴的零点位置

（续）

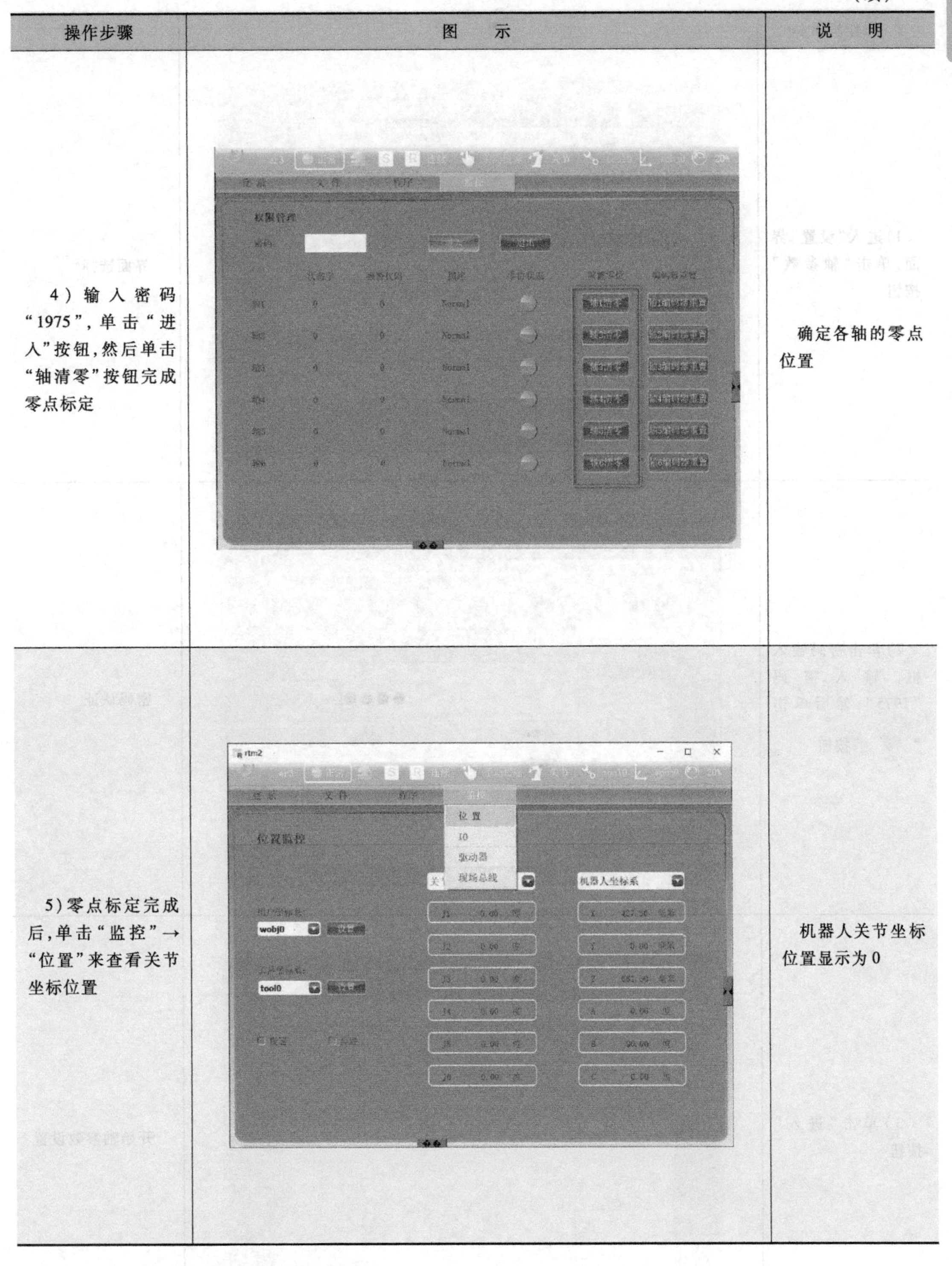

操作步骤	图　示	说　明
4）输入密码“1975”，单击“进入”按钮，然后单击“轴清零”按钮完成零点标定		确定各轴的零点位置
5）零点标定完成后，单击“监控”→“位置”来查看关节坐标位置		机器人关节坐标位置显示为0

（2）工业机器人工作位置设置

1）轴参数设置。轴参数设置操作步骤见表1-11。

2）DH参数设置。DH参数设置操作步骤见表1-12。

表 1-11 轴参数设置操作步骤

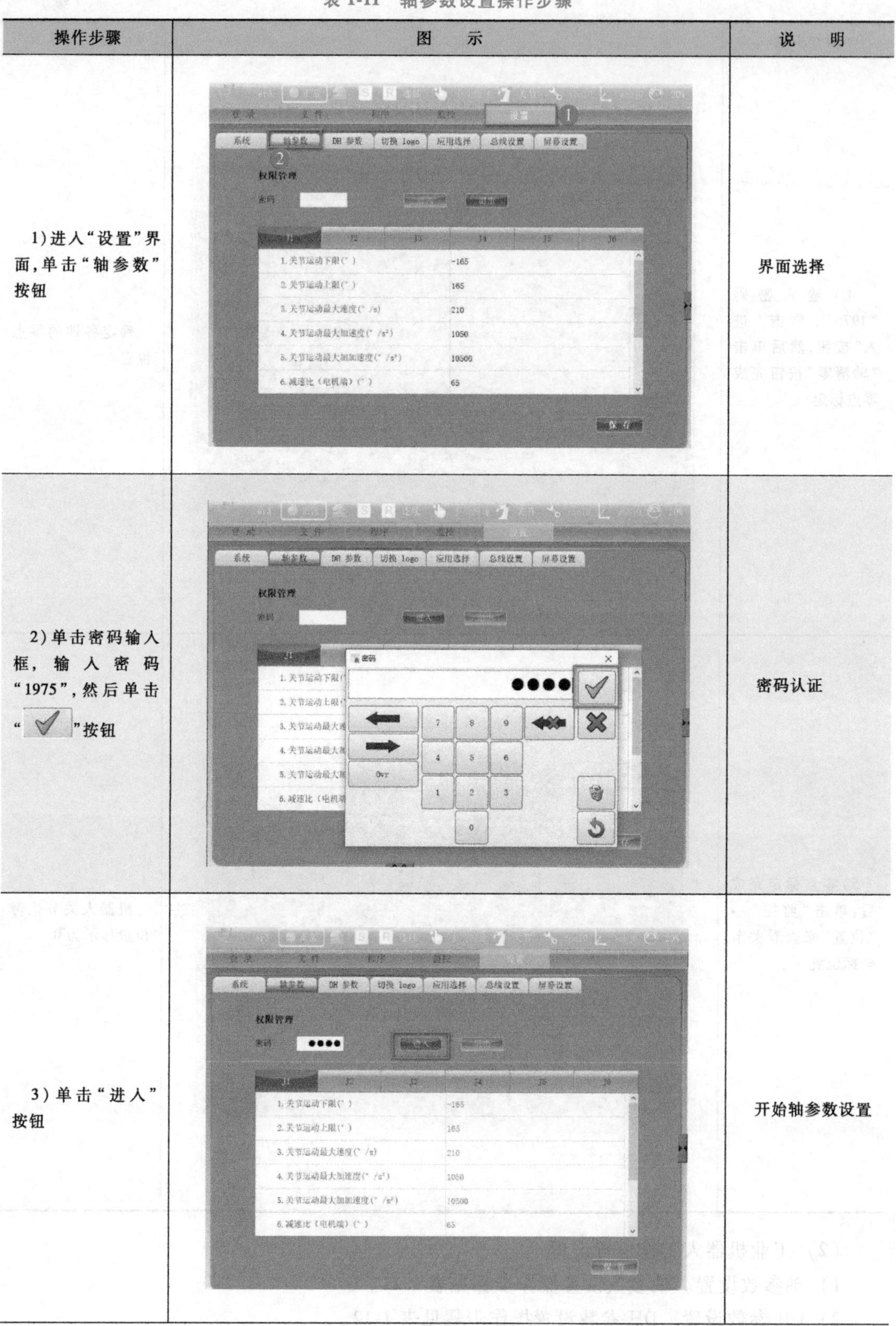

操作步骤	图示	说明
1)进入“设置”界面，单击“轴参数”按钮		界面选择
2)单击密码输入框，输入密码“1975”，然后单击“✓”按钮		密码认证
3)单击“进入”按钮		开始轴参数设置

（续）

操作步骤	图　示	说　明
4）若要修改其中的参数，输入完单击“保存”按钮，然后进行确认是否修改参数，单击提示框中的“是”，根据提示，重启控制器	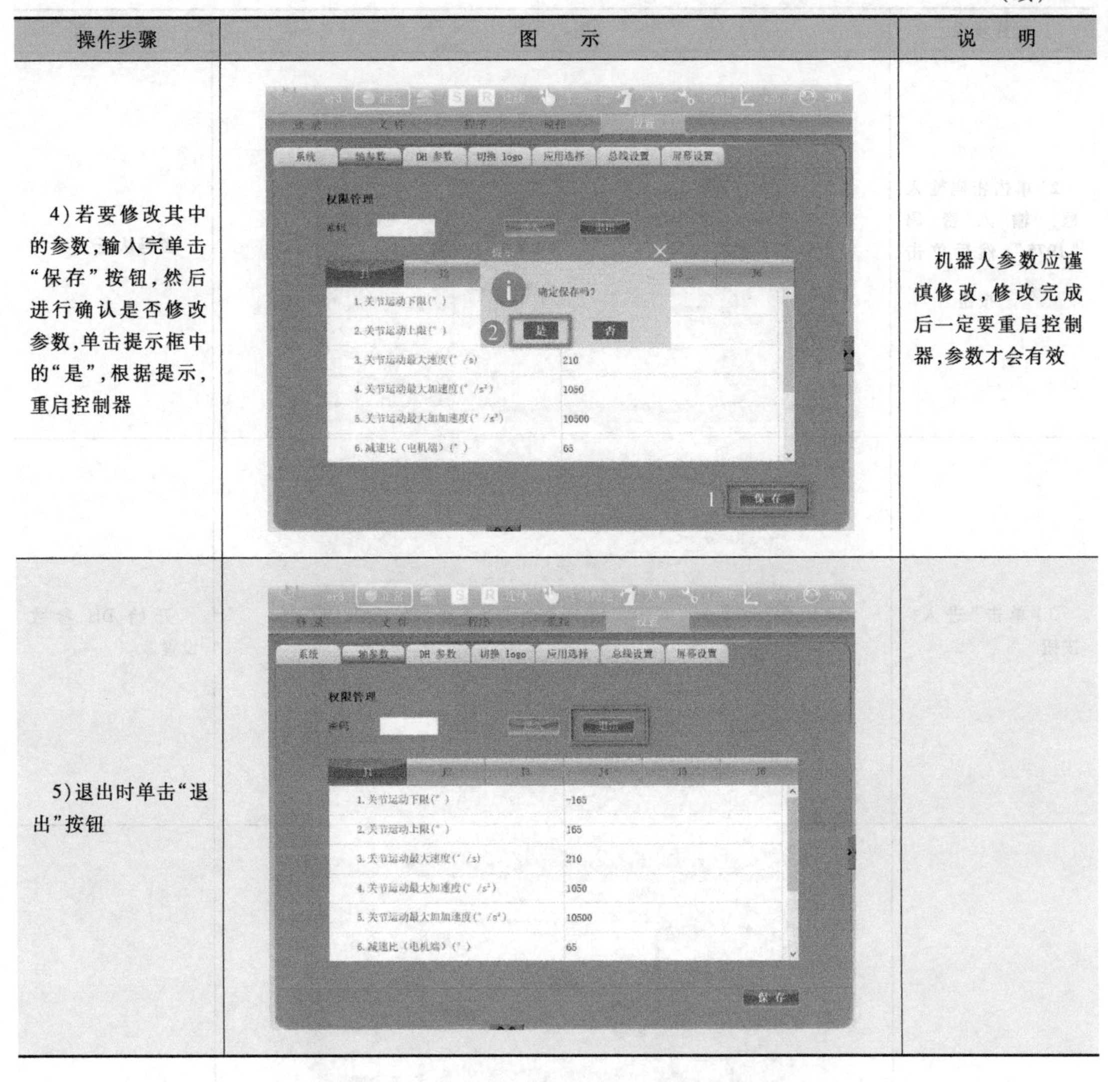	机器人参数应谨慎修改，修改完成后一定要重启控制器，参数才会有效
5）退出时单击“退出”按钮		

表 1-12　DH 参数设置操作步骤

操作步骤	图　示	说　明
1）进入“设置”界面，单击“DH 参数”按钮	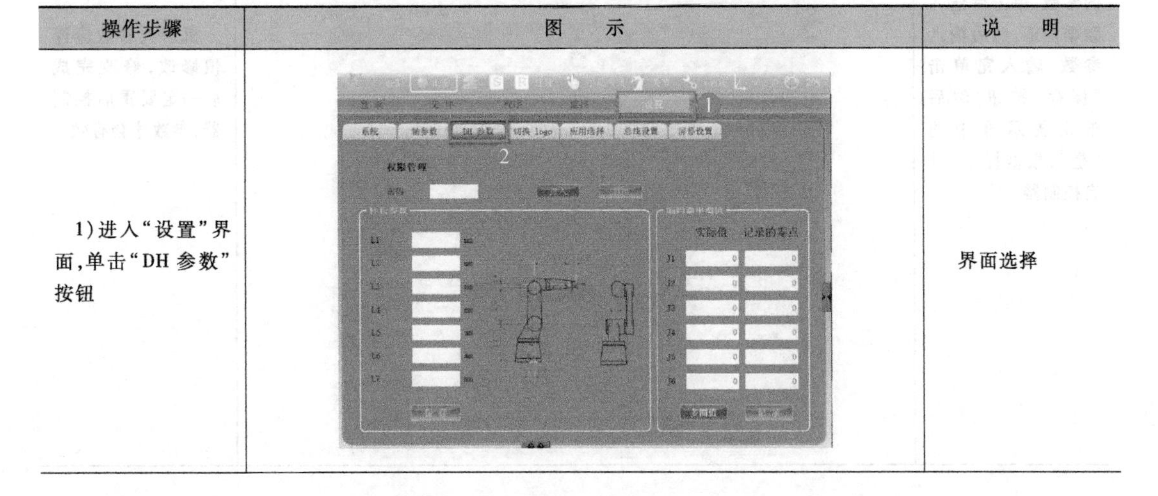	界面选择

（续）

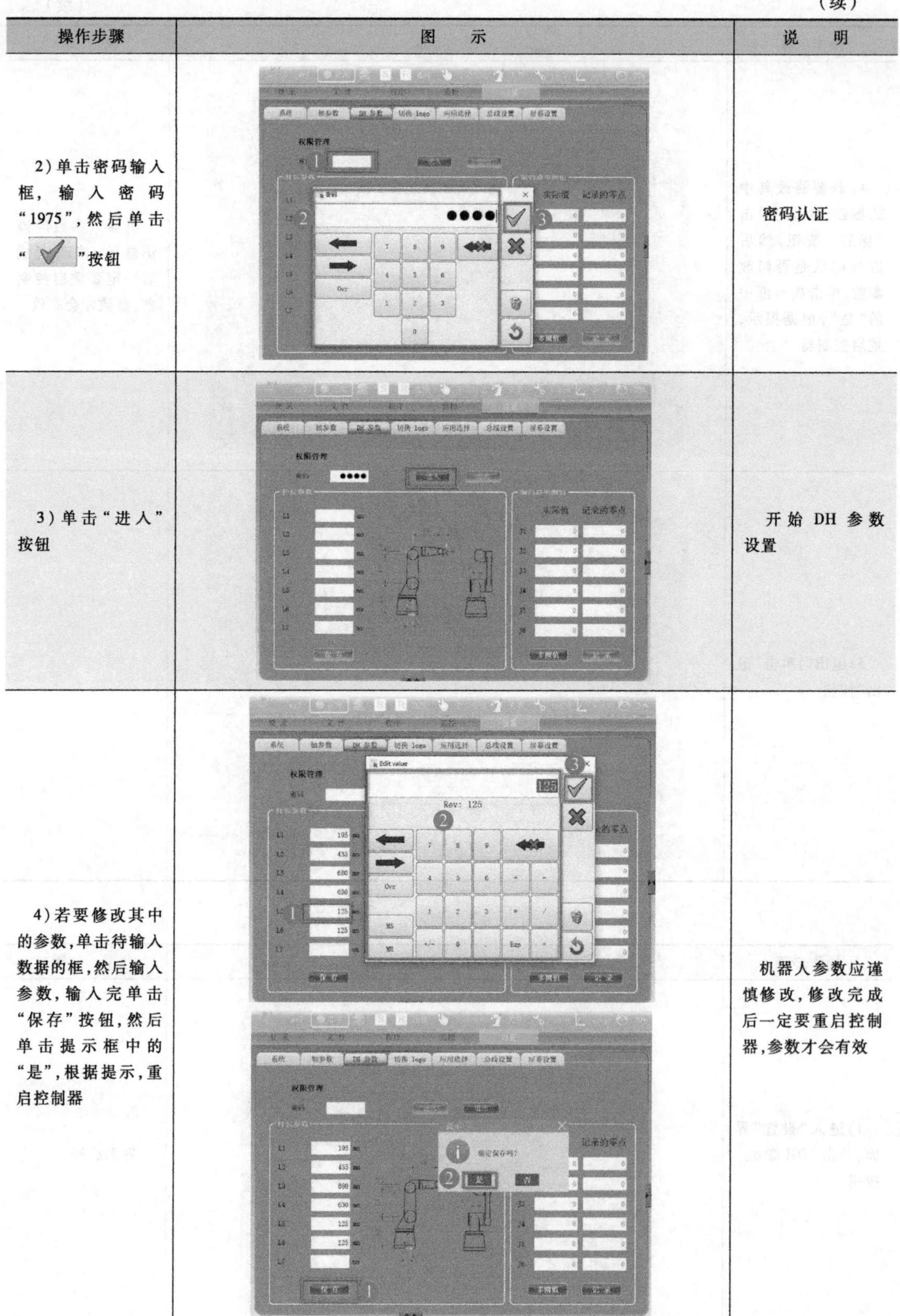

操作步骤	图　示	说　明
2）单击密码输入框，输入密码“1975”，然后单击“ ”按钮		密码认证
3）单击“进入”按钮		开始 DH 参数设置
4）若要修改其中的参数，单击待输入数据的框，然后输入参数，输入完单击“保存”按钮，然后单击提示框中的“是”，根据提示，重启控制器		机器人参数应谨慎修改，修改完成后一定要重启控制器，参数才会有效

（续）

操作步骤	图　示	说　明
5）若不修改参数，退出时单击“退出”按钮		

知识拓展

一、工业机器人的主要性能指标

1. 自由度

机器人的自由度是指描述机器人本体（不含末端执行器）相对于基坐标系（机器人坐标系）进行独立运动的数目。机器人的自由度表示机器人动作灵活的尺度，一般以轴的直线移动、摆动或旋转动作的数目来表示。工业机器人一般采用空间开链连杆机构，其中的运动副（转动副或移动副）常称为关节，关节个数通常即为工业机器人的自由度数，大多数工业机器人有3~6个运动自由度，如图1-20所示。

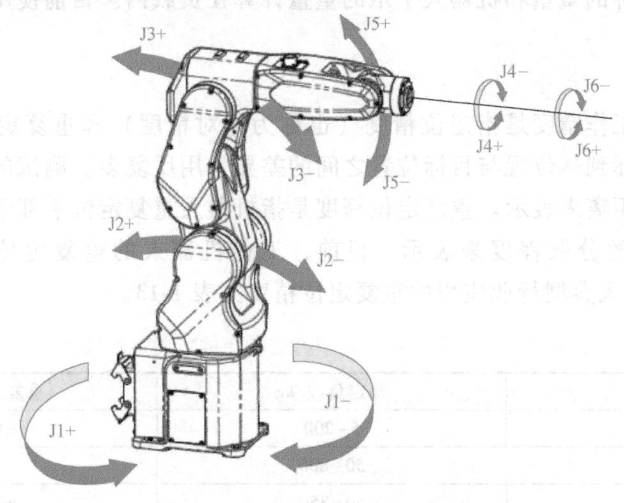

图1-20　BN-R3型六自由度机器人

2. 工作空间

工作空间又称为工作范围、工作区域。机器人的工作空间是指机器人手臂末端或手腕中心（手臂或手部安装点）所能到达的所有点的集合，不包括手部本身所能到达的区域。由于末端执行器的形状和尺寸是多种多样的，因此为真实反映机器人的特征参数，工作空间是指机器人未安装任何末端执行器情况下的最大空间。机器人外形尺寸和工作空间如图 1-21 所示。

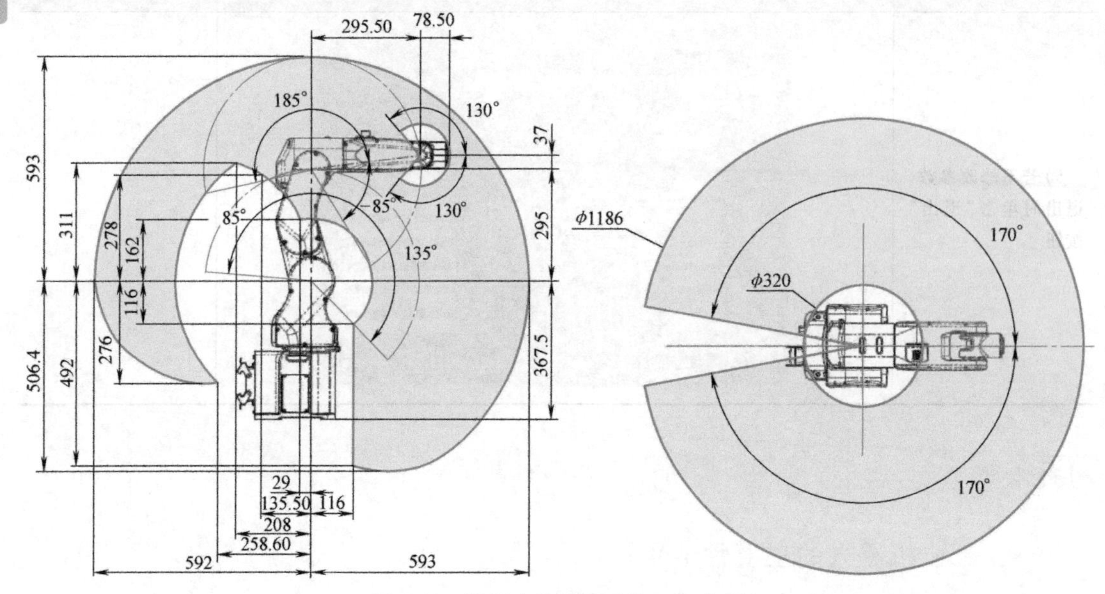

图 1-21 机器人外形尺寸和工作空间

工作空间的形状和大小是十分重要的，机器人在执行某作业时可能会因存在手部不能到达的作业死区而不能完成任务。

3. 有效载荷能力

有效载荷是指机器人在工作时能够承受的最大载重。如果将零件从一个位置搬至另一个位置，就需要将零件的重量和机器人手爪的重量计算在负载内。目前使用的工业机器人负载范围为 0.5~800kg。

4. 工作精度

工业机器人的工作精度是指定位精度（也称为绝对精度）和重复定位精度。定位精度是指机器人手部实际到达位置与目标位置之间的差异，用反复多次测试的定位结果的代表点与指定位置之间的距离来表示。重复定位精度是指机器人重复定位手部于同一目标位置的能力，以实际位置值的分散程度来表示。目前，工业机器人的重复定位精度可达 ±0.01~±0.5mm。工业机器人典型行业应用的重复定位精度见表 1-13。

表 1-13 工业机器人典型行业应用的重复定位精度

作业任务	额定负载/kg	重复定位精度/mm
搬运	5~200	±0.2~±0.5
码垛	50~800	±0.5
点焊	50~350	±0.2~±0.3
弧焊	3~20	±0.08~±0.1
涂装	5~20	±0.2~±0.5
装配	2~5	±0.02~±0.03
	6~10	±0.06~±0.08
	10~20	±0.06~±0.1

二、工业自动化控制中的常用信号说明

1. 开关量

开关量一般指的是触点的“开”与“关”的状态，在计算机设备中用“0”或“1”来表示开关量的状态。开关量分为有源开关量信号和无源开关量信号，有源开关量信号指的是“开”与“关”的状态，它是带电源的信号，一般的都有 AC 220V 和 DC 24V 等信号；无源开关量信号指的是“开”和“关”的状态，它是不带电源的信号，一般又称为干接点。

2. 数字量

数字量也称为离散量，指的是分散开的、不存在中间值的量。例如，一个开关所能够取的值是离散的，只能是开或关，不存在中间的情况。所以数字量在时间和数量上都是离散的物理量，其表示的信号则为数字信号，数字信号是由 0 和 1 组成的。

3. 模拟量

模拟量在时间和数量上都是连续的物理量，其表示的信号则为模拟信号。模拟量在连续的变化过程中任何一个取值都是一个具有意义的物理量，如温度、压力和电流等。

4. 脉冲量

脉冲量就是瞬间电压或电流由某一值跃变到另一值的信号量。在量化后，其变化持续有规律就是数字量，工业应用中的一些流量计就可以输出脉冲信号，如椭圆齿轮量计通常使用其输出的脉冲信号。如果其由 0 变成某一固定值并保持不变，就是脉冲量。

5. 数字量和模拟量的区别

从以上描述中不难看出数字量与模拟量的区别如下：

（1）数字量　在时间和数量上都是离散的物理量称为数字量，把表示数字量的信号称为数字信号。例如，在工厂成品打包工段，打包机每打好一包成品，发出一个信号，输入到计算机进行统计（如每小时、每班、每天、每月的打包数量）管理，其输入信号就是数字信号。

（2）模拟量　在时间和数量上都是连续的物理量称为模拟量，把表示模拟量的信号称为模拟信号。例如，热电阻在工作时输出的电阻信号就属于模拟信号，因为在任何情况下被测温度都不可能发生突变，所以测得的电阻信号无论在时间上还是在数量上都是连续的。而且，这个电阻信号在连续变化过程中的任何一个取值都有具体的物理意义，即表示一个相应的温度。

评价反馈

评价反馈见表 1-14。

表 1-14　评价反馈

基本素养(30分)				
序号	评估内容	自评	互评	师评
1	纪律(无迟到、早退、旷课)(10分)			
2	安全规范操作(10分)			
3	团结协作能力、沟通能力(10分)			

（续）

理论知识(40分)				
序号	评估内容	自评	互评	师评
1	中级平台新增模块名称及功能(10分)			
2	工业机器人应用编程职业技能等级标准内容(20分)			
3	中级平台所用软件介绍(10分)			
技能操作(30分)				
序号	评估内容	自评	互评	师评
1	工业机器人应用编程中级平台的模块安装(10分)			
2	工业机器人零点标定及恢复(10分)			
3	工业机器人 DH 参数设置(5分)			
4	工业机器人轴参数设置(5分)			
综合评价				

练习与思考

一、填空题

1. 工业机器人应用领域一体化教学创新平台是严格按照 1+X 工业机器人应用编程职业技能等级标准开发的集实训、培训、考核和技能鉴定于一体的教学创新平台，适用于工业机器人应用编程________、________、________职业技能等级的培训考核。

2. 工业机器人的工作精度是指________（也称为绝对精度）和________。

3. 工业机器人应用领域一体化教学创新平台中的应用模块是通过________快速安装的，如果任务要求模块紧固好，则可通过________达到这一要求。

4. 各平台均需提供单相交流________V 电源供电设备及________MPa 压缩空气气源，各平台电源应有独立的短路保护、漏电保护等装置。

二、简答题

1. 工业机器人应用领域一体化教学创新平台中级培训考核需要哪些模块？

2. 工业机器人应用编程中级平台的模块安装前需要做哪些准备工作？

3. 如何设置工业机器人工作位置？

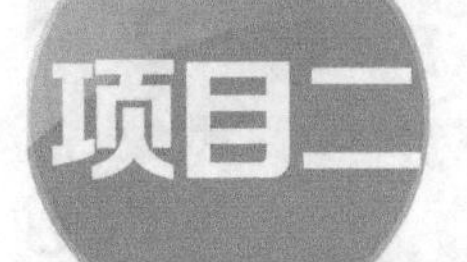

项目二 工业机器人产品出入库

学习目标

1. 能够根据工作任务要求，通过组信号与 PLC 实现通信。
2. 能够根据产品定制及追溯要求，编制 RFID 应用程序。
3. 能够根据工作任务要求，编制基于工业机器人的智能仓储应用程序。
4. 能够根据工作任务要求，编制工业机器人单元人机界面程序。

工作任务

一、工作任务背景

物流仓储管理系统通常使用条形码标签进行仓储管理，但条形码具有易复制、不防潮等缺点，容易造成人为损失；以人工作业为主的仓库管理存在效率较低，货物分类、货物查找和库存盘点等耗时耗力的问题。

RFID 技术是一种成熟、先进的技术，可以很好地解决以上问题。通过引入 RFID 技术，对仓库货物的配送、入库、出库、移库和库存盘点等各个作业环节的数据进行自动采集，保证了物流与供应链管理中各个环节数据采集的效率和准确，确保企业能及时准确地掌握库存和在途货物的数据，合理保持和控制库存量。通过 RFID 电子标签，可以实现对物资的快速自动识别，并随时准确地获取产品的相关信息，如物资种类、供货商、供货时间、有效期和库存量等。RFID 技术可以对物资从入库、出库、盘点和移库等所有环节进行实时监控，不仅能极大地提高自动化程度，而且可以大幅降低差错率，显著提高物流仓储管理的透明度和管理效率。RFID 技术在物流仓储管理的应用有助于企业降低成本，提高企业的竞争力；有利于控制和降低库存，并减少成本（包括人力成本）；使企业在对仓储物资的管理上更加高效、准确、科学。图 2-1 所示为 RFID 技术在快递包装中的应用。

二、所需要的设备

工业机器人产品出入库系统涉及的主要设备包括工业机器人应用领域一体化教学创新平台（BN-R116-R3）、BN-R3 型工业机器人本体、控制器、示教器、气泵、伺服变位机模块、立体仓储模块、弧口夹爪工具和刚轮，如图 2-2 所示。

三、任务描述

本任务主要实现刚轮零件的出入库。利用机器人将刚轮从立体仓储模块中搬运出库

图 2-1　RFID 技术在快递包装中的应用

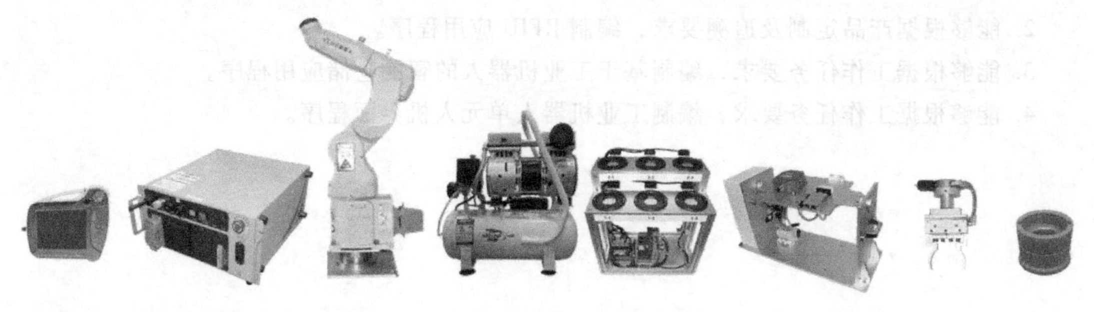

图 2-2　工业机器人产品出入库所需设备

（图 2-3），经 RFID 模块写入数据后，放置到伺服变位机模块（图 2-4），再从伺服变位机模块经 RFID 读取数据，最后放置到立体仓储模块（图 2-5）。需要依次完成创建程序文件、程序编写、目标点示教及工业机器人程序调试等环节，从而完成整个刚轮出入库工作任务。

将伺服变位机模块和立体仓储模块安装在工作台上的指定位置，在工业机器人末端自动安装弧口夹爪工具，按照图 2-3 所示在立体仓储模块摆放 1 个刚轮，创建并正确命名运行程序。利用示教器进行现场操作编程，按下“启动”按钮后，工业机器人自动从工作原点开始执行刚轮出入库任务。完成刚轮出入库任务后，工业机器人返回工作原点，刚轮出入库完成样例如图 2-5 所示。

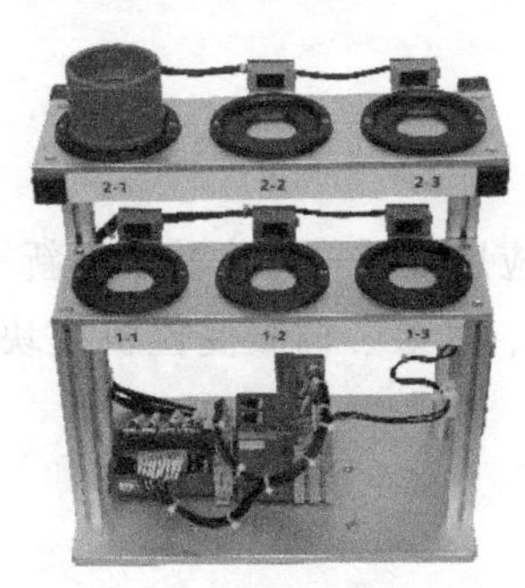

图 2-3　刚轮出库前位置

图 2-4　刚轮出库后位置

图 2-5　刚轮入库后位置

实践操作

一、知识储备

1. RFID 简介

无线射频识别即射频识别（Radio Frequency Identification，RFID）技术，是自动识别的一种常用方法，通过无线射频方式进行非接触双向数据通信，利用无线射频方式对记录媒体（或射频卡）进行读写，从而达到识别目标和数据交换的目的。

RFID 系统主要由 RFID 读写器和 RFID 标签组成。RFID 读写器实现对标签的数据读写和存储。RFID 系统主要由控制单元、高频通信模块和天线组成，如图 2-6 所示。RFID 标签（图 2-7）由一块集成电路芯片及外接天线组成，其中集成电路芯片通常包括射频前端、逻辑控制和存储器等电路。RFID 标签按照供电原理可分为有源标签、半有源标签和无源标签，无源标签因其成本低、体积小而备受青睐。

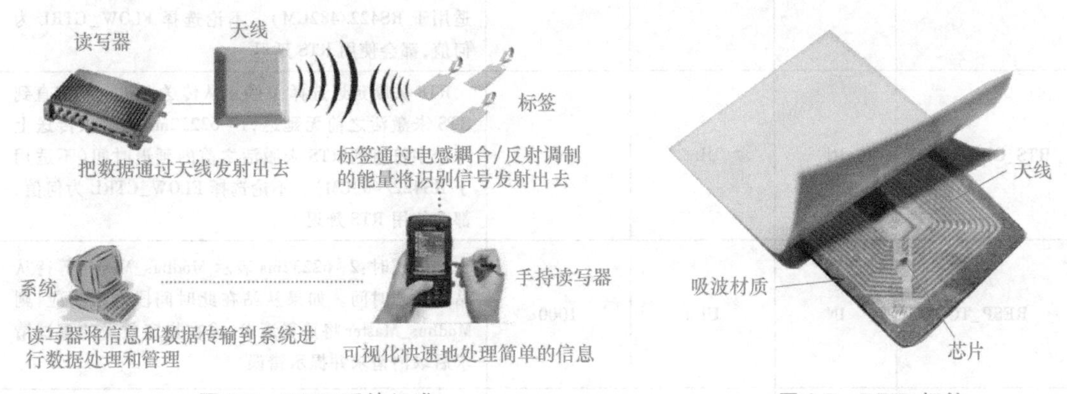

图 2-6　RFID 系统组成

图 2-7　RFID 标签

RFID 系统的基本工作原理是：RFID 标签进入 RFID 发射射频场后，将天线获得的感应电流经升压电路后转为芯片的电源，同时将带有信息的感应电流通过射频前端电路变为数字信号，送入逻辑控制电路进行处理，需要回复的信息则从 RFID 标签存储器发出，经逻辑控制电路送回射频前端电路，最后通过天线发回 RFID 读写器。

2. RFID 指令介绍

（1）Modbus_Comm_Load　Modbus_Comm_Load 指令通过 Modbus RTU 协议对用于通信的通信模块进行组态。当在程序中添加 Modbus_Comm_Load 指令时，系统将自动分配背景数据块，Modbus_Comm_Load 的组态更改保存在电缆调制解调器（Cable Modem，CM）中，而不是 CPU 中。恢复电压和插拔时，将使用保存在设备配置中的数据组态 CM。Modbus_Comm_Load 指令的参数说明见表 2-1。

（2）Modbus_Master　Modbus_Master 指令可通过由 Modbus_Comm_Load 指令组态的端口作为 Modbus 主站进行通信。当在程序中添加 Modbus_Master 指令时，系统将自动分配背景数据块。Modbus_Comm_Load 指令的 MB_DB 参数必须连接到 Modbus_Master 指令的 MB_DB 参数（静态）。Modbus_Master 指令的参数说明见表 2-2。

表 2-1 Modbus_Comm_Load 指令的参数说明

参数	声明	数据类型	标准	说明
REQ	IN	Bool	FALSE	当此输入出现上升时,启动该指令
PORT	IN	Port	0	设备组态中的硬件标识符。符号端口名称在 PLC 变量表的系统常数(System Constants)选项卡中指定并可应用于此处
BAUD	IN	UDInt	9600	选择数据传输速率,有效值(单位:bit/s)为 300、600、1200、2400、4800、9600、19200、38400、27600、76800、112200
PARITY	IN	UInt	0	选择奇偶校验:0—无;1—奇校验;2—偶校验
FLOW_CTRL	IN	UInt	0	选择流控制:0(默认)—无流控制;1—硬件流控制,RTS 始终开启(不适用于 RS422/482CM);2—硬件流控制,RTS 切换(不适用于 RS422/482CM)
RTS_ON_DLY	IN	UInt	0	RTS 接通延迟选择:0 表示从 RTS 激活直到发送帧的第一个字符之前无延迟;1~62232ms 表示从 RTS 激活直到发送帧的第一个字符之前的延迟时间(不适用于 RS422/482CM)。不论选择 FLOW_CTRL 为何值,都会使用 RTS 延迟
RTS_OFF_DLY	IN	UInt	0	RTS 关断延迟选择:0 表示从传送上一个字符直到 RTS 未激活之前无延迟;1~62232ms 表示从传送上一个字符直到 RTS 未激活之前的延迟时间(不适用于 RS422/482CM)。不论选择 FLOW_CTRL 为何值,都会使用 RTS 延迟
RESP_TO	IN	UInt	1000	响应超时:2~62232ms 表示 Modbus_Master 等待从站响应的时间。如果从站在此时间段内未响应,则 Modbus_Master 将重复请求,或在指定数量的重试请求后取消请求并提示错误
MB_DB	IN/OUT	MB_RASE		对 Modbus_Master 或 Modbus_Slave 指令的背景数据块的引用。该参数必须与 Modbus_Master 或 Modbus_Slave 指令中的静态变量 MB_DB 参数相连
COM_RST	IN/OUT	—	FALSE	Modbus_Comm_Load 指令的初始化。首先使用 TRUE 对该指令进行初始化,然后将 COM_RST 复位为 FALSE 注意:该参数仅适用于 S7-300/400 指令
DONE	OUT	Bool	FALSE	如果上一个请求完成并且没有错误,则 DONE 位将变为 TRUE 并保持一个周期
ERROR	OUT	Bool	FALSE	如果上一个请求完成但出错,则 ERROR 位将变为 TRUE 并保持一个周期。STATUS 参数中的错误代码仅在 ERROR=TRUE 的周期内有效
STATUS	OUT	Word	16#7000	错误代码

表 2-2 Modbus_Master 指令的参数说明

参数	声明	数据类型	标准	说明
REQ	IN	Bool	FALSE	FALSE=无请求 TRUE=请求向 Modbus 从站发送数据

（续）

参数	声明	数据类型	标准	说明
MB_ADDR	IN	UInt		Modbus RTU 从站地址。默认地址范围:0~247;扩展地址范围:0~65535。值 0 被保留,用于将消息广播到所有 Modbus 从站
MODE	IN	USInt	0	模式选择:指定请求类型(读取、写入或诊断)
DATA_ADDR	IN	UDInt	0	从站中的起始地址:指定在 Modbus 从站中访问的数据的起始地址
DATA_LEN	IN	UInt	0	数据长度:指定此指令将访问的位或字的个数
COM_RST	IN/OUT		FALSE	Modbus_Master 指令的初始化。首先使用 TRUE 对该指令进行初始化,然后将 COM_RST 复位为 FALSE 注意:该参数仅适用于 S7-300/400 指令
DATA_PTR	IN/OUT	Variant		数据指针:指向要进行数据写入或数据读取的标记或数据块地址
DONE	OUT	Bool	FALSE	如果上一个请求完成并且没有错误,则 DONE 位将变为 TRUE 并保持一个周期
BUSY	OUT	Bool		FALSE 表示 Modbus_Master 无激活命令,TRUE 表示 Modbus_Master 命令执行中
ERROR	OUT	Bool	FALSE	如果上一个请求完成但出错,则 ERROR 位将变为 TRUE 并保持一个周期。STATUS 参数中的错误代码仅在 ERROR=TRUE 的周期内有效
STATUS	OUT	Word	0	错误代码

（3）MB_CLIENT　MB_CLIENT 指令作为 Modbus TCP 客户端通过 S7-1200 CPU 的 PROFINET 连接进行通信。使用该指令，无需其他任何硬件模块。MB_CLIENT 指令可以在客户端和服务器之间建立连接、发送请求、接收响应并控制 Modbus TCP 服务器的连接终端。MB_CLIENT 指令的参数说明见表 2-3。

表 2-3　MB_CLIENT 指令的参数说明

参数	声明	数据类型	说明
REQ	Input	BOOL	与 Modbus TCP 服务器之间的通信请求。REQ 参数受到等级控制,这意味着只要设置了输入(REQ=TRUE),指令就会发送通信请求,其他客户端背景数据块的通信请求被阻止。在服务器进行响应或输出错误消息之前,对输入参数的更改不会生效。如果在 Modbus 请求期间再次设置了参数 REQ,此后将不会进行任何其他传输
DISCONNECT	Input	BOOL	通过该参数,可以控制与 Modbus 服务器建立和终止连接 0 表示建立与指定 IP 地址和端口号的通信连接;1 表示断开通信连接。在终止连接的过程中,不执行任何其他功能。成功终止连接后,STATUS 参数将输出值 7003 如果在建立连接的过程中设置了参数 REQ,将立即发送请求
CONNECT_ID	Input	UINT	确定连接的唯一 ID。指令 MB_CLIENT 和 MB_SERVER 的每个实例都必须指定一个唯一的连接 ID
IP_OCTET_1	Input	USINT	Modbus TCP 服务器 IP 地址 * 中的第一个 8 位字节
IP_OCTET_2	Input	USINT	Modbus TCP 服务器 IP 地址 * 中的第二个 8 位字节

（续）

参数	声明	数据类型	说明
IP_OCTET_3	Input	USINT	Modbus TCP 服务器 IP 地址*中的第三个 8 位字节
IP_OCTET_4	Input	USINT	Modbus TCP 服务器 IP 地址*中的第四个 8 位字节
IP_PORT	Input	UINT	服务器上使用 TCP/IP 协议与客户端建立连接和通信的 IP 端口号（默认值:202）
MB_MODE	Input	USINT	选择请求模式（读取、写入或诊断）
MB_DATA_ADDR	Input	UDINT	由 MB_CLIENT 指令所访问数据的起始地址
DATA_LEN	Input	UINT	数据长度:数据访问的位数或字数
MB_DATA_PTR	InOut	VARIANT	指向 Modbus 数据寄存器的指针:寄存器是用于缓存从 Modbus 服务器接收的数据或将发送到 Modbus 服务器的数据的缓冲区。指针必须引用具有标准访问权限的全局数据块。寻址到的位数必须能被 8 整除
DONE	Out	BOOL	只要最后一个作业成功完成，就将输出参数 DONE 的位置位为“1”
BUSY	Out	BOOL	0 表示当前没有正在处理的“MB_CLIENT”作业 1 表示“MB_CLIENT”作业正在处理中
ERROR	Out	BOOL	0 表示无错误 1 表示出错，出错原因由参数 STATUS 指示
STATUS	Out	WORD	指令的错误代码

注：Modbus TCP 服务器 32 位 IPv4 IP 地址中的 8 位长度的部分。

（4）Read Read 块将读取发送应答器中的用户数据，并输入到“IDENT_DATA”缓冲区中。该数据的物理地址和长度则通过“ADDR_TAG”和“LEN_DATA”参数进行传送。使用 RF61xR/RF68xR 阅读器时，Read 块将读取存储器组 3（USER 区域）中的数据。使用可选参数“EPCID_UID”和“LEN_ID”可对特定的发送应答器进行特殊访问。Read 指令的参数说明见表 2-4。

表 2-4 Read 指令的参数说明

参数	声明	数据类型	默认值	说明
EXECUTE	Input	BOOL	FALSE	此输入中存在上升沿时，块才会执行相应命令
ADDR_TAG	Input	DWORD	DW#16#0	启动读取的发送应答器所在的物理地址。对于 MV，读取代码的长度位于从地址“0”开始的 2 个字节中。读取代码本身则从地址“2”开始
LEN_DATA	Input	WORD	W#16#0	待读取数据的长度
LEN_ID	Input	BYTE	B#16#0	EPC-ID/UID 的长度，默认值:0x00 ≙未指定的单变量访问（RF200、RF300、RF61xR、RF68xR）
EPCID_UID	Input	ARRAY[1...62] OF BYTE	0x00	缓冲区中最多 62 个字节的 EPC-ID、8 个字节的 UID 或 4 个字节的句柄 ID。在缓冲区起始位置处，输入 2~62 个字节的 EPC-ID（长度由“LEN_ID”设置）；在缓冲区起始位置处，输入 8 个字节的 UID（“LEN_ID=8”）；在数组元素[2]-[8]中，需输入 4 个字节的句柄 ID（“LEN_ID=4”） 默认值：0x00 ≙未指定的单变量访问（RF620R、RF630R）

（续）

参数	声明	数据类型	默认值	说明
DONE	Output	BOOL	FALSE	作业已执行。如果所得结果是确定的，则此参数置位
BUSY	Output	BOOL	FALSE	正在执行的作业
ERROR	Output	BOOL	FALSE	作业因错结束。错误代码在“STATUS“中指示
STATUS	Output	DWORD	FALSE	当“ERROR”位置位时，显示错误消息
PRESENCE	Output	BOOL	FALSE	此位指示存在发送应答器。在每次调用此块时，显示的值都将更新。在具体光学阅读器系统专用的块中不存在此参数
HW_CONNECT	In/Out	TO_IDENT	—	Ident 设备的“TO_Ident”工艺对象
		IID_HW_CONNECT	—	“IID_HW_CONNECT”类型的全局参数，用于通道/阅读器寻址和块同步
IDENT_DATA	In/Out	ANY/VARIANT	0x00	存储读取数据的数据缓冲区 注意：对于“Variant”类型，当前只能创建一个长度可变的“Array_of_Byte”；对于“Any”类型，还可创建其他数据类型/UDT

（5）Write　使用Write块可将“IDENT_DATA”缓冲区中的用户数据写入发送应答器。该数据的物理地址和长度则通过“ADDR_TAG”和“LEN_DATA”参数进行传送。使用RF61xR/RF68xR阅读器时，Write块将数据写入存储器组3（USER区域）中。使用可选参数“EPCID_UID”和“LEN_ID”可对特定的发送应答器进行特殊访问。Write指令的参数说明见表2-5。

表2-5　Write指令的参数说明

参数	声明	数据类型	默认值	说明
EXECUTE	Input	BOOL	FALSE	此输入中存在上升沿时，块才会执行相应命令
ADDR_TAG	Input	DWORD	DW#16#0	启动写入的发送应答器所在的物理地址。对于MV，地址始终为0
LEN_DATA	Input	WORD	W#16#0	待写入数据的长度
LEN_ID	Input	BYTE	B#16#0	EPC-ID/UID的长度，默认值：0x00 ≙未指定的单变量访问（RF200、RF300、RF61xR、RF68xR）
EPCID_UID	Input	ARRAY[1...62] OF BYTE	0x00	缓冲区中最多62个字节的EPC-ID、8个字节的UID或4个字节的句柄ID。在缓冲区起始位置处，输入2～62个字节的EPC-ID（长度由“LEN_ID”设置）；在缓冲区起始位置处，输入8个字节的UID（“LEN_ID=8”）；在数组元素[2]-[8]中，需输入4个字节的句柄ID（“LEN_ID=8”） 默认值：0x00 ≙未指定的单变量访问（RF620R、RF630R）

（续）

参数	声明	数据类型	默认值	说明
DONE	Output	BOOL	FALSE	作业已执行。如果所得结果是确定的，则此参数置位
BUSY	Output	BOOL	FALSE	正在执行的作业
ERROR	Output	BOOL	FALSE	作业因错结束。错误代码在“STATUS”中指示
STATUS	Output	DWORD	FALSE	当“ERROR”位置位时，显示错误消息
PRESENCE	Output	BOOL	FALSE	此位指示存在发送应答器。在每次调用此块时，显示的值都将更新。在具体光学阅读器系统专用的块中不存在此参数
HW_CONNECT	In/Out	TO_IDENT	—	Ident 设备的“TO_Ident”工艺对象
		IID_HW_CONNECT	—	“IID_HW_CONNECT”类型的全局参数，用于通道/阅读器寻址和块同步
IDENT_DATA	In/Out	ANY/VARIANT	0x00	包含待写入数据的数据缓冲区 对于 MV，首个字节是相应 MV 命令的编码。 注意：对于“Variant”类型，当前只能创建一个长度可变的“Array_of_Byte”；对于“Any”类型，还可创建其他数据类型/UDT

（6）Reset_RF300　使用 Reset_RF300 指令可复位 RF300 系统。Reset_RF300 指令的参数说明见表 2-6。

表 2-6　Reset_RF300 指令的参数说明

参数	声明	数据类型	默认值	说明
EXECUTE	Input	BOOL	FALSE	此输入中存在上升沿时，块才会执行相应命令
TAG_CONTROL	Input	BYTE	0x01	存在性检查 0x00＝关 0x01＝开 0x04＝存在（天线已关闭。只有在已发送 Read 或 Write 命令时天线才会打开）
TAG_TYPE	Input	BYTE	0x00	发送应答器类型： 0x00＝RF300 发送应答器 0x01＝每个 ISO 发送应答器
RF_POWER	Input	BYTE	0x00	输出功率，仅适用于 RF380R RF 的功率为 0.2～2W，增量为 0.22W（值范围：0x02～0x08） 默认值：0x00≙1.22W 由于可根据阅读器和发送应答器之间的距离自动优化功率限值，因此第 2 代 RF380R 阅读器（6GT2801-3BAx0）不需要此设置
DONE	Output	BOOL	FALSE	作业已执行。如果所得结果是确定的，则此参数置位

（续）

参数	声明	数据类型	默认值	说明
BUSY	Output	BOOL	FALSE	正在执行的作业
ERROR	Output	BOOL	FALSE	作业因错结束。错误代码在“STATUS”中指示
STATUS	Output	DWORD	FALSE	当“ERROR”位置位时，显示错误消息
HW_CONNECT	Input/Output	TO_IDENT	—	Ident 设备的“TO_Ident”工艺对象
		IID_HW_CONNECT	—	“IID_HW_CONNECT”类型的全局参数，用于通道/阅读器寻址和块同步

（7）MOVE：移动值指令　使用移动值指令可将 IN 输入处操作数中的内容传送给 OUT1 输出的操作数中，并始终沿地址升序方向进行传送。如果满足下列条件之一，则使能输出 ENO 将返回信号状态“0”：①使能输入 EN 的信号状态为“0”；②IN 参数的数据类型与 OUT1 参数的指定数据类型不对应。MOVE 指令的参数说明见表 2-7。

表 2-7　MOVE 指令的参数说明

参数	声明	数据类型		存储区	说明
		S7-1200	S7-1500		
EN	Input	BOOL	BOOL	I、Q、M、D、L 或常量	使能输入
ENO	Output	BOOL	BOOL	I、Q、M、D、L	使能输出
IN	Input	位字符串、整数、浮点数、定时器、日期时间、CHAR、WCHAR、STRUCT、ARRAY、IEC、PLC 数据类型(UDT)	位字符串、整数、浮点数、定时器、日期时间、CHAR、WCHAR、STRUCT、ARRAY、TIMER、COUNTER、IEC、PLC 数据类型(UDT)	I、Q、M、D、L 或常量	源值
OUT1	Output	位字符串、整数、浮点数、定时器、日期时间、CHAR、WCHAR、STRUCT、ARRAY、IEC、PLC 数据类型(UDT)	位字符串、整数、浮点数、定时器、日期时间、CHAR、WCHAR、STRUCT、ARRAY、TIMER、COUNTER、IEC、PLC 数据类型(UDT)	I、Q、M、D、L	传送源值中的操作数

（8）CMP==：等于指令　使用等于指令可判断第一个比较值（<操作数 1>）是否等于第二个比较值（<操作数 2>）。

如果满足比较条件，则该指令返回逻辑运算结果（RLO）“1”；如果不满足比较条件，则该指令返回 RLO“0”。该指令的 RLO 通过以下方式与整个程序段中的 RLO 进行逻辑运算：

1）串联比较指令时，将执行“与”运算。

2）并联比较指令时，将进行“或”运算。

在指令上方的操作数占位符中指定第一个比较值（<操作数 1>），在指令下方的操作数占位符中指定第二个比较值（<操作数 2>）。

如果启用了 IEC 检查，则要比较的操作数必须属于同一数据类型。如果未启用 IEC 检查，则操作数的宽度必须相同。

CMP = =指令的工作原理如图 2-8 所示。

对于图 2-8，当满足以下条件时，将置位输出“TagOut”：

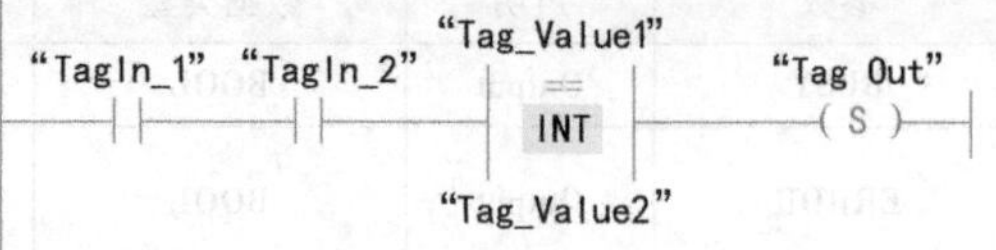

图 2-8 CMP = =指令的工作原理

1）操作数“TagIn_1”和“TagIn_2”的信号状态为“1”。

2）如果“Tag_Value1” = “Tag_Value2”，则满足比较指令的条件。

（9）复位输出指令　使用复位输出指令可将指定操作数的信号状态复位为“0”。仅当线圈输入的逻辑运算结果（RLO）为“1”时，才执行该指令。如果信号流通过线圈（RLO = “1”），则指定的操作数复位为“0”。如果线圈输入的 RLO 为“0”（没有信号流过线圈），则指定操作数的信号状态将保持不变。复位输出指令如图 2-9 所示。

（10）置位输出指令　使用置位输出指令可将指定操作数的信号状态置位为“1”。仅当线圈输入的逻辑运算结果（RLO）为“1”时，才执行该指令。如果信号流通过线圈（RLO = “1”），则指定的操作数置位为“1”。如果线圈输入的 RLO 为“0”（没有信号流过线圈），则指定操作数的信号状态将保持不变。置位输出指令如图 2-10 所示。

图 2-9 复位输出指令　　图 2-10 置位输出指令

（11）P_TRIG：扫描 RLO 的信号上升沿指令　使用扫描 RLO 的信号上升沿指令，可查询逻辑运算结果（RLO）的信号状态从“0”到“1”的更改。该指令将比较 RLO 的当前信号状态与保存在边沿存储位（<操作数>）中上一次查询的信号状态。如果该指令检测到 RLO 从“0”变为“1”，则说明出现了一个信号上升沿。

每次执行指令时，都会查询信号上升沿。当检测到信号上升沿时，该指令输出 Q 将立即返回程序代码长度的信号状态“1”。在其他任何情况下，该指令输出的信号状态均为“0”。

扫描 RLO 的信号上升沿指令的参数说明见表 2-8。

表 2-8 扫描 RLO 的信号上升沿指令的参数说明

参数	声明	数据类型	存储区	说明
CLK	Input	BOOL	I、Q、M、D、L 或常量	当前 RLO
<操作数>	InOut	BOOL	M、D	保存上一次查询的 RLO 的边沿存储位
Q	Output	BOOL	I、Q、M、D、L	边沿检测的结果

（12）N_TRIG：扫描 RLO 的信号下降沿指令　使用扫描 RLO 的信号下降沿指令，可查询逻辑运算结果（RLO）的信号状态从“1”到“0”的更改。该指令将比较 RLO 的当前信号状态与保存在边沿存储位（<操作数>）中上一次查询的信号状态。如果该指令检测到 RLO 从“1”变为“0”，则说明出现了一个信号下降沿。

每次执行指令时，都会查询信号下降沿。当检测到信号下降沿时，该指令输出 Q 将立即返回程序代码长度的信号状态“1”。在其他任何情况下，该指令输出的信号状态均为“0”。

扫描 RLO 的信号下降沿指令的参数说明见表 2-9。

表 2-9　扫描 RLO 的信号下降沿指令的参数说明

参数	声明	数据类型	存储区	说明
CLK	Input	BOOL	I、Q、M、D、L 或常量	当前 RLO
<操作数>	InOut	BOOL	M、D	保存上一次查询的 RLO 的边沿存储位
Q	Output	BOOL	I、Q、M、D、L	边沿检测的结果

（13）ROL：循环左移指令　使用循环左移指令可将输入 IN 中操作数的内容按位向左循环移位，并在输出 OUT 中查询结果。参数 N 用于指定循环移位中待移动的位数。用移出的位填充因循环移位而空出的位。

如果参数 N 的值为“0”，则将输入 IN 的值复制到输出 OUT 的操作数中。

循环左移指令的工作原理如图 2-11 所示，参数说明见表 2-10。

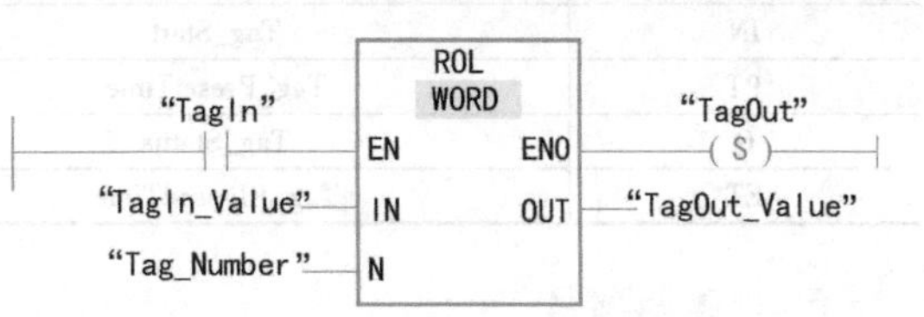

图 2-11　循环左移指令的工作原理

表 2-10　循环左移指令的参数说明

参数	操作数	值
IN	TagIn_Value	1010 1000 1111 0110
N	Tag_Number	2
OUT	TagOut_Value	0001 1110 1101 0101

如果输入“TagIn”的信号状态为“1”，则执行循环左移指令。“TagIn_Value”操作数的内容将向左循环移动两位，结果发送到输出“TagOut_Value”中。如果成功执行了该指令，则使能输出 ENO 的信号状态为“1”，同时置位输出“TagOut”。

如果参数 N 的值大于可用位数，则输入 IN 中的操作数值仍会循环移动指定位数。

（14）TON：接通延时指令　使用接通延时指令，可以将 Q 输出的设置延时 PT 中指定的一段时间。当输入 IN 的逻辑运算结果（RLO）从“0”变为“1”（信号上升沿）时，启动该指令。指令启动时，预设的时间 PT 即开始计时。超出时间 PT 之后，输出 Q 的信号状态将变为“1”。只要启动输入仍为“1”，输出 Q 就保持置位。当启动输入的信号状态从“1”变为“0”时，将复位输出 Q。在启动输入检测到新的信号上升沿时，该定时器功能将再次启动。

在 ET 输出可以查询当前的时间值。该定时器值从 T#0s 开始，在达到持续时间 PT 后结束。只要输入 IN 的信号状态变为“0”，输出 ET 就复位。如果在程序中未调用该指令（如由于跳过该指令），则 ET 输出会在超出时间 PT 后立即返回一个常数值。

接通延时指令可以放置在程序段的中间或末尾，它需要一个前导逻辑运算。

每次调用接通延时指令，必须将其分配给存储实例数据的 IEC 定时器。

接通延时指令的工作原理如图 2-12 所示，参数说明见表 2-11。

当“Tag_Start”操作数的信号状态从“0”变为“1”时，PT参数预设的时间开始计时。超过该时间周期后，操作数“Tag_Status”的信号状态置位为“1”。只要操作数“Tag_Start”的信号状态为“1”，操作数“Tag_Status”就会保持置位为“1”。当前时间值存储在“Tag_ElapsedTime”操作数中。

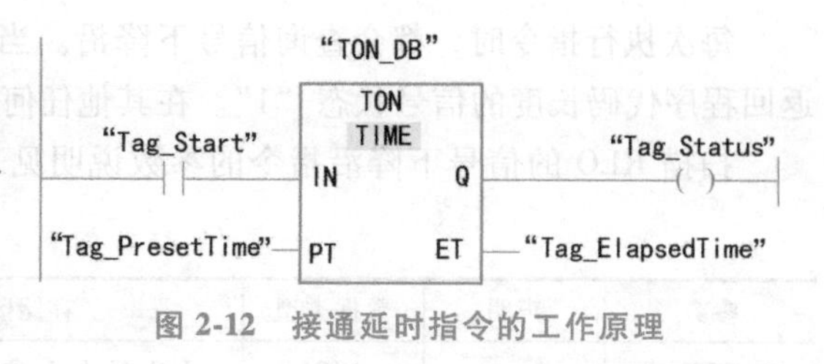

图 2-12 接通延时指令的工作原理

当操作数“Tag_Start”的信号状态从“1”变为“0”时，将复位操作数“Tag_Status”。

表 2-11 接通延时指令的参数说明

参数	操作数	值
IN	Tag_Start	信号跃迁“0”=>“1”
PT	Tag_PresetTime	T#10s
Q	Tag_Status	FALSE;10s 后变为 TRUE
ET	Tag_ElapsedTime	T#0s=>T#10s

3. 创建新项目

打开博途软件，单击左侧的“创建新项目”，然后按照要求修改项目名称，设置项目保存路径，单击右侧的“创建”，项目创建完成，如图 2-13 所示。

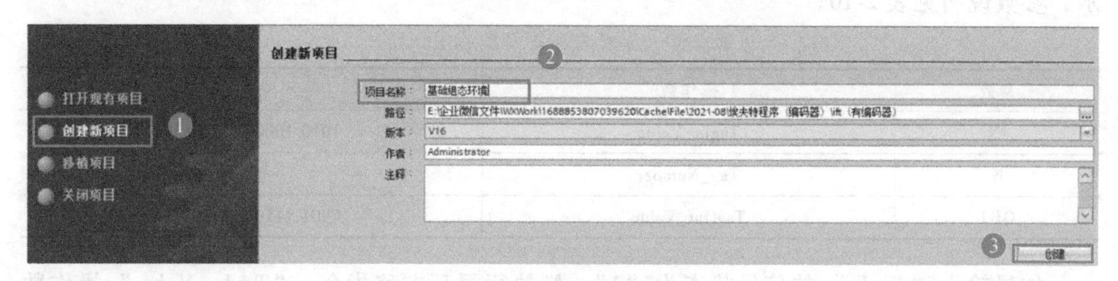

图 2-13 创建新项目

4. PLC 组态

（1）硬件连接（表 2-12）

表 2-12 硬件连接

操作步骤及说明	示意图
1）连接 CPU 模块的电源线和网线。在 CPU 模块上，❶处为电源线接口，❷处为网线接口	

（续）

操作步骤及说明	示 意 图
2)连接 RF120C 模块的电源线和信号线。在 RF120C 通信模块中，❶处为电源线接口，❷处为信号线接口	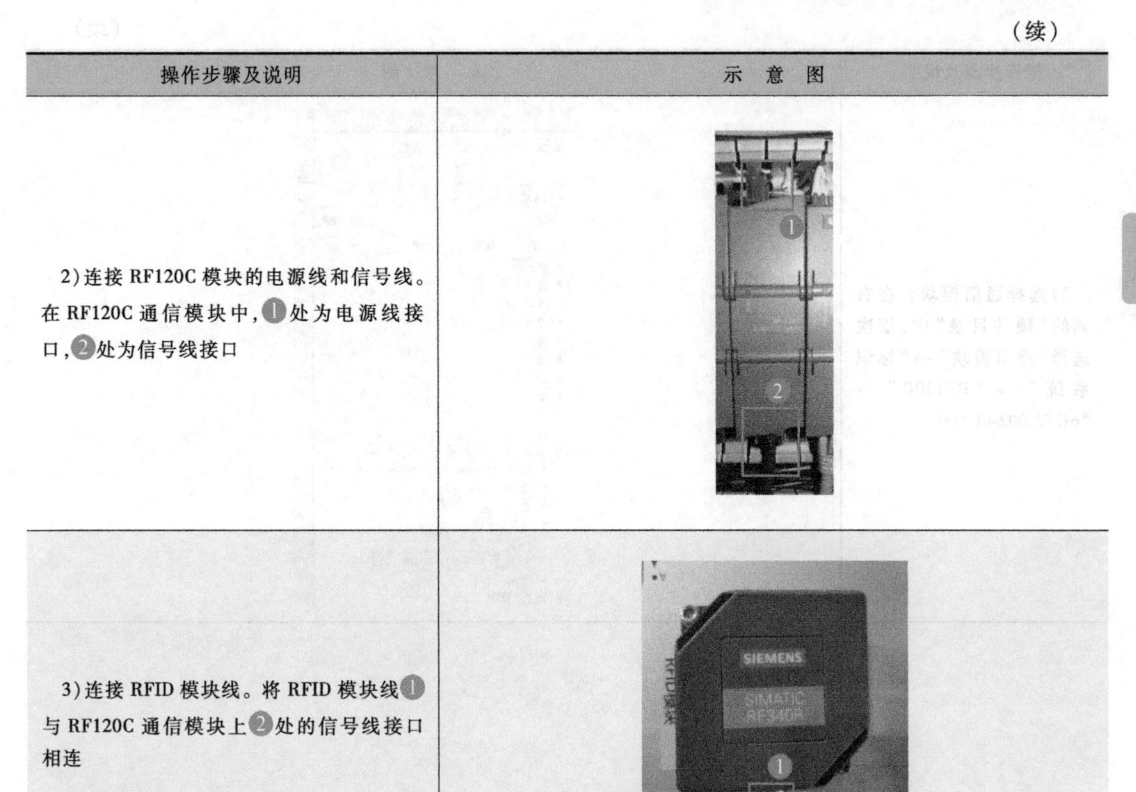
3)连接 RFID 模块线。将 RFID 模块线❶与 RF120C 通信模块上❷处的信号线接口相连	

（2）添加新设备和新增工艺对象（表 2-13）

表 2-13 添加新设备和新增工艺对象

操作步骤及说明	示 意 图
1)添加新设备。在新创建的项目中，打开项目视图，在左侧双击“添加新设备”，依次选择“控制器”→“6ES7 214-1AG40-0XB0”→“V4.2”，单击“确定”按钮	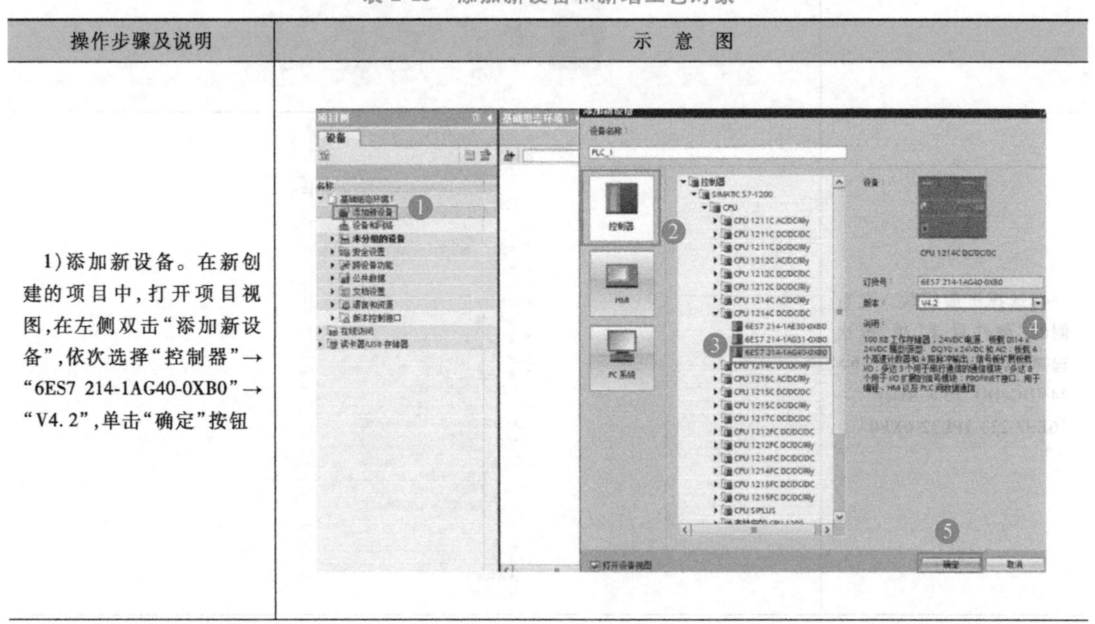

（续）

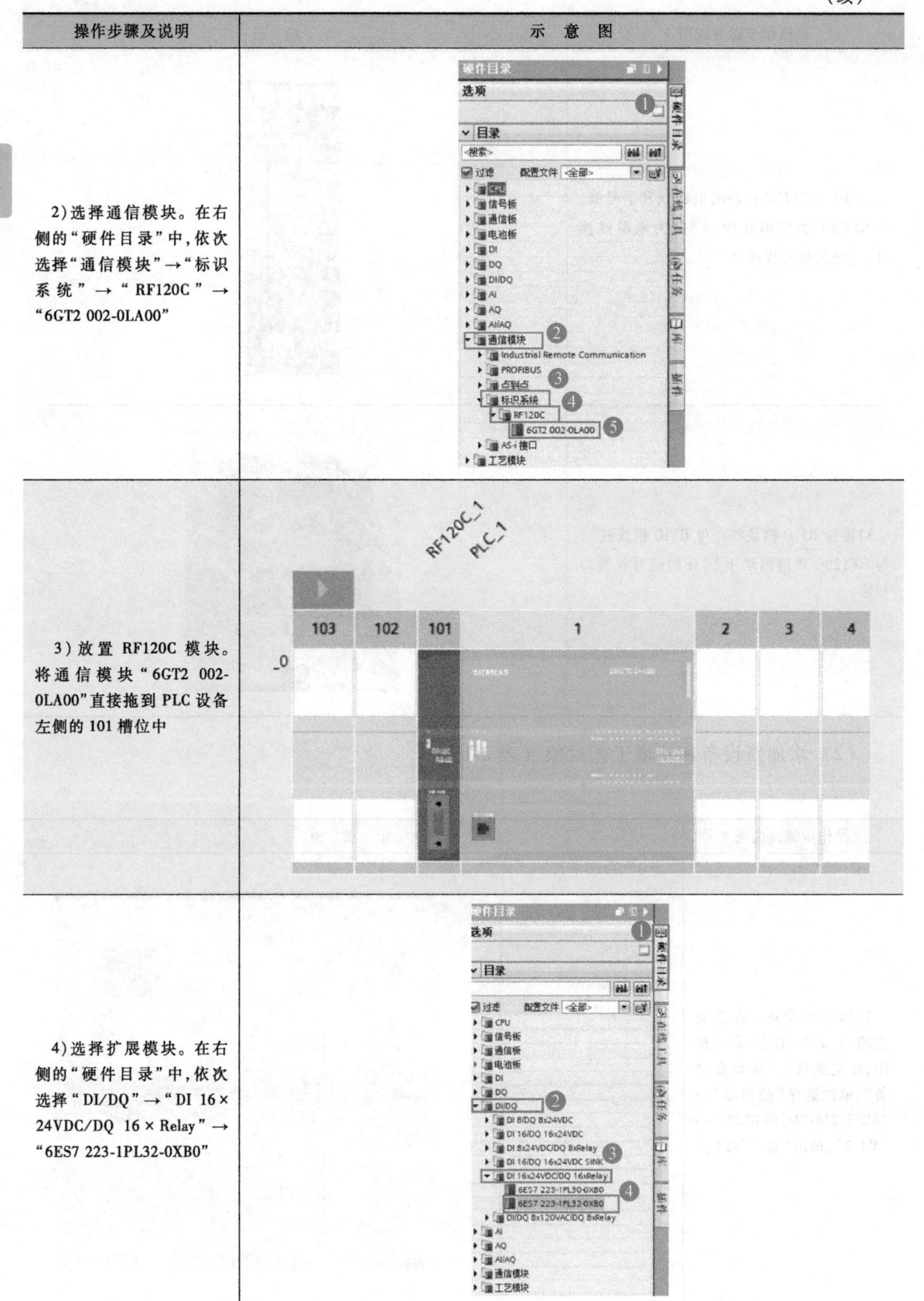

操作步骤及说明	示　意　图
2）选择通信模块。在右侧的“硬件目录”中，依次选择“通信模块”→“标识系统”→“RF120C”→“6GT2 002-0LA00”	
3）放置 RF120C 模块。将通信模块“6GT2 002-0LA00”直接拖到 PLC 设备左侧的 101 槽位中	
4）选择扩展模块。在右侧的“硬件目录”中，依次选择“DI/DQ”→“DI 16×24VDC/DQ 16×Relay”→“6ES7 223-1PL32-0XB0”	

（续）

操作步骤及说明	示　意　图
5）放置扩展模块。将扩展模块“6ES7 223-1PL32-0XB0”直接拖到 PLC 设备右侧的 2 槽位中	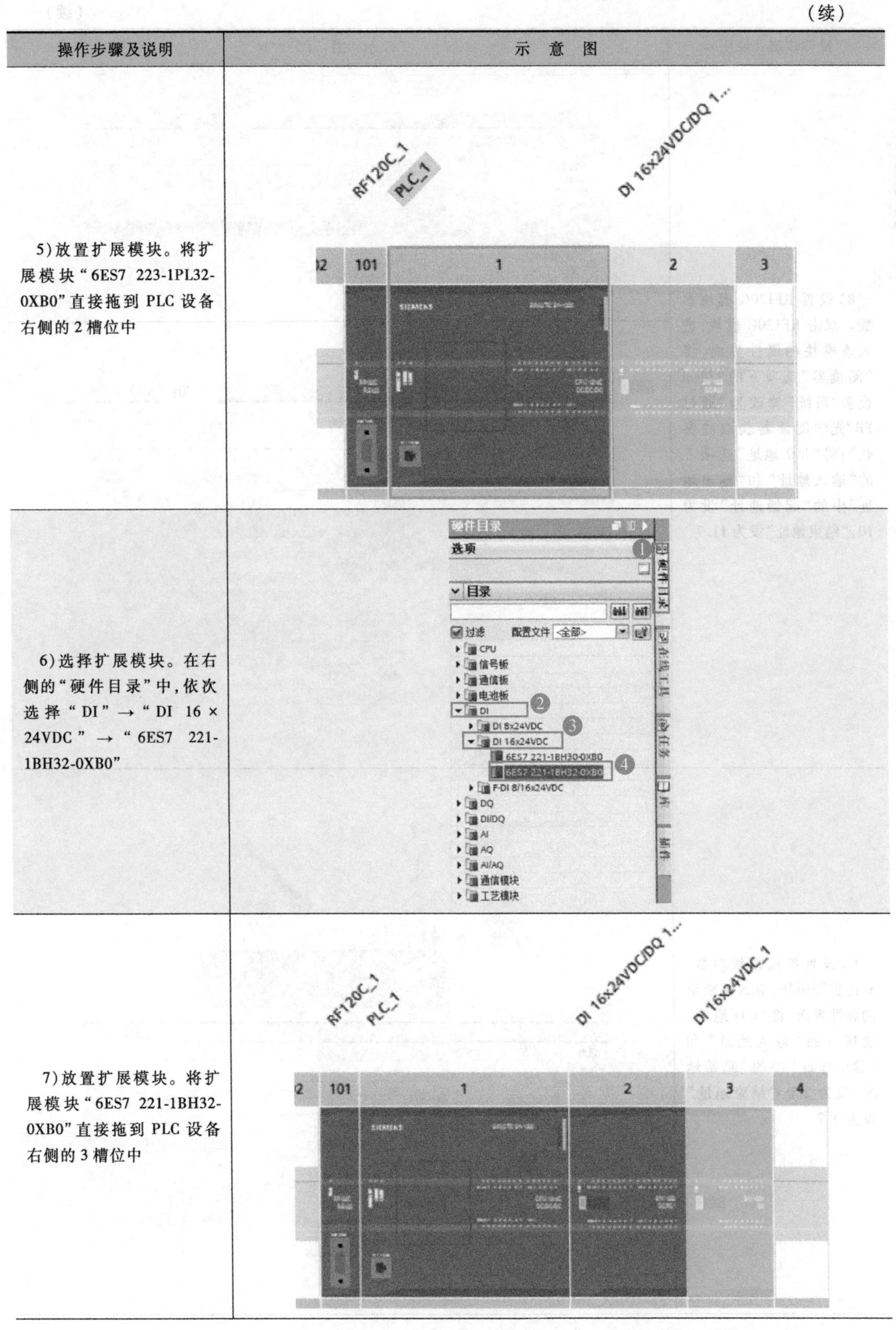
6）选择扩展模块。在右侧的“硬件目录”中，依次选择“DI”→“DI 16×24VDC”→“6ES7 221-1BH32-0XB0”	
7）放置扩展模块。将扩展模块“6ES7 221-1BH32-0XB0”直接拖到 PLC 设备右侧的 3 槽位中	

（续）

操作步骤及说明	示 意 图
8）设置 RF120C 模块参数。双击 RF120C 模块，进入该模块的属性界面，将“阅读器”选项下的“Ident 设备/系统”修改为“通过 FB/光学阅读器获取的参数”；将“I/O 地址”选项下的“输入地址”和“输出地址”中的“起始地址”设为 10，“结束地址”设为 11.7	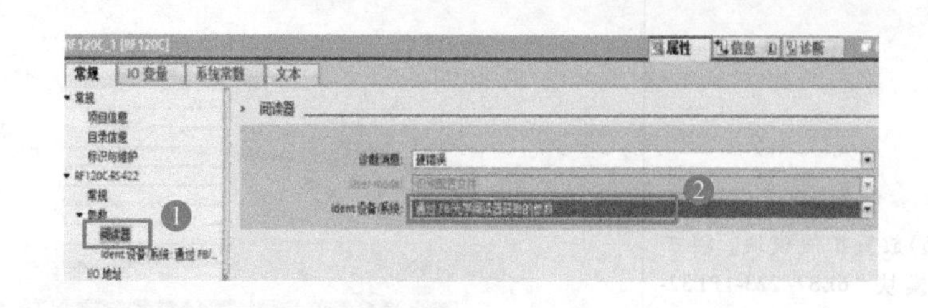 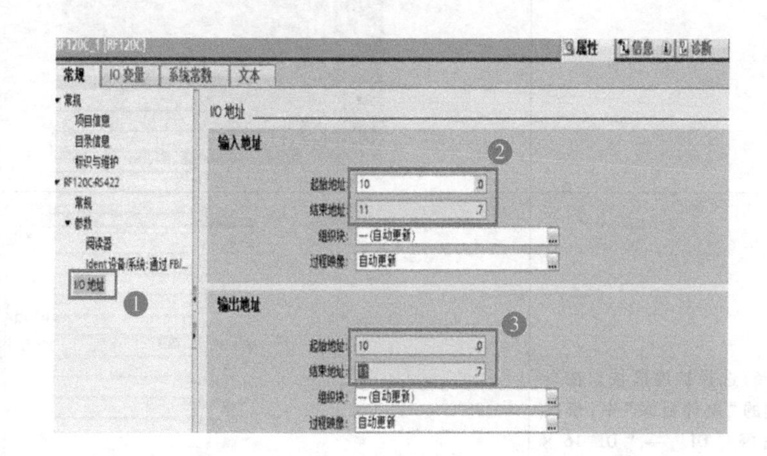
9）设置扩展模块参数。双击扩展模块，进入该模块的属性界面，将“I/O 地址”选项下的“输入地址”和“输出地址”中的“起始地址”设为 2.0，“结束地址”设为 3.7	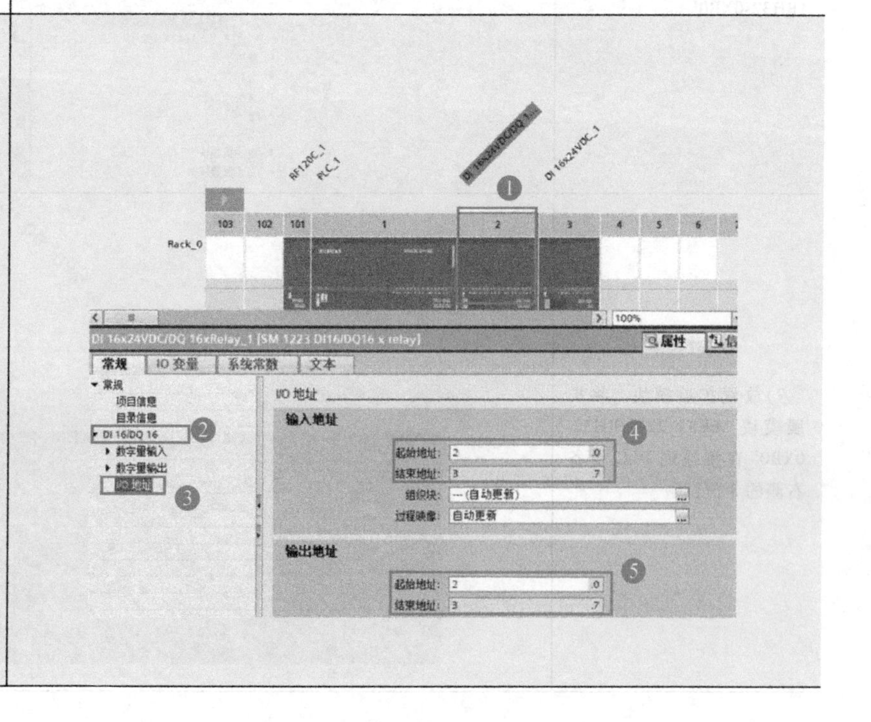

（续）

操作步骤及说明	示 意 图
10)新增工艺对象。打开左侧的“工艺对象”，双击“新增对象”，在对话框中依次选择“SIMATIC Ident”→“TO_Ident”，单击“确定”按钮	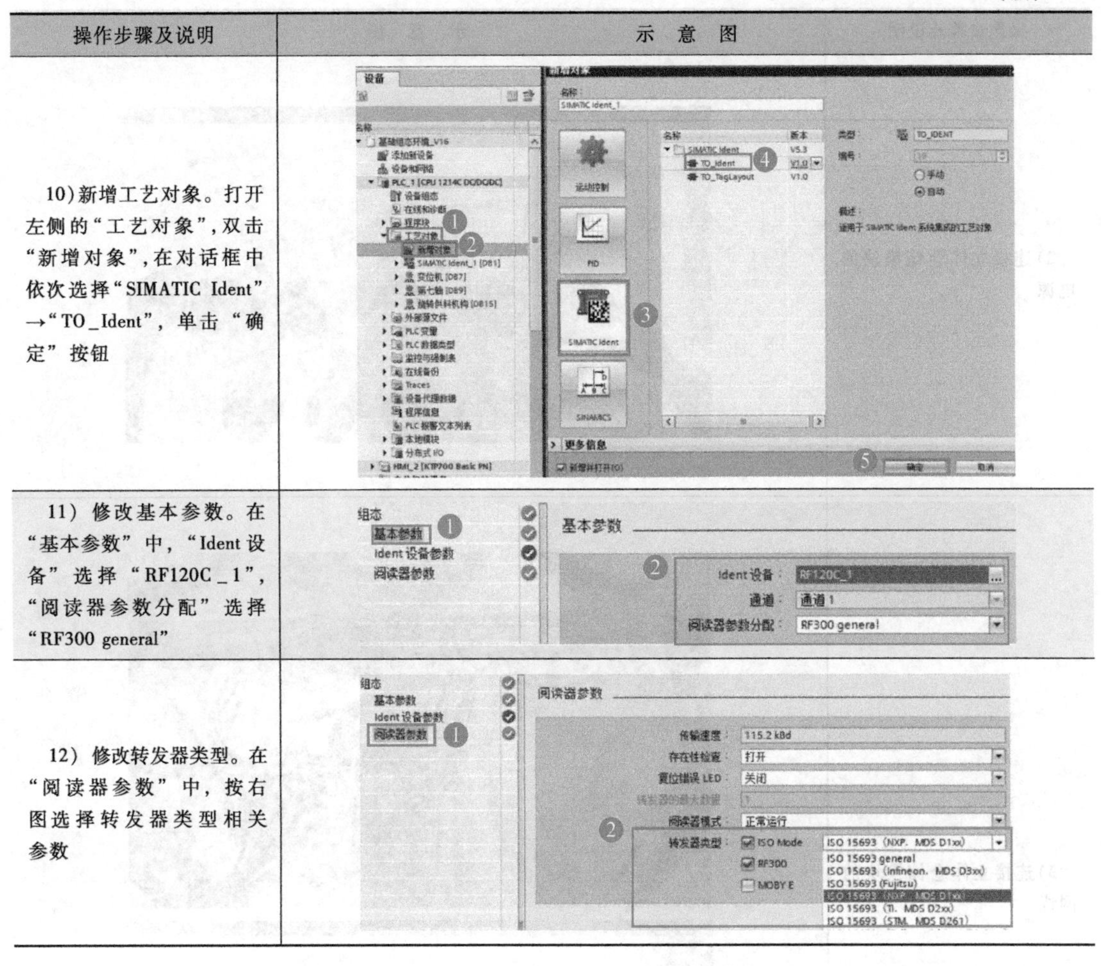
11）修改基本参数。在“基本参数”中，“Ident 设备”选择“RF120C_1”，“阅读器参数分配”选择“RF300 general”	
12）修改转发器类型。在“阅读器参数”中，按右图选择转发器类型相关参数	

5. 立体仓储+HMI 组态

（1）硬件连接（表 2-14）

表 2-14 硬件连接

操作步骤及说明	示 意 图
1)将立体仓储模块放置在指定位置并固定	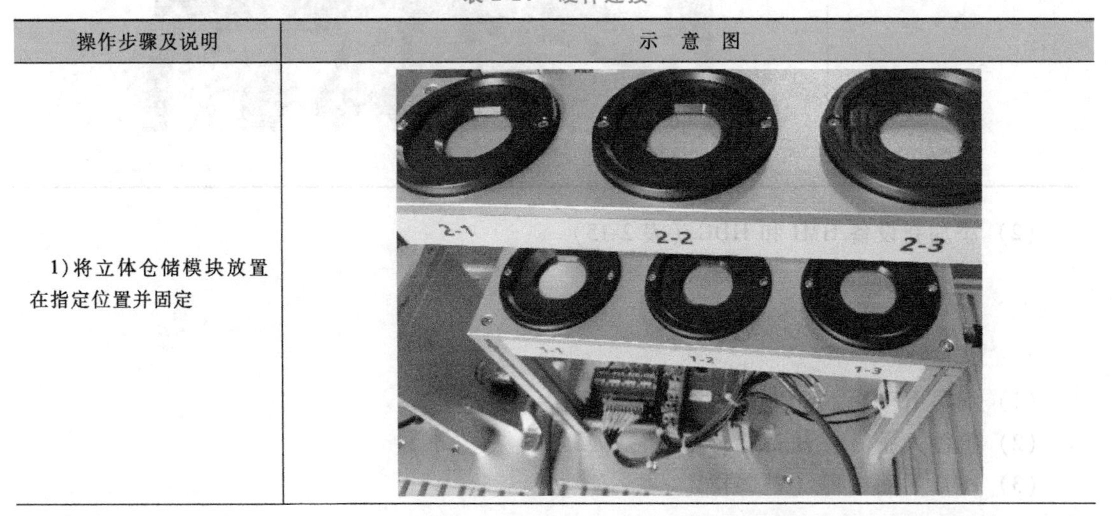

（续）

操作步骤及说明	示　意　图
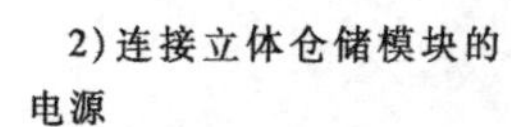 2）连接立体仓储模块的电源	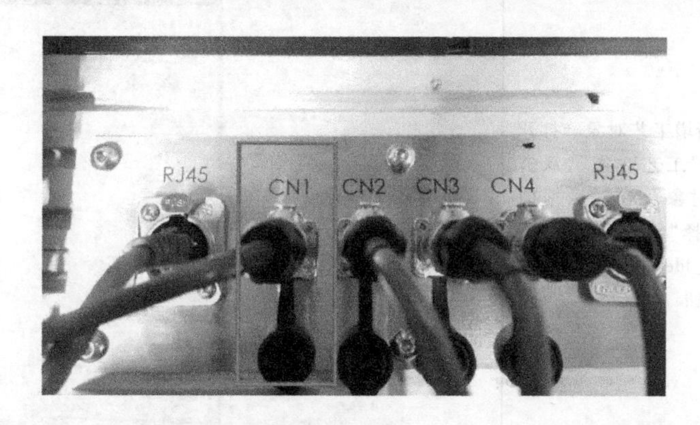
3）连接立体仓储模块的网线	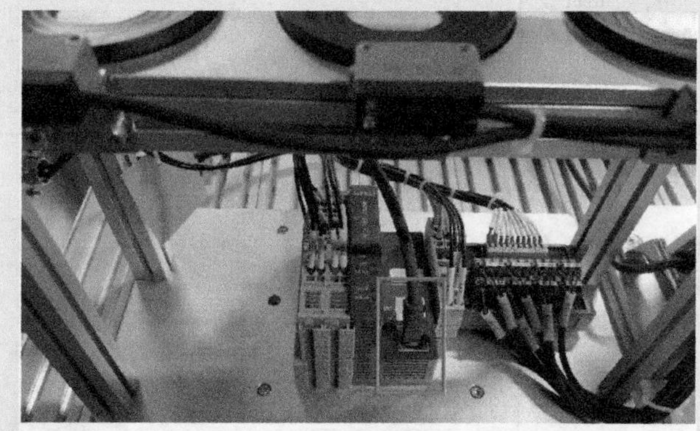 

（2）添加新设备 HMI 和 HDC（表 2-15）

二、任务实施

1. PLC 编程

（1）编写 RFID 设备 PLC 程序（表 2-16）

（2）机器人通信（表 2-17）

（3）HMI 界面编程（表 2-18）

表 2-15　添加新设备 HMI 和 HDC

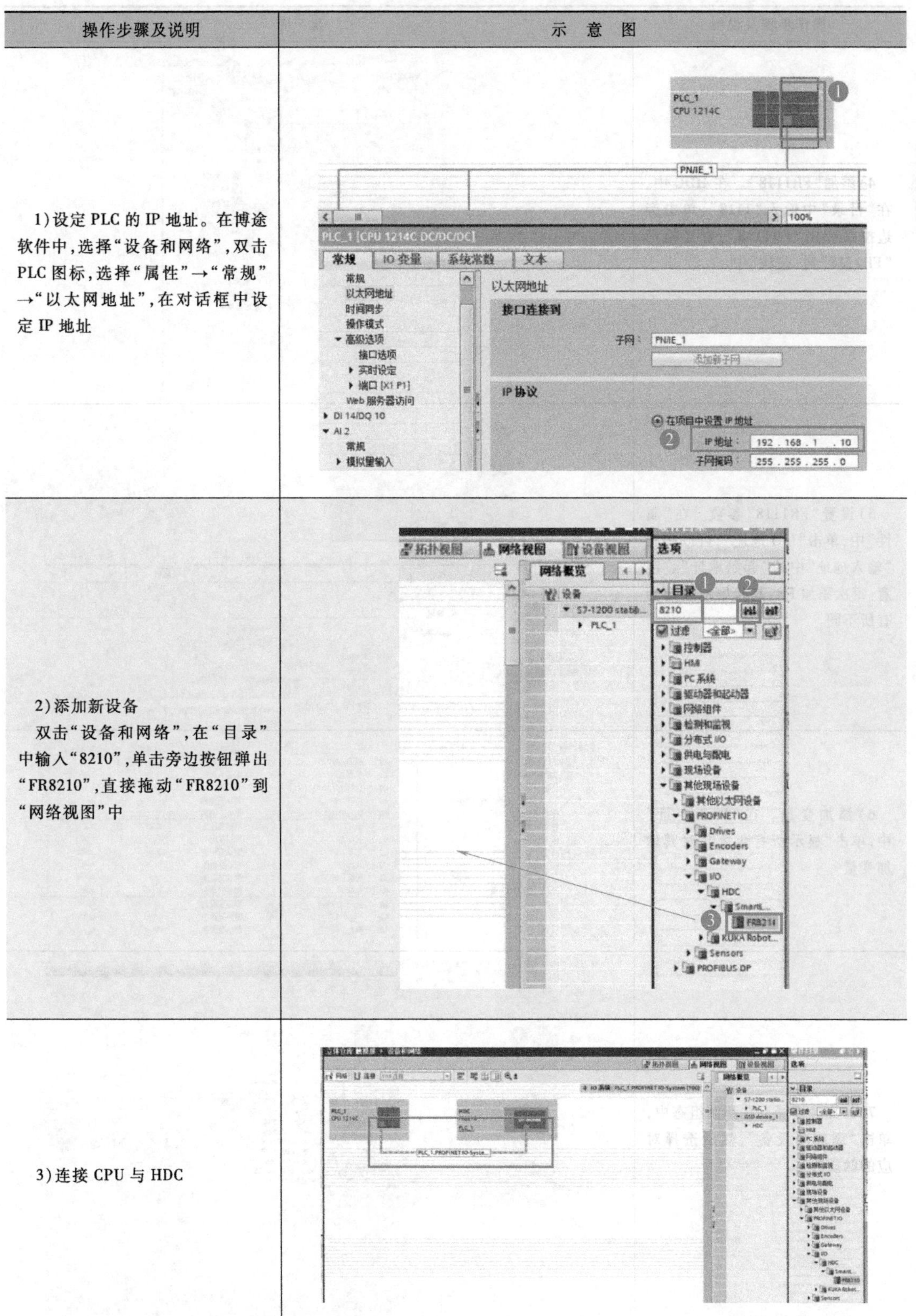

操作步骤及说明	示　意　图
1）设定 PLC 的 IP 地址。在博途软件中，选择“设备和网络”，双击 PLC 图标，选择“属性”→“常规”→“以太网地址”，在对话框中设定 IP 地址	
2）添加新设备 双击“设备和网络”，在“目录”中输入“8210”，单击旁边按钮弹出“FR8210”，直接拖动“FR8210”到“网络视图”中	
3）连接 CPU 与 HDC	

（续）

操作步骤及说明	示 意 图
4）添加“FR1118”。在 HDC 中，在“目录”中输入“1118”，单击旁边按钮弹出“FR1118”，直接拖动“FR1118”到“模块”中	
5）设置“FR1118”参数。在“属性”中，单击“I/O 地址”，可以查看“输入地址”中的“起始地址”。注意：每次添加 FR，其起始地址都会有所不同	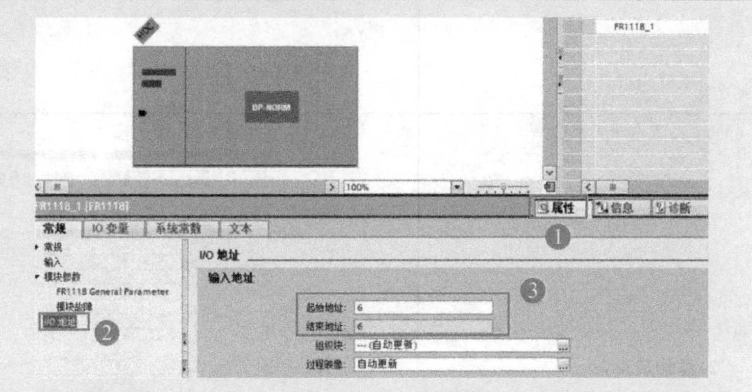
6）添加变量。在“PLC 变量”中，单击“显示所有变量”，对其增加变量	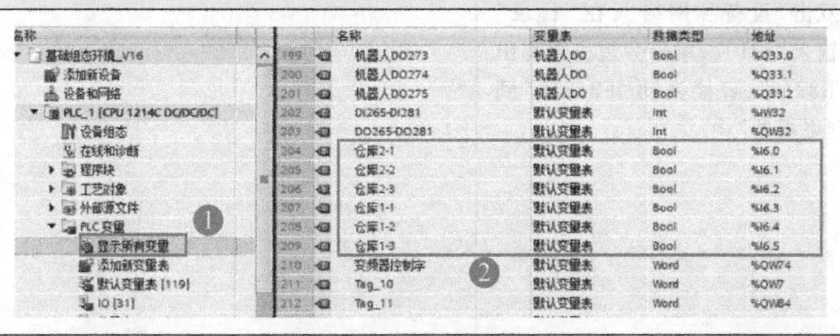
7）添加触摸屏。在基础组态中，单击“添加新设备”，然后选择对应的触摸屏	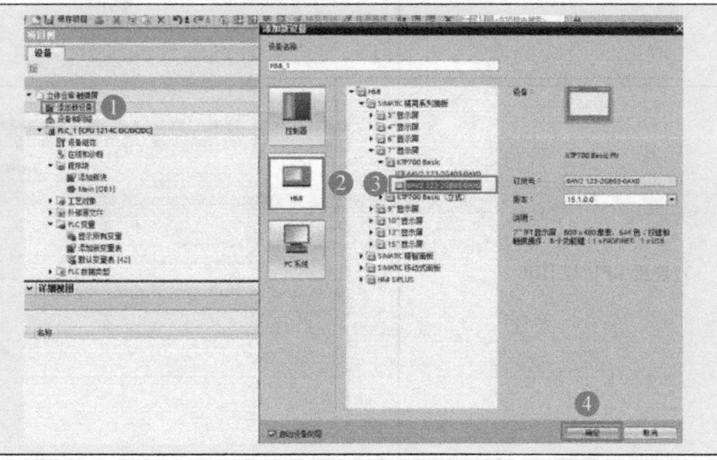

（续）

操作步骤及说明	示 意 图
8）建立 HMI 与 CPU 的通信	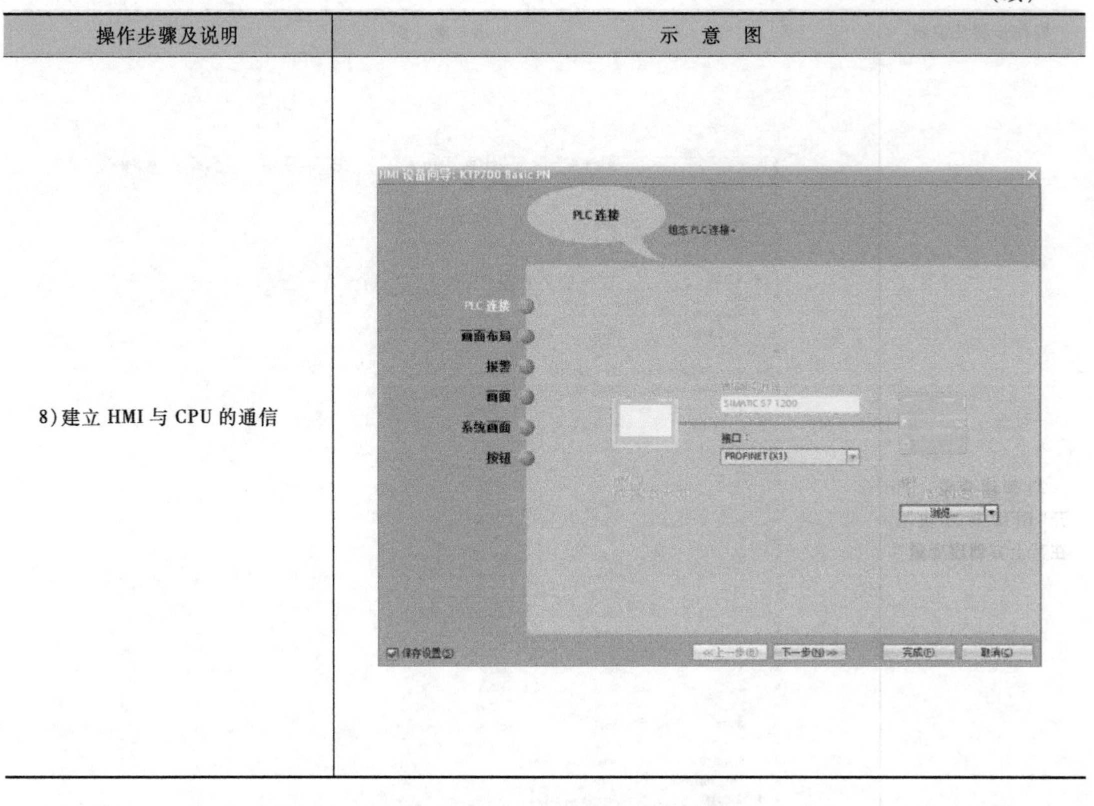

表 2-16 编写 RFID 设备 PLC 程序

操作步骤及说明	示 意 图
1）新增组。右击“程序块”，选择“新增组”，命名为“RFID”并右击，选择“添加新块”，在对话框中选择“FB 函数块”，将块名称修改为“RFID 标准块”，语言选择 LAD 梯形图语言。添加“RFID 检测模块”与添加“RFID 标准块”类似	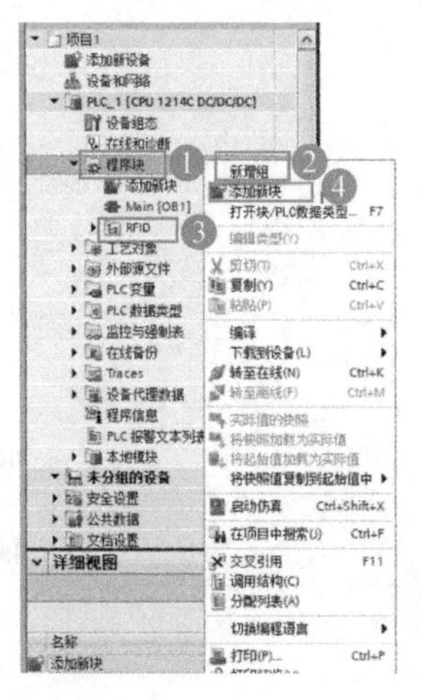 

（续）

操作步骤及说明	示 意 图

2）新建变量。打开“RFID 标准块”，在其上方创建变量

名称	数据类型	偏移量	默认值	从 HMI/OPC..	从 H...	在 HMI ...	设定值
▸ 写数据	Array[1..4] o...	0.0		☑	☑	☑	☐
RFID复位	Bool	4.0	false	☑	☑	☑	☐
首次循环	Bool	4.1	false	☑	☑	☑	☐
机器人写RFID	Bool	4.2	false	☑	☑	☑	☐
▾ Output				☐	☐	☐	☐
▸ 读数据	Array[1..4] of Byte	6.0		☑	☑	☑	☐
▾ InOut				☐	☐	☐	☐
HMI写入RFID	Bool	10.0	false	☑	☑	☑	☐
HMI读取RFID	Bool	10.1	false	☑	☑	☑	☐
▾ Static				☐	☐	☐	☐
▸ Reset_RF300_Instance	Reset_RF300			☑	☑	☑	☑
▸ IEC_Timer_0_Instance	TON_TIME	12.0		☑	☑	☑	☑
d1	Bool	28.0	false	☑	☑	☑	☐
d2	Bool	28.1	false	☑	☑	☑	☐
d3	Bool	28.2	false	☑	☑	☑	☐
b1	Bool	28.3	false	☑	☑	☑	☐
b2	Bool	28.4	false	☑	☑	☑	☐
b3	Bool	28.5	false	☑	☑	☑	☐
e1	Bool	28.6	false	☑	☑	☑	☐
e2	Bool	28.7	false	☑	☑	☑	☐
e3	Bool	29.0	false	☑	☑	☑	☐
s1	DWord	30.0	16#0	☑	☑	☑	☐
s2	DWord	34.0	16#0	☑	☑	☑	☐
s3	DWord	38.0	16#0	☑	☑	☑	☐
1	Bool	42.0	false	☑	☑	☑	☐
2	Bool	42.1	false	☑	☑	☑	☐
3	Bool	42.2	false	☑	☑	☑	☐
4	Bool	42.3	false	☑	☑	☑	☐
5	Bool	42.4	false	☑	☑	☑	☐
读RFID	Bool	42.5	false	☑	☑	☑	☐
写RFID	Bool	42.6	false	☑	☑	☑	☐
▸ 写入数据	Array[1..4] of Byte	44.0		☑	☑	☑	☐
▸ Write_Instance	Write			☑	☑	☑	☑
▸ 读取数据	Array[1..4] of Byte	48.0		☑	☑	☑	☑
▸ IEC_Timer_0_Instance...	TON_TIME	52.0		☑	☑	☑	☑
▸ Read_DB	Read			☑	☑	☑	☑
▸ IEC_Timer_0_DB_1	TON_TIME	68.0		☑	☑	☑	☑
▸ IEC_Timer_0_Instance...	TON_TIME	84.0		☑	☑	☑	☑

3）添加复位指令。打开“RFID 标准块”，添加复位指令，“RFID 复位”信号接通，“写 RFID”“读 RFID”“HMI 读取 RFID”和“HMI 写入 RFID”信号复位

（续）

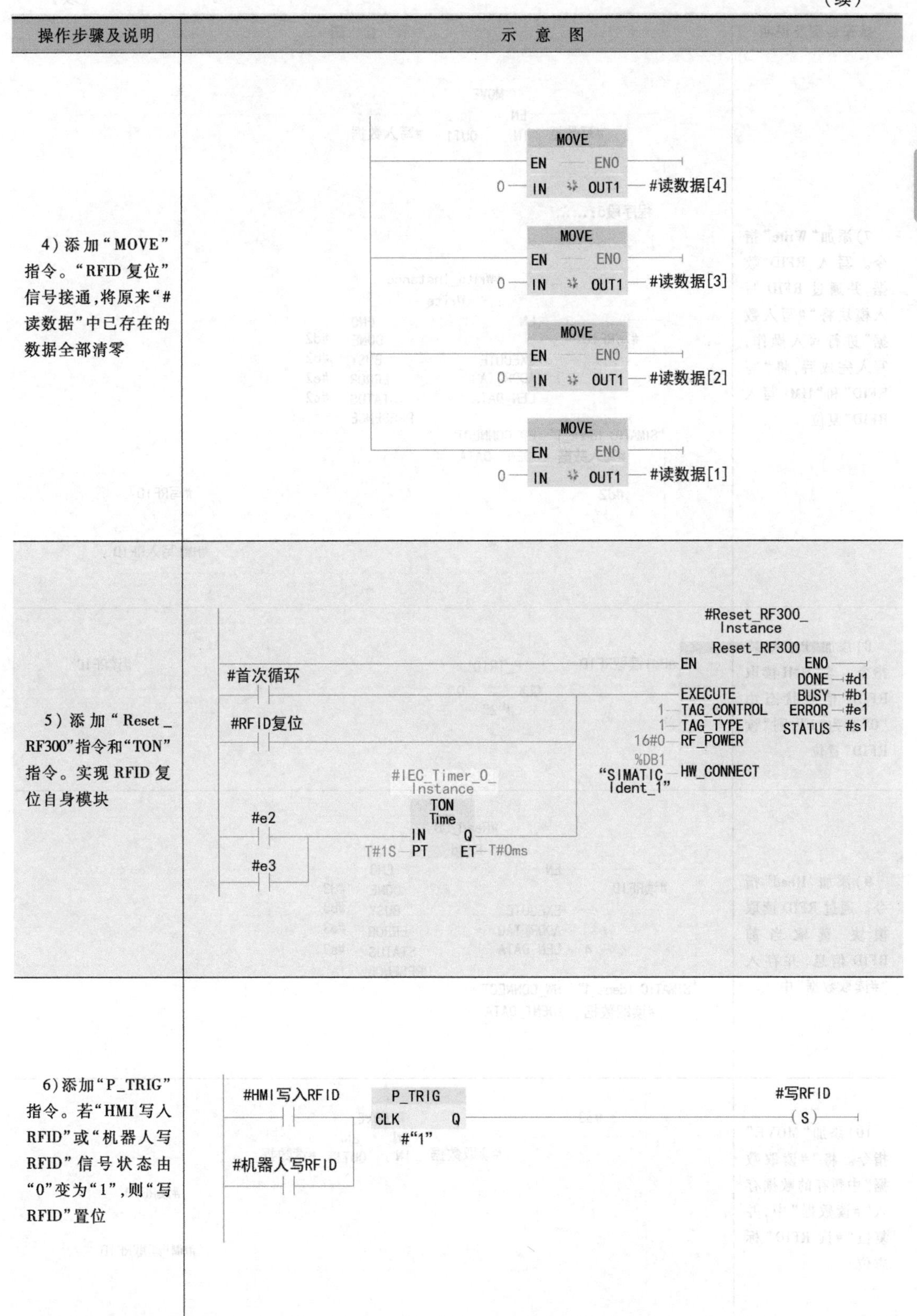

操作步骤及说明	示　意　图
4）添加“MOVE”指令。“RFID复位”信号接通，将原来“#读数据”中已存在的数据全部清零	
5）添加“Reset_RF300”指令和“TON”指令。实现RFID复位自身模块	
6）添加“P_TRIG”指令。若“HMI写入RFID”或“机器人写RFID”信号状态由“0”变为“1”，则“写RFID”置位	

（续）

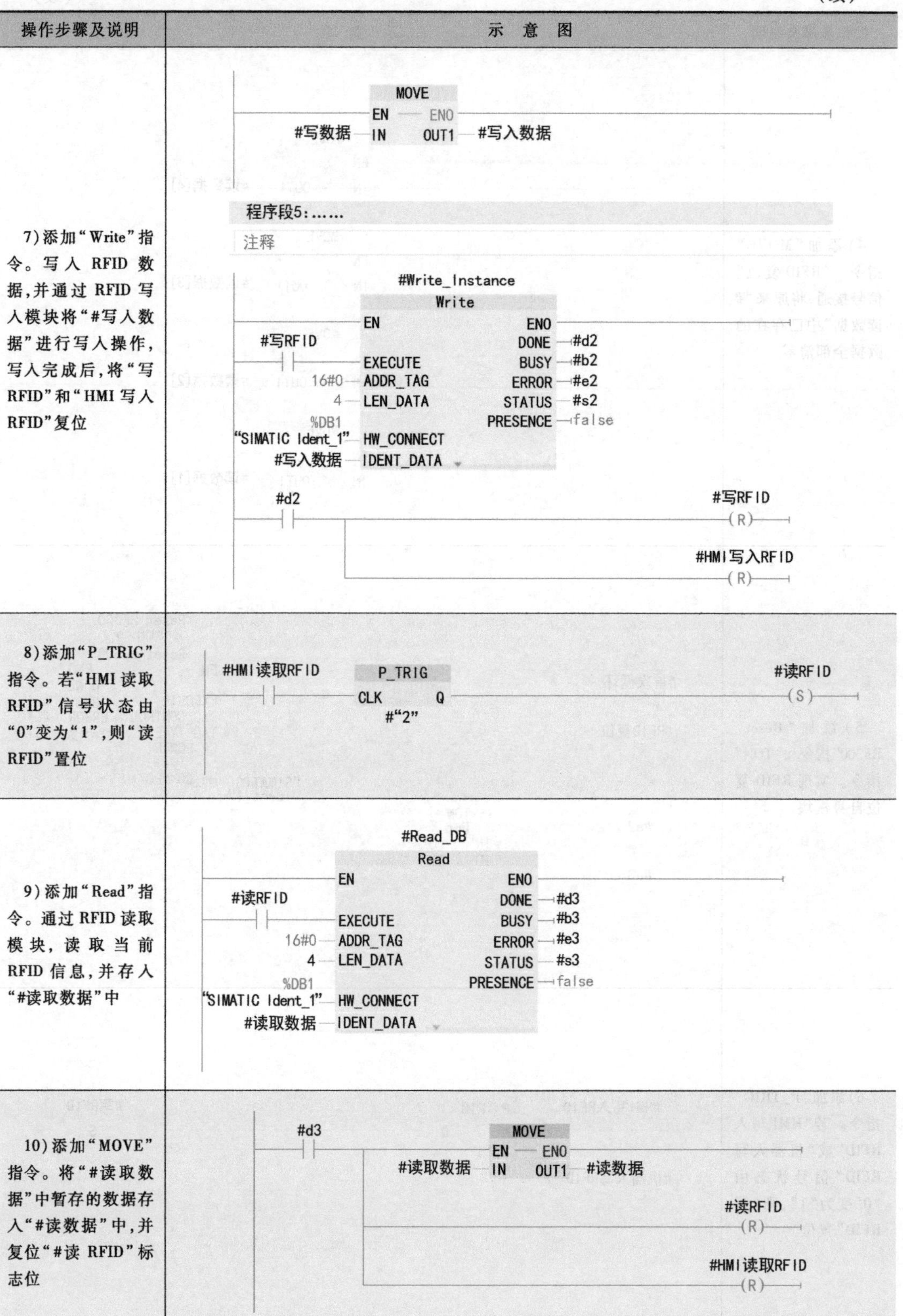

操作步骤及说明	示意图
7）添加“Write”指令。写入RFID数据，并通过RFID写入模块将“#写入数据”进行写入操作，写入完成后，将“写RFID”和“HMI写入RFID”复位	
8）添加“P_TRIG”指令。若“HMI读取RFID”信号状态由“0”变为“1”，则“读RFID”置位	
9）添加“Read”指令。通过RFID读取模块，读取当前RFID信息，并存入“#读取数据”中	
10）添加“MOVE”指令。将“#读取数据”中暂存的数据存入“#读数据”中，并复位“#读RFID”标志位	

（续）

<table>
<tr><th>操作步骤及说明</th><th>示 意 图</th></tr>
<tr><td>11）新建变量。打开“RFID 检测模块”，在其上方创建变量</td><td>
<table>
<tr><td>▾ Input</td><td></td><td></td></tr>
<tr><td>开始读取</td><td>Bool</td><td>false</td></tr>
<tr><td>开始写入</td><td>Bool</td><td>false</td></tr>
<tr><td>RFID模块初始化</td><td>Bool</td><td>false</td></tr>
<tr><td>写入数据</td><td>Int</td><td>0</td></tr>
<tr><td>▾ Output</td><td></td><td></td></tr>
<tr><td>读取完成</td><td>Bool</td><td>false</td></tr>
<tr><td>写入完成</td><td>Bool</td><td>false</td></tr>
<tr><td>读取数据</td><td>Int</td><td>0</td></tr>
<tr><td>▾ InOut</td><td></td><td></td></tr>
<tr><td><新增></td><td></td><td></td></tr>
<tr><td>▾ Static</td><td></td><td></td></tr>
<tr><td>读取运行步骤</td><td>Int</td><td>0</td></tr>
<tr><td>写入运行步骤</td><td>Int</td><td>0</td></tr>
<tr><td>1</td><td>Bool</td><td>false</td></tr>
<tr><td>2</td><td>Bool</td><td>false</td></tr>
<tr><td>3</td><td>Bool</td><td>false</td></tr>
<tr><td>4</td><td>Bool</td><td>false</td></tr>
<tr><td>5</td><td>Bool</td><td>false</td></tr>
<tr><td>6</td><td>Bool</td><td>false</td></tr>
<tr><td>7</td><td>Bool</td><td>false</td></tr>
<tr><td>8</td><td>Bool</td><td>false</td></tr>
<tr><td>9</td><td>Bool</td><td>false</td></tr>
<tr><td>10</td><td>Bool</td><td>false</td></tr>
<tr><td>▸ 写数据</td><td>Array[1..4] of Byte</td><td></td></tr>
<tr><td>▸ 读数据</td><td>Array[1..4] of Byte</td><td></td></tr>
<tr><td>▸ IEC_Timer_0_Instance</td><td>TON_TIME</td><td></td></tr>
<tr><td>▸ IEC_Timer_0_Instance...</td><td>TON_TIME</td><td></td></tr>
<tr><td>▸ IEC_Timer_0_Instance...</td><td>TON_TIME</td><td></td></tr>
<tr><td>▸ IEC_Timer_0_Instance...</td><td>TON_TIME</td><td></td></tr>
<tr><td>▸ IEC_Timer_0_Instance...</td><td>TON_TIME</td><td></td></tr>
<tr><td>▸ IEC_Timer_0_Instance...</td><td>TON_TIME</td><td></td></tr>
<tr><td>▸ RFID标准块_Instance</td><td>"RFID标准块"</td><td></td></tr>
</table>
</td></tr>
<tr><td>12）添加“MOVE”指令和“P_TRIG”指令。当“RFID 检测模块初始化”信号状态从“0”变为“1”时，复位相关操作标志位</td><td>
#RFID模块初始化
P_TRIG
CLK　Q
#“1”
%DB8.DBX32.0
“触摸屏变量”.
RFID检测模块.
写入RFID
(R)
%DB8.DBX32.1
“触摸屏变量”.
RFID检测模块.
读取RFID
(R)
%DB8.DBX26.0
“触摸屏变量”.
RFID检测模块.
RFID复位
(S)
#读取完成
(R)
MOVE
EN　ENO
0　IN　OUT1　#读取运行步骤
%DB8.DBW30
“触摸屏变量”.
RFID检测模块.
OUT2　读数据
OUT3　#读取数据
</td></tr>
</table>

（续）

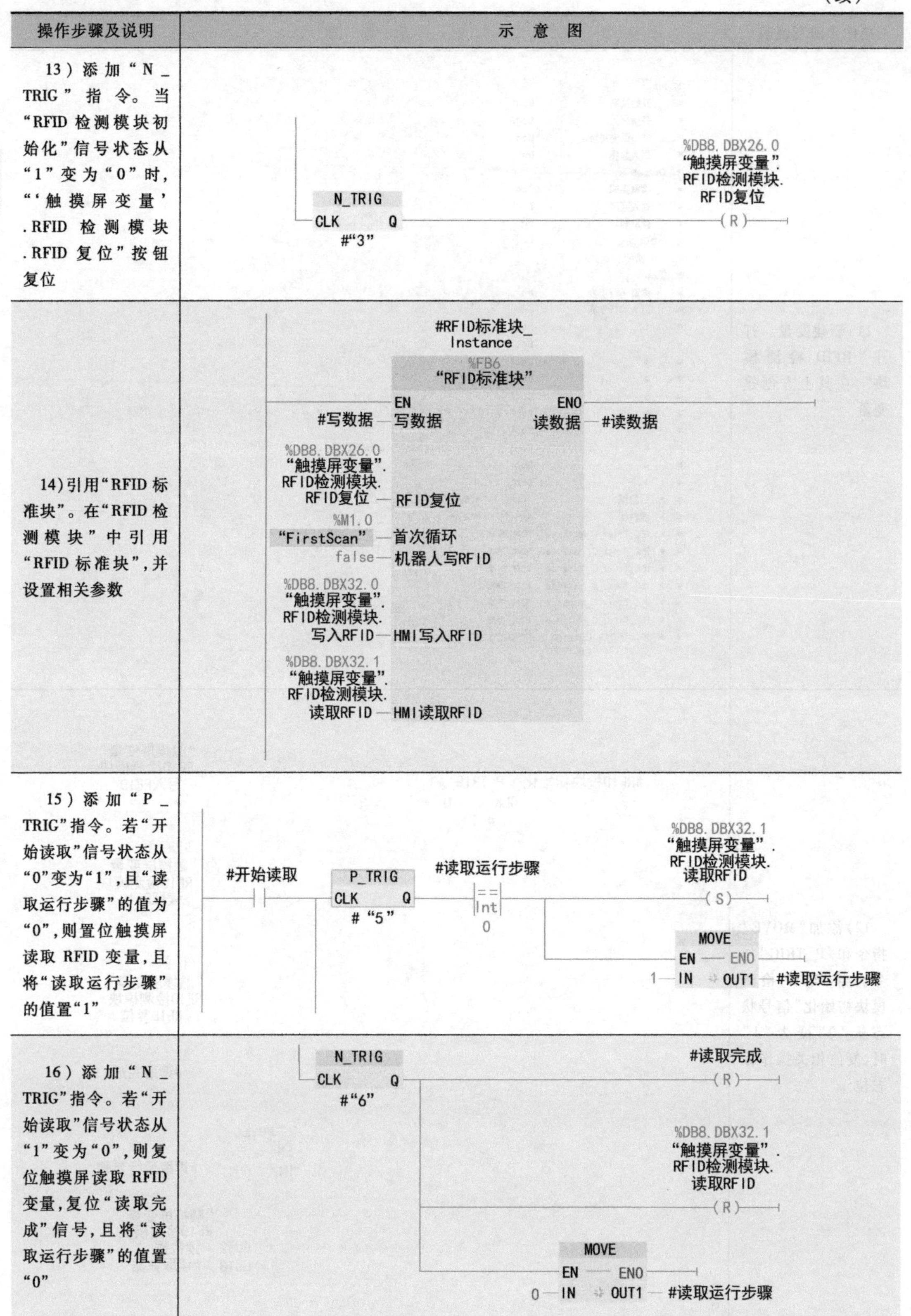

操作步骤及说明	示 意 图
13）添加“N_TRIG”指令。当“RFID检测模块初始化”信号状态从“1”变为“0”时，“‘触摸屏变量’.RFID检测模块.RFID复位”按钮复位	
14）引用“RFID标准块”。在“RFID检测模块”中引用“RFID标准块”，并设置相关参数	
15）添加“P_TRIG”指令。若“开始读取”信号状态从“0”变为“1”，且“读取运行步骤”的值为“0”，则置位触摸屏读取RFID变量，且将“读取运行步骤”的值置“1”	
16）添加“N_TRIG”指令。若“开始读取”信号状态从“1”变为“0”，则复位触摸屏读取RFID变量，复位“读取完成”信号，且将“读取运行步骤”的值置“0”	

（续）

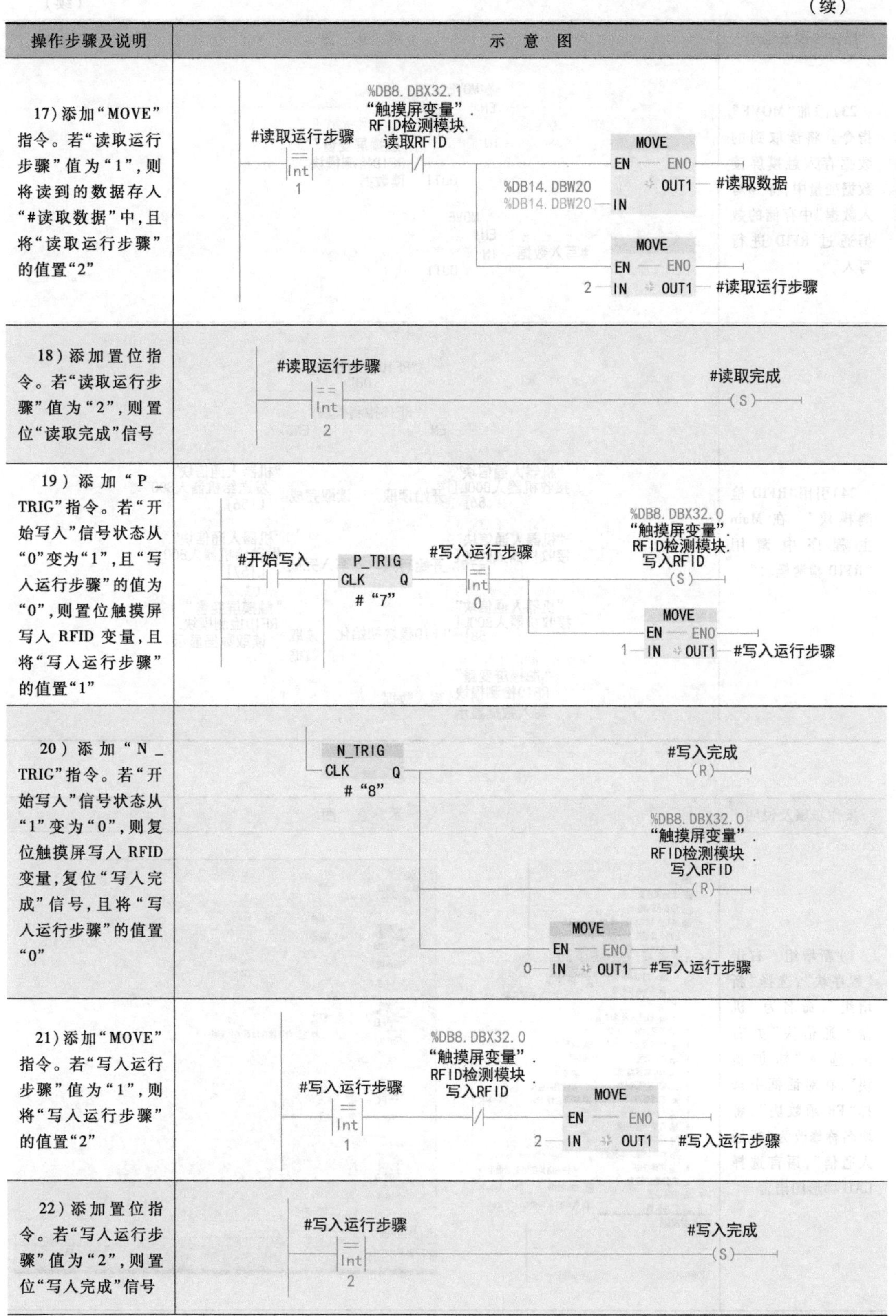

操作步骤及说明	示　意　图
17）添加“MOVE”指令。若“读取运行步骤”值为“1”，则将读到的数据存入“#读取数据”中，且将“读取运行步骤”的值置“2”	
18）添加置位指令。若“读取运行步骤”值为“2”，则置位“读取完成”信号	
19）添加“P_TRIG”指令。若“开始写入”信号状态从“0”变为“1”，且“写入运行步骤”的值为“0”，则置位触摸屏写入 RFID 变量，且将“写入运行步骤”的值置“1”	
20）添加“N_TRIG”指令。若“开始写入”信号状态从“1”变为“0”，则复位触摸屏写入 RFID 变量，复位“写入完成”信号，且将“写入运行步骤”的值置“0”	
21）添加“MOVE”指令。若“写入运行步骤”值为“1”，则将“写入运行步骤”的值置“2”	
22）添加置位指令。若“写入运行步骤”值为“2”，则置位“写入完成”信号	

（续）

操作步骤及说明	示 意 图
23）添加“MOVE”指令。将读取到的数据存入触摸屏读数据变量中，将“#写入数据”中存储的数据通过 RFID 进行写入	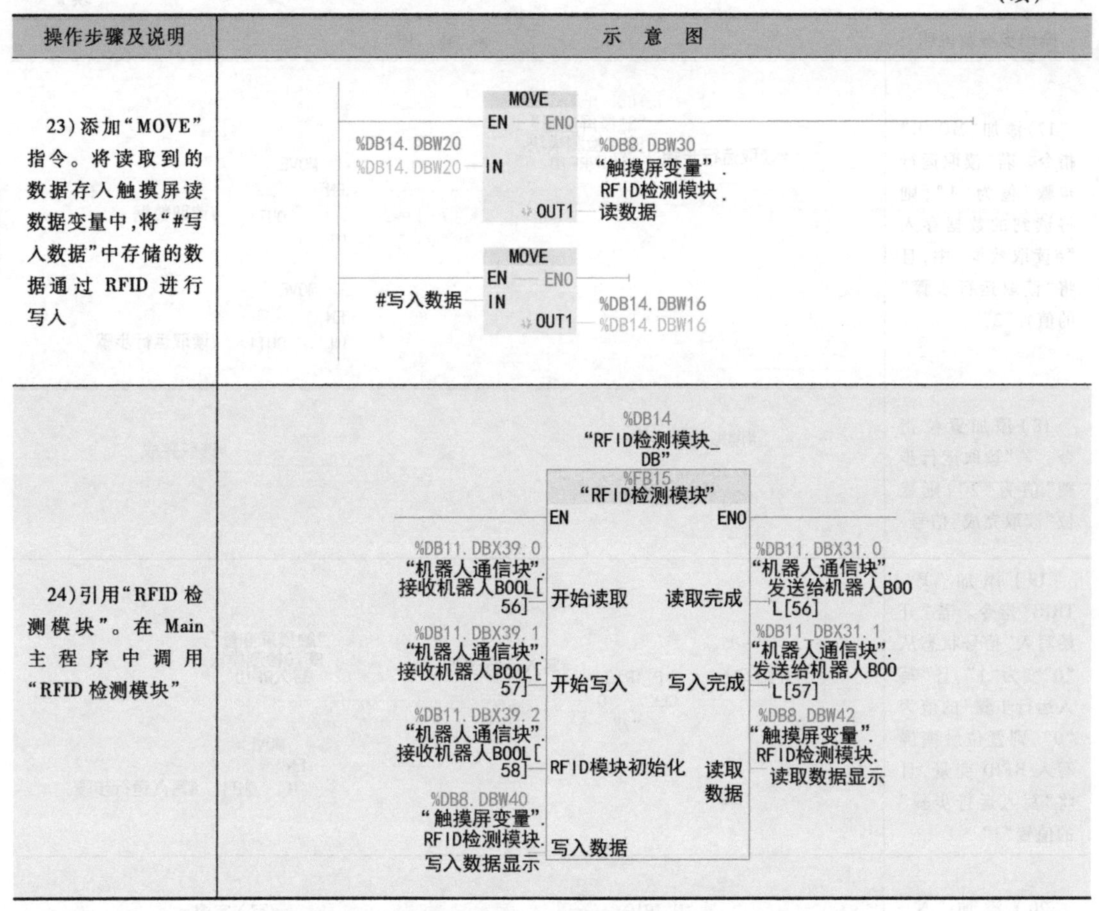
24）引用“RFID 检测模块”。在 Main 主程序中调用“RFID 检测模块”	

表 2-17 机器人通信

操作步骤及说明	示 意 图
1）新增组。右击“程序块”，选择“新增组”，命名为“机器人通信块”并右击，选择“添加新块”，在对话框中选择“FB 函数块”，将块名称修改为“机器人通信”，语言选择 LAD 梯形图语言	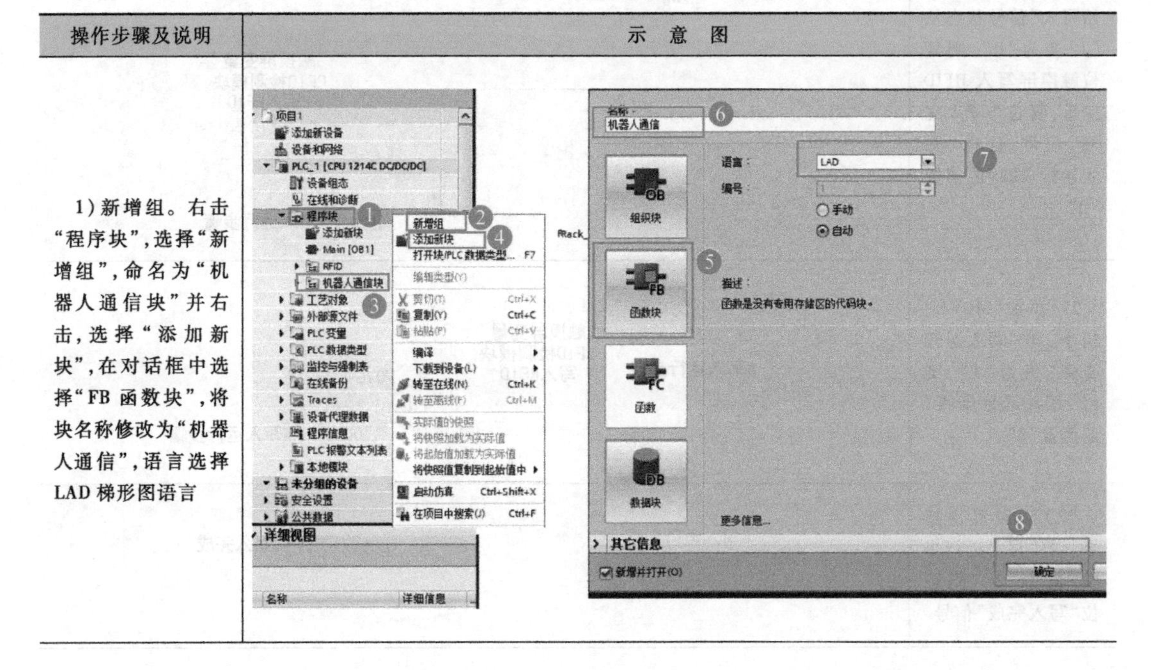

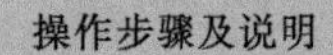

（续）

<table>
<tr><th>操作步骤及说明</th><th>示　意　图</th></tr>
<tr><td>2）添加新块。右击“机器人通信块”，选择“添加新块”，在对话框中名称改为“机器人通信块”，选择“DB数据块”，单击“确定”按钮，新建变量</td><td>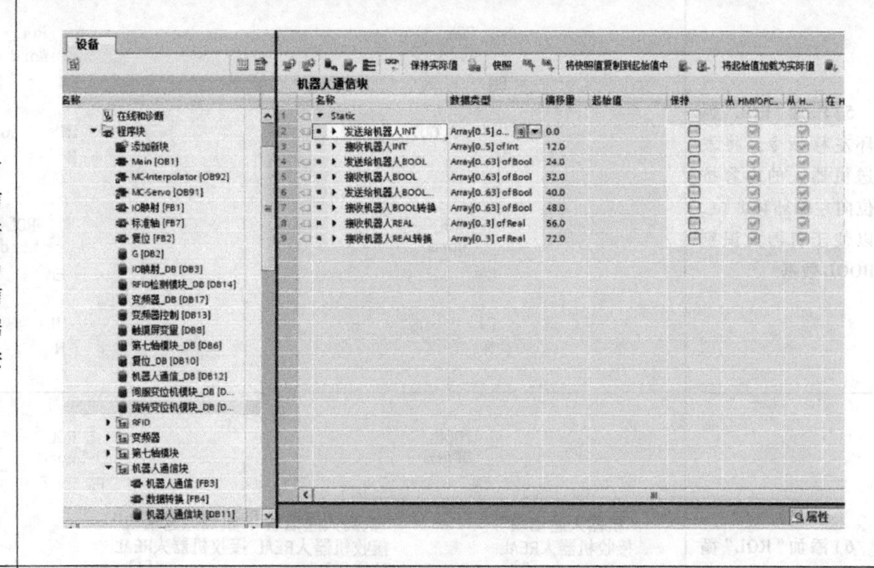
</td></tr>
<tr><td>3）设置参数。打开“机器人通信[FB3]”，选择右侧的“指令”，打开“通信”，将“开放式用户通信”和“MODBUS TCP”设为V3.1，以方便使用</td><td>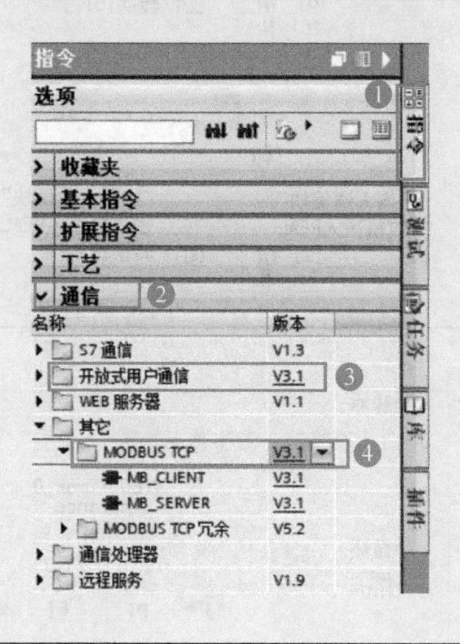
</td></tr>
<tr><td>4）添加“ROL”循环左移指令。将接收机器人的内容按位向左循环移8位，以便于PLC识别BOOL数据</td><td>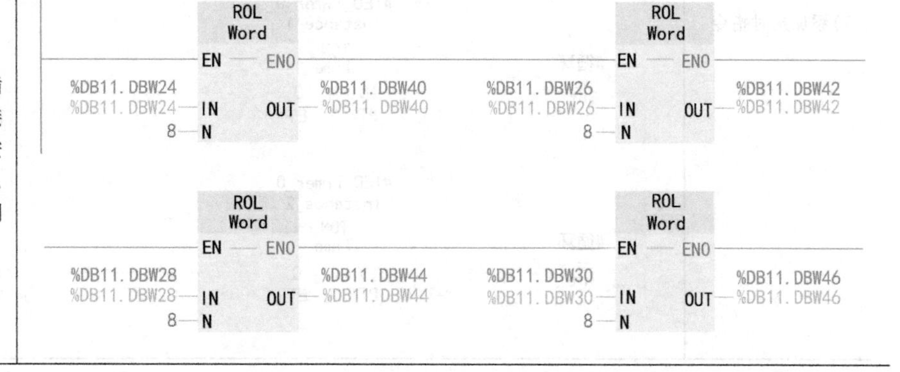
</td></tr>
</table>

（续）

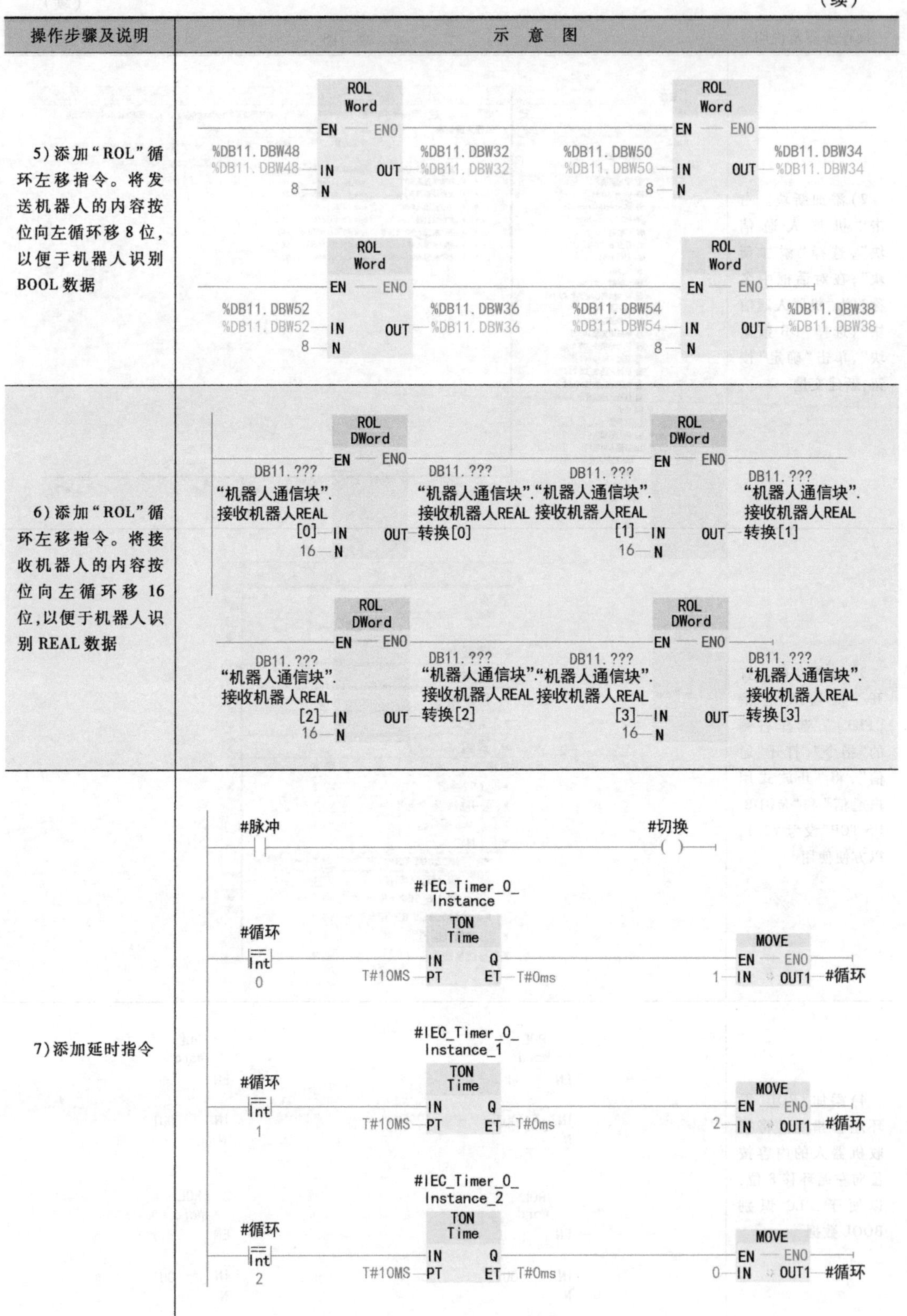

操作步骤及说明	示意图
5）添加“ROL”循环左移指令。将发送机器人的内容按位向左循环移8位，以便于机器人识别BOOL数据	
6）添加“ROL”循环左移指令。将接收机器人的内容按位向左循环移16位，以便于机器人识别REAL数据	
7）添加延时指令	

（续）

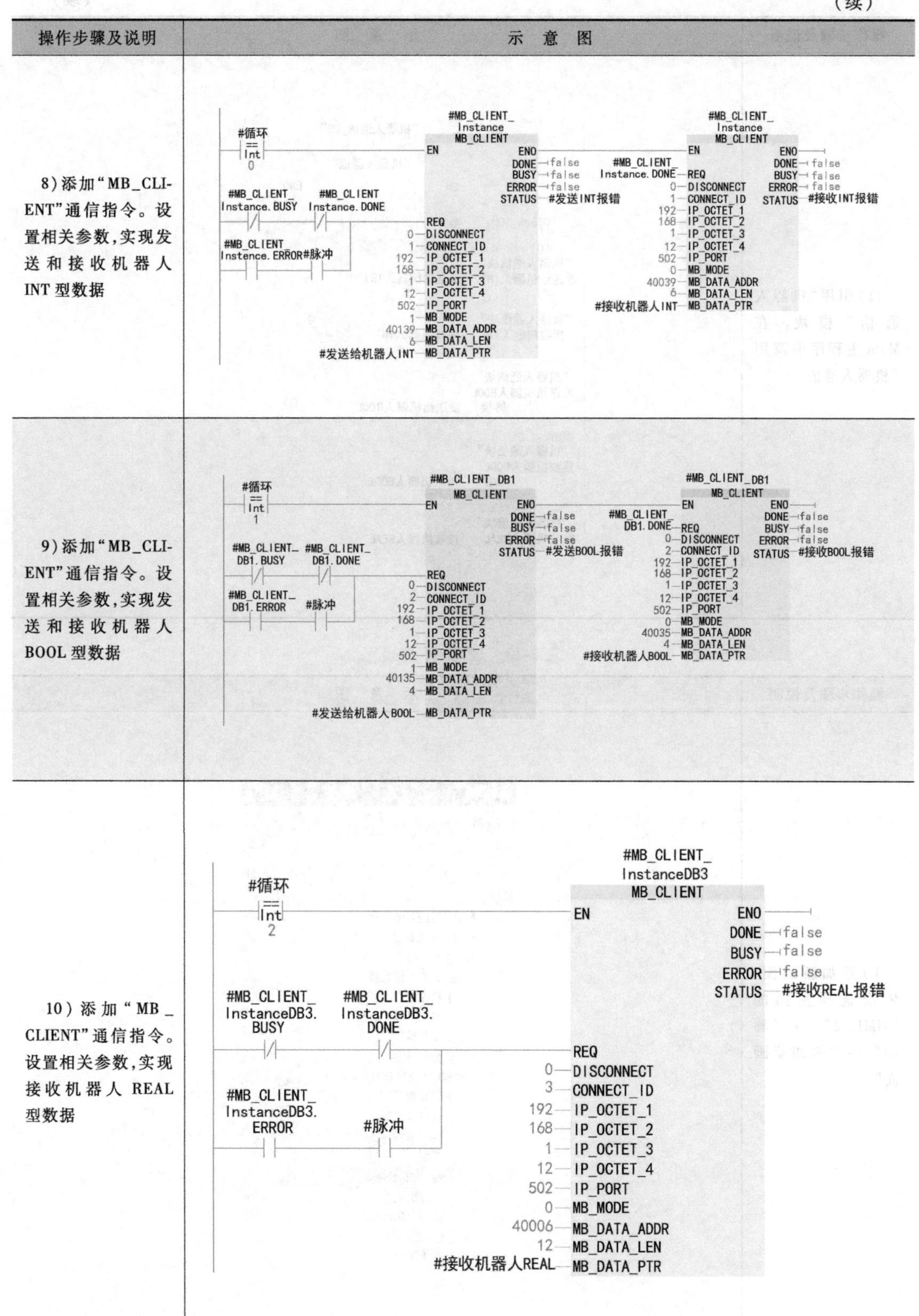

操作步骤及说明	示　意　图
8）添加“MB_CLIENT”通信指令。设置相关参数，实现发送和接收机器人INT型数据	
9）添加“MB_CLIENT”通信指令。设置相关参数，实现发送和接收机器人BOOL型数据	
10）添加“MB_CLIENT”通信指令。设置相关参数，实现接收机器人REAL型数据	

（续）

操作步骤及说明	示 意 图
11）引用“机器人通信”模块。在Main主程序中调用“机器人通信”	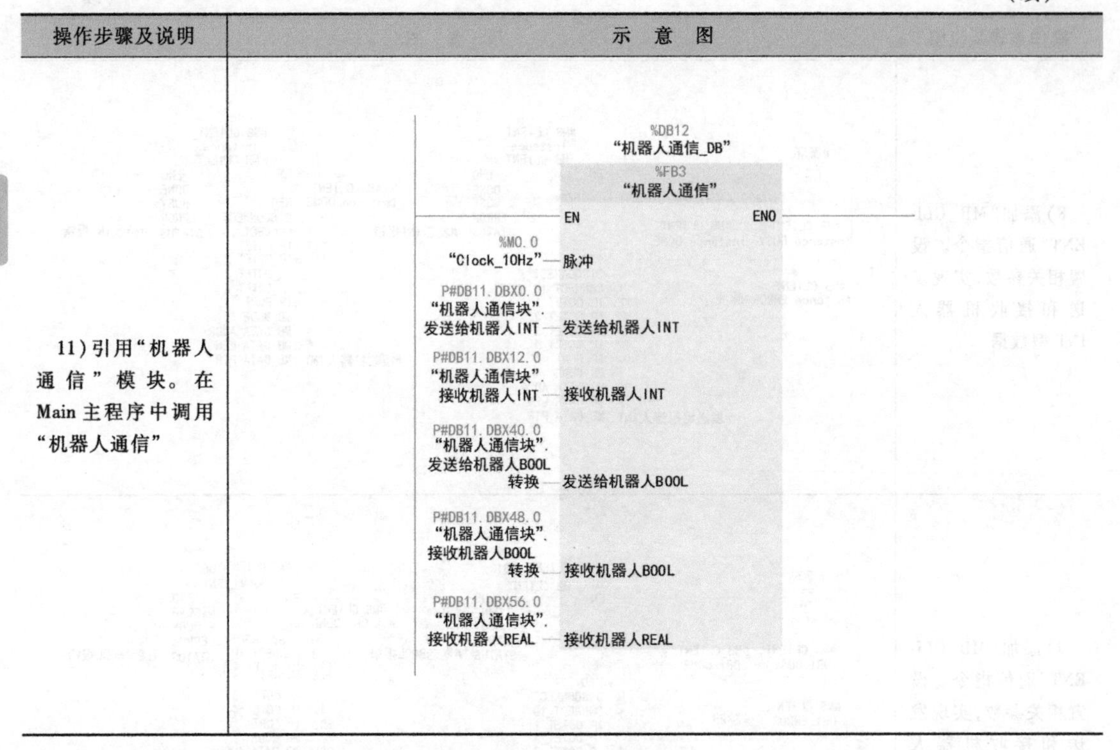

表 2-18　HMI界面编程

操作步骤及说明	示 意 图
1）添加新画面。依次选择左侧的“HMI_2”→“画面”→“添加新画面”	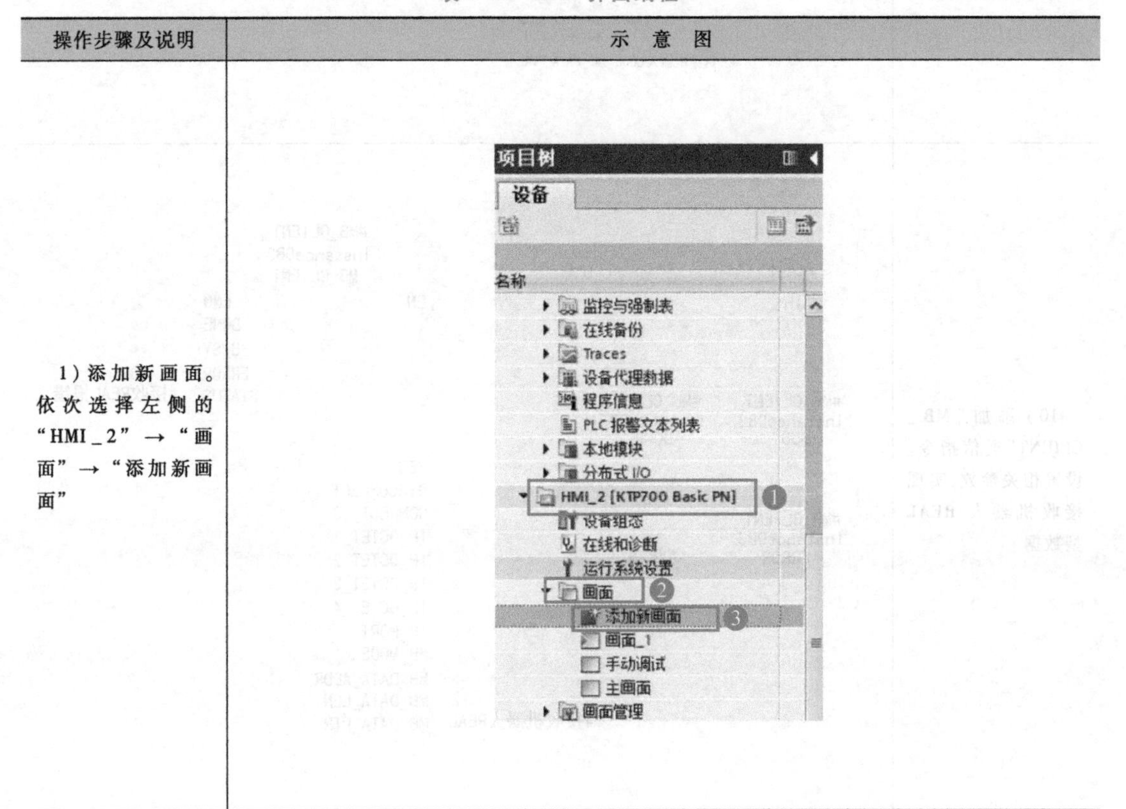

（续）

操作步骤及说明	示　意　图
2）添加新块。右击“程序块”，选择“添加新块”，在对话框中名称改为“触摸屏变量”，选择“DB数据块”，单击“确定”按钮，新建变量	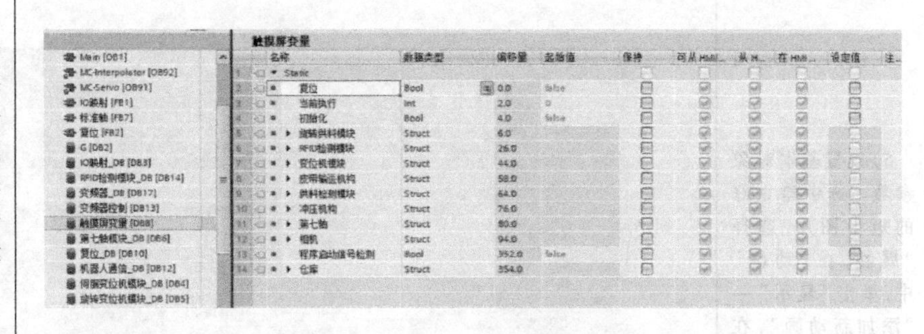
3）新建显示框。打开添加的新画面，将右侧“基本对象”中的“矩形”拖到画面中	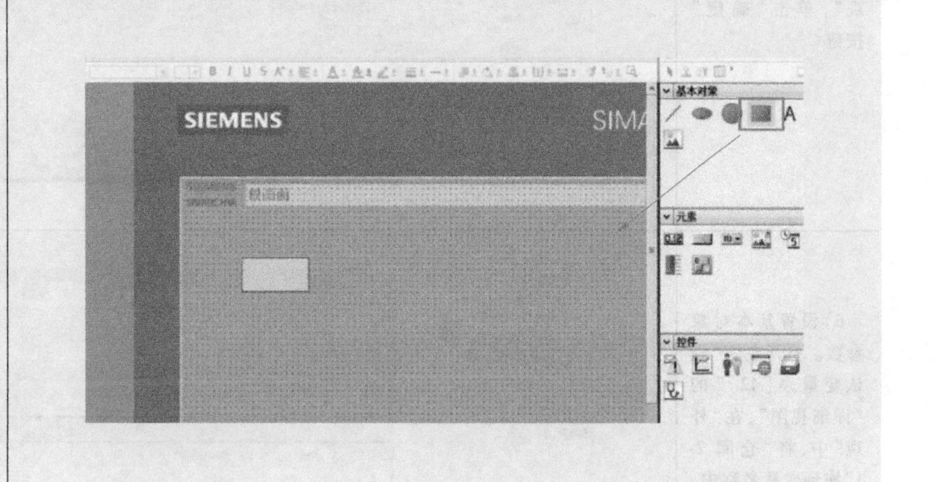
4）设置基本对象参数。在“属性”中，选择“属性”中的“外观”，背景颜色选择“白色”	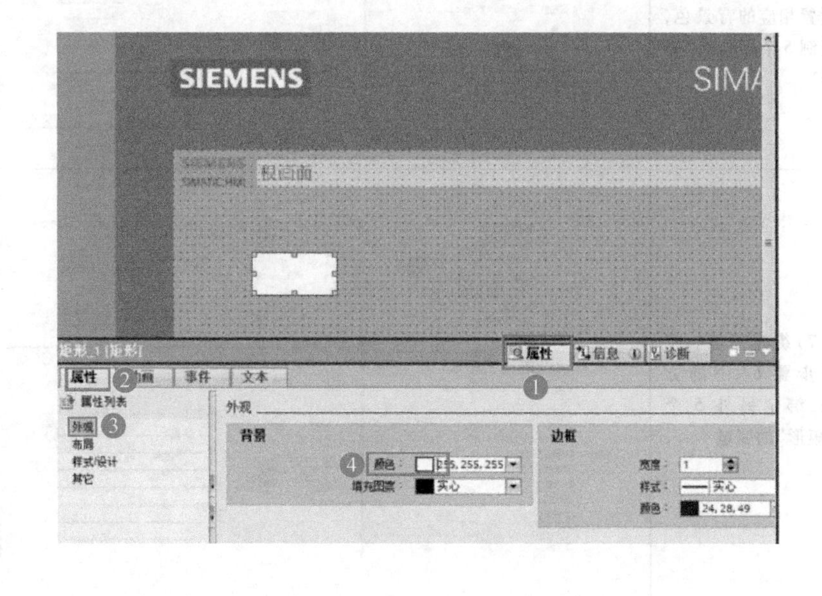

（续）

操作步骤及说明	示 意 图
5）设置基本对象参数。选中建立好的矩形图片，选择“属性，在“动画”中，单击“显示”→“添加新动画”，在对话框中选择“外观”，单击“确定”按钮	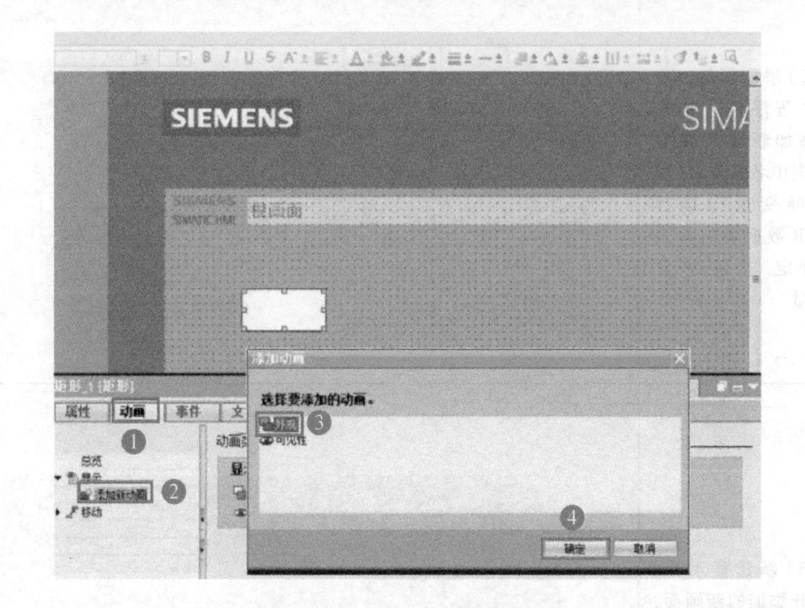
6）设置基本对象参数。打开左侧“默认变量表[42]”的“详细视图”，在“外观”中，将“仓库 2-1”拖到变量名称中，范围修改 0 和 1，并设置相应的背景色，复制 5 个相同的“矩形”	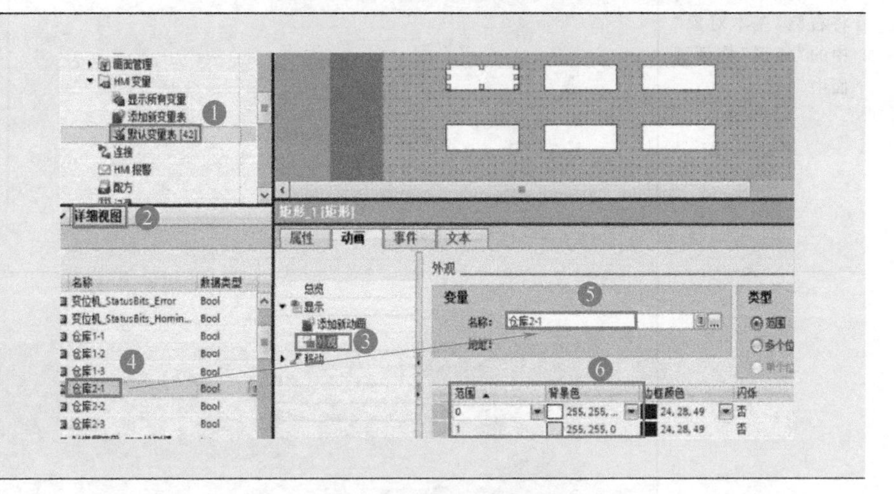
7）绑定变量。按照步骤 6）中的方法，绑定另外 5 个“矩形”的变量	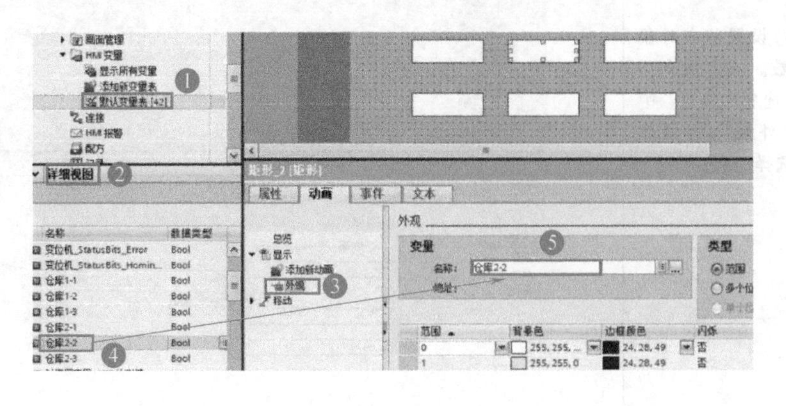

（续）

<table>
<tr><th>操作步骤及说明</th><th>示 意 图</th></tr>
<tr><td>8）插入文字。将“基本对象”中的“A”拖动到画面中，对“矩形”进行命名，如“2-1”</td><td>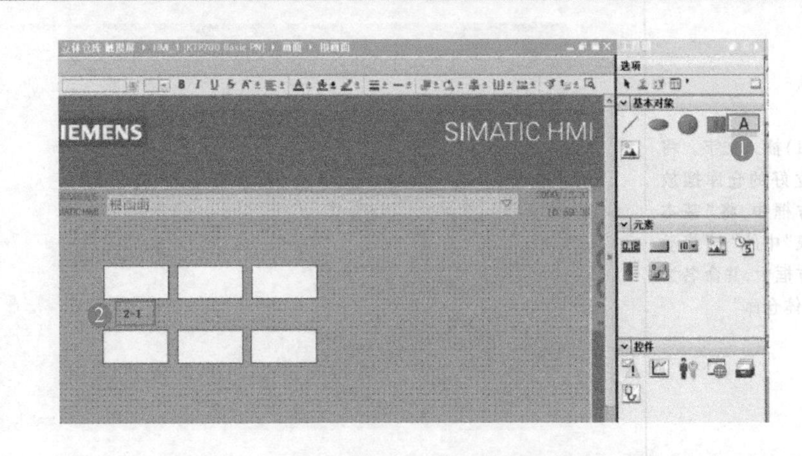</td></tr>
<tr><td>9）将所有“矩形”命名，再将“基本对象”中的方框拖到画面中</td><td>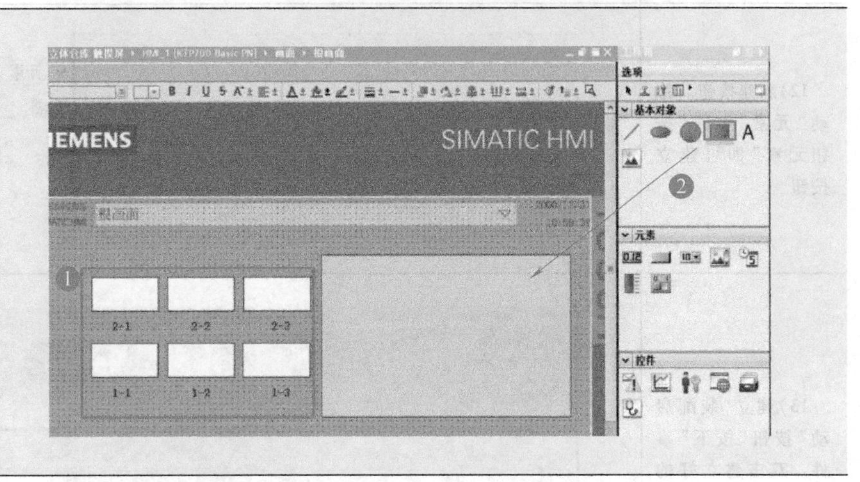</td></tr>
<tr><td>10）添加背景框。选中拖到画面的方框，右击，选择“顺序”→“移到最后”</td><td>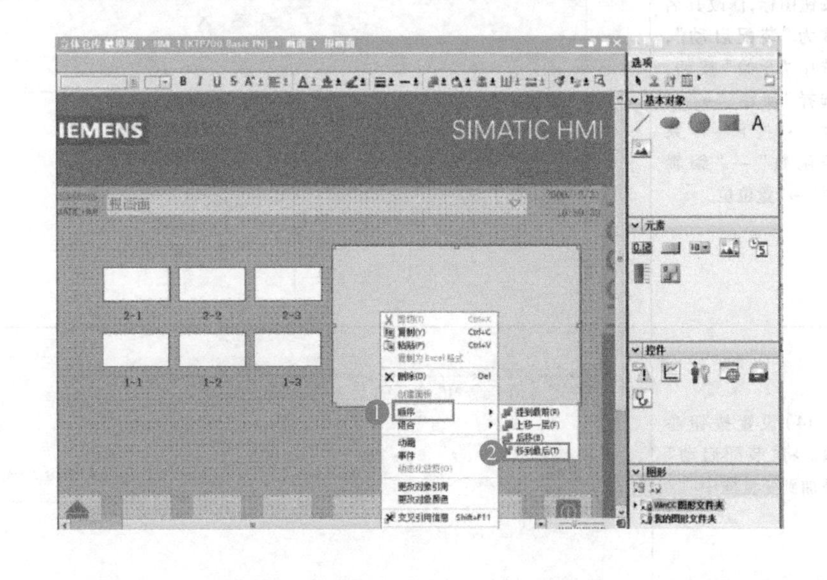</td></tr>
</table>

（续）

操作步骤及说明	示 意 图
11）插入文字。将建立好的仓库摆放在方框中，将“基本对象”中的“A”拖动到方框中，并命名为“立体仓库”	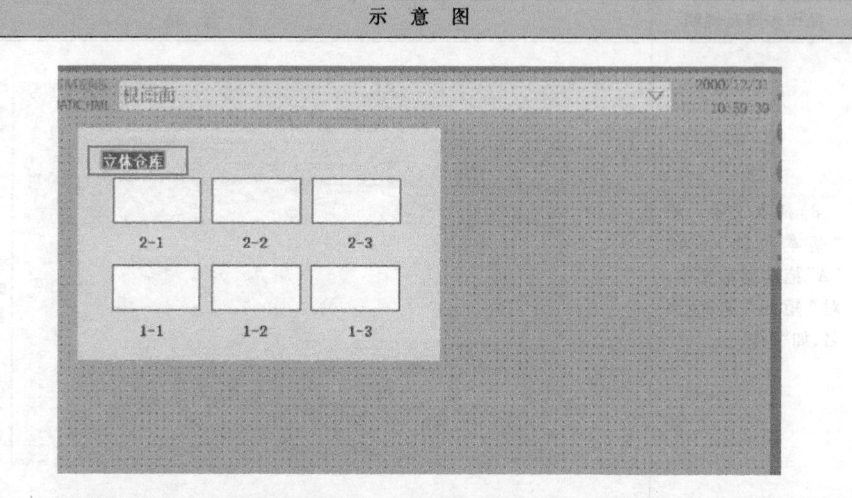
12）新建按钮。拖动“元素”中的“按钮元素”即可建立按钮	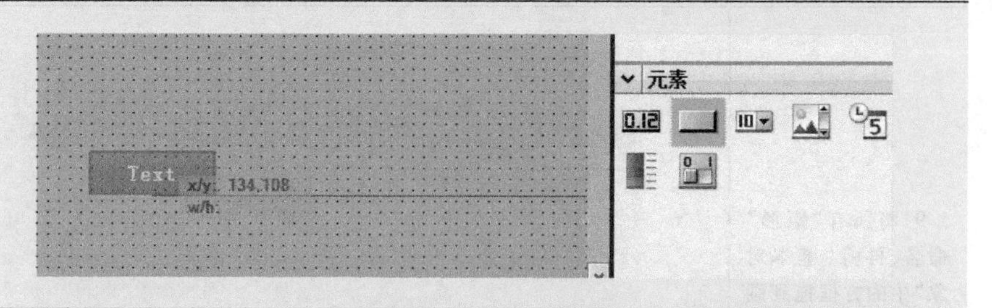
13）建立“装配启动”按钮“按下”事件。双击建立好的按钮图标，修改其名称为“装配启动”，选中“开始”按钮，选择“属性”→“事件”→“按下”→“系统函数”→“编辑位”→“置位位”	
14）设置按钮参数。将“装配启动”添加到变量框中	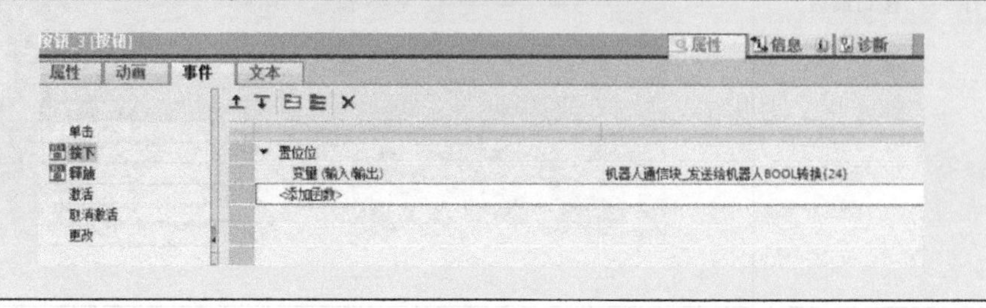

（续）

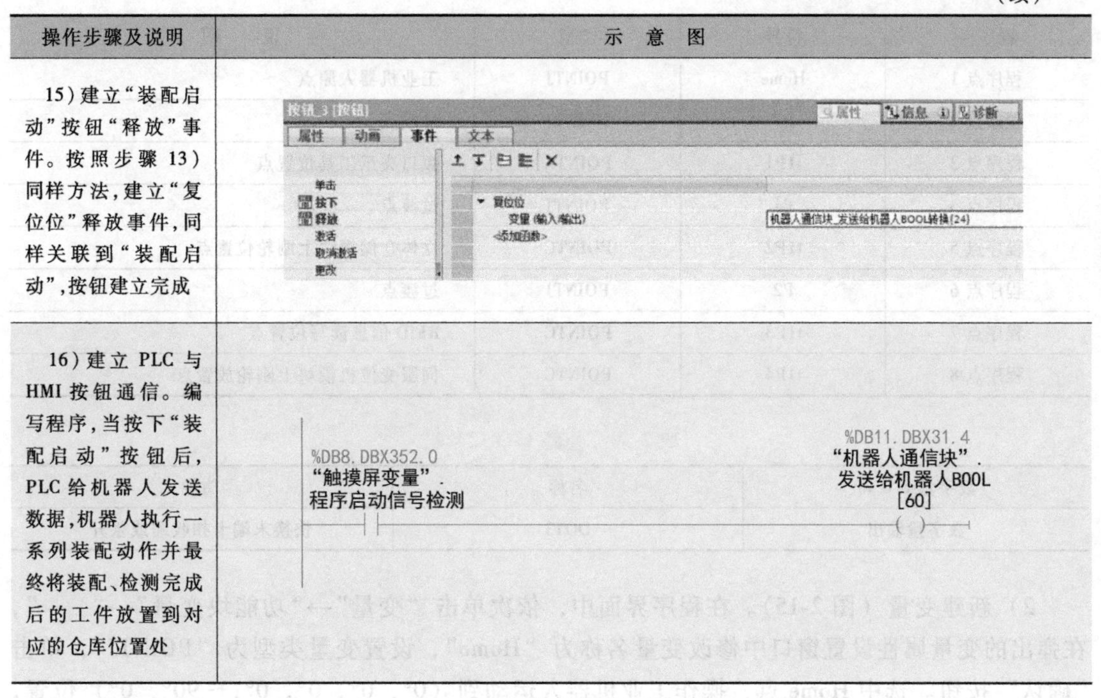

操作步骤及说明	示　意　图
15）建立“装配启动”按钮“释放”事件。按照步骤13）同样方法，建立“复位位”释放事件，同样关联到“装配启动”，按钮建立完成	按钮_3［按钮］ 属性　动画　事件　文本 单击　按下　释放　激活　取消激活　更改 置位位　变量（输入/输出）　机器人通信块_发送给机器人BOOL转换[24] <添加函数>
16）建立PLC与HMI按钮通信。编写程序，当按下“装配启动”按钮后，PLC给机器人发送数据，机器人执行一系列装配动作并最终将装配、检测完成后的工件放置到对应的仓库位置处	%DB8.DBX352.0 “触摸屏变量”. 程序启动信号检测 %DB11.DBX31.4 “机器人通信块”. 发送给机器人BOOL [60]

2. 机器人编程

（1）运动规划　工业机器人产品出入库动作可分解为抓取、移动、放置工件及RFID读取与写入等，如图2-14所示。

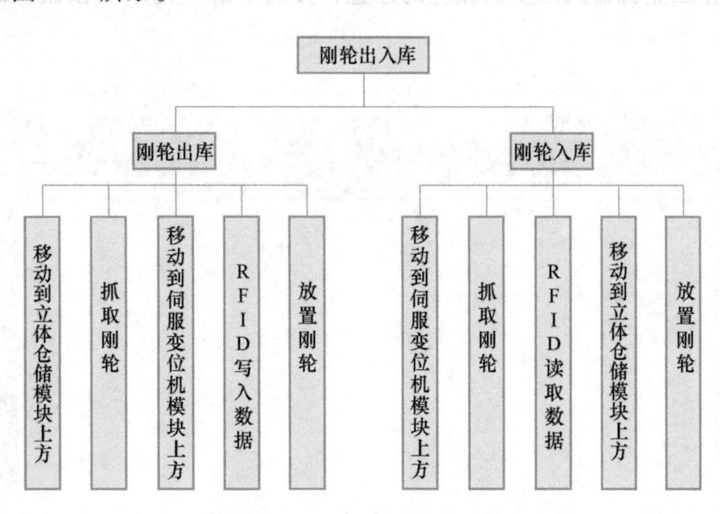

图2-14　刚轮出入库任务图

本任务以刚轮出入库为例，规划8个程序点作为刚轮出入库程序点，程序点的说明见表2-19。刚轮从立体仓储模块出库，经RFID模块写入数据后放置到伺服变位机模块；刚轮再从伺服变位机模块经RFID模块读取数据后放置到立体仓储模块。

（2）自动安装弧口夹爪工具

1）外部I/O口功能（表2-20）。

表 2-19 程序点的说明

程序点	符号	类型	说　明
程序点 1	Home	POINTJ	工业机器人原点
程序点 2	P0	POINTJ	过渡点
程序点 3	t1P1	POINTC	弧口夹爪工具位置点
程序点 4	P1	POINTJ	过渡点
程序点 5	t1P2	POINTC	立体仓储模块上刚轮位置点
程序点 6	P2	POINTJ	过渡点
程序点 7	t1P3	POINTC	RFID 信息读写位置点
程序点 8	t1P4	POINTC	伺服变位机模块上刚轮放置点

表 2-20 外部 I/O 口功能

数字量 I/O 口	名称	功能
数字量输出	DO13	快换末端卡扣收缩或张开

2）新建变量（图 2-15）。在程序界面中，依次单击“变量”→“功能块变量”→“ ”，在弹出的变量属性设置窗口中修改变量名称为“Home”，设置变量类型为“POINTJ”，单击“确认”按钮。选中 Home 点，操作工业机器人运动到（0°，0°，0°，0°，−90°，0°）位置，单击“记录”按钮，记录 Home 点位置信息。采用同样的方法新建变量 P0、t1P1、t1P2、t1P3、t1P4、P1、P2，并设置 P0、P1、P2 变量类型为“POINTJ”，其他变量类型为“POINTC”。操作工业机器人运动到相应的位置，分别单击“记录”按钮，记录变量的位置信息。

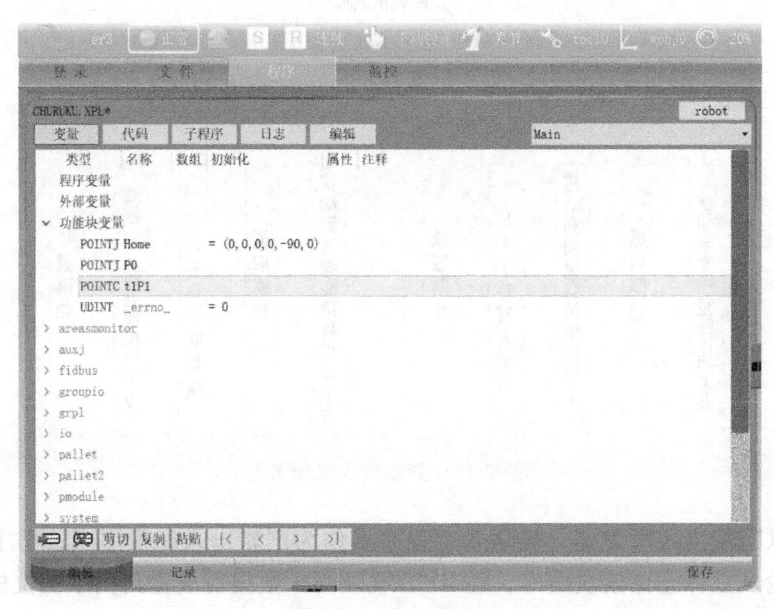

图 2-15 新建变量

3）建立取放弧口夹爪子程序。在程序界面中，依次单击“子程序”→“ ”，在弹出的设置窗口中修改子程序名称为“outT1”，取弧口夹爪，单击“ ”按钮，如图 2-16 所示。

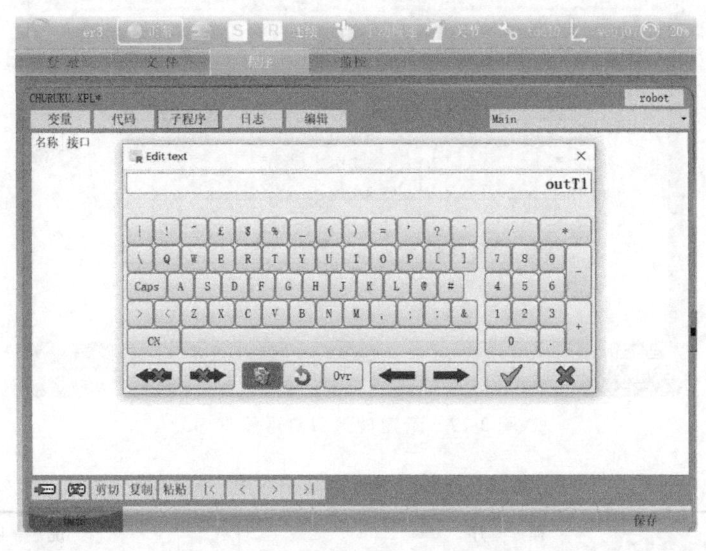

图 2-16　新建取弧口夹爪子程序

进入取弧口夹爪工具子程序（outT1）代码界面，编写表 2-21 所列的子程序。

表 2-21　取弧口夹爪工具子程序（outT1）

序号	程　　序	说　　明
1	MJOINT(home,v200,fine,tool0);	机器人从原点开始
2	MJOINT(P0,v200,fine,tool0);	机器人运动到 P0 过渡点
3	PULSE(io.DOut[13],true,0.2);	快换末端卡扣收缩
4	MLIN(OFFSET(t1P1,0,0,120),v200,fine,tool0);	到达相对 t1P1 点沿 Z 轴偏移 120mm 的点
5	MLIN(OFFSET(t1P1,0,0,0),v200,fine,tool0);	到达 t1P1 点
6	PULSE(io.DOut[13],false,0.2);	快换末端卡扣张开
7	DWELL(1);	等待 1s
8	MLIN(OFFSET(t1P1,0,0,12),v200,fine,tool1);	机器人沿 Z 轴偏移 12mm
9	MLIN(OFFSET(t1P1,20,0,12),v200,fine,tool1);	机器人沿 X 轴偏移 20mm
10	MJOINT(P0,v200,fine,tool1);	机器人回到 P0 过渡点
11	MJOINT(home,v200,fine,tool1);	机器人回到原点

在程序界面中，依次单击“子程序”→“ ”，在弹出的设置窗口中修改子程序名称为“inT1”，放弧口夹爪，单击“ ”按钮，如图 2-17 所示。

进入放弧口夹爪工具子程序（inT1）代码界面，编写表 2-22 所列的子程序。

（3）机器人程序

1）外部 I/O 口功能（表 2-23）。

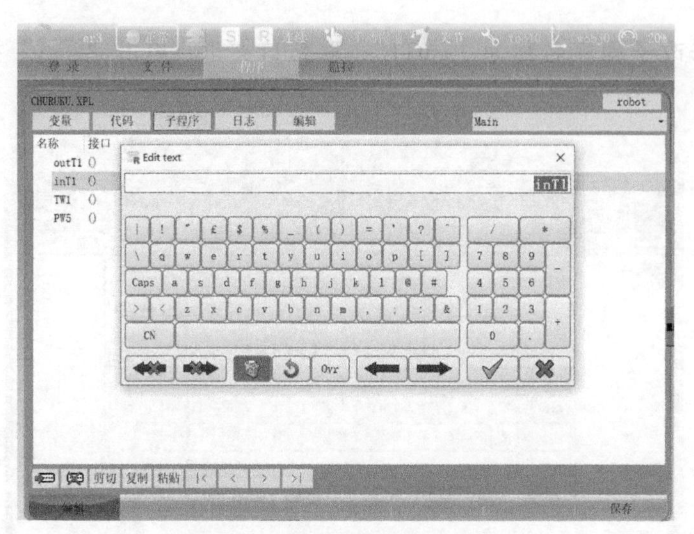

图 2-17 新建放弧口夹爪子程序

表 2-22 放弧口夹爪工具子程序（inT1）

序号	程 序	说 明
1	MJOINT(home,v200,fine,tool1);	机器人从原点开始
2	MJOINT(P0,v200,fine,tool1);	机器人运动到 P0 过渡点
3	MLIN(OFFSET(t1P1,20,0,12),v200,fine,tool1);	到达相对 t1P1 点沿 X 轴偏移 20mm、沿 Z 轴偏移 12mm 的点
4	MLIN(OFFSET(t1P1,0,0,12),v200,fine,tool1);	到达相对 t1P1 点沿 Z 轴偏移 12mm 的点
5	MLIN(OFFSET(t1P1,0,0,0),v200,fine,tool1);	到达 t1P1 点
6	PULSE(io.DOut[13],true,0.2);	快换末端卡扣收缩
7	DWELL(1);	等待 1s
8	MLIN(OFFSET(t1P1,0,0,120),v200,fine,tool0);	机器人沿 Z 轴偏移 120mm
9	MJOINT(P0,v200,fine,tool0);	机器人回到 P0 过渡点
10	MJOINT(home,v200,fine,tool0);	机器人本体回到原点

表 2-23 外部 I/O 口功能

信号		类型	信号功能
DO 数字量	8	BOOL	气爪张开
	9	BOOL	气爪闭合
Output (fidbus.mtcp_wo_b[X])	1	BOOL	夹紧气缸工进或复位
	26	BOOL	RFID 开始读取
	27	BOOL	RFID 开始写入
	28	BOOL	RFID 初始化

2）刚轮出入库程序。

① 建立弧口夹爪工具坐标系 tool1。

② 建立刚轮出库子程序（TW1），见表 2-24。

表 2-24 刚轮出库子程序（TW1）

序号	程 序	说 明
1	MJOINT(home,v200,fine,tool1);	机器人从原点开始
2	MJOINT(P1,v200,fine,tool1);	机器人运动到 P1 过渡点
3	PULSE(io.DOut[8],true,0.2);	弧口夹爪工具张开
4	DWELL(1);	等待 1s
5	MLIN(OFFSET(t1P2,0,0,120),v200,fine,tool1);	到达 t1P2 点 Z 轴正上方 120mm 处
6	MLIN(OFFSET(t1P2,0,0,0),v200,fine,tool1);	到达 t1P2 点
7	PULSE(io.DOut[9],true,0.2);	弧口夹爪工具闭合
8	DWELL(1);	等待 1s
9	MLIN(OFFSET(t1P2,0,0,120),v200,fine,tool1);	回到 1P2 点 Z 轴正上方 120mm 处
10	MJOINT(P1,v200,fine,tool1);	机器人回到 P1 过渡点
11	MJOINT(home,v200,fine,tool1);	机器人本体回到原点
12	MJOINT(P2,v200,fine,tool1);	机器人运动到 P2 过渡点
13	MLIN(OFFSET(t1P3,0,0,120),v200,fine,tool1);	到达相对 t1P3 点沿 Z 轴偏移 120mm 的点
14	MLIN(OFFSET(t1P3,0,0,0),v200,fine,tool1);	到达 t1P3 点
15	PULSE(fidbus.mtcp_wo_b[28],true,1);	RFID 复位
16	DWELL(1);	等待 1s
17	PULSE(fidbus.mtcp_wo_b[27],true,1);	RFID 开始写入
18	DWELL(1);	等待 1s
19	MLIN(OFFSET(t1P3,0,0,120),v200,fine,tool1);	回到相对 t1P3 点沿 Z 轴偏移 120mm 的点
20	MLIN(OFFSET(t1P4,0,0,120),v200,fine,tool1);	到达相对 t1P4 点沿 Z 轴偏移 120mm 的点
21	fidbus.mtcp_wo_b[1]:=false;	夹紧气缸复位
22	MLIN(OFFSET(t1P4,0,0,0),v200,fine,tool1);	到达 t1P4 点
23	PULSE(io.DOut[8],true,0.2);	弧口夹爪工具张开
24	DWELL(1);	等待 1s
25	MLIN(OFFSET(t1P4,0,0,120),v200,fine,tool1);	机器人回到相对 t1P4 点沿 Z 轴偏移 120mm 的点
26	fidbus.mtcp_wo_b[1]:=true;	夹紧气缸工进
27	MJOINT(P2,v200,fine,tool1);	机器人回到 P2 过渡点
28	MJOINT(home,v200,fine,tool1)	机器人回到原点

③ 建立刚轮入库子程序（PW5），见表 2-25。

表 2-25 刚轮入库子程序（PW5）

序号	程 序	说 明
1	MJOINT(home,v200,fine,tool1);	机器人从原点开始运动
2	MJOINT(P2,v200,fine,tool1);	机器人运动到 P2 过渡点
3	PULSE(io.DOut[8],true,0.2);	弧口夹爪工具张开

（续）

序号	程　　序	说　　明
4	DWELL(1);	等待 1s
5	MLIN(OFFSET(t1P4,0,0,120),v200,fine,tool1);	到达相对 t1P4 点沿 Z 轴偏移 120mm 的点
6	MLIN(OFFSET(t1P4,0,0,0),v200,fine,tool1);	到达 t1P4 点
7	fidbus. mtcp_wo_b[1]:=false;	夹紧气缸复位
8	PULSE(io. DOut[9],true,0.2);	弧口夹爪工具闭合
9	MLIN(OFFSET(t1P4,0,0,120),v200,fine,tool1);	机器人回到相对 t1P4 点沿 Z 轴偏移 120mm 的点
10	MLIN(OFFSET(t1P3,0,0,120),v200,fine,tool1);	到达相对 t1P3 点沿 Z 轴偏移 120mm 的点
11	MLIN(OFFSET(t1P3,0,0,0),v200,fine,tool1);	到达 t1P3 点
12	PULSE(fidbus. mtcp_wo_b[26],true,1);	RFID 开始读取
13	DWELL(1);	等待 1s
14	MLIN(OFFSET(t1P3,0,0,120),v200,fine,tool1);	机器人回到相对 t1P3 点沿 Z 轴偏移 120mm 的点
15	MJOINT(P2,v200,fine,tool1);	机器人回到 P2 过渡点
16	MJOINT(P1,v200,fine,tool1);	机器人运动到 P1 过渡点
17	MLIN(OFFSET(t1P2,0,0,120),v200,fine,tool1);	到达相对 t1P2 点沿 Z 轴偏移 120mm 的点
18	MLIN(OFFSET(t1P2,0,0,0),v200,fine,tool1);	到达 t1P2 点
19	PULSE(io. DOut[8],true,0.2);	弧口夹爪工具张开
20	DWELL(1);	等待 1s
21	MLIN(OFFSET(t1P2,0,0,120),v200,fine,tool1);	机器人回到相对 t1P2 点沿 Z 轴偏移 120mm 的点
22	MJOINT(P1,v200,fine,tool1);	机器人回到 P1 过渡点
23	MJOINT(home,v200,fine,tool1);	机器人本体回到原点

④ 在主程序 Main 中调用子程序，见表 2-26，完成程序编写。

表 2-26　Main 主程序

序号	程序	程序说明
1	outT1();	调用子程序 outT1(),取弧口夹爪
2	TW1();	调用子程序 TW1(),刚轮出库
3	PW5();	调用子程序 PW5(),刚轮入库
4	inT1();	调用子程序 inT1(),放弧口夹爪

3）程序调试。

① 程序调试的目的。

a. 检查程序的位置点是否正确。

b. 检查程序的逻辑控制是否有不完善的地方。

c. 检查子程序的输入参数是否正确。

② 调试程序。如图 2-18 所示，单击“代码”按钮，在 Main 主程序界面中单击“编辑”

按钮，进入 Main 主程序运行界面。如图 2-19 所示。在 Main 主程序运行界面，单击“重新开始”按钮，可以看到在程序的第一行出现一个箭头，选择单步运行，将程序运行模式切换为“单步进入”模式。

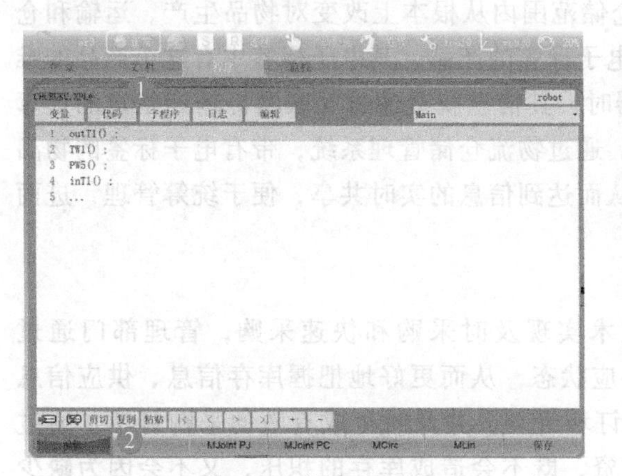

图 2-18　退出编辑

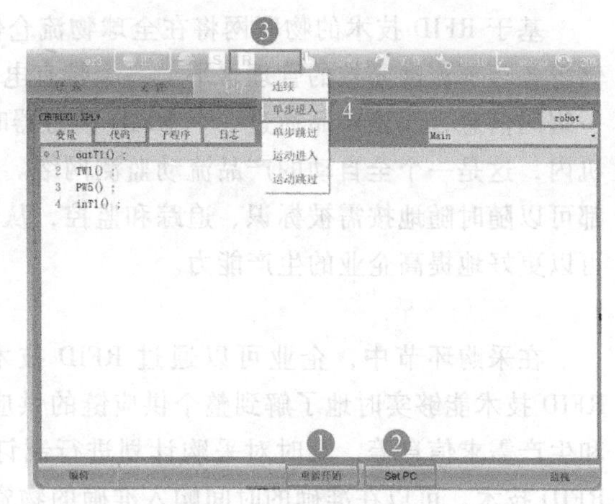

图 2-19　设置程序运行模式

按下示教器上的使能键，工业机器人伺服电动机松开抱闸，如图 2-20 所示。

按下示教器上的“启动程序”按钮，程序开始运行，并小心观察工业机器人的运动，当需要停止运行程序时，按下“停止程序”按钮，如图 2-21 所示。

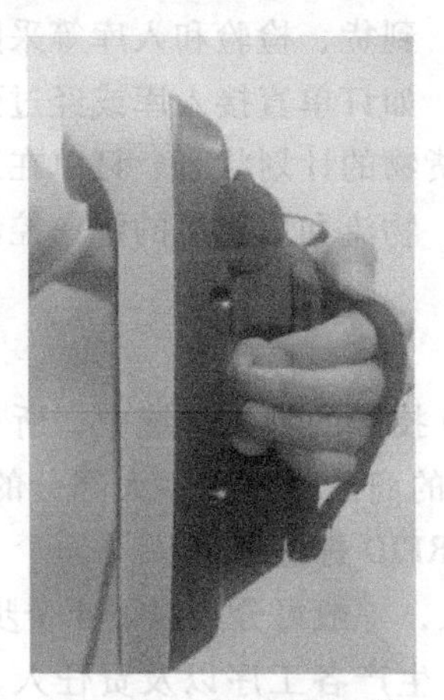

图 2-20　打开伺服开关

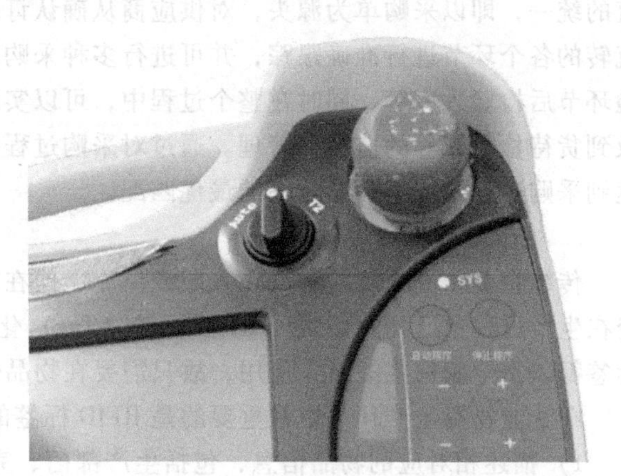

图 2-21　启动/停止程序运行

注意：运行程序过程中，若发现可能发生碰撞、失速等危险时，应及时按下示教器上的急停按钮，防止发生人身伤害或损坏工业机器人。

知识拓展

一、RFID 与物流仓储管理系统

以 RFID 系统为基础，结合已有的网络技术、数据库技术和中间件技术等，构建一个由大量联网的阅读器和无数移动的标签组成的、比 Internet 更为庞大的“物联网”（Internet of Things）已成为 RFID 技术发展的趋势。

物流仓储管理系统利用 RFID 技术来捕获信息，通过无线数据通信等技术将其与开放的网络系统相连，对供应链中各环节的信息进行自动识别与实时跟踪，可将庞大的物流系统建成一个高度智能的、覆盖仓库中所有物品之间的、甚至于物品和人之间的实物互联网。

基于 RFID 技术的物联网将在全球物流仓储范围内从根本上改变对物品生产、运输和仓储等各环节流动监控的管理水平。一个带有电子标签的产品，其电子标签中有这个产品的唯一编码信息，当该产品通过一个 RFID 读写器时，其信息就会通过互联网传输到指定的计算机内，这是一个全自动的产品流动监测网络。通过物流仓储管理系统，带有电子标签的物品都可以随时随地按需被标识、追踪和监控，从而达到信息的实时共享，便于统筹管理，进而可以更好地提高企业的生产能力。

1. 采购环节

在采购环节中，企业可以通过 RFID 技术实现及时采购和快速采购，管理部门通过 RFID 技术能够实时地了解到整个供应链的供应状态，从而更好地把握库存信息、供应信息和生产需求信息等，及时对采购计划进行制订和管理，并及时生成有效的采购订单。通过 RFID 技术，可以在准确的时间购入准确的物资，既不会造成库存的积压，又不会因为缺少物资影响生产计划，实现从“简单购买”向“合理采购”转变，即在合适的时间，选择合适的产品，以合适的价格按合适的质量并通过合适的供应商获得。

企业以通过物联网技术集成的信息资源为前提，可以实现采购内部业务和外部运作的信息化、采购管理的无纸化，提高信息传递的速度，加快生产决策的反应速度，最终达到工作流的统一，即以采购单为源头，对供应商从确认订单、发货、到货、检验和入库等采购订单流转的各个环节进行准确跟踪，并可进行多种采购流程选择，如订单直接入库或经过到货质检环节后检验入库等，同时在整个过程中，可以实现对采购货物的计划状态、订单在途状态及到货待检状态等的监控和管理。通过对采购过程中资金流、物流和信息流的统一控制，以达到采购过程总成本和总效率的最优匹配。

2. 生产环节

传统企业物流系统的起点在入库或出库，但在基于 RFID 技术的物流系统中，所有的物资在生产过程中已经开始实现 RFID 标签（Tag）化。在一般的商品物流中，大部分的 RFID 标签都以不干胶标签的形式使用，故只需要在物品包装上贴 RFID 标签即可。

在企业物资生产环节中最重要的是 RFID 标签的信息录入，一般可分为以下 4 个步骤：

1）描述相对应的物品信息，包括生产部门、完成时间、生产各工序以及责任人、使用期限、使用目标部门、项目编号、安全级别等，RFID 标签全面的信息录入将成为过程追踪的有力支持。

2）在数据库中将物品的相关信息录入到相对应的 RFID 标签项中。

3）将物品与相对应的信息编辑整理，得到物品的原始信息和数据库，这是整个物流系统中的第一步，也是 RFID 开始介入的第一个环节，需要绝对保证这个环节中的信息和 RFID 标签的准确性与安全性。

4）完成信息录入后，使用阅读器进行信息确认，检查 RFID 标签相对应的信息是否和物品信息一致。同时进行数据录入，显示每一件物品的 RFID 标签信息录入的完成时间和经手人。为保证 RFID 标签的唯一性，可将相同产品的信息进行排序编码，以方便相同物品的清查。

3. 入库环节

传统物流系统的入库有三个基本要素是需要严格控制的：经手人员、物品和记录，这个过程需要耗费大量的人力和时间，并且一般需要多次检查才能确保准确性。在 RFID 的入库系统中，通过 RFID 的信息交换系统，这三个环节能够得到高效、准确的控制。在 RFID 的入库系统中，通过在入库口通道处的阅读器（Reader）来识别物品的 RFID 标签，并在数据库中找到相应物品的信息，并自动输入到 RFID 的库存管理系统中。系统记录入库信息并进行核实，若合格则录入库存信息，如有错误则提示错误信息，发出警报信号，自动禁止入库。在 RFID 的库存信息系统中，通过功能扩展，可直接指引叉车、堆垛机等设备上的射频终端，选择空货位并找出最佳途径，抵达空位。阅读器确认货物就位后，随即更新库存信息。物资入库完毕后，可以通过 RFID 系统打印机打印入库清单，由负责人进行确认。

4. 库存管理环节

物品入库后还需要利用 RFID 系统进行库存检查和管理，这个环节包括通过阅读器对分类的物品进行定期的盘查，分析物品库存变化情况；物品出现移位时，通过阅读器自动采集货物的 RFID 标签，并在数据库中找到相对应的信息，同时将信息自动录入库存管理系统中；记录物品的品名、数量和位置等信息，核查是否出现异常情况。在 RFID 系统的帮助下，大量减少了传统库存管理中的人的工作量，实现物品安全、高效的库存管理。由于 RFID 技术实现了数据录入的自动化，盘点时无须人工检查或扫描条形码，可以节省大量的人力物力，使盘点更加快速和准确。利用 RFID 技术进行库存控制，能够实时准确地掌握库存信息，从中了解每种产品的需求模式及时进行补货，提高运作效率，同时提升库存管理能力，降低平均库存水平，通过动态实时的库存控制有效降低仓库运维成本。

5. 出库管理环节

在 RFID 的出库系统管理中，管理系统按物品的出库订单要求，自动确定提货区及最优提货路径。经扫描货物和货位的 RFID 标签，确认出库物品，同时更新库存。当物品到达出库口通道时，阅读器将自动读取 RFID 标签，并从数据库中调出相对应的信息，与订单信息进行对比，若正确即可出库，货物的库存量相应减除；若出现异常，仓储管理系统出现提示信息，方便工作人员进行处理。

6. 堆场管理环节

物品在出库到货物堆场后需要定期进行检查，而传统的检查办法耗费大量的人力和时间。在 RFID 系统的帮助下，堆场寻物的检查更便捷。使用 UHF 的高频射频系统可对 $100m^2$ 范围内的 RFID 标签进行自动识别，RFID 系统的阅读器首先将同批物品的 RFID 标签进行识别，同时调出数据库中相对应的标签信息；然后将这些信息与数据库中相对应的信息进行对比，查看堆场中的各类物品是否存在异常。

目前，物联网被看作是推动世界经济复苏的重要动力，其核心技术 RFID 也备受关注。RFID 技术具有非接触、自动识别的优点，在物流管理中具有广泛的应用。然而 RFID 的发展仍然面临诸多问题，如技术标准、实施成本以及信息安全等问题都构成了 RFID 全面应用的主要障碍。当统一的 RFID 国际标准被制定出来、RFID 的实施成本降低到可以接受的程度、RFID 可能导致的信息安全问题得以解决后，RFID 技术将使包括物流在内的众多行业迎来一个全球范围内高速发展的春天。

二、基于 RFID 智能仓储系统的特点

1. 实现货物的先进先出管理

RFID 仓库管理系统利用 RFID、无线局域网和数据库等先进技术，将整个仓库管理与射频识别技术相结合，能够高效地完成各种业务操作，改进仓储管理，提升效率及价值。对于每一批入库的货物，其入库时间、存放货位等信息均由系统自动记录，当货物出库时，就可在此基础上实现货物的先进先出管理。

2. 仓库库存实时化管理

原始仓库的库存管理是依靠手工报表、人工统计的方式实现的，导致各个部门间无法及时确切地了解库存信息。此外，随着业务的发展，日进出货物数量增多、品种逐步扩大，以及客户需求日趋复杂。能否实现仓库库存的实时化管理，已经成为影响建立快速、高效的运营体系的重要因素。RFID 仓库管理系统可以实时、准确地掌握仓库的库存情况，为各级领导和相关部门优化库存、生产经营决策提供了科学的依据。

3. 物料跟踪及图形化管理

在实现货物托盘货位管理的基础上，该系统还能实现物料跟踪及图形化管理的功能。这一功能使库存物料可以非常直观、迅速地以图形化的方式反映出来，极大地提高了物品管理的仓储效率和精细度，提高了物品出入库过程中的识别率，可不开箱检查，并同时可识别多个物品，提高了出入库效率。

4. 缩减盘点周期、降低配送成本

传统的仓库盘点既费时又费力，而 RFID 仓库管理系统可缩减仓库盘点周期，实现数据实时性，实时动态掌握库存情况，实现对库存物品的可视化管理。提高拣选与分发过程的效率与准确率，并加快配送的速度，提高工人工作效率。

评价反馈

评价反馈见表 2-27。

表 2-27 评价反馈表

基本素养(30分)				
序号	评估内容	自评	互评	师评
1	纪律(无迟到、早退、旷课)(10分)			
2	安全规范操作(10分)			
3	团结协作能力、沟通能力(10分)			
理论知识(30分)				
序号	评估内容	自评	互评	师评
1	RFID 指令的应用(10分)			
2	产品出入库工艺流程(5分)			
3	I/O 信号的操作(5分)			
4	基于 RFID 智能仓储系统的特点(5分)			
5	RFID 在物流仓储管理中的应用的认知(5分)			

（续）

技能操作（40分）				
序号	评估内容	自评	互评	师评
1	产品出入库轨迹规划（10分）			
2	程序运行示教（10分）			
3	程序校验、试运行（10分）			
4	程序自动运行（10分）			
综合评价				

练习与思考

一、填空题

1. RFID系统主要由________和________组成。

2. Modbus_Comm_Load指令通过________对用于通信的通信模块进行组态。

3. MB_CLIENT指令作为________客户端通过S7-1200 CPU的PROFINET连接进行通信。

4. RFID技术具有________的优点，在物流管理中具有广泛的应用。

5. 工业机器人产品出入库系统涉及的主要设备包括工业机器人应用领域一体化教学创新平台（BN-R116-R3）、BN-R3型工业机器人本体、控制器、示教器、气泵、伺服变位机模块、立体仓储模块和________。

二、简答题

1. RFID系统的基本工作原理是什么？

2. 基于RFID技术的智能仓储系统有什么特点？

三、编程题

将立体仓储模块和伺服变位机模块安装在工作台上的指定位置，在工业机器人末端手动安装弧口夹爪，按照图2-22所示在立体仓储模块2-1位置摆放1个刚轮，创建并正确命名运行程序。利用示教器进行现场操作编程，按下“启动”按钮后，工业机器人自动从工作原点开始执行产品出入库任务，将刚轮从立体仓储模块出库到伺服变位机模块的库位中，出库后的位置如图2-23所示，刚轮从伺服变位机模块入库到立体仓储模块的库位中完成刚轮入库任务，入库后的位置如图2-24所示，工业机器人返回工作原点。

图2-22　刚轮出库前位置

图2-23　刚轮出库后位置

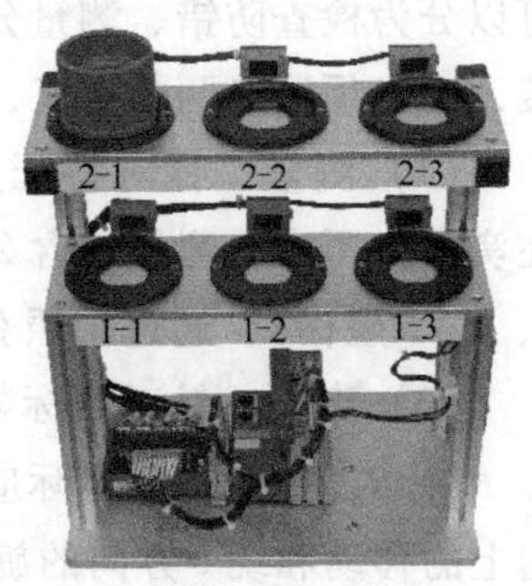

图2-24　刚轮入库后位置

项目三 工业机器人视觉分拣与定位

学习目标

1. 了解视觉系统的组成、主要参数及典型应用。
2. 掌握固定视觉相机的标定方式。
3. 掌握相机拍照指令 Vision. getData（）和相机触发指令 Vision. setTrigCmd（int p）。
4. 掌握 MVP 视觉软件的使用方法。
5. 掌握找圆、模板匹配、裁剪、彩色转灰度、颜色提取和报文发送（参数可调）等算子的使用方法。
6. 能够通过 PLC 编程软件对工件颜色、角度信息进行转化，并将信息显示在 HMI 上。
7. 能够使用 PLC、机器人示教器、MVP 视觉软件综合编程，完成工件视觉检测及分拣等综合作业。

工作任务

一、工作任务背景

机器人视觉系统用机器代替人眼来做测量和判断，通过对目标进行摄像拍照获取图像信号，传送给图像处理系统，转换为数字化信号，图像处理系统根据数字化信号进行运算获取目标的特征，根据逻辑判断的结果来控制现场机器设备的动作，进行各种装配或检测报警缺陷产品。视觉系统主要由照明、镜头、相机、图像采集卡、视觉处理器五大部分组成。随着拍照摄像设备或图像传感器、视频信号数字化设备、视频信号处理器在应用上不断推陈出新，技术上从 2D 到 3D 不断进步。

视觉系统从功能上分，主要可分为检测、测量、定位、跟踪和引导。在实际工厂应用上可以分为检查防错、测量分析、视觉跟踪、引导抓取件和精确装配等。若要实现视觉系统工装，则必须明确两个定义，并在系统中构建测量和定位的设备。

（1）测量　针对特征点而言，测量结果为特征点在测量坐标系下的坐标（x，y，z）。在实际应用中，测量包含 2D 测量（只测量特征点的 x、y 坐标）和 3D 测量（测量特征点的 x、y、z 坐标），通过拍照获取目标物体特征点的坐标值，在坐标系上确认。

（2）定位　针对目标物体而言，定位结果为目标物体相对于参考坐标系的姿态（x，y，z，R_a，R_b，R_c）。在实际应用中，定位包含 2D 定位（定位目标物体在参考坐标系 x、y 方向上的移动和绕 z 方向的旋转）、2. 5D 定位（定位目标物体在参考坐标系 x、y、z 方向上的移动和绕 z 方向的旋转）和 3D 定位（定位目标物体在参考坐标系 x、y、z 方向上的移动和旋转)。工位上目标物体的姿态定位是基于物体上特征点的坐标测量结果计算得到的。

视觉产品检测如图 3-1 所示。

图 3-1 视觉产品检测

二、所需要的设备

工业机器人视觉分拣与定位涉及的主要设备包括：工业机器人应用领域一体化教学创新平台（BN-R116-R3）、BN-R3 型工业机器人本体、控制器、示教器、气泵、相机系统、视觉软件、吸盘工具、中间法兰和输出法兰，如图 3-2 所示。

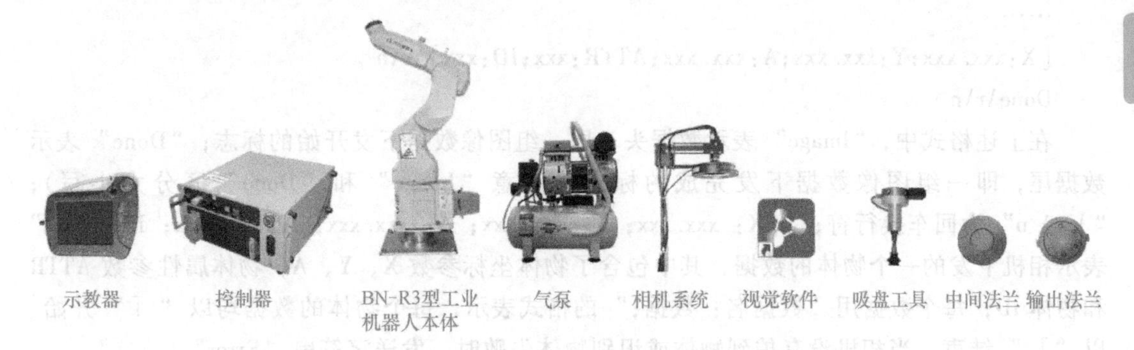

图 3-2 工业机器人视觉分拣与定位所需设备

三、任务描述

用智能相机识别谐波减速器的中间法兰、输出法兰的颜色和角度，机器人自动将吸盘工具装配到机械臂上。任务一：用相机检测输出法兰的角度，将角度信息显示在 HMI 上，通过找圆算子确定圆心，进行工件定位，机器人进行准确搬运；任务二：用相机检测中间法兰的颜色，检测后机器人将工件搬走，并将颜色信息显示在 HMI 上；任务三：相机进行中间法兰和输出法兰的视觉识别，然后使用机器人进行分拣作业。

实践操作

一、知识储备

1. 固定视觉

（1）固定视觉功能介绍

1）功能简介。视觉功能是指机器人与视觉系统通过 TCP/IP 协议进行通信，视觉系统作为服务器，机器人作为客户端，视觉系统将获取的基于视觉系统坐标系下物体的位置信息转化成机器人坐标系下的位置，从而实现机器人按指定轨迹运动。

固定视觉是指相机安装在固定台架上，拍摄的物体在固定的工作台面上。

2）TCP/IP 通信协议及数据格式。在使用过程中，视觉系统（相机）需要将图像处理后的工件信息通过机器人提供的固定通信格式传输给机器人，机器人根据接收到的数据进行取放动作。因此，机器人通信格式主要包括三个部分：①物体坐标参数：X、Y、A；②物体属性参数：ATTR；③物体 ID 编码：ID。物体坐标参数是指物体在相机视野范围内的位置及旋转角度，该位置为相机/像素坐标系（单位为 mm 或 px）下的位置。物体属性参数是指根据物体不同属性（如形状、颜色等）给出物体的对应属性值，以数字 0、1、2、3……来表示。物体 ID 编码是指为了方便管理给每一个物体制定的唯一编码。

关于物体属性参数和物体 ID 编码，用户可根据实际情况选择是否使用以及具体的使用方式。如果不需要应用，则在相机通信格式设置时将其默认为 0 即可。

具体通信格式如下：

Image\r\n

[X:xxx.xxx;Y:xxx.xxx;A:xxx.xxx;ATTR:xxx;ID:xxx]\r\n

……

[X:xxx.xxx;Y:xxx.xxx;A:xxx.xxx;ATTR:xxx;ID:xxx]\r\n

Done\r\n

在上述格式中，“Image” 表示数据头，即一组图像数据下发开始的标志；“Done” 表示数据尾，即一组图像数据下发完成的标志（注意 “Image” 和 “Done” 区分大小写）；“\r\n” 为回车换行符；“[X：xxx.xxx；Y：xxx.xxx；A：xxx.xxx；ATTR：xxx；ID：xxx]” 表示相机下发的一个物体的数据，其中包含了物体坐标参数 X、Y、A，物体属性参数 ATTR 和物体 ID，每个数据用 “数据名：数据；” 的格式表示，每个物体的数据均以 “[” 开始、以 “]” 结束。当相机没有拍到物体或识别物体失败时，发送字符串 “Error”。

注意：固定视觉一次只能传输一组数据。

（2）固定视觉界面

1）固定视觉主界面。单击左上角的 “” 图标进入桌面，单击桌面上的 “固定视觉” 图标，进入固定视觉主界面，如图 3-3 所示。

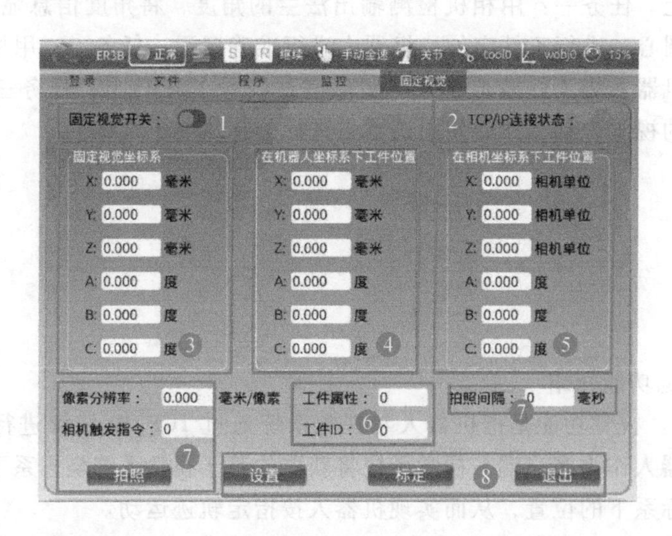

图 3-3 固定视觉主界面

图 3-3 中框内信息说明如下：

① 固定视觉开关：用来开启或关闭控制器中的固定视觉功能。

② TCP/IP 连接状态：表示当前机器人与相机通信的连接状态，“灰色”表示当前处于断开状态，“绿色”表示当前处于连接状态。

③ 固定视觉坐标系：用于显示手眼标定成功后的标定结果。

④ 机器人坐标系下工件的位置：在相机标定模式或手眼标定模式下，用于显示拍照后工件在机器人坐标系下的位置。

⑤ 相机坐标系下工件的位置：在相机上进行手眼标定后，用于显示拍照后工件在相机坐标系下的位置。

⑥ 工件属性和工件 ID：用于显示工件的信息。

⑦ 像素分辨率、相机触发指令、拍照间隔和“拍照”按钮：像素分辨率，即为拍照得出照片的分辨率，单位为毫米/像素（mm/px）；相机触发指令，当相机为指令触发模式时，输入相机内设置的拍照指令（该指令只能为 int 型）；拍照间隔用于设定测试时拍照的时间间隔（即当触发相机拍照后，机器人获取相机数据的最长时间，该值的设置不能低于 600ms）；“拍照”按钮用于触发相机拍照。

⑧“设置”“标定”和“退出”按钮：“设置”按钮用于从主界面切换到 TCP/IP 的设置界面；“标定”按钮用于从主界面切换到手眼标定界面；“退出”按钮用于退出固定视觉。

2）固定视觉设置界面。单击固定视觉主界面的“设置”按钮，进入设置界面，如图 3-4 所示。

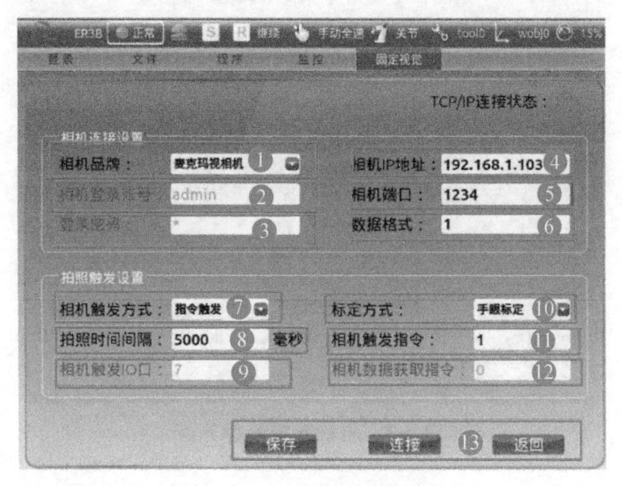

图 3-4　固定视觉设置界面

图 3-4 中框内信息说明如下：

① 相机品牌：目前相机品牌可选通用相机、康耐视相机和麦克玛视相机。当选择康耐视相机时，需要输入相机账号和密码。

② 相机登录账号：当选择康耐视相机时，需要输入相机上设置的登录账号。

③ 登录密码：当选择康耐视相机时，需要输入相机上设置的登录密码。

④ 相机 IP 地址：需要输入相机上设置的 IP 地址。

⑤ 相机端口：需要输入相机的端口号。

⑥ 数据格式：设置数据格式，目前只有一种数据格式。

⑦ 相机触发方式：有指令触发和 I/O 触发两种方式。当选择指令触发时，相机触发 I/O

口呈灰色，不可设置。

⑧ 拍照时间间隔：用来设置拍照的时间间隔（与主界面相同）。

⑨ 相机触发 I/O 口：当相机触发方式选择 I/O 触发时，可设置触发 I/O 的地址。

⑩ 标定方式：有相机标定和手眼标定两种方式，相机标定是在相机上完成的。

⑪ 相机触发指令：当相机触发方式选择指令触发时，可在此处进行设置（与主界面相同）。

⑫ 相机数据获取指令：此设置只针对特定相机，当登录特定相机后，此设置才生效。

⑬“保存”“连接”和“返回”按钮：当所有的设置完成后，须单击“保存”按钮，系统会将设置信息保存到控制器中；单击“连接”按钮后，机器人会与相机进行连接，连接成功后，界面右上角的状态会变成绿色；返回到主界面时须单击“返回”按钮。

（3）固定视觉的相机标定

1）设置界面参数设定及相机标定。进入设置界面，选择使用的相机品牌，完成相关设置，将标定方式选为相机标定，单击“保存”按钮，然后单击“连接”按钮与相机进行连接，连接后单击“返回”按钮，返回到主界面，如图 3-5 所示。相机的标定在相机软件上完成，具体标定操作流程应根据相机提供的标定流程进行。在相机上标定完成后，进行拍照测试。

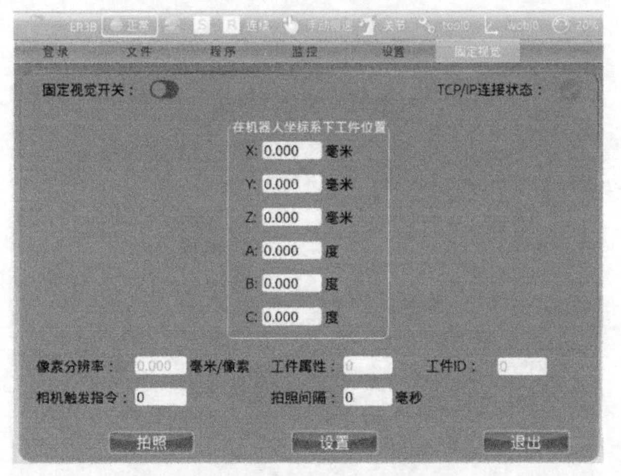

图 3-5 相机标定的主界面

2）相机标定测试用例。在相机标定的主界面中，单击“拍照”按钮，工件在机器人坐标系下的值会刷新。

固定视觉 RPL 指令说明见表 3-1。

表 3-1 固定视觉 RPL 指令说明

指令	名称	功能
Vision. _Init_( )	视觉功能初始化命令	该视觉功能初始化命令在正常使用中不需要调用，该函数会在程序开始自动运行
Vision. getData( )	相机拍照指令	调用该命令，触发相机拍照动作并返回相应数据
Vision. setTrigCmd(int p)	相机触发指令	相机在指令触发的模式下，该命令可设置相机触发的指令
Vision. trigCam( )	触发相机拍照命令	相机在指令触发的模式下，该命令可触发拍照

程序变量见表 3-2。

表 3-2　程序变量

变量	名　　称
Vision. x real	工件位置:X 方向坐标
Vision. y real	工件位置:Y 方向坐标
Vision. z real	工件位置:Z 方向坐标
Vision. a real	工件姿态:绕 Z 轴角度
Vision. b real	工件姿态:绕 Y 轴角度
Vision. c real	工件姿态:绕 X 轴角度
Vision. attr int	工件属性
Vision. id int	工件 ID

固定视觉 RPL 程序用例（相机标定模式）见表 3-3。

表 3-3　固定视觉 RPL 程序用例

序号	程　　序	说　　明
1	LABEL a:	循环开始
2	MJOINT(point0,v500,fine,tool1);	机器人运动到工位 1
3	vision. setTrigCmd(1);	设置相机触发指令为 1(当相机设置为 I/O 触发时,不需要该步骤)
4	hasobj: = vision. getData();	触发相机拍照,当成功获取数据时,变量 hasobj = true
5	IF hasobj THEN	如果成功获取相机数据,则执行 Line6 ~ 12
6	hight: = 400;	定义工件高度位置补偿值 hight
7	point1pick: = POINTC(vision. x, vision. y, hight, vision. a,180,0);	定义工位 2(抓取点)
8	point2: = POINTC(vision. x, vision. y, hight + 50, vision. a,180,0);	定义工位 3(抓取点上方位置)
9	MJOINT(point2,v500,fine,tool1);	机器人运动到工位 3
10	MJOINT(point1pick,v500,fine,tool1);	机器人向下运动到工位 2
11	DWELL(5);	等待抓取工件
12	MJOINT(point2,v500,fine,tool1);	机器人向上运动到工位 3
13	END_IF;	循环结束
14	GOTO a;	返回循环

注意：因为在相机端做手眼标定，所以 vision. x、vision. y 和 vision. a 三个工件数据结果可以直接应用，vision. z、vision. b 和 vision. c 需要根据现场实际情况进行数值上的补偿。

2. MVP 视觉软件

（1）软件功能介绍

1）软件界面布局。MVP 算法平台集成了九类机器视觉系统基础功能算子，分别为图像采集、定位、图像处理、标定、测量、识别、辅助工具、逻辑控制和通信。视觉软件界面布局如图 3-6 所示，各部分介绍如下：

① 菜单栏：包含菜单栏及快捷工具条。

② 工具区：视觉方案搭建所需要的算子区域。

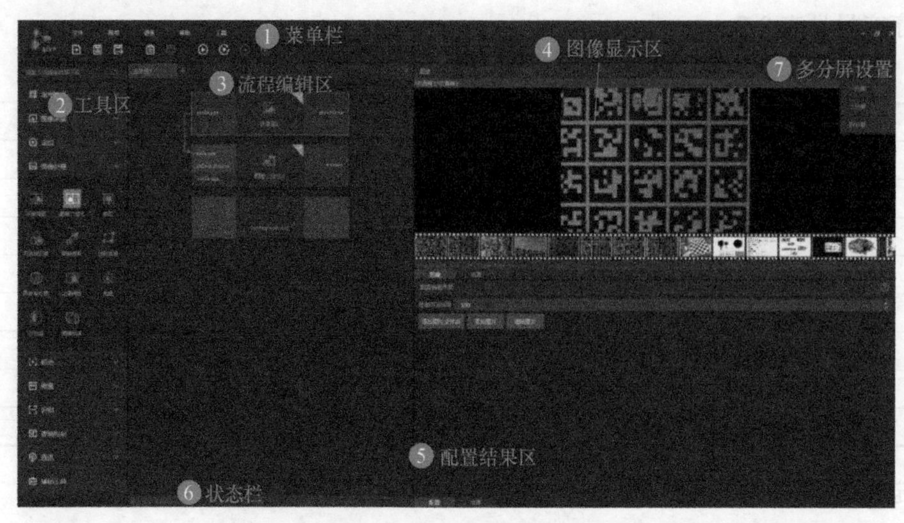

图 3-6　视觉软件界面布局

③ 流程编辑区：视觉方案流程编辑区域。

④ 图像显示区：图像显示区域。

⑤ 配置结果区：通过下方标签切换，对选中的算子进行参数配置或查看算子运行后的结果信息。

⑥ 状态栏：状态显示区，显示所选算子的运行耗时及整个视觉解决方案的运行耗时。

⑦ 多分屏设置：包括一分屏、二分屏和四分屏三种设置，可以将流程编辑区的任意一个子流程的输出拉到任意一屏幕进行绑定，即可显示对应子流程的图像信息，并且支持在连续运行过程中进行切换、绑定。

2）工具区。工具区（图 3-7）包含常用算子、图像采集、定位、图像处理、标定、测量、识别、逻辑控制、通信和辅助工具。

① 常用算子：可以视自己的使用习惯自定义常用算子到此类中。

② 图像采集：分为相机和仿真器，相机是从工业相机获取图像，仿真器则是从本地获取图像。

③ 定位：类算子主要是根据不同的算法配置定位到图像中的特征并标识。

④ 图像处理：含图像基本处理类算子，一般作用于图像预处理或形态学处理。

⑤ 标定：包含棋盘格标定、N 点标定以及读取坐标文件算子，作用于不同坐标系之间的转换。

⑥ 测量：类算子主要完成测量距离、夹角等基本测量功能。

⑦ 识别：包含一维码、二维码以及字符识别算子。

⑧ 逻辑控制：用于视觉解决方案中数据的逻辑处理。

⑨ 通信：含业界常用的工业通信协议，支持 TCP/IP 和串口两种通信方式。

⑩ 辅助工具：包含保存图像、循环次数控制等常用算子。

（2）视觉算子介绍

1）找圆算子。找圆算子在图像中放置一系列卡尺工具，根据卡尺工具得到的边缘点集结果拟合出圆，用于圆的定位与测量。

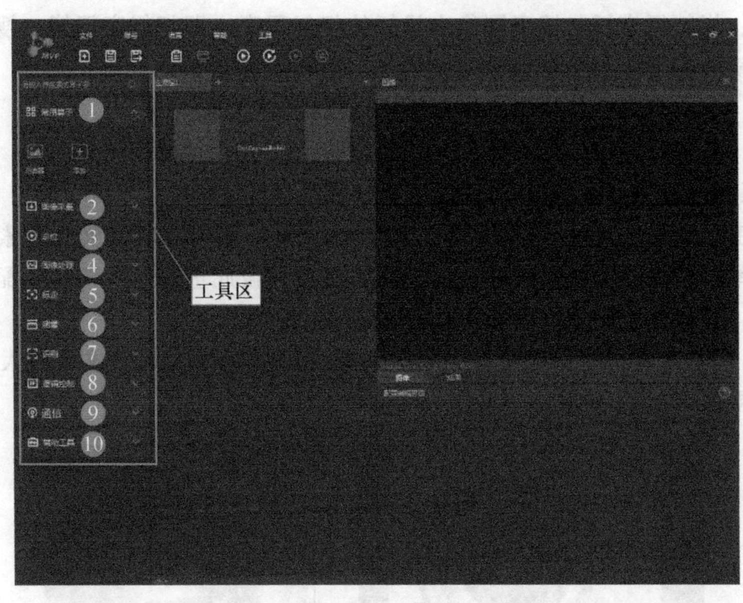

图 3-7　工具区

找圆算子效果如图 3-8 所示，其中卡尺为期望圆弧区域，圆 A 即为找到的圆。

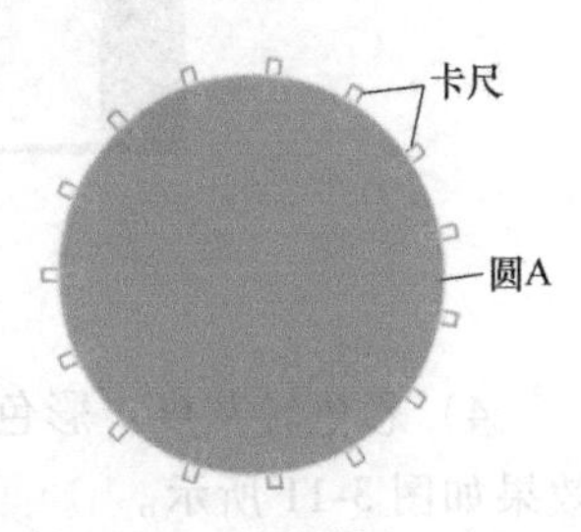

图 3-8　找圆算子效果

进入设置界面设置卡尺个数、搜索长度、投影长度、忽略点数和搜索方向，并设置卡尺参数，通过比度阈值、高斯半径和排序模式等来调整找边卡尺工具，使找圆结果更加精准理想。

2）模板匹配。在模板图像中选中特征区域建立模板，在检测图像中进行匹配，定位产品在图像中的位置。配合其他工具使用，可引导其他工具跟随产品实时调整位置和角度。模板匹配效果如图 3-9 所示。

图 3-9　模板匹配效果

匹配分数：指特征模板与搜索图像中目标的相似程度，即相似度阈值，搜索到的目标在相似度达到该阈值时才会被搜索到，最大是 1，表示完全契合。

边缘阈值：训练过程中，边缘检测阈值，范围为 0~255。

长度阈值：训练过程中，边缘长度过滤阈值，范围为 0~500。

最大匹配目标个数：允许查找的最大目标个数。

亚像素精度：表示匹配的精度选项，可选像素精度、亚像素精度和亚像素高精度。

最大重叠率：当搜索多个目标时，两个被检测目标彼此重合时，两者匹配框所被允许的最大重叠比例，该值越大则允许两目标重叠的程度就越大。

3）裁剪。裁剪工具可以截取指定的原灰度矩形 ROI 区域，并生成 ROI 大小的新的灰度图像，裁剪效果如图 3-10 所示。

a) 裁剪前

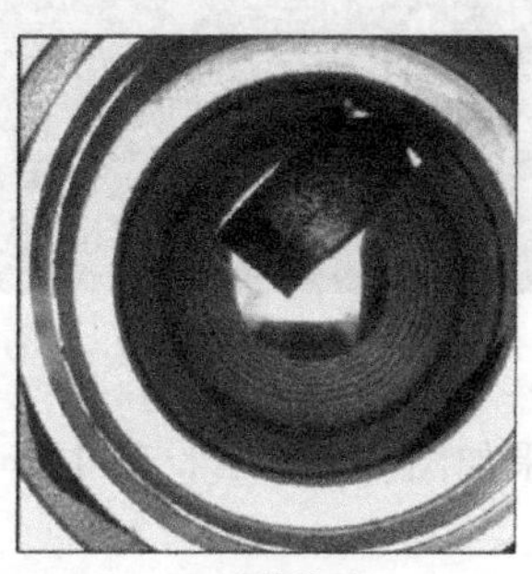

b) 裁剪后

图 3-10 裁剪效果

4）彩色转灰度。彩色转灰度工具可将三通道的彩色图像转换为单通道的灰度图像，其效果如图 3-11 所示。

a) 彩色图

b) 灰度图

图 3-11 彩色转灰度效果

配置参数见表 3-4。

表 3-4 配置参数

参数名称	数据类型	取值范围	默认值	说明
通道选择 Channel Select	单选按钮	三通道（红色通道、绿色通道、蓝色通道）	三通道	可选择 RGB 中的某一单独通道，也可选择三通道（即通过三通道权重混合后的灰度图像）

通道选择：通道模式下的转换公式为 $0.299r+0.587g+0.114b$。其中，r 为 R 通道灰度值，g 为 G 通道灰度值，b 为 B 通道灰度值。

5）颜色提取。颜色提取算子首先提取框选区域的颜色，训练出对应颜色模板，可训练多种颜色，然后输入当前颜色，计算当前颜色与颜色模板的相似度，用于颜色匹配及颜色识别的项目。

例如识别蔬菜，如图 3-12 所示，虽然皆为绿色蔬菜，但不同蔬菜色度不同，可用该算子进行区分，首先训练各个蔬菜的颜色模板，当前训练模板图像是上海青时，算法会判断出当前图像与各个模板的匹配分数，选择最大匹配分数即为所识别的当前蔬菜。颜色提取最大支持 32 张训练图片。

标号	类别	匹配分数
1	上海青	0.945132
2	白菜	0.685924
3	甘蓝	0.724931
4	莴苣	0.578529
5	菠菜	0.795388

图 3-12　颜色提取

6）报文发送（参数可调）。报文发送（参数可调）通过预先定义的协议格式发送数据到外部设备或外部软件。

① 正常添加网络配置或串口配置和报文发送（参数可调）算子，并将 outHandle 连接到 inHandle，如图 3-13 所示。

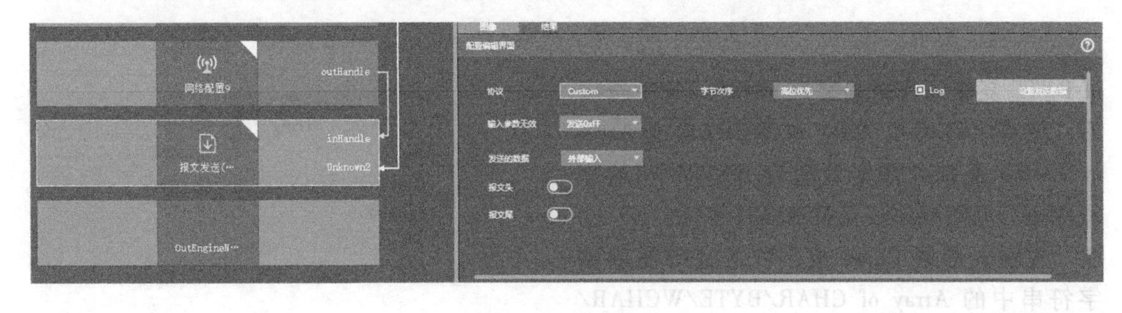

图 3-13　报文发送

② 单击“配置发送数据”，在新对话框中添加输出参数，并配置其类型名称后单击“确定”，如图 3-14 所示。

③ 添加需要输出参数的算子，并将输出的参数对应到发送算子的输入，如图 3-15 所示。

完成设置后，算子会将数据利用发送算子配置的格式，按照用户在步骤 2）中设定的顺序组成一条报文发送给其他设备或软件。

3. PLC 指令

“Chars_TO_Strg” 指令如图 3-16 所示，通过该指令可将字符串从 Array of CHAR 或 Array

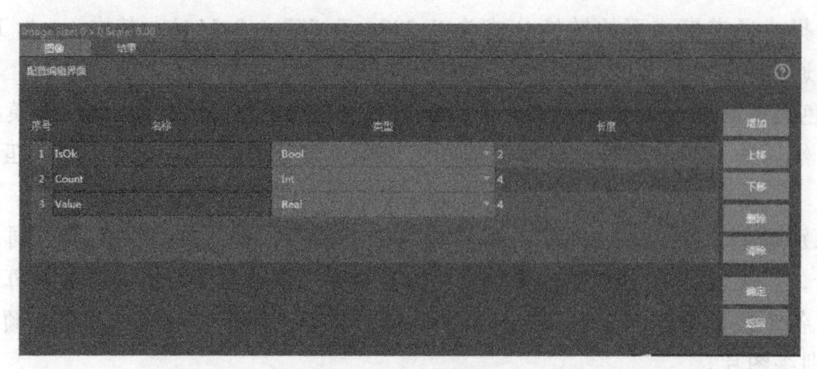

图 3-14 添加数据

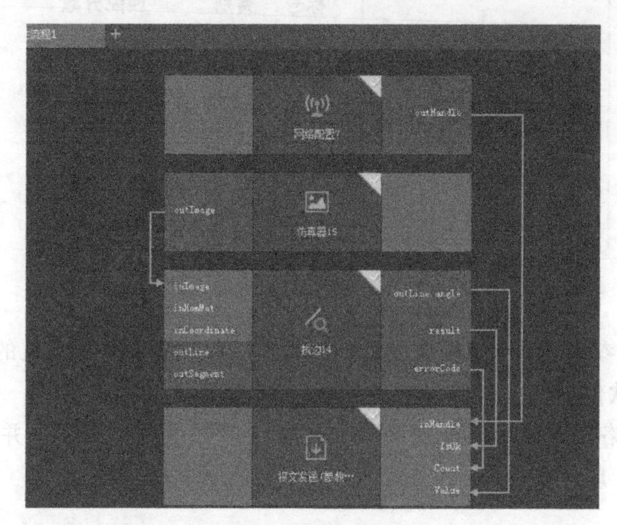

图 3-15 线路连接

of BYTE 复制到数据类型为 STRING 的字符串中，或将字符串从 Array of WCHAR 或 Array of WORD 复制到数据类型为 WSTRING 的字符串中。复制操作仅支持 ASCII 字符。

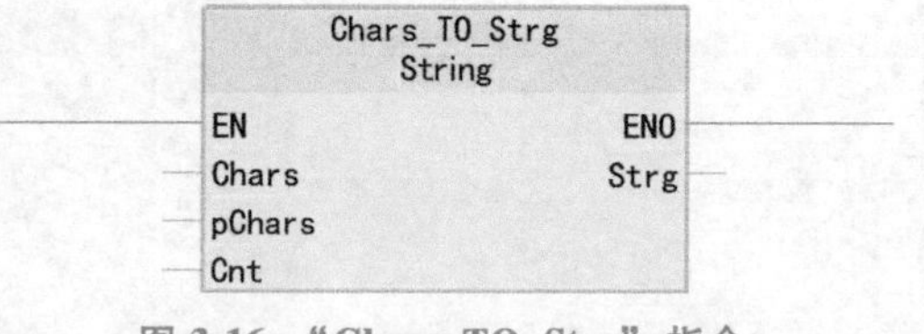

图 3-16 “Chars_TO_Strg” 指令

在输入参数 Chars 中，可指定待复制到字符串中的 Array of CHAR/BYTE/WCHAR/WORD 字符。这些字符将写入数据类型为 STRING/WSTRING 的参数 Strg 中。该字符串中的字符数量至少与源域中复制的字符数量相同。如果字符串长度小于源域中的字符个数，则将在字符串中写入最大长度的字符数。

如果 Array of CHAR/BYTE 中包含字符“$ 00”，或 Array of WCHAR/WORD 中包含字符“W#16#0000”，则仅将字符复制到指定位置处。

使用参数 pChars 可指定源域中字符复制的位置。pChars = 0 为默认值，通常指定数组的下标下限，即使该值为负数。

示例：如果要从源域中的第三个字符开始进行复制，则参数 pChars 的值应为“2”，如图 3-17 所示。

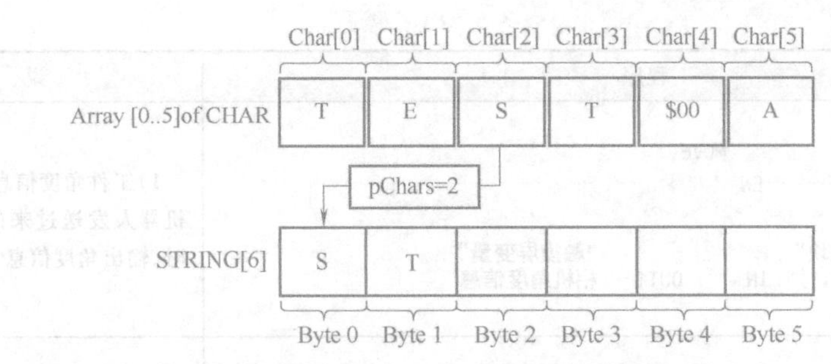

图 3-17　“Chars_TO_Strg” 指令运作方式

二、任务实施

1. 任务实施准备

（1）硬件连线　按照图 3-18～图 3-20，分别进行相机接线、光源控制器接线和相机通信连接。

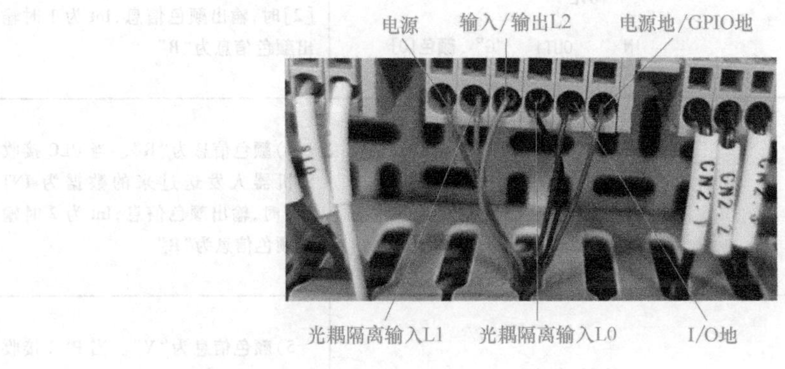

图 3-18　相机接线

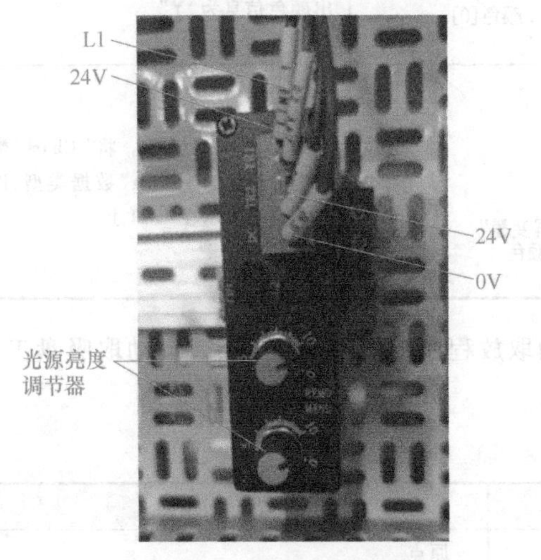

图 3-19　光源控制器接线

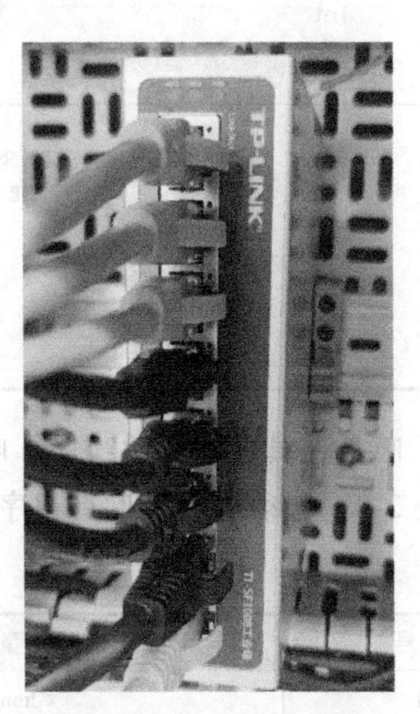

图 3-20　相机通信连接

（2）PLC 编程　PLC 编程见表 3-5，完整程序如图 3-21 所示。

表 3-5 PLC 编程

程序	说明
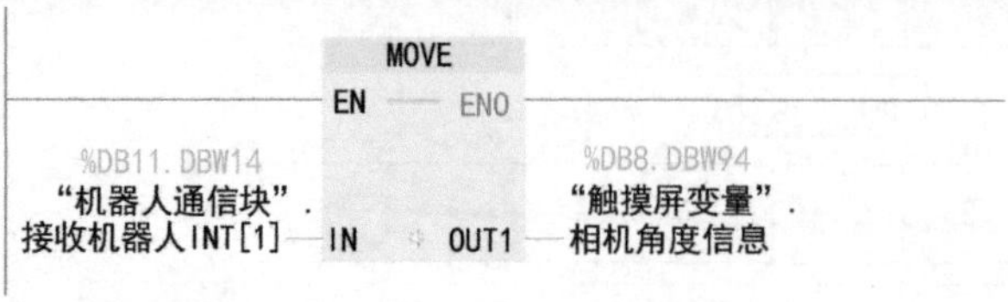 MOVE: EN — ENO; %DB11.DBW14 “机器人通信块”.接收机器人INT[1] — IN — OUT1 — %DB8.DBW94 “触摸屏变量”.相机角度信息	1)工件角度信息。当 PLC 接收到机器人发送过来的数据为 INT[1]时,输出角度信息
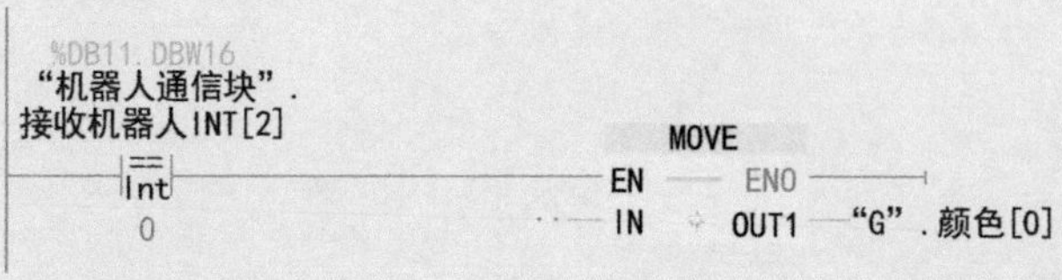 %DB11.DBW16 “机器人通信块”.接收机器人INT[2] ==Int 0; MOVE: EN — ENO; IN — OUT1 — “G”.颜色[0]	2)无颜色信息。当 PLC 接收到机器人发送过来的数据为 INT[2]时,输出颜色信息,Int 为 0 时没有颜色信息
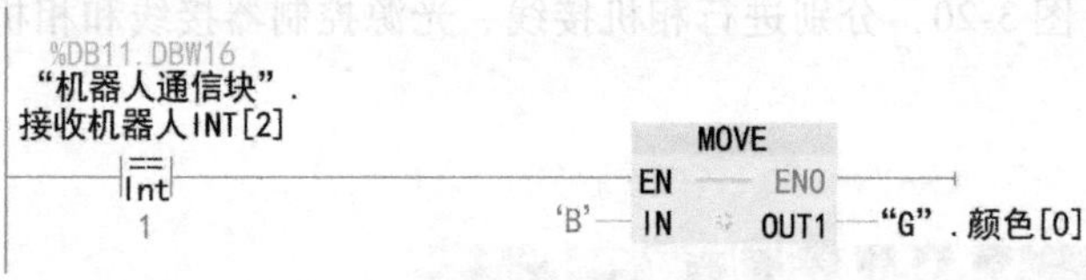 %DB11.DBW16 “机器人通信块”.接收机器人INT[2] ==Int 1; MOVE: EN — ENO; ‘B’ — IN — OUT1 — “G”.颜色[0]	3)颜色信息为“B”。当 PLC 接收到机器人发送过来的数据为 INT[2]时,输出颜色信息,Int 为 1 时输出颜色信息为“B”
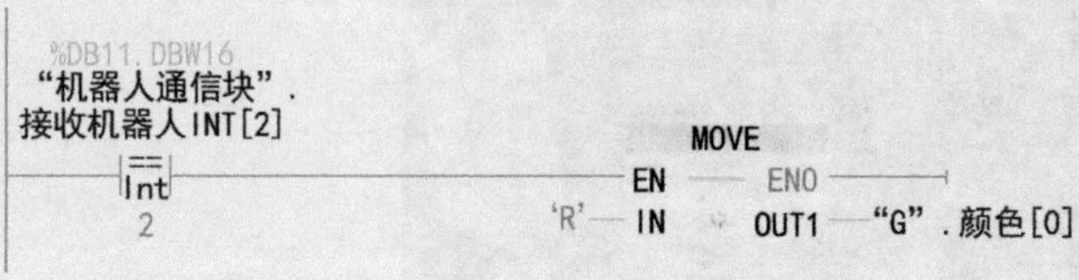 %DB11.DBW16 “机器人通信块”.接收机器人INT[2] ==Int 2; MOVE: EN — ENO; ‘R’ — IN — OUT1 — “G”.颜色[0]	4)颜色信息为“R”。当 PLC 接收到机器人发送过来的数据为 INT[2]时,输出颜色信息,Int 为 2 时输出颜色信息为“R”
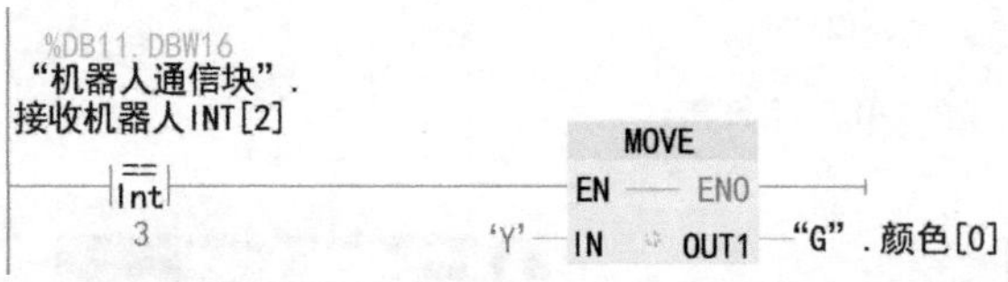 %DB11.DBW16 “机器人通信块”.接收机器人INT[2] ==Int 3; MOVE: EN — ENO; ‘Y’ — IN — OUT1 — “G”.颜色[0]	5)颜色信息为“Y”。当 PLC 接收到机器人发送过来的数据为 INT[2]时,输出颜色信息,Int 为 3 时输出颜色信息为“Y”
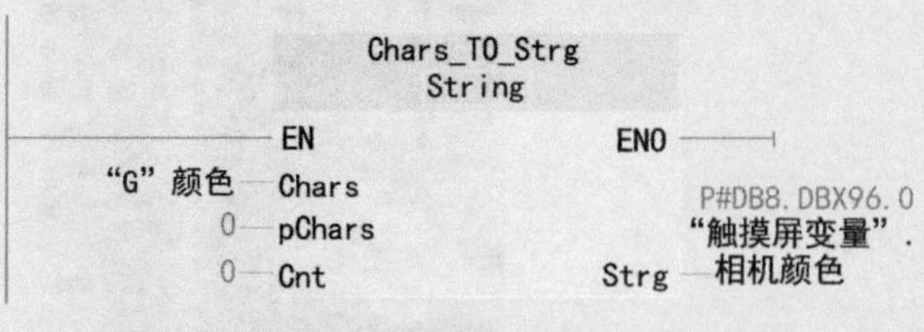 Chars_TO_Strg String: EN — ENO; “G”颜色 — Chars; 0 — pChars; 0 — Cnt; Strg — P#DB8.DBX96.0 “触摸屏变量”.相机颜色	6)数据类型转化。将“Chars”数据类型转化为“String”数据类型,以方便信息显示在 HMI 上

（3）吸盘工具自动取放程序　吸盘工具自动取放程序变量点见表 3-6，自动取吸盘工具程序见表 3-7，自动放吸盘工具程序见表 3-8。

表 3-6 吸盘工具自动取放程序变量点

序号	变量点	说　明
1	home	原点
2	t3p1	吸盘工具点
3	t3pg1	快换工具模块上方点

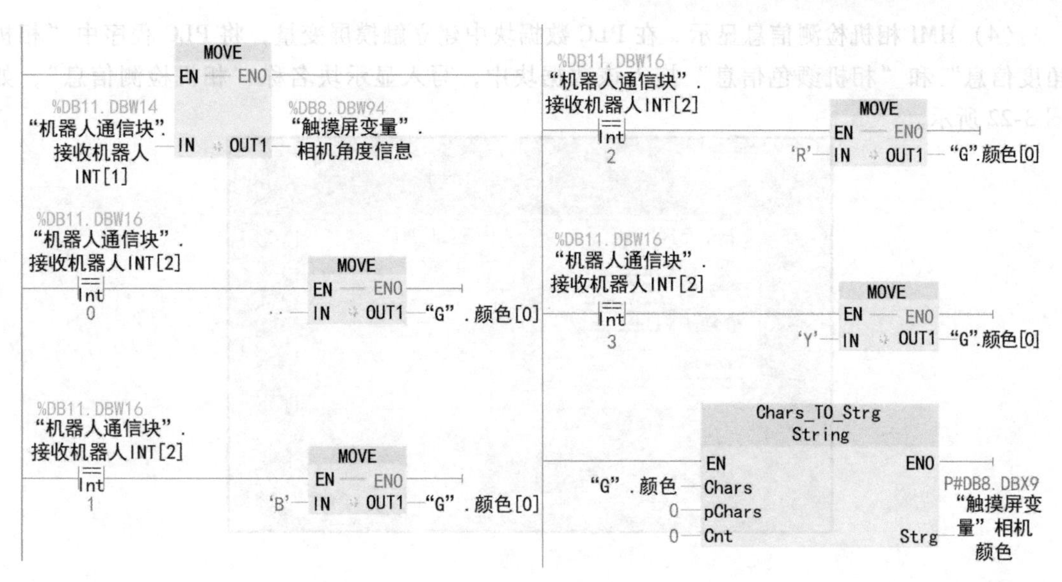

图 3-21　完整程序

表 3-7　自动取吸盘工具程序

序号	程序(outT3)	说明
1	MJOINT(home,v500,fine,tool3);	原点(0,0,0,0,-90,0)
2	MJOINT(t3pg1,v500,fine,tool3);	运动到快换工具模块上方点
3	io.DOut[13]:=true;	机器人末端快换卡口钢珠收缩
4	MLIN(OFFSET(t3p1,0,0,50),v500,fine,tool3);	运动到吸盘工具点正上方 50mm 处
5	MLIN(OFFSET(t3p1,0,0,0),v100,fine,tool3);	运动到吸盘工具点
6	io.DOut[13]:=false;	机器人末端快换卡口钢珠伸出
7	MLIN(OFFSET(t3p1,0,0,10),v100,fine,tool3);	运动到吸盘工具点正上方 10mm 处
8	MLIN(OFFSET(t3p1,0,0,200),v500,fine,tool3);	运动到吸盘工具点正上方 200mm 处
9	MJOINT(t3pg1,v500,fine,tool3);	运动到快换工具模块上方点
10	MJOINT(home,v500,fine,tool3);	返回原点

表 3-8　自动放吸盘工具程序

序号	程序(inT3)	说明
1	MJOINT(home,v500,fine,tool3);	原点(0,0,0,0,-90,0)
2	MJOINT(t3pg1,v500,fine,tool3);	运动到快换工具模块上方点
3	MLIN(OFFSET(t3p1,0,0,200),v500,fine,tool3);	运动到吸盘工具点正上方 200mm 处
4	MLIN(OFFSET(t3p1,0,0,10),v500,fine,tool3);	运动到吸盘工具点正上方 10mm 处
5	MLIN(OFFSET(t3p1,0,0,0),v100,fine,tool3);	运动到吸盘工具点
6	io.DOut[13]:=true;	机器人末端快换卡口钢珠收缩
7	MLIN(OFFSET(t3p1,0,0,10),v100,fine,tool3);	运动到吸盘工具点正上方 10mm 处
8	MJOINT(t3pg1,v500,fine,tool3);	运动到快换工具模块上方点
9	MJOINT(home,v500,fine,tool3);	返回原点

（4）HMI 相机检测信息显示　在 PLC 数据块中建立触摸屏变量，将 PLC 程序中“相机角度信息”和“相机颜色信息”拖入该数据块中，写入显示块名称“相机检测信息”，如图 3-22 所示。

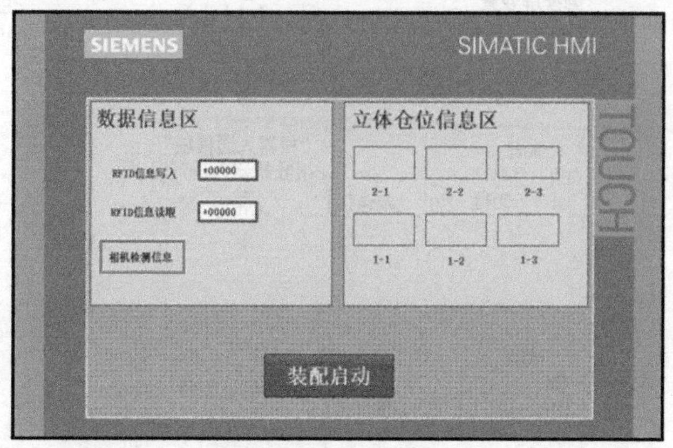

图 3-22　触摸屏信息

根据任务书的要求，将左侧“详细视图”中的“角度信息”和“颜色”拖入相关变量，如图 3-23 所示。

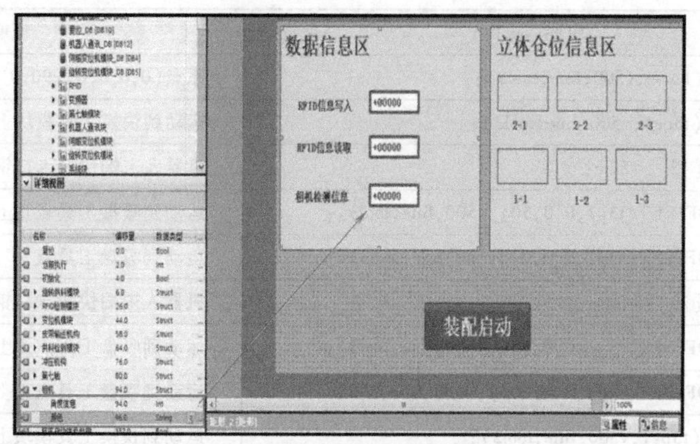

图 3-23　添加相机检测信息

将相机检测信息所在界面命名为“画面 1”，将“画面 1”拖入起始界面，调整按钮的大小，最后将 HMI 进行下载，即可从触摸屏起始界面中进入到相机检测信息显示界面，如图 3-24 所示。

（5）视觉定位中偏差数据获取与偏差消除

1）偏差数据获取。在视觉检测中需要制作一个模板，此时吸盘吸取工件的圆心位置是固定的，即为模板中工件圆心点，当模板制作完毕，设备正常运行后，每次工件到达的位置存在一定偏差，偏差数据通过在连续运行下，拖拽分析脚本的“inX”“inY”和模板匹配的“ra”至右侧显示区（切换为“结果”界面），即可显示此时工件圆心的 x、y 数据和角度信息，如图 3-25 所示。

2）偏差消除。假如此时通过视觉软件获取了偏差数据，x=Q，y=W，那么通过机器人程序可改变吸盘吸取点，将 vision. x 数值与 Q 数值进行+/-算数运算，可将偏差消除，吸取点为此刻相机下工件的圆心定位点，详见表 3-9。

图 3-24　添加至起始界面

图 3-25　偏差数据获取

表 3-9　偏差消除

序号	程序	说明
1	x：= vision. x；	相机脚本发送的 x 值
2	y：= vision. y；	相机脚本发送的 y 值
3	MLIN（OFFSETTOOL（zjfl，（x+/-Q），（y+/-W），-50，a），v500，fine，tool3）；	偏差消除，并偏移到工件上方 50mm 点处
4	MLIN（OFFSETTOOL（zjfl，（x+/-Q），（y+/-W），0，a），v100，fine，tool3）；	偏差消除，并偏移到工件点处

2. 任务一：工件角度识别与定位

（1）任务规划　工件角度识别与定位任务规划如图 3-26 所示。

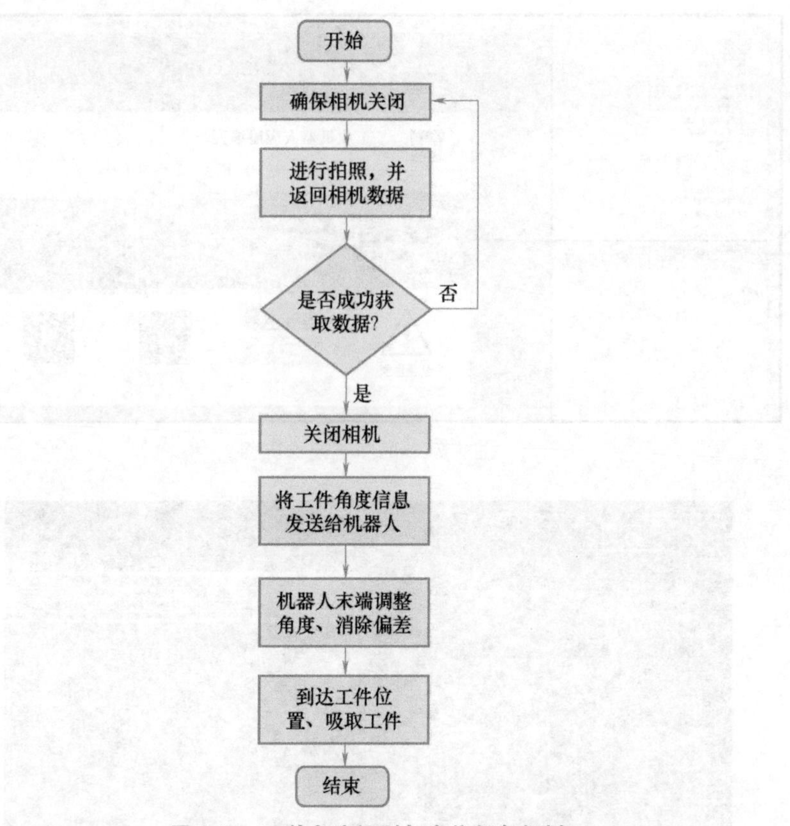

图 3-26 工件角度识别与定位任务规划

（2）工件角度识别与定位视觉程序编写 工件角度识别与定位视觉程序见表 3-10，工件角度识别与定位完整视觉程序如图 3-27 所示。

表 3-10 工件角度识别与定位视觉程序

操作步骤及说明	示意图
1）打开软件，布局视觉算子。打开 MVP 软件，从左侧工具区依次拖入“相机”“裁剪”“彩色转灰度”“模板匹配 1”“模板匹配 2”“找圆”“坐标转换器”“分析脚本”“网络配置”“报文发送（参数可调）”等算子	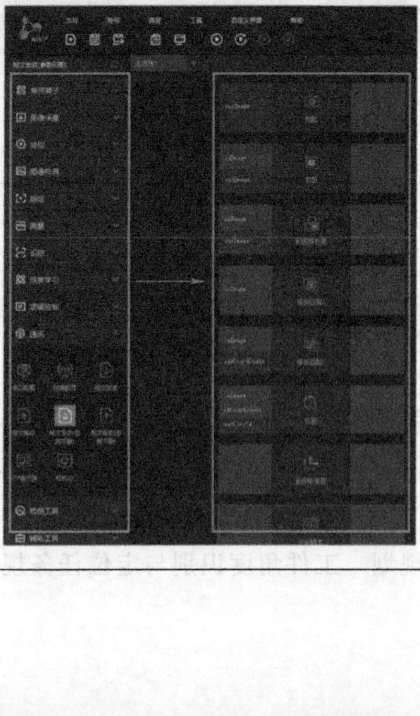

（续）

操作步骤及说明	示意图
2)连接相机。选中流程编辑区的“相机”算子,选中的标志是“相机”算子四周的白色边框线更加突出,然后单击右下角配置结果区的小相机图标,跳转出“发现相机设备”界面,选择“GigE”下的“12CG-E”,最后单击“确定”	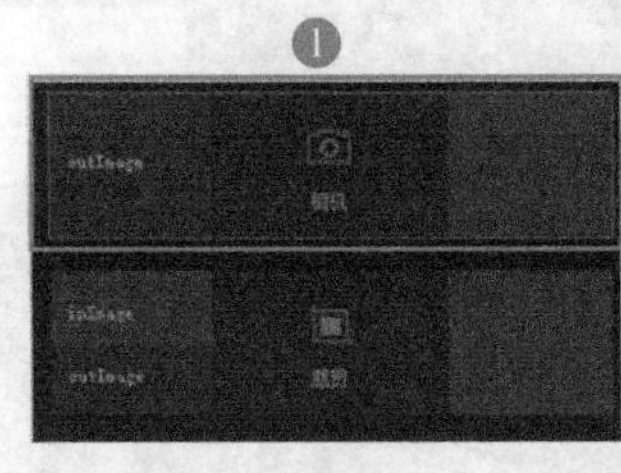 
3)图片裁剪。将“相机”算子的“outImage”与“裁剪”算子的“inImage”进行连接,单击菜单栏的单步运行按钮“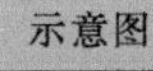”,获取图片 选中“裁剪”算子,在图像显示区对相机拍摄图片进行合理裁剪。也可双击图片全屏显示,待修改完成后再双击复原	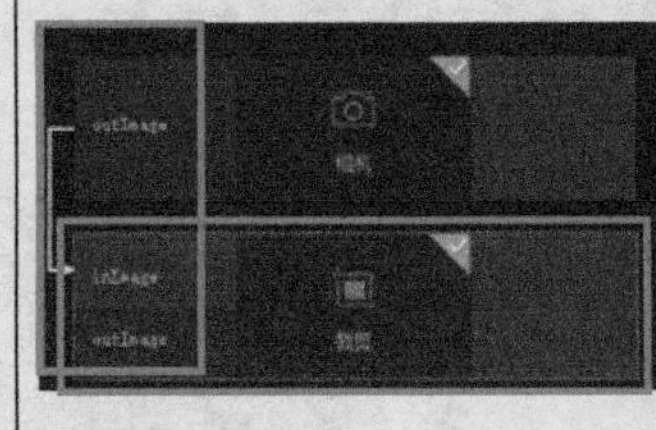 
4)图片彩色转灰度。将“裁剪”算子的“outImage”与“彩色转灰度”算子的“inImage”进行连接,单击菜单栏的单步运行按钮“”,即可获取工件的灰度图	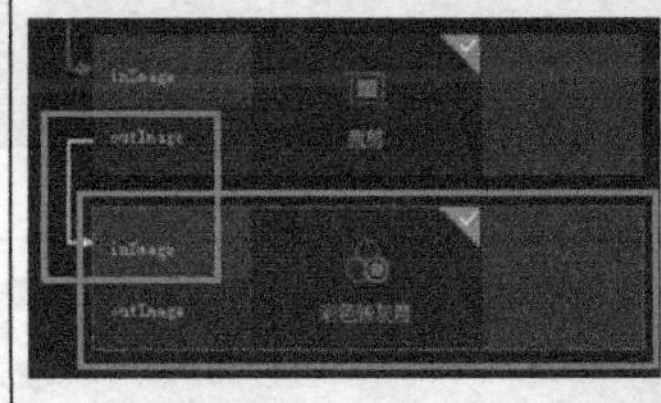 
5)“彩色转灰度”输出 Image。将“彩色转灰度”算子的“outImage”分别与“模板匹配 1”“模板匹配 2”“找圆”的“inImage”进行连接	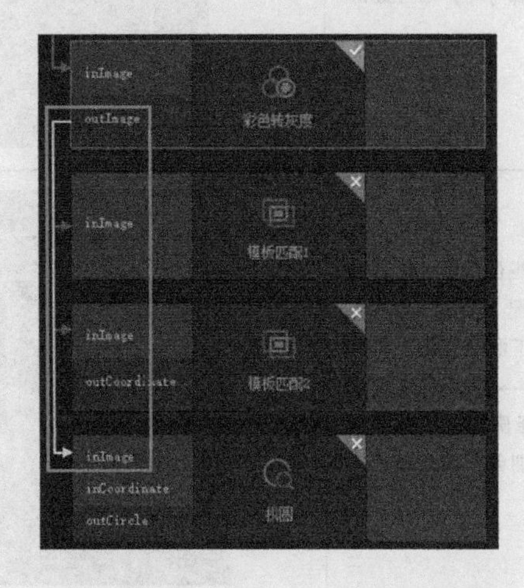

（续）

<table>
<tr><th>操作步骤及说明</th><th>示意图</th></tr>
<tr><td>6）添加输入/输出。右击“模板匹配 1”算子，弹出快捷菜单，依次选择“显示/隐藏参数”→“outCoordinate”→“ra”</td><td>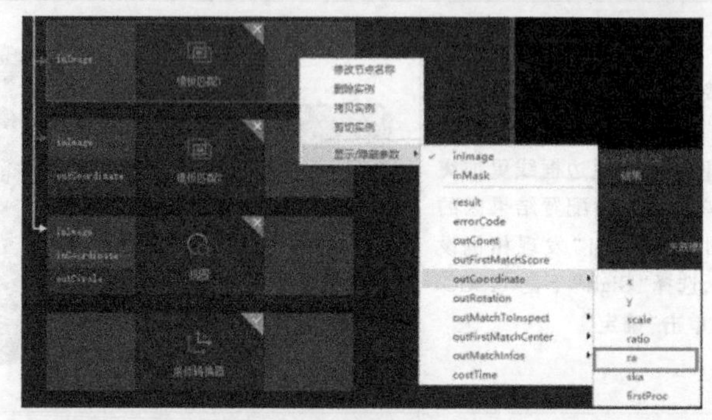
</td></tr>
<tr><td>7）配置“模板匹配 1”。单击菜单栏的单步运行按钮“”，即可获取实时工件的灰度图。选中“模板匹配1”算子，单击右侧的“训练新模板”按钮，弹出“训练新模板”窗口
在窗口的“ROI 区域选择”中，选择搜索区域的形状（本例选择矩形），设置后左侧图中出现蓝色矩形方框，表示搜索区域。在右上角的“训练参数设置”中，通过设置“边缘阈值”和“长度阈值”来调整绿色匹配框的形状，使之线条均匀、圆滑，与要匹配的特征更好地拟合
单击“训练”即可生成匹配模板，最后单击“确定”</td><td>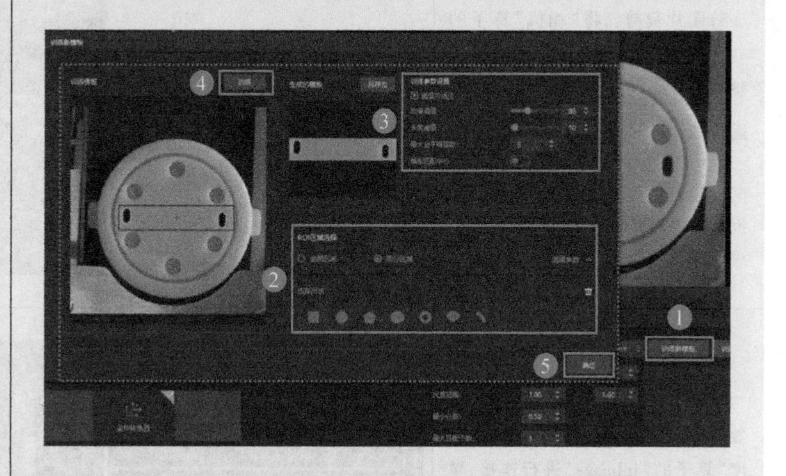
</td></tr>
<tr><td>8）连接“模板匹配 2”与“找圆”。将“模板匹配 2”算子的“outCoordinate”与“找圆”算子的“inCoordinate”进行连接</td><td>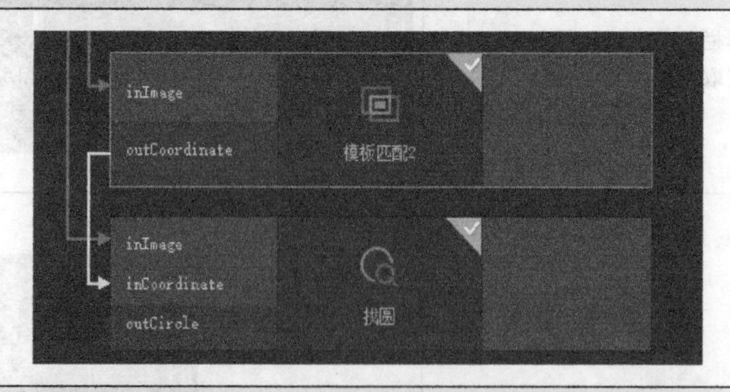
</td></tr>
<tr><td>9）配置“模板匹配 2”。配置方法和配置模板匹配 1 类似，单次拍照→选中“模板匹配 1”算子→单击“训练新模板”→选择搜索区域的形状（本例选择圆形）→训练参数设置→单击“训练”→单击“确定”</td><td>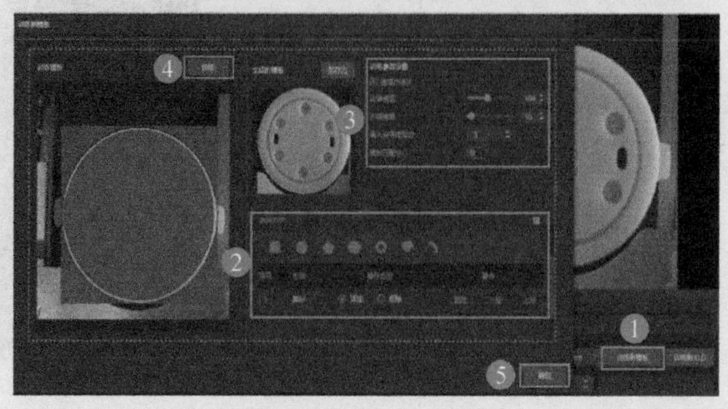
</td></tr>
</table>

（续）

操作步骤及说明	示意图
10）配置“找圆”。单击菜单栏的单步运行按钮“ ”，即可获取实时工件的灰度图。在流程编辑区选中“找圆”算子，图像显示区即可显示一个带有卡尺（③）的蓝色圆圈，待圆圈变为浅蓝色，且同时出现三个绿色小矩形框（①、②、④），即可按住鼠标拖动浅蓝色圆圈至想要的位置，松开鼠标圆圈恢复蓝色 拖拽绿色矩形框①可改变卡尺的搜索长度和投影长度，拖拽绿色矩形框②可改变整个圆圈的大小，拖拽绿色矩形框④可让圆圈从此处裂开 可根据具体情况更改设置中的卡尺个数、搜索长度、投影长度、忽略点个数和搜索方向	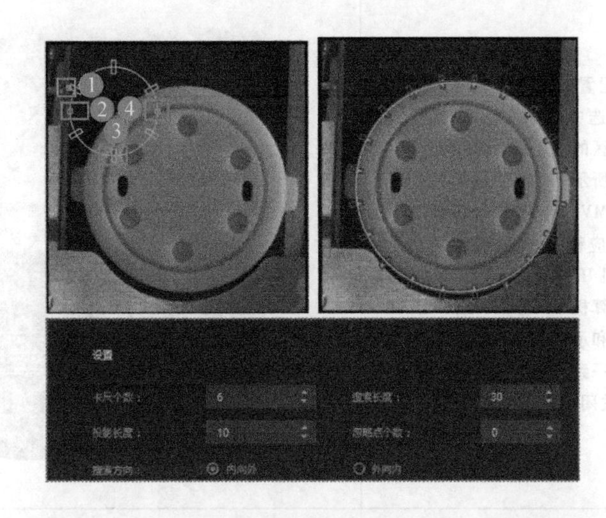
11）配置“坐标转换器”。在流程编辑区选中“坐标转换器”算子，将“找圆”算子的“outCircle”与“坐标转换器”算子的“inCircle0”进行连接，并将“坐标转换器”的outCircle0. center. x 和 outCircle0. center. y 进行显示 在配置结果区单击“导入标定文件”，选择指定标定文件，并将“坐标转换圆个数”设置为1	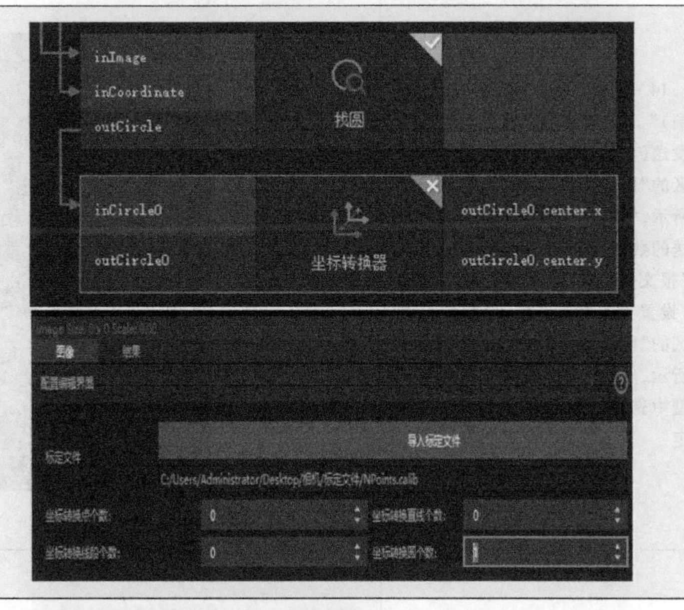
12）配置“分析脚本”。在流程编辑区选中“分析脚本”算子，在配置结果区导入对应脚本（将数据格式转换为机器人可识别的格式）。并将“分析脚本”算子的“inA”“inX”“inY”分别与“模板匹配1”算子的“outCoordinate. ra”、“坐标转换器”算子的“outCircle0. center. x”“outCircle0. center. y”进行连接	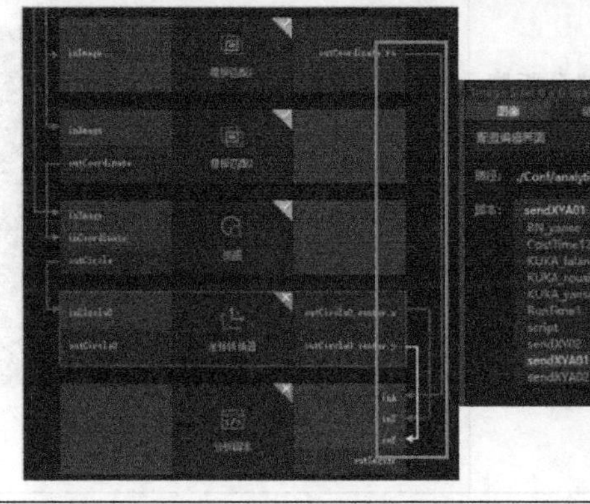

（续）

操作步骤及说明	示意图 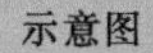
13）配置“网络配置”。在流程编辑区选中“网络配置”算子，配置结果区的“配置编辑界面”如右侧下图所示，“协议”选择“TCP服务端”，MVP软件“网络配置”上的IP地址应和示教器“固定视觉”上的“相机IP地址”以及装载视觉软件的计算机IP地址一致，“端口”数据应和示教器上“相机端口”数据保持一致，并将“运行停止断开连接”关闭	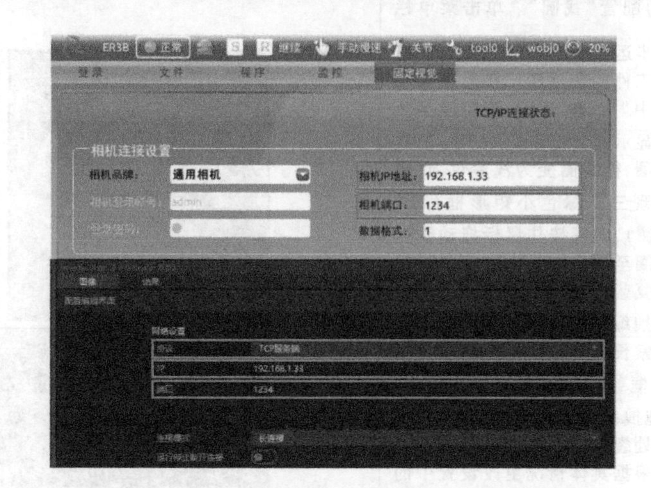
14）配置“报文发送（参数可调）”。在流程编辑区选中“报文发送（参数可调）”算子，配置结果区的“配置编辑界面”如右侧上图所示，“协议”选择“Custom”，“发送的数据”选择“外部输入”，关闭“报文头”和“报文尾”，然后单击“设置发送数据”按钮，配置结果区的“配置编辑界面”如右侧下图所示，然后单击“增加”，在数据类型中选择“String”，最后单击“确定”	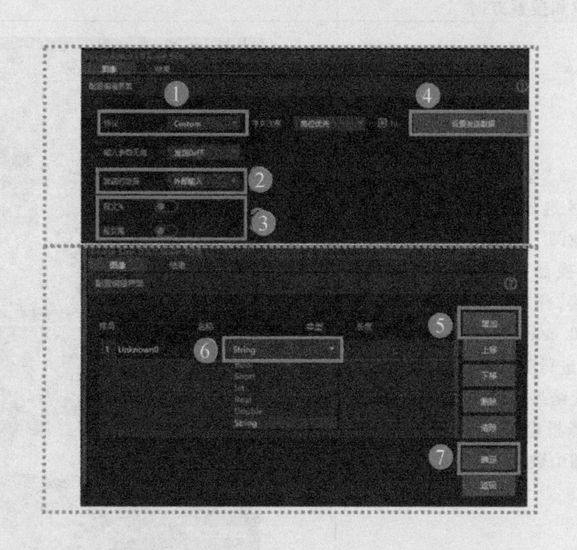
15）连接“网络配置”“分析脚本”与“报文发送（参数可调）”。将“报文发送（参数可调）”算子的“inHandle”和“UnKnown0”分别与“网络配置”算子的“outHandle”和“分析脚本”算子的“outImgstr”进行连接	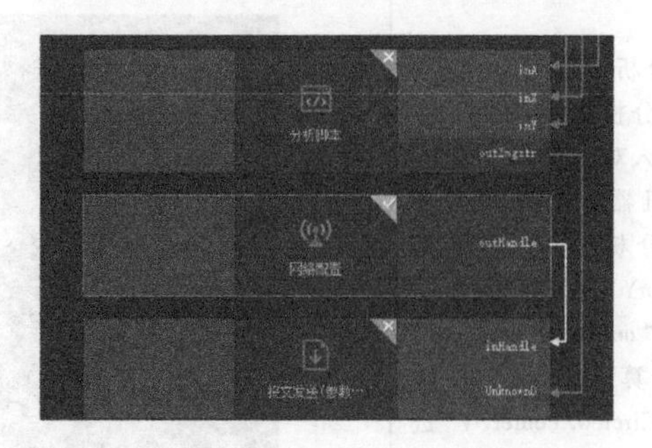

（续）

操作步骤及说明	示意图
16）调整相机触发模式。单击“相机”按钮，选择下面的“相机管理工具”，将“AcquisitionControl”下“TriggerSource”的触发方式调整为“Line1”	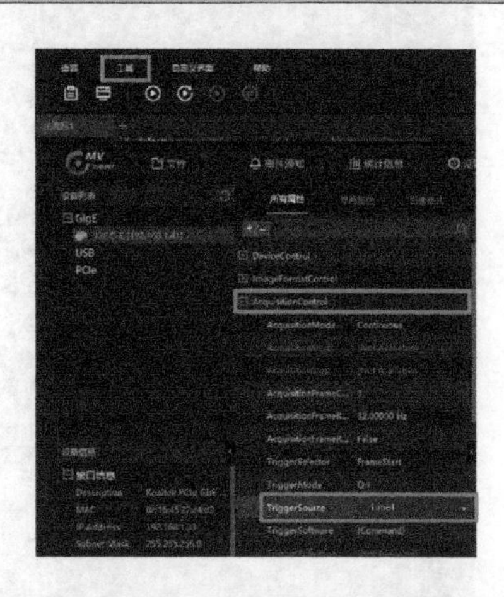
17）TCP/IP 连接。打开示教器上的“固定视觉”，待“相机连接设置”和“拍照触发设置”设置完成后，单击“连接”按钮，直至“TCP/IP 连接状态”显示为绿色，表示机器人与相机连接成功	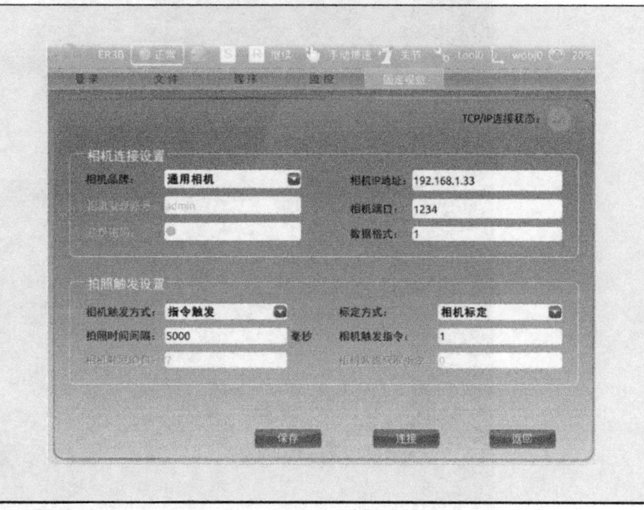

（3）工件角度识别与定位工业机器人程序（表 3-11 和表 3-12）

表 3-11　本任务所需变量名称及变量类型

序号	变量名称	类型
1	wc	Bool
2	x	DINT
3	y	DINT
4	a	DINT
5	zjfl	POINC

3. 任务二：工件颜色识别

（1）任务规划　工件颜色识别任务规划如图 3-28 所示。

（2）工件颜色识别视觉程序编写　工件颜色识别视觉程序见表 3-13，工件颜色识别完整视觉程序如图 3-29 所示。

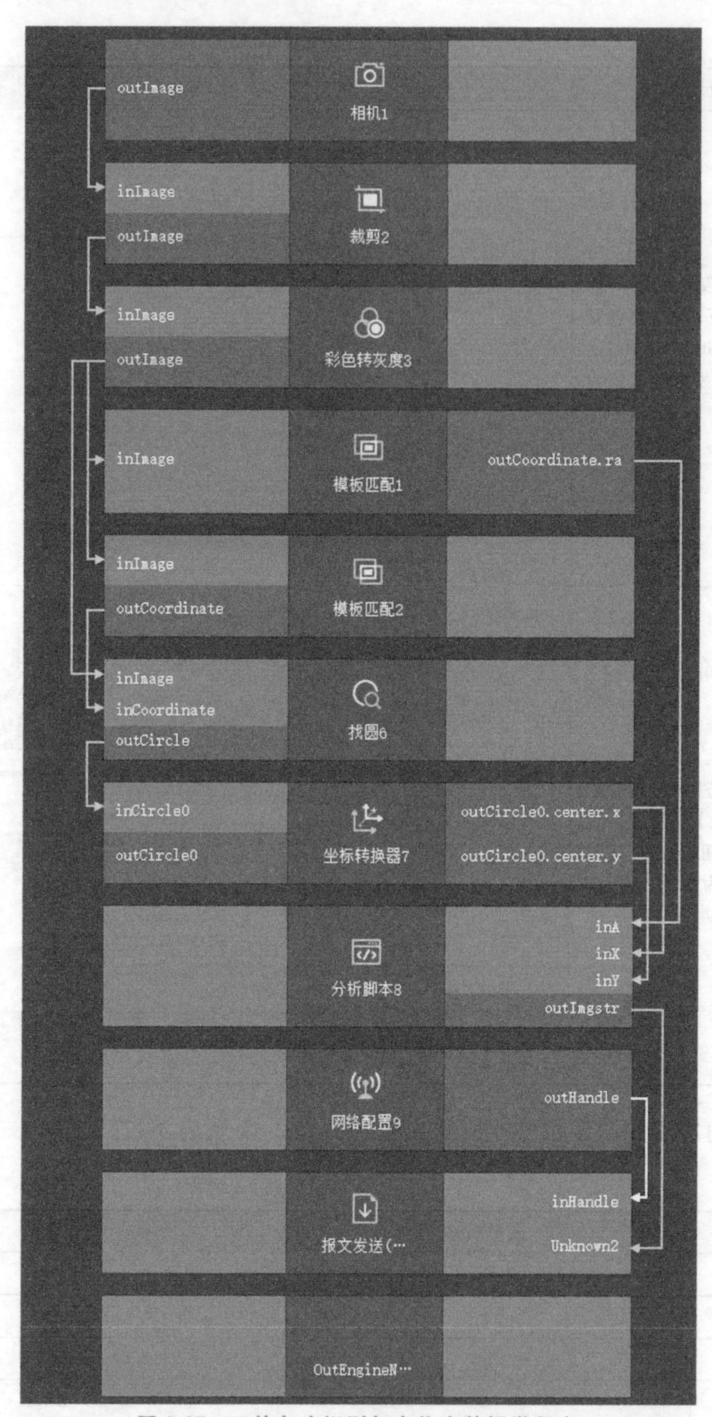

图 3-27 工件角度识别与定位完整视觉程序

表 3-12 工件角度识别与定位工业机器人程序

序号	程序	说明
1	MJOINT(home,v500,fine,tool3)；	原点(0,0,0,0,-90,0)
2	LABEL a：	循环开始

（续）

序号	程序	说明
3	fidbus. mtcp_wo_b[59]：=false；	确保相机关闭
4	DWELL(2)；	延时2s
5	vision. setTrigCmd(1)；	设置相机触发指令为1
6	fidbus. mtcp_wo_b[59]：=true；	触发相机拍照
7	DWELL(2)；	延时2s
8	wc：=vision. getData()；	将相机拍照后返回的数据传送给变量wc
9	IF wc THEN	如果成功获取相机数据，则执行Line10~13
10	fidbus. mtcp_wo_b[59]：=false；	关闭相机
11	x：=vision. x；	工件位置：X方向坐标数据赋给x
12	y：=vision. y；	工件位置：Y方向坐标数据赋给y
13	a：=vision. a；	工件位置：绕Z轴角度数据赋给a
14	fidbus. mtcp _wo_i[0]：=a；	将角度信息发送给机器人
15	ELSE	如果未成功获取数据
16	GOTO a；	返回，继续循环
17	END_IF；	结束IF条件语句
18	MLIN(OFFSETTOOL(zjfl，(x+/-Q)，(y+/-W)，-50，a)，v500，fine，tool3)；	偏差消除，角度旋转及偏移至工件点上方50mm处
19	MLIN(OFFSETTOOL(zjfl，(x+/-Q)，(y+/-W)，0，a)，v500，fine，tool3)；	偏差消除，偏移至工件点
20	io. DOut[10]：=true；	打开吸盘
21	……	机器人其他后续装配操作

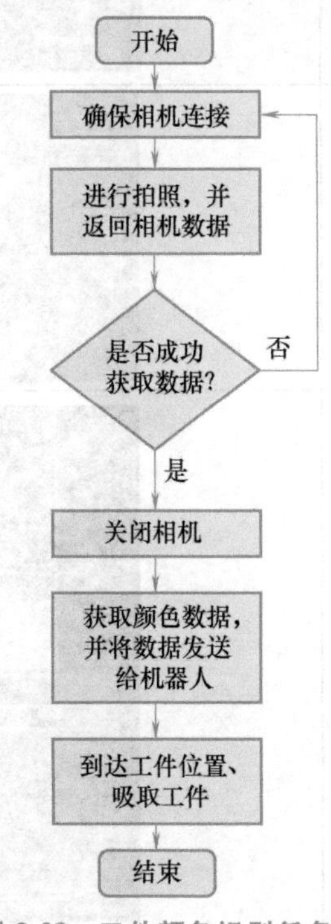

图3-28　工件颜色识别任务规划

表 3-13 工件颜色识别视觉程序

操作步骤及说明	示意图
1）打开软件，布局视觉算子。打开 MVP 软件，从左侧工具区依次拖入“相机”算子、“裁剪”算子、“颜色提取”算子、“分析脚本”算子、“网络配置”算子、“报文发送（参数可调）”算子	
2）设置“裁剪”。将“相机”算子的“outImage”与“裁剪”算子的“inImage”进行连接，单击菜单栏的单步运行按钮“”，即可获取工件的实时画面，再选中“裁剪”算子，可在图像显示区进行合理裁剪，裁剪按照“工件角度识别与定位视觉程序”的裁剪方式进行	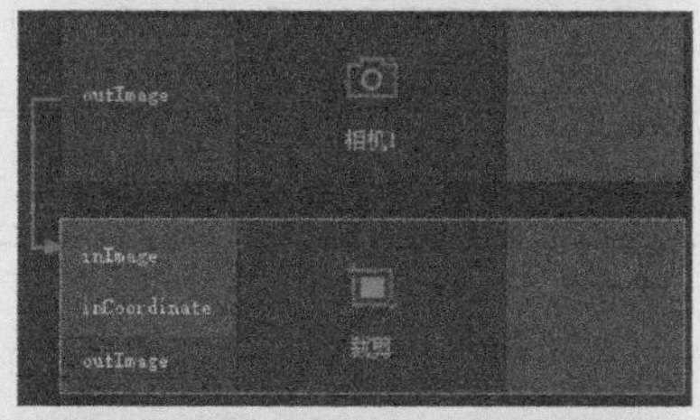
3）“颜色提取”线路连接。将“裁剪”算子的“outImage”与“颜色提取”算子的“inImage”进行连接，这样即可将裁剪处理后的图片传送给“颜色提取”算子	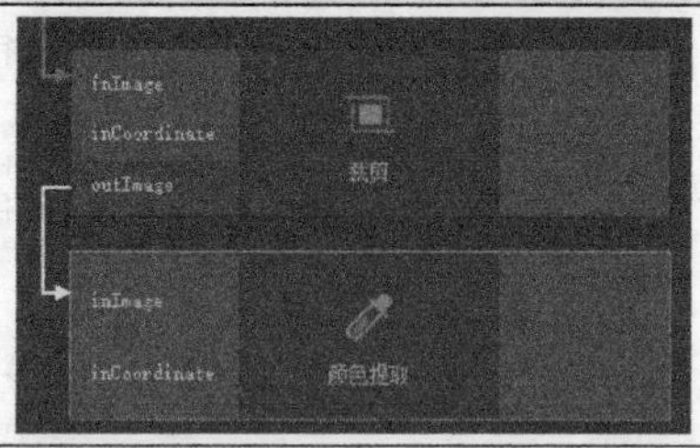
4）设置“颜色提取”。单击菜单栏的单步运行按钮“”，即可获取工件的实时画面，再选中“颜色提取”算子，即可获取最新的实时图像 单击配置结果区的“训练颜色”按钮，进行形状选择和识别区域大小的设置（拖拽形状边缘），待设置好后，写入颜色名称 1（红色）、2（蓝色）、3（黄色），最后单击“训练”	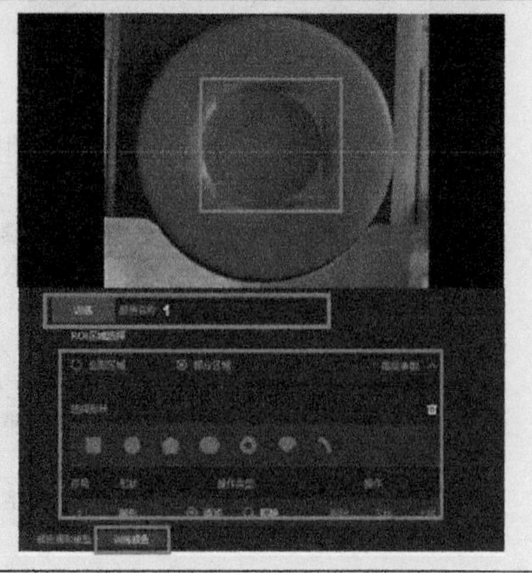

（续）

操作步骤及说明	示意图
5)“颜色提取”颜色学习完成。待学习完成后，单击“颜色提取模型”，颜色与对应的名称会显示在“配置编辑界面”，状态选择启用	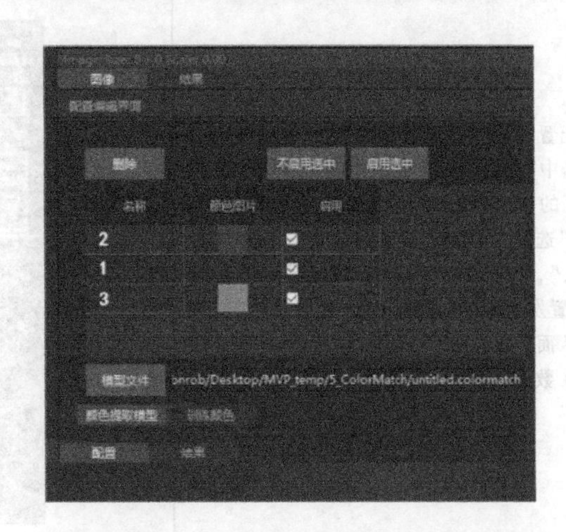
6)配置“分析脚本”。在流程编辑区选中“分析脚本”算子，若“analyticScript”文件夹中没有所需的脚本，则需要手动将脚本文件放置在此文件夹下。再单击“重新加载”，然后单击脚本后面的“▼”图标，选择需要的脚本。若所需要的脚本已在“analyticScript”文件夹中，则只需单击脚本后面的“▼”图标，直接选中该脚本 在成功设置脚本后，“分析脚本”的输出“inB”随即显现，将“颜色提取”算子的“outFirstName”与“分析脚本”算子的“inB”进行连接	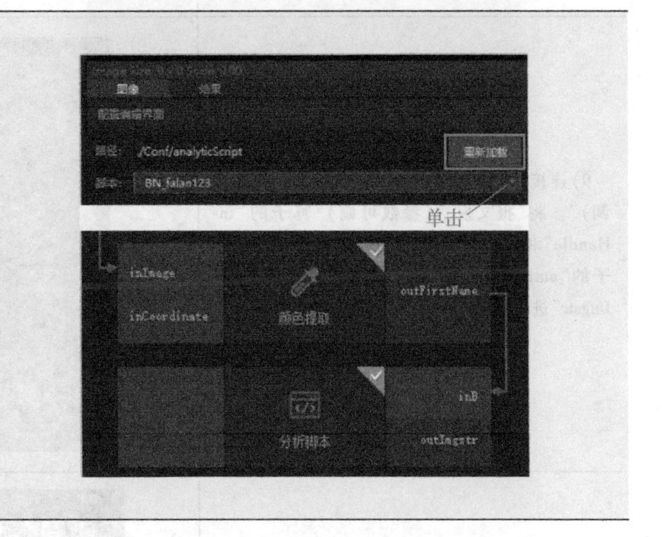
7)配置“网络配置”。在流程编辑区选中“网络配置”算子，将配置结果区的“协议”更改为“TCP 服务端”，“IP”要同运行 MVP 软件的计算机 IP 地址和示教器端的“相机 IP 地址”保持一致，“端口”要和示教器端的“相机端口”保持一致，并将“运行停止断开连接”关闭	

（续）

操作步骤及说明	示意图
8）配置“报文发送（参数可调）”。在流程编辑区选中“报文发送（参数可调）”算子，配置结果区的“配置编辑界面”如右侧上图所示，“协议”选择“Custom”，“发送的数据”选择“外部输入”，关闭“报文头”和“报文尾”，然后单击“设置发送数据”按钮，配置结果区的“配置编辑界面”如右侧下图所示，然后单击“增加”，在数据类型中选择“String”，最后单击“确定”	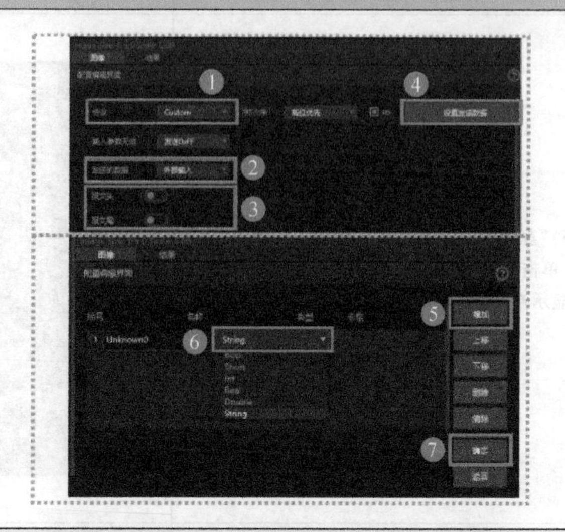
9）连接“网络配置”和“报文发送（参数可调）”。将“报文发送（参数可调）”算子的“inHandle”和“Unknown0”分别与“网络配置”算子的“outHandle”和“分析脚本”算子的“outImgstr”进行连接	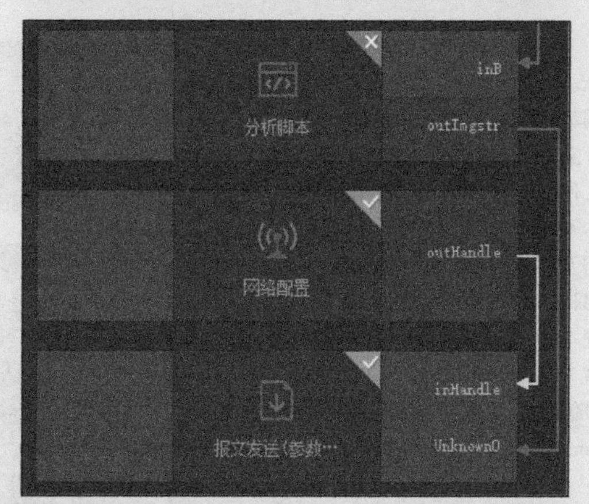
10）调整相机触发模式。单击“相机”按钮，选择下面的“相机管理工具”，将“AcquisitionControl”下“TriggerSource”的触发方式调整为“Line1”	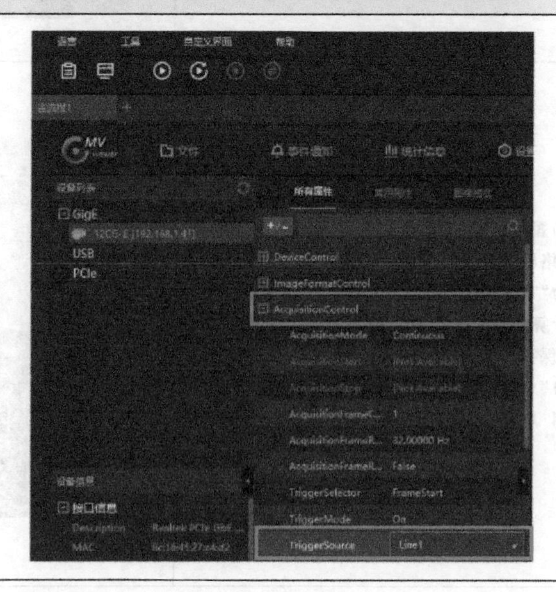

（续）

操作步骤及说明	示意图
11）固定视觉连接。打开示教器上的“固定视觉”，调整好“相机 IP 地址”和“相机端口”，单击“连接”按钮，建立相机、MVP 和机器人之间的连接	TCP/IP连接状态： 相机连接设置 相机品牌：通用相机 相机IP地址：192.168.1.33 相机端口：1234 数据格式：1 拍照触发设置 相机触发方式：指令触发 标定方式：相机标定 拍照时间间隔：5000 毫秒 相机触发指令：1 TCP/IP连接状态： 相机连接设置 相机品牌：通用相机 相机IP地址：192.168.1.33 相机端口：1234 数据格式：1 拍照触发设置 相机触发方式：指令触发 标定方式：相机标定 拍照时间间隔：5000 毫秒 相机触发指令：1

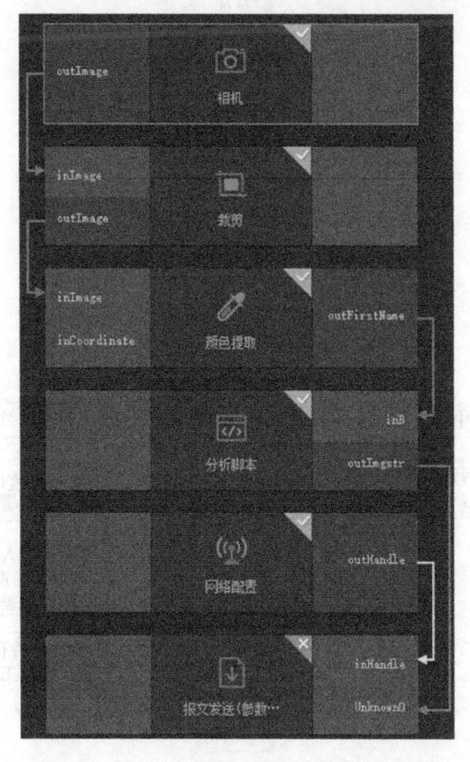

图 3-29　工件颜色识别完整视觉程序

（3）工件颜色识别工业机器人程序（表 3-14）

表 3-14 工件颜色识别工业机器人程序

序号	程序	说明
1	LABEL a:	循环开始
2	DWELL(1);	延时 1s
3	fidbus. mtcp_wo_b[59]:=false;	确保相机关闭
4	DWELL(1);	延时 1s
5	vision. setTrigCmd(1);	设置相机触发指令为 1(当相机设置为 I/O 触发时,不需要该步骤)
6	DWELL(1);	延时 1s
7	fidbus. mtcp_wo_b[59]:=true;	触发相机拍照
8	DWELL(1);	延时 1s
9	bn:=vision. getData();	将相机拍照后返回的数据传送给变量 bn
10	DWELL(1);	延时 1s
11	IF bn THEN	如果成功获取相机数据,则执行 Line12~14
12	DWELL(1);	延时 1s
13	fidbus. mtcp_wo_b[59]:=false;	关闭相机
14	DWELL(1);	延时 1s
15	b:=vision. attr;	获取颜色数据
16	fidbus. mtcp _wo_i[1]:=b;	将数据发送给 PLC
17	ELSE	如果未成功获取数据
18	GOTO a;	返回,继续循环
19	END_IF;	结束 IF 条件语句

4. 任务三：中间法兰和输出法兰定位与分拣

（1）任务规划　中间法兰和输出法兰定位与分拣任务规划如图 3-30 所示。

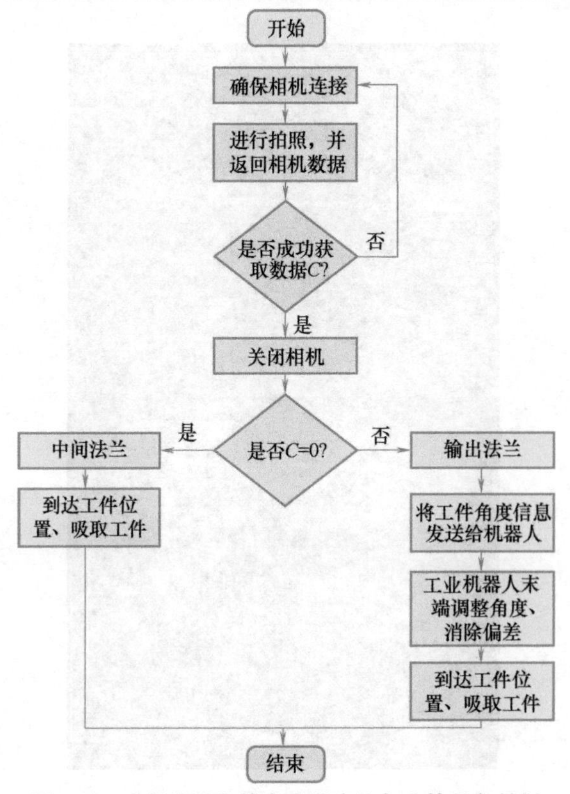

图 3-30 中间法兰和输出法兰定位与分拣任务规划

（2）中间法兰和输出法兰定位与分拣视觉程序编写　中间法兰和输出法兰定位与分拣视觉程序见表3-15，各相关程序如图3-31~图3-33所示。

表3-15　中间法兰和输出法兰定位与分拣视觉程序

操作步骤及说明	示意图
1）建立“相机”“彩色转灰度”“模板匹配”“坐标转换器”的配置和之间的连接。参考任务一中相关算子的配置方法和输出法兰模板制作方式，进行本任务的“相机”“彩色转灰度”“模板匹配”“坐标转换器”的配置和之间的连接，在本任务中，将“坐标转换点个数”设置为1	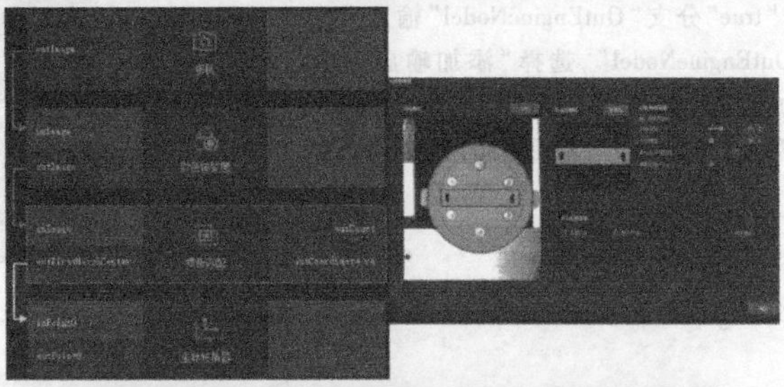
2）添加“分支节点”。将“分支节点”算子由工具区拖入流程编辑区后，在跳出的“添加条件”界面中，“类型”选择“Bool”，“值”选择“Ture”	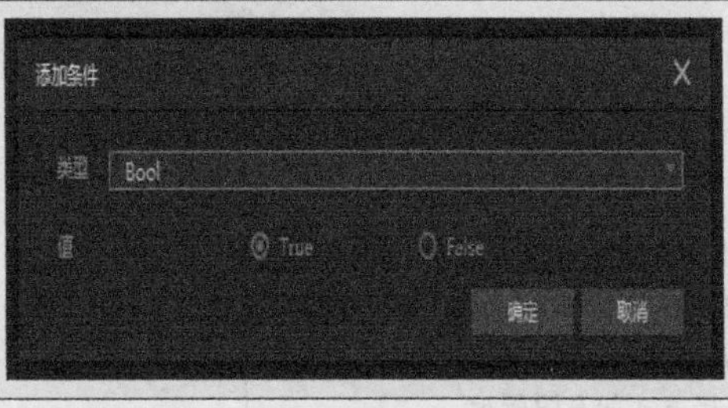
3）“true”分支添加输入。单击“分支节点”，进入“true”界面，右击“InEngineNodel”算子，选择“添加输入变量”，在“添加输入”窗口中，“名称”输入“inx”，“Type”选择“Real”，最后单击“确定”按钮。同样，“名称”输入“iny”和“ina”，“Type”选择“Real”；名称输入“inc”，“Type”选择“int”	
4）“true”分支添加“数学表达式”。从左侧工具区拖入“数学表达式”算子，右击“数学表达式”算子，选择“添加输出变量”，在跳转出的“编辑输出表达式”界面中，“名称”输入“out0”，“类型”选择“Int”，“表达式”填写“0”，最后单击“确定”按钮	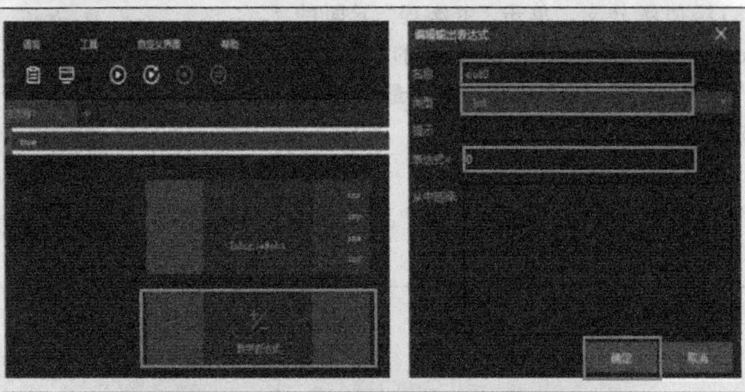
5）“true”分支添加“分析脚本”。从左侧工具区拖入“分析脚本”算子，并在配置结果区导入脚本	

（续）

操作步骤及说明	示意图
6)“true”分支“OutEngineNodel”输入。右击“OutEngineNodel”，选择“添加输出”，在“添加输出”窗口中，“名称”输入“outq”，“类型”选择“string”，最后单击“确定”按钮	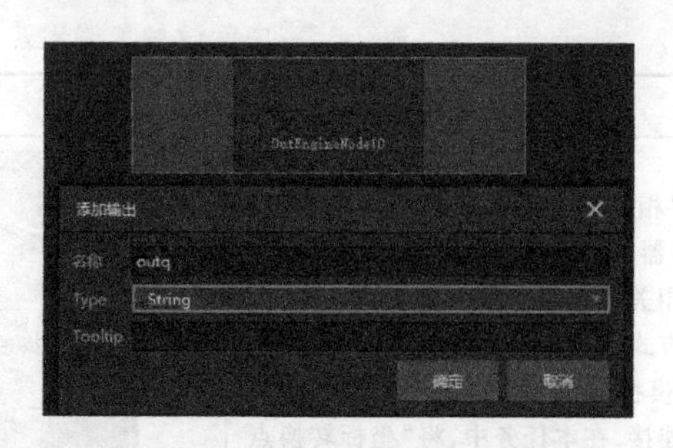
7)“true”分支线路连接。将“true”分支的“InEngineNodel”“数学表达式”“分析脚本1”“OutEngineNodel”的各输入、输出进行连接，具体连接方式如右图所示	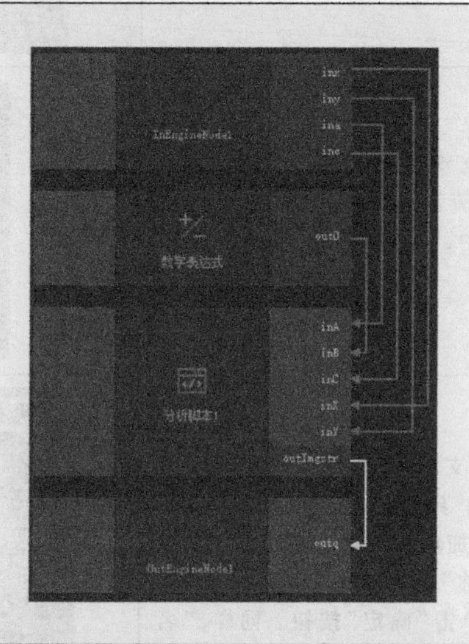
8)添加新分支。单击“主流程”下面的“true”，选中“添加条件”，在弹出的“添加条件”界面中，“Value”选择“否”，最后单击“确定”按钮	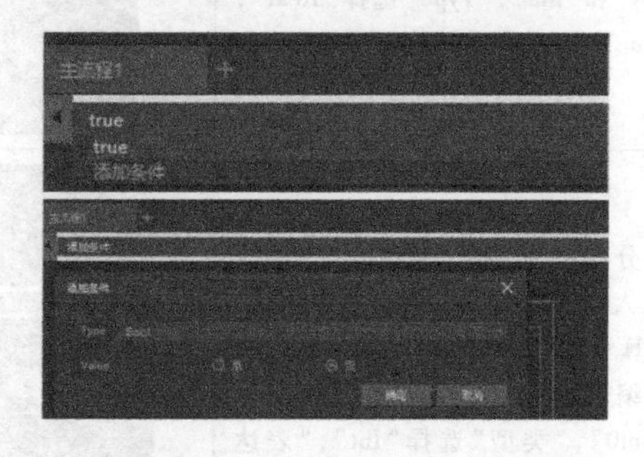
9)“false”分支添加“分析脚本”及连线。将“InEngineNode2”的“inc”与“分析脚本”的“inc”进行连接，将“OutEngineNode13”的“outq”与“分析脚本”的“outImgstr”进行连接	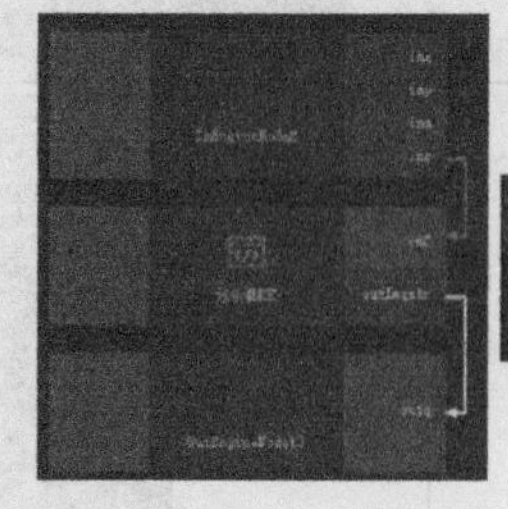 

（续）

操作步骤及说明	示意图
10）返回主程序。将“模板匹配”的“outCount”“outCoordinate.ra”分别与“分支节点”的“inc”“ina”进行连接，将“坐标转换器”的“result”“outPoint0.x”“outPoint0.y”分别与“分支节点”的“Condition”“inx”“iny”进行连接	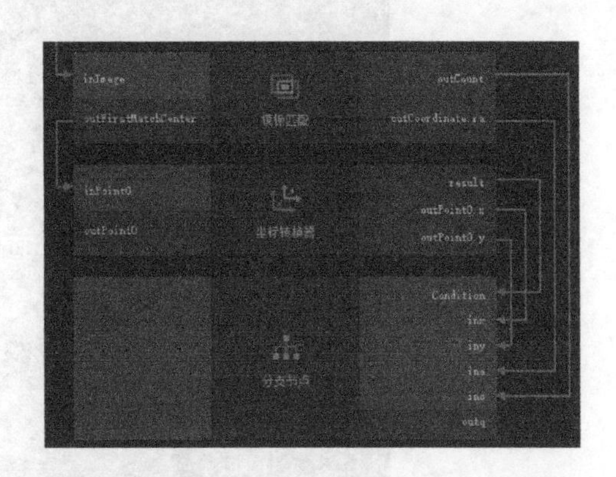
11）设置主程序的“网络配置”。从左侧工具区拖入“网络配置”算子，设置“协议”“IP”“端口”，并将“运行停止断开连接”关闭	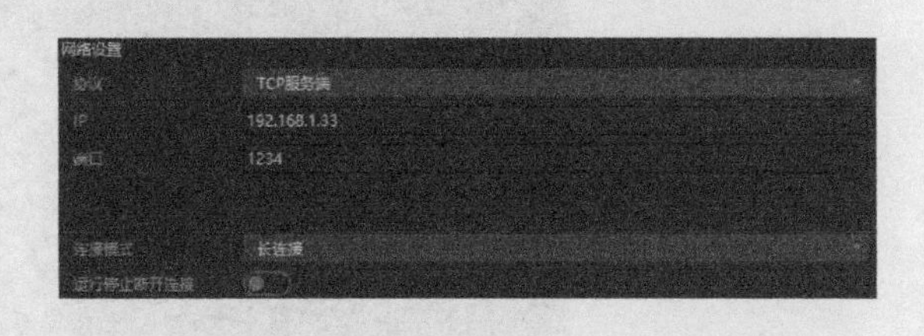
12）设置主程序的“报文发送（参数可配）”。“协议”选择“Custom”，“发送的数据”选择“外部输入”，关闭“报文头”和“报文尾”，单击“设置发送数据”，即可跳出右侧下图所示界面，单击“增加”按钮，在数据类型中选择“String”，最后单击“确定”按钮	
13）连接“网络配置”“分支节点”与“报文发送（参数可调）”。将“报文发送（参数可调）”的“inHandle”和“Unknow3”分别与“网络配置”的“outHandle”和“分支节点”的“outq”进行连接	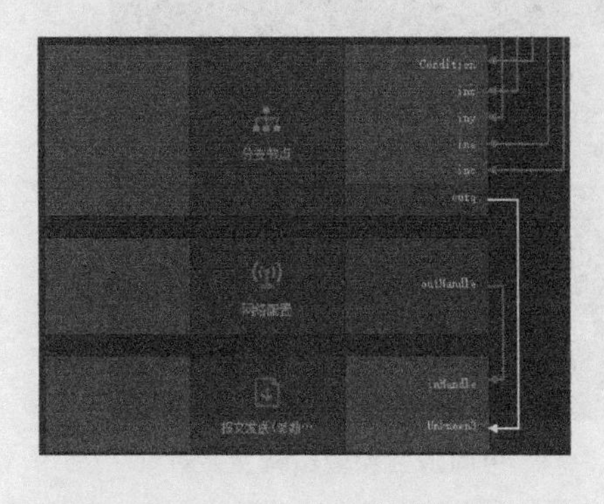

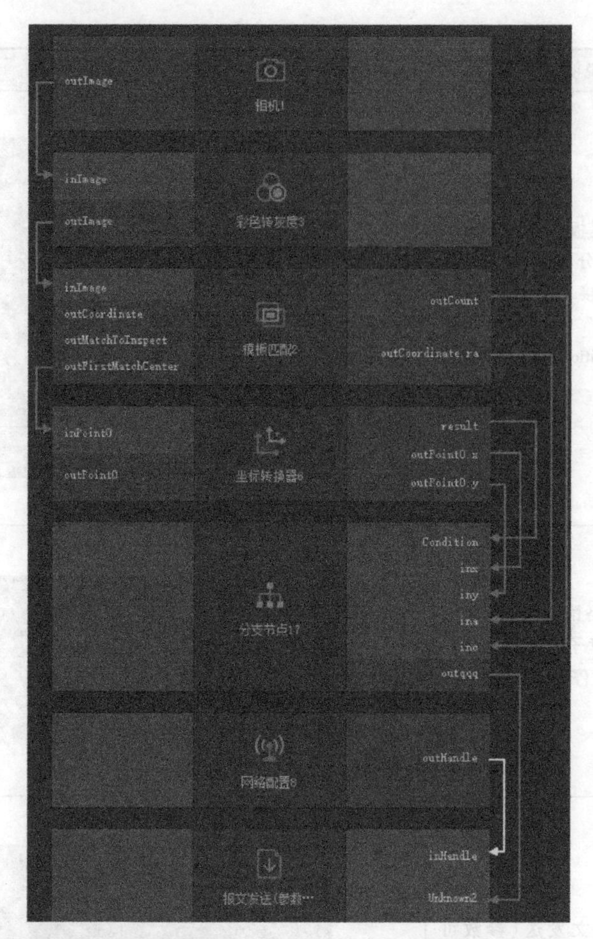

图 3-31 中间法兰和输出法兰定位与分拣视觉主程序

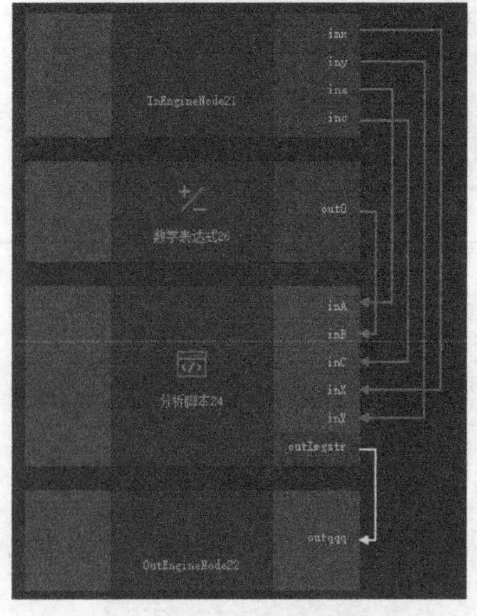

图 3-32 中间法兰和输出法兰定位与分拣视觉程序 true 分支

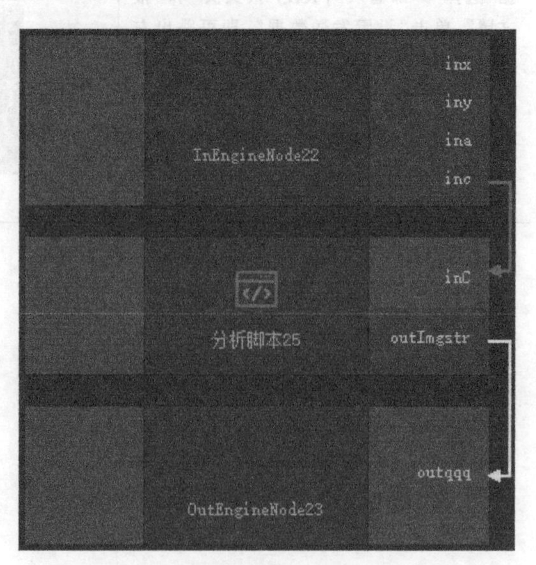

图 3-33 中间法兰和输出法兰定位与分拣视觉程序 false 分支

(3) 中间法兰和输出法兰定位与分拣工业机器人程序 (见图 3-16~表 3-18)

表 3-16 本任务所需变量名称及变量类型

序号	变量名称	类型
1	wc	Bool
2	x	DINT
3	y	DINT
4	a	DINT
5	c	DINT
6	zjfl	POINC
7	scfl	POINC

表 3-17 中间法兰和输出法兰定位与分拣工业机器人子程序

序号	程序(qj)	说　明
1	MJOINT(home,v500,fine,tool3);	原点(0,0,0,0,-90,0)
2	LABEL a:	循环开始
3	fidbus. mtcp_wo_b[59]:=false;	确保相机关闭
4	DWELL(1);	延时 1s
5	vision. setTrigCmd(1);	设置相机触发指令为 1(当相机设置为 I/O 触发时,不需要该步骤)
6	fidbus. mtcp_wo_b[59]:=true;	触发相机拍照
7	DWELL(1);	延时 1s
8	wc:=vision. getData();	将相机拍照后返回的数据传送给变量 wc
9	IF wc THEN	如果成功获取相机数据,则执行 Line10~14
10	fidbus. mtcp_wo_b[59]:=false;	关闭相机
11	x:=vision. x;	工件位置:X 方向坐标数据赋给 x
12	y:=vision. y;	工件位置:Y 方向坐标数据赋给 y
13	a:=vision. a;	工件位置:绕 Z 轴角度数据赋给 a
14	c:=vision. ID;	获取识别出的工件 ID,0:中间法兰,1:输出法兰
15	fidbus. mtcp _wo_i[0]:=a;	将角度信息发送给机器人
16	ELSE	如果未成功获取数据
17	GOTO a;	返回,继续循环
18	END_IF;	结束 IF 条件语句
19	IF c=0 THEN	如果检测到 c 的数据为 0
20	MLIN(OFFSET(zjfl,0,0,10),v500,fine,tool3);	偏移到中间法兰点正上方 10mm 处
21	MLIN(OFFSET(zjfl,0,0,0),v100,fine,tool3);	偏移到中间法兰点
22	io. DOut[10]:=true;	打开吸盘
23	……	执行其他装配任务
24	ELSE	如果检测到 c 的数据不为 0

（续）

序号	程序(qj)	说　明
25	MLIN(OFFSETTOOL(scfl,(x+/-Q),(y+/-W),-50,a),v500,fine,tool3);	偏差消除,角度旋转及偏移至工件上方50mm处
26	MLIN(OFFSETTOOL(scfl,(x+/-Q),(y+/-W),0,a),v100,fine,tool3);	偏差消除,偏移至工件点
27	io. DOut[10]:=true;	打开吸盘
28	……	执行其他装配任务
29	END_IF;	结束IF条件语句

表 3-18　子程序名称

序号	程序(主程序)	说明
1	outT3();	自动取吸盘
2	qj();	中间法兰和输出法兰定位与分拣
3	inT3();	自动放吸盘

三、调试

利用井式供料模块、带传送模块将输出法兰或中间法兰放置在视觉检测模块下，将编写的视觉程序设置为连续运行，打开PLC，设置为监控状态，测试工业相机是否每次都能清晰识别出法兰以及法兰的角度，如果有故障，则应按照前面的程序继续调试。

知识拓展

一、标定相关知识

1. 手眼标定界面

在固定视觉设置界面中，“标定方式”选为“手眼标定”，单击“保存”按钮，返回到主界面，单击“标定”按钮，进入标定界面，如图 3-34 所示。

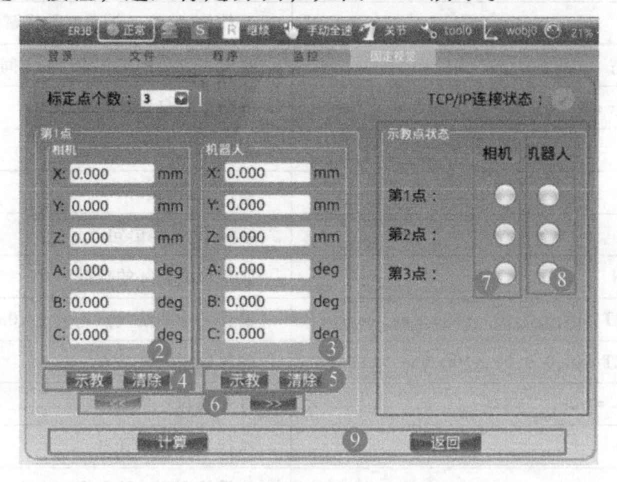

图 3-34　固定视觉标定界面

图 3-34 中框内信息说明如下：

① 标定点个数：目前可选标定点的个数为 3~6。

② 相机：当单击“示教”按钮时，显示工件在相机坐标系下的坐标值。

③ 机器人：当单击“示教”按钮时，显示当前工件机器人坐标系下的坐标值。

④“示教”和“清除”按钮：工件在相机下的操作，当单击“示教”按钮时，记录工件在相机坐标系下的值；当单击“清除”按钮时，将当前显示的值清零。

⑤“示教”和“清除”按钮：工件在机器人下的操作，当单击“示教”按钮时，记录工件在相机坐标系下的值；当单击“清除”按钮时，将当前显示的值清零。

⑥ 当前点的切换：当单击“<<”按钮时，可以切换到上一点；当单击“>>”按钮时，可以切换到下一点。

⑦ 相机：相机坐标系下示教点的示教状态，灰色表示点未示教，黄色表示点已示教。

⑧ 机器人：机器人坐标系下示教点的示教状态，灰色表示点未示教，黄色表示点已示教。

⑨“计算”和“返回”按钮：当所有点示教完成后单击“计算”按钮，其计算结果会在主界面的“固定视觉坐标系”中显示；单击“返回”按钮，返回主界面。

2. 像素分辨率标定界面

单击“标定”按钮，会弹出“是否使用像素分辨率标定”提示框，如图 3-35 所示，单击“是”按钮，进入像素分辨率标定界面，如图 3-36 所示。

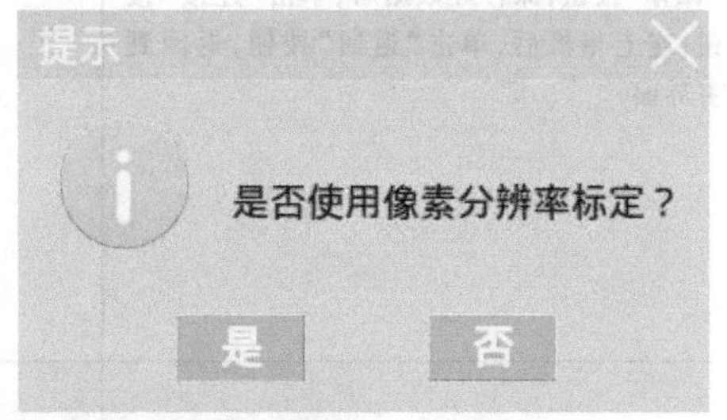

图 3-35 像素分辨率提示框

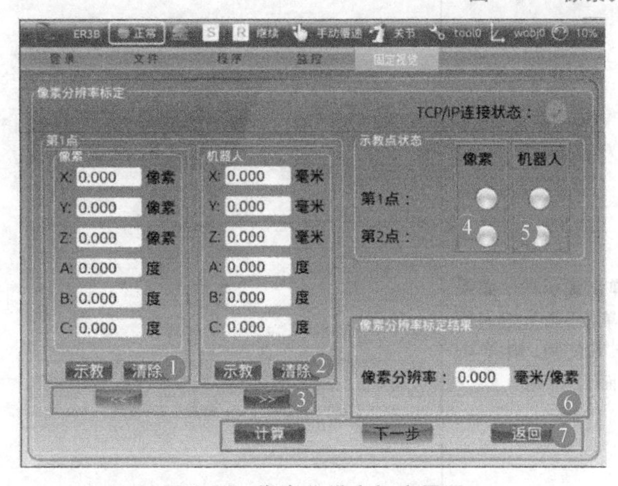

图 3-36 像素分辨率标定界面

图 3-36 中框内信息说明如下：

① 像素：工件在相机坐标系下的像素值。

② 机器人：工件在机器人坐标系下的坐标值。

③ 当前点的切换：切换到上一点或下一点。

④ 像素示教状态：像素标定是否成功状态。

⑤ 机器人示教状态：机器人坐标值标定是否成功状态。

⑥ 像素分辨率标定结果：标定后计算得到的像素分辨率标定结果。

⑦“计算”“下一步”和“返回”按钮：单击“计算”按钮，计算标定的结果；单击“下一步”按钮，进入到传送带标定界面；单击“返回”按钮，返回跟踪视觉主界面。

3. 手眼标定

（1）参数设置及手眼标定（表 3-19）

表 3-19 参数设置及手眼标定

操作步骤及说明	示意图
1）单击固定视觉主界面的“设置”按钮，进入参数设置界面。完成参数设置，单击“保存”按钮，保存好数据后，单击“连接”按钮，连上相机后，单击“返回”按钮，返回到主界面	TCP/IP连接状态： 相机连接设置 相机品牌：麦克玛视相机 相机IP地址：192.168.1.103 相机端口：1234 数据格式：1 拍照触发设置 相机触发方式：指令触发 标定方式：手眼标定 拍照时间间隔：5000 毫秒 相机触发指令：1 相机触发IO口：7 相机数据获取指令：0 保存 连接 返回
2）单击“标定”按钮，弹出提示框。如果使用像素分辨率标定，则单击“是”，进入像素分辨率标定界面，若不使用，则单击“否”，进入传送带标定界面	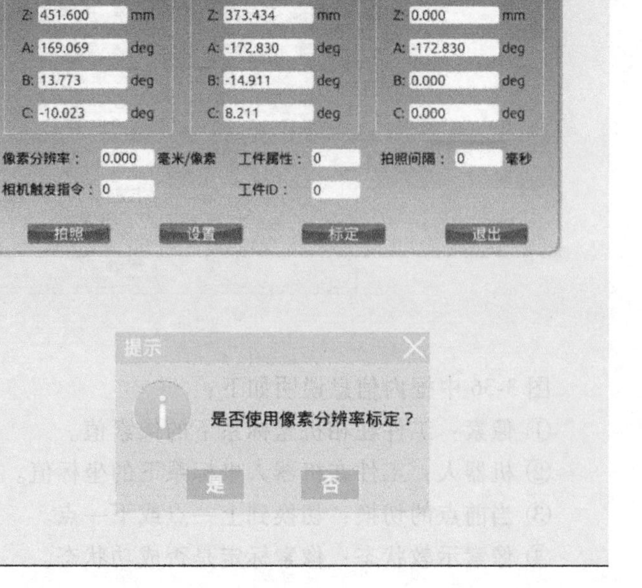

（续）

操作步骤及说明	示意图
3)进行像素分辨率标定操作。需标定传送带上相机拍照范围内的两个点,标定的两个点的位置尽量在相机拍照范围的对角边上 首先进行第1个点标定,确保机器人移动到相机视觉范围外,将工件放在相机拍照范围内,单击“示教”按钮,在相机像素坐标值显示工件的位置值,并且在示教点状态中,第1点像素由“灰色”变为“黄色”,表示第1点像素示教成功,再进行第1点机器人位置示教,将机器人末端工具移动到工件表面上方,单击“示教”按钮,传送带标定在机器人坐标值会更新,并且在示教点状态中,第1点机器人由“灰色”变为“黄色”,表示第1点机器人坐标值示教成功 其次进行第2点标定,单击“>>”按钮,切换到第2点,进行第2点像素坐标值和机器人坐标值示教,步骤同第1点;两点示教完成	 
4)单击“计算”按钮,计算成功后会弹出成功提示框,然后单击“是”,将更新像素分辨率标定的结果,“下一步”按钮由灰色变为蓝色,单击“下一步”,进入手眼标定界面	
5)手眼标定操作:步骤一 以3点标定为例,进行机器人手眼标定。在标定前,选择所需的工具坐标系,默认的工具坐标系为tool0	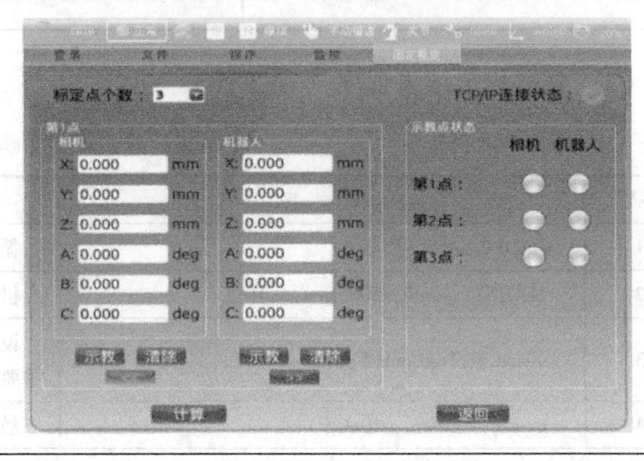

（续）

操作步骤及说明	示意图
6）手眼标定操作：步骤二 在标定时，将工件放在如右侧上图所示第1点的位置，单击相机下的“示教”按钮，此时相机下的坐标值显示框中显示工件在相机坐标系下的坐标值，然后将机器人移动到工件的位置，单击机器人下的“示教”按钮，在机器人下的坐标值显示框中显示当前工件在机器人坐标系下的位置值，如果示教成功，则右侧示教点状态中相应的状态灯会变成黄色。根据右侧上图所示的3点位置，依次示教完后，如右侧下图所示，单击“计算”按钮，标定完后单击“返回”按钮，返回主界面	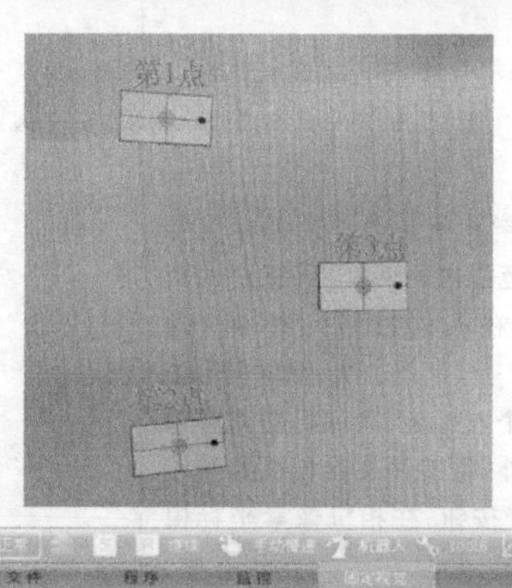 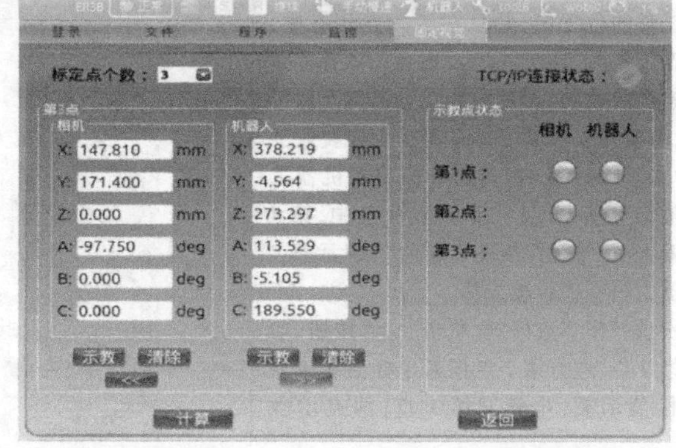
7）手眼标定操作：步骤三 标定结果显示在“固定视觉坐标系”中，如右图所示，单击“拍照”按钮，会刷新工件在相机坐标系和机器人坐标系下的位置值，可以根据现场需求设置相机拍照间隔（注意：拍照间隔不能小于600ms）	

（2）测试标定结果程序（表3-20）

表3-20 测试标定结果程序

序号	程 序	说 明
1	LABEL a:	循环开始
2	MJOINT(point0,v500,fine,tool1);	机器人运动到工位1
3	vision. setTrigCmd(1);	设置相机触发指令为1（当相机设置为IO触发时，不需要该步骤）
4	hasobj: = vision. getData();	触发相机拍照，当成功获取数据时，变量hasobj = true

（续）

序号	程　　序	说　　明
5	IF hasobj THEN	如果成功获取相机数据，则执行 Line6～11
6	point1pick：=POINTC（vision.x，vision.y，vision.z+5，-180-vision.a，180，0）；	定义工位 2（抓取点）
7	point1：=POINTC（vision.x，vision.y，vision.z+50，-180-vision.a，180，0）；	定义工位 3（抓取点上方位置）
8	MJOINT（point1，v500，fine，tool1）；	机器人运动到工位 3
9	MJOINT（point1pick，v500，fine，tool1）；	机器人向下运动到工位 2
10	DWELL（5）；	等待抓取工件
11	MJOINT（point1，v500，fine，tool1）；	机器人向上运动到工位 3
12	END_IF；	循环结束
13	GOTO a；	返回循环

注意：因为在机器人端做手眼标定，所以 vision.x、vision.y 和 vision.z 三个工件位置数据结果可以直接应用，vision.a、vision.b 和 vision.c 需要根据现场实际情况进行数值上的补偿。

根据测试时机器人的抓取点来判断标定的准确性。

二、机器视觉在工业中的应用

工业 4.0 时代的到来让机器视觉在智能制造业领域的作用越来越重要，人们对机器视觉的认识也愈加深刻，机器视觉系统不仅提高了生产的自动化程度，而且大大提高了生产率和产品精度。

机器视觉系统可以通过机器视觉设备（即图像摄取装置），将被摄取目标转换成图像信号，并传送给专用的图像处理系统，得到被摄取目标的形态信息，根据像素分布和亮度、颜色等信息，转变成数字化信号，然后图像处理系统对这些信号进行各种运算以抽取目标的特征，进而根据判别的结果来控制现场的设备动作。

1. 图像识别应用

利用机器视觉对图像进行处理、分析和理解，以识别各种不同模式的目标和对象。图像识别在机器视觉工业领域中典型的应用就是二维码的识别，二维码就是常见的条形码中最为普遍的一种。将大量的数据信息存储在这小小的二维码中，通过条码对产品进行跟踪管理。通过机器视觉系统，可以方便地对各种材质表面的条码进行识别读取，大大提高了现代化生产的效率。

2. 图像检测应用

检测是机器视觉工业领域主要的应用之一，几乎所有产品都需要检测，而人工检测存在着较多的弊端，人工检测准确性低，当工作时间较长时，准确性更是无法保证，而且检测速度慢，容易影响整个生产过程的效率。机器视觉在图像检测方面的应用也非常广泛，如应用于印刷过程中的套色定位以及校色检查、包装过程中的饮料瓶盖的印刷质量检查、产品包装上的条码和字符识别、玻璃瓶的缺陷检测等。其中，机器视觉系统对玻璃瓶的缺陷检测也包括药用玻璃瓶范畴，也就是说机器视觉也涉及医药领域，其主要检测包括尺寸检测、瓶身外观缺陷检测、瓶肩部缺陷检测以及瓶口检测等。视觉液位检测如图 3-37 所示。

3. 物体测量应用

图 3-37 视觉液位检测

机器视觉工业应用最大的特点就是其非接触测量技术，同样具有高精度和高速度的性能，而且非接触测量无磨损，消除了接触测量可能造成的二次损伤隐患。常见的测量应用包括齿轮、接插件、汽车零部件、IC 元件管脚、麻花钻和螺纹检测等。

4. 视觉定位应用

视觉定位要求机器视觉系统能够快速准确地找到被测零件并确认其位置。在半导体封装领域，设备需要根据机器视觉取得的芯片位置信息调整拾取头，以准确拾取芯片并进行绑定，这就是视觉定位在机器视觉工业领域典型的应用。

5. 物体分拣应用

物体分拣应用是建立在识别、检测之后的一个环节，通过机器视觉系统将图像进行处理，实现分拣。机器视觉工业应用中，常用于食品分拣、零件表面瑕疵自动分拣、棉花纤维分拣等。图 3-38 是机器视觉在食品分拣中的应用情形。

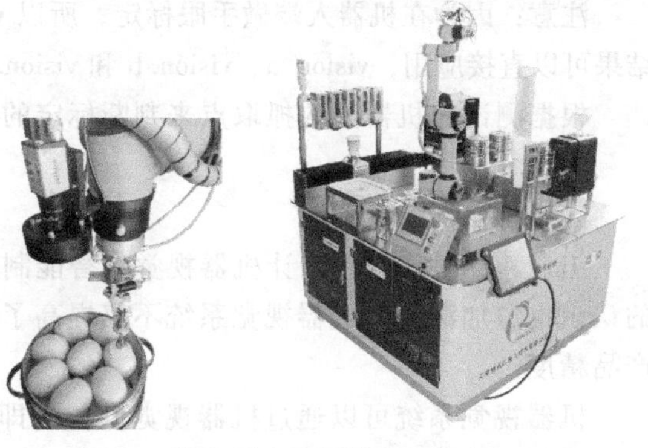

图 3-38 鸡蛋视觉定位

随着社会现代化的蓬勃发展，我国工业取得了长足的发展。经过机器视觉检测市场的长期积累，我国涌现出一批具有一定实力的机器视觉研发和生产企业。

机器视觉可以代替人眼做测量和判断，在工业自动化中的应用自然是十分重要的，在食品、饮料、制药、日化、电子、五金、汽配、包装和印刷等行业均有广泛的应用，在不久的将来还将会有更多领域的突破和发展。

评价反馈

评价反馈见表 3-21。

表 3-21 评价反馈表

基本素养（30 分）				
序号	评估内容	自评	互评	师评
1	纪律（无迟到、早退、旷课）（10 分）			
2	安全规范操作（10 分）			
3	团结协作能力、沟通能力（10 分）			
理论知识（40 分）				
序号	评估内容	自评	互评	师评
1	“Chars_TO_Strg”指令的应用（10 分）			
2	各种视觉算子的应用（20 分）			
3	MVP 视觉软件的应用（10 分）			

（续）

技能操作（30 分）				
序号	评估内容	自评	互评	师评
1	PLC 环境配置、HMI 程序编写（5 分）			
2	视觉软件程序编写及试运行（10 分）			
3	机器人程序校验及试运行（5 分）			
4	程序自动运行（10 分）			
综合评价				

练习与思考

一、填空题

1. ____________表示当前机器人与相机通信的连接状态，____________表示当前处于断开状态，____________表示当前处于连接状态。

2. 相机触发指令为____________________。

3. 相机拍照指令为____________________。

4. 找圆算子中，边缘阈值的范围为____________，长度阈值的范围为____________。

5. 颜色提取最大支持____________张训练图片。

二、简答题

1. 找圆算子的工作流程是什么？

2. 什么是“Chars_TO_Strg”指令？

三、编程题

用相机检测传送带末端的工件（图 3-39）颜色，并将颜色显示在触摸屏上。

图 3-39 待检测物品

项目四 工业机器人谐波减速器装配

学习目标

1. 掌握选择和加载工业机器人程序的方法。
2. 能够根据任务要求对工业机器人的位置、姿态、速度等参数进行调整。
3. 掌握编辑及调用子程序的方法。
4. 能够熟练使用偏移指令，并能根据任务要求对偏移量进行修改。

工作任务

一、工作任务背景

工业机器人的出现及应用不仅提高了生产率，而且解决了许多工作人工难以完成的问题，工业机器人在装配领域的应用已经越来越广泛。

传统装配工作存在以下两种方式。

（1）人工装配　利用人工来完成装配工作的方式效率较低，当装配任务量较大时，需要安排更多的人来完成装配工作，使得工厂需要消耗更多的资金来给员工支付工资。除此之外，员工也无法长时间连续进行装配工作，因此，由人工来完成装配工作的局限性很大，甚至在一些大型装配现场，人力根本无法完成装配工作。

（2）半自动化装配　进入20世纪后，一些工厂开始进行半自动化装配，即工人利用装配工具来完成装配工作，如在工厂的流水线上安装传送带，而工人只需要站在自己的位置进行分拣，或在大型装配工作现场，工人可以利用起重机等完成装配工作。尽管采用半自动化方式进行装配，但是仍然存在很多弊端以及局限性，如在工厂流水线中进行装配工作时，传送带所传送的工件只能和传送带大小相等或小于传送带宽度，如果传送工件过大，易使工件卡在传送过程中，除此之外，传送带所传送货物的重量也是限制装配工作的主要因素，并且传送带在固定安装后，就很难进行移动，因此其灵活性也较差。在利用传送带进行装配工作时，虽然减轻了工人的工作量，但是依旧无法长时间连续进行工作。在装配大型工件时，虽然可以利用装载机进行装配工作，但是装载机的体积较大，如果装配工作环境过于狭小，那么装载机便无法进入以及正常地施展其功能。

二、所需要的设备

工业机器人装配系统主要包括 BN-R3 型工业机器人本体、控制器、示教器、气泵、立体仓储模块、平口夹爪工具、弧口夹爪工具、吸盘、旋转供料模块、快换工具模块、井式供料模块、带传送模块、伺服变位机模块、谐波减速器样件，如图 4-1 所示。

图 4-1　工业机器人装配系统

三、任务描述

这里以谐波减速器的装配为典型案例，自动将夹爪装配到机械臂上，通过弧口夹爪工具来夹取刚轮，由 RFID 读取工件信息，再放置在伺服变位机模块上，通过旋转供料模块提供柔轮组合，由安装平口夹爪工具的工业机器人抓取柔轮组合，并将柔轮组合装配在刚轮上，再通过井式供料模块将中间法兰和输出法兰推出，由带传送模块输送到相机下面，经过拍照识别，再由吸盘装配到刚轮中，完成刚轮组件的装配任务，如图 4-2 所示。

装配完成后，机器人将装配好的刚轮组合搬送到指定的仓库编码中，最后机器人回到工作原点。

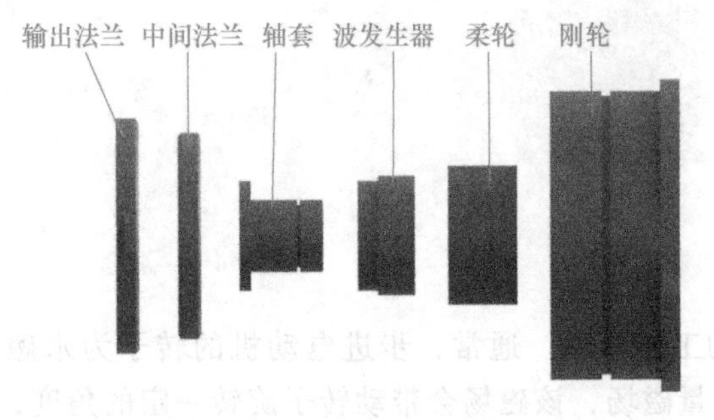

图 4-2　待装配工件

实践操作

一、知识储备

1. 步进电动机

（1）步进电动机简介　步进电动机是一种可以将脉冲信号转换为角位移或线位移的开环控制电动机，如图 4-3 所示。在空载低频的情况下，一个脉冲就是一步，可以精准地控制旋转角度。步进电动机按照构造方式分为三类，分别是反应式、永磁式和混合式。在旋转供料模块中，一般选用两相混合式步进电动机。

图 4-3 步进电动机

（2）步进电动机驱动器 步进电动机不能直接接到直流或交流电源上工作，必须接入专用的驱动器才能正常使用，如图 4-4 所示，图 4-5 所示为控制器、驱动器、步进电动机之间的关系，图 4-6 所示为混合式步进电动机拆解图。控制器将步进脉冲信号和方向信号发送到步进电动机驱动器，驱动器将控制器发来的脉冲信号转换为激励步进电动机旋转所需的功率信号。步进电动机驱动器通常都带有细分功能，可以对步距角和电流进行细分，从而实现更精准的控制。

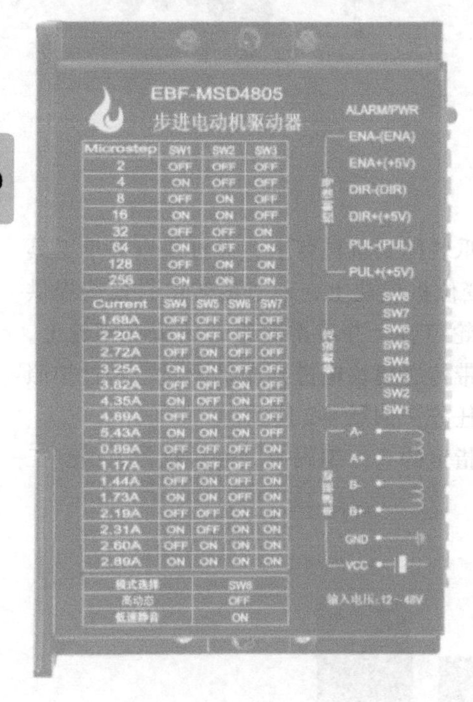

图 4-4 步进电动机驱动器

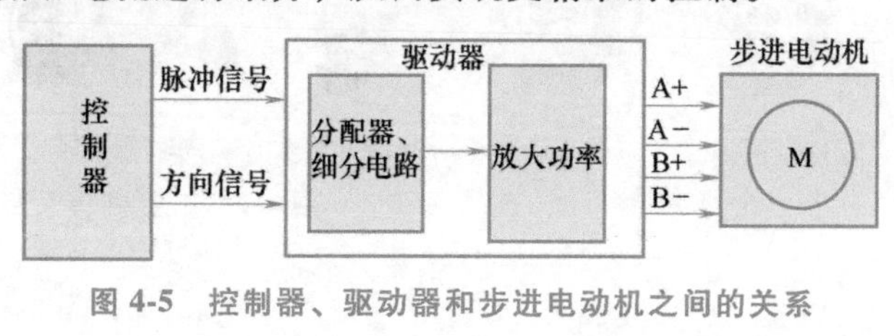

图 4-5 控制器、驱动器和步进电动机之间的关系

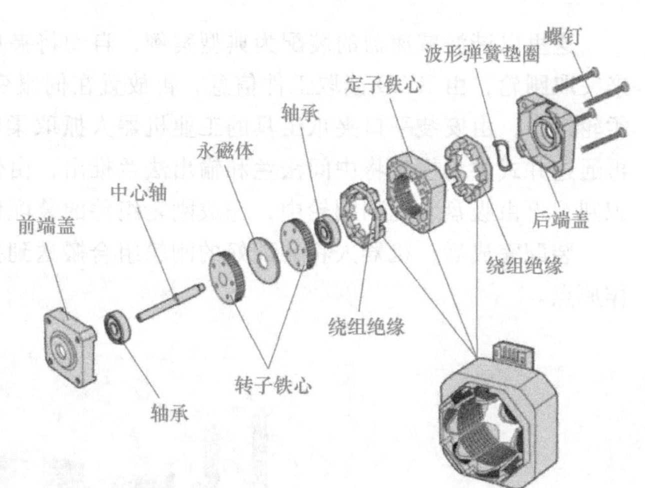

图 4-6 混合式步进电动机拆解图

（3）步进电动机的工作原理 通常，步进电动机的转子为永磁体，当电流流过定子绕组时，定子绕组产生矢量磁场，该磁场会带动转子旋转一定的角度，使转子的一对磁场方向与定子的磁场方向一致。当定子的矢量磁场旋转一个角度时，转子也随着该磁场旋转一个步距角。每输入一个电脉冲，电动机转动一个角度前进一步。它输出的角位移与输入的脉冲数成正比，转速与脉冲频率成正比。改变绕组通电的顺序，电动机就会反转。所以，通过控制脉冲数量、频率及电动机各相绕组的通电顺序可控制步进电动机的转动。步进电动机截面图如图 4-7 所示。

（4）步进电动机的基本参数

1）静态指标。

① 相数：产生不同对极 N、S 磁场的激磁线圈对数，也可以理解为步进电动机中线圈的

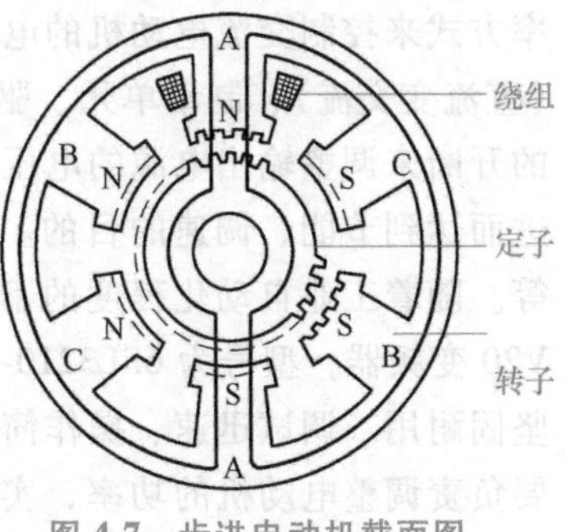

图 4-7 步进电动机截面图

组数。其中两相步进电动机的步距角为 1.8°，三相步进电动机的步距角为 1.5°，相数越多的步进电动机，其步距角就越小。

② 拍数：完成一个磁场周期性变化所需脉冲数或导电状态，用 n 表示，或指电动机转过一个齿距角所需脉冲数。

③ 步距角：一个脉冲信号所对应的电动机转动的角度，可以简单理解为一个脉冲信号驱动的角度。

④ 定位转矩：在不通电状态下，电动机转子自身的锁定力矩（由磁场齿形的谐波以及机械误差造成）。

⑤ 静转矩：在额定静态电压作用下，电动机不做旋转运动时，电动机转轴的锁定力矩。该力矩是衡量电动机体积的标准，与驱动电压及驱动电源等无关。

2）动态指标。

① 步距角精度：步进电动机转动一个步距角的理论值与实际值的误差。用百分比表示：(误差÷步距角)×100%。

② 失步：电动机运转时，电动机运转的步数不等于理论上的步数称为失步，也可以称为丢步，一般都是因负载太大或频率过快造成的。

③ 失调角：转子齿轴线偏移定子齿轴线的角度称为失调角。电动机运转时存在失调角，由失调角产生的误差，采用细分驱动是不能解决的。

④ 最大空载起动频率：在不加负载的情况下，能够直接起动的最大频率。

⑤ 最大空载的运行频率：电动机不带负载的最高转速频率。

⑥ 运行转矩特性：电动机的动态力矩取决于电动机运行时的平均电流（而非静态电流），平均电流越大，电动机输出力矩越大，即电动机的频率特性越硬。

⑦ 电动机正反转控制：通过改变通电顺序来改变电动机的正反转。

2. 三相异步电动机

工业机器人应用编程考核平台上，带传送模块使用的电动机为三相异步电动机，通过 V20 变频器实现电动机的调速控制，即实现传送带的变速运行。

（1）三相异步电动机简介　三相异步电动机是感应电动机的一种，是靠同时接入 380V 三相交流电流供电的电动机。由于三相异步电动机的转子与定子旋转磁场以相同的方向、不同的转速旋转，存在转差率，所以称为三相异步电动机。三相异步电动机转子的转速低于旋转磁场的转速，转子绕组因与磁场间存在着相对运动而产生电动势和电流，并与磁场相互作用产生电磁转矩，实现能量变换。与单相异步电动机相比，三相异步电动机运行性能好，并可节省材料。其工作原理为：当电动机的三相定子绕组（各相差 120°相位角）通入三相对称交流电后，将产生一个旋转磁场，该旋转磁场切割转子绕组，从而在转子绕组中产生感应电流（转子绕组是闭合通路），载流的转子导体在定子旋转磁场作用下将产生电磁力，从而在电动机转轴上形成电磁转矩，驱动电动机旋转，并且电动机旋转方向与旋转磁场方向相同。三相异步电动机为原动力，拖动传送带运转时，将三相异步电动机的电能传输给传送带转化为机械能。本考核平台使用的三相异步电动机型号为 3IK15GN-S/3GN20K，参数为 3AC 220V 15W。该电动机结构简单、运行可靠、重量轻、价格便宜。

（2）变频器简介　变频器是应用变频技术与微电子技术，通过改变电动机工作电源频率方式来控制交流电动机的电力控制设备。变频器主要由整流（交流变直流）、滤波、逆变（直流变交流）、制动单元、驱动单元、检测单元和微处理单元等组成。变频器靠内部IGBT的开断来调整输出电源的电压和频率，根据电动机的实际需要来提供其所需要的电源电压，进而达到节能、调速的目的。另外，变频器还有很多保护功能，如过流、过压和过载保护等。随着工业自动化程度的不断提高，变频器也得到了非常广泛的应用。本考核平台使用V20变频器，型号为6SL3210-5BB12-5UV1，参数为1AC 220V 0.25kW。该变频器结构紧凑、坚固耐用、调试迅速、操作简便且经济实用，在带传送模块中主要负责调整电动机的功率，实现电动机的变速运行，以达到节电的目的，同时变频器还可以降低电力线路电压波动的影响。

图4-8 变频器

SINAMICS V20变频器可通过RS485接口的USS协议与西门子PLC进行通信，可以通过参数设置为RS485接口选择USS或MODBUS RTU协议。图4-8所示变频器上按钮功能如下：①停止；②运行；③功能；④OK；⑤手动/自动/点动模式。

3. 伺服电动机

“伺服”一词是来源于希腊语“奴隶”的意思，那么伺服电动机也可以理解为绝对服从控制信号指挥的电动机，所以伺服电动机是指在伺服系统中被控制的电动机。如果单指一个电动机，那么只能算一个被控的机械元件，加上闭环控制系统就可以称之为伺服系统中的电动机。

伺服电动机广泛应用于各种控制系统中，能将输入的电压信号转换为电动机轴上的机械输出量，拖动被控制元件，从而达到控制目的。伺服电动机系统如图4-9所示。伺服电动机要求其转速受所加电压信号的控制，转速能够随着所加电压信号的变化而连续变化，转矩能通过控制器输出的电流进行控制；电动机的反应要快、体积要小、控制功率要小。伺服电动机主要应用在各种运动控制系统中，尤其是随动系统。

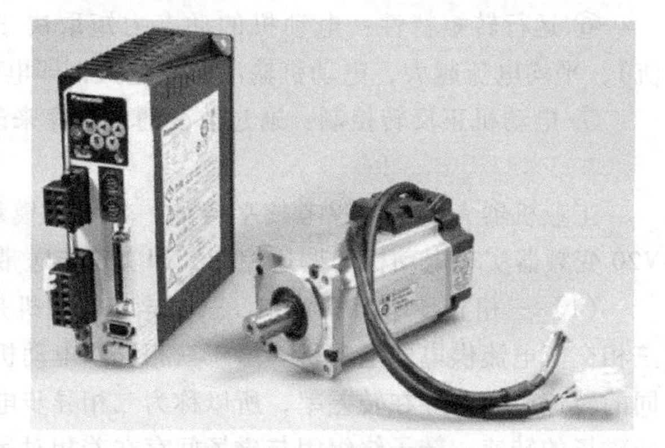
图4-9 伺服电动机系统

伺服电动机有直流和交流之分，最早的伺服电动机是一般的直流电动机，在控制精度要求不高的情况下，采用一般的直流电动机做伺服电动机。当前随着永磁同步电动机技术的飞速发展，绝大部分的伺服电动机是指交流永磁同步伺服电动机或直流无刷电动机。

（1）直流伺服电动机特性

1）机械特性。在输入的电枢电压保持不变时，电动机的转速随电磁转矩变化而变化。

2）调节特性。在一定的电磁转矩（或负载转矩）下，直流伺服电动机的稳态转速随电枢控制电压的变化而变化。

3）动态特性。从原来的稳定状态到新的稳定状态，存在一个过渡过程，这就是直流电动机的动态特性。

（2）交流伺服电动机特性

1）无电刷和换向器，因此工作可靠，对维护和保养要求低。

2）定子绕组散热比较方便。

3）惯量小，易于提高系统的快速性。

4. PLC 设备组态

（1）PLC 设备组态环境（表 4-1）

表 4-1　PLC 设备组态环境

组态环境	组态型号
CM 1241(RS422/485)	6ES7 241-1CH32-0XB0
RF120C	6GT2 002-0LA00
CPU 1214C DC/DC/DC	6ES7 214-1AG40-0XB0
SM 1223 DI16/DQ16×继电器输出	6ES7 223-1PL32-0XB0
SM 1221 DI16×24VDC	6ES7 221-1BH32-0XB0

（2）PLC 设备组态的操作步骤与示意图（表 4-2）

表 4-2　PLC 设备组态的操作步骤与示意图

操作步骤及说明	示意图
1)在添加新设备中，添加控制器为 CPU 1214C DC/DC/DC、订货号为 6ES7 214-1AG40-0XB0 的 PLC	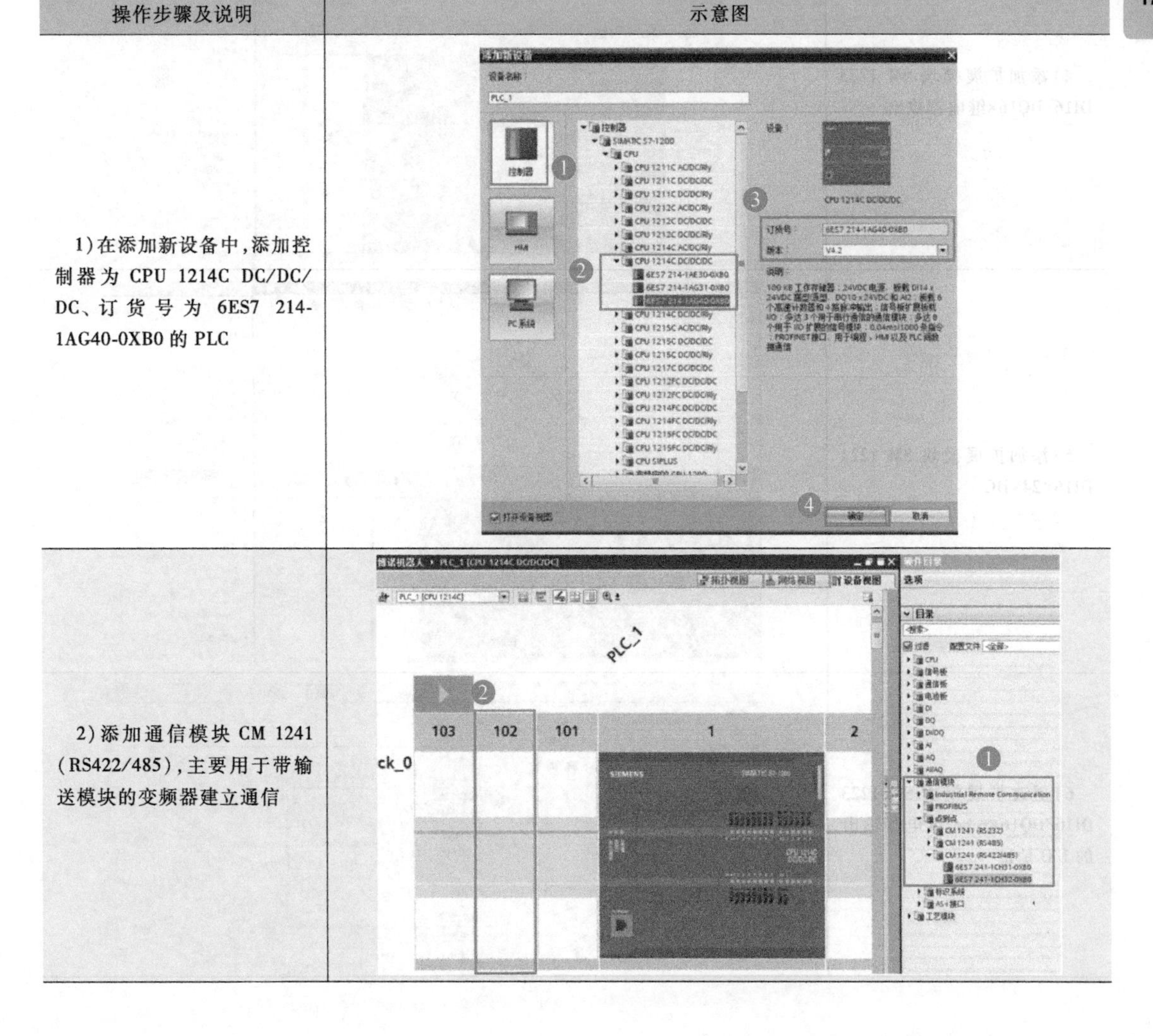
2)添加通信模块 CM 1241(RS422/485)，主要用于带输送模块的变频器建立通信	

（续）

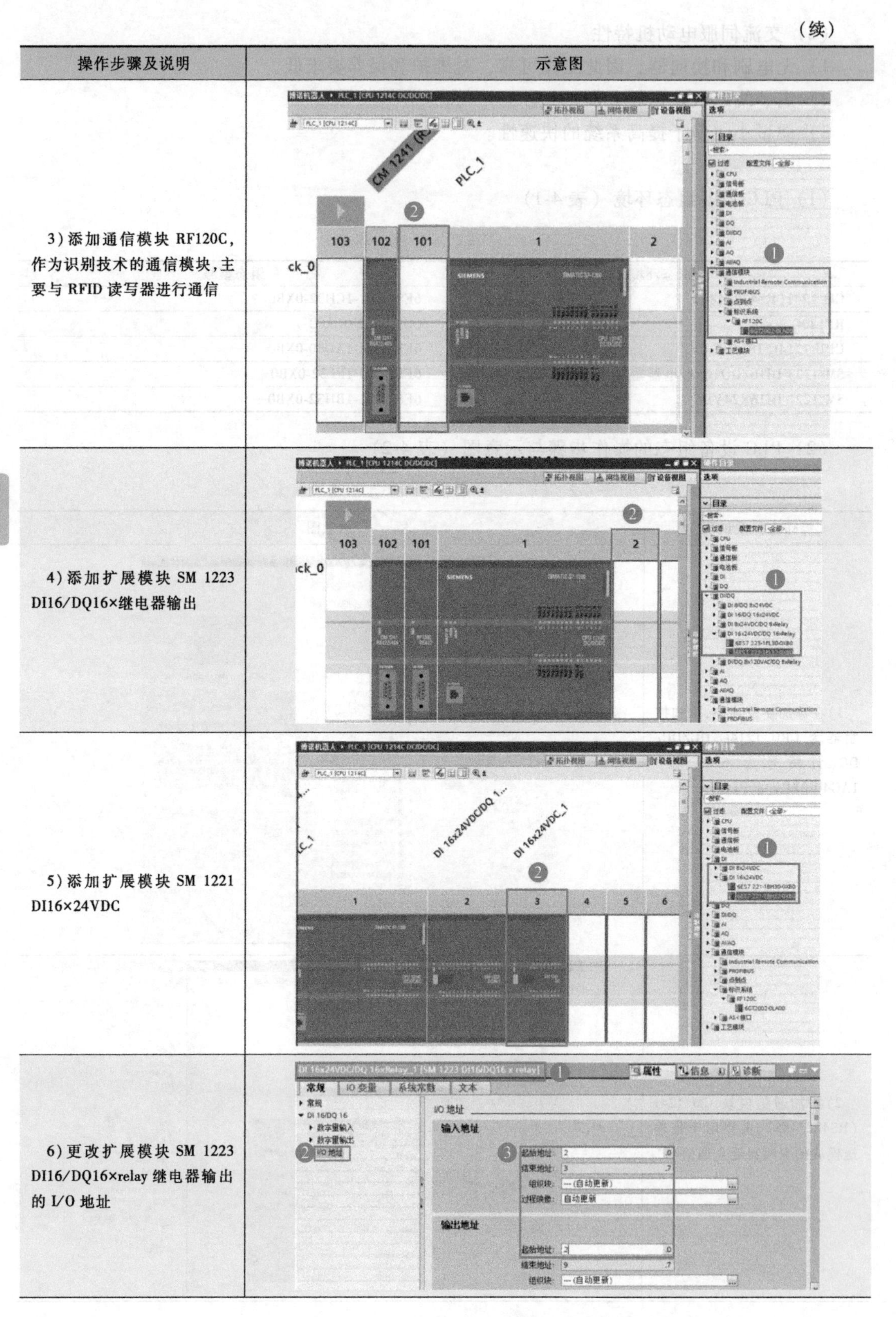

操作步骤及说明	示意图
3）添加通信模块 RF120C，作为识别技术的通信模块，主要与 RFID 读写器进行通信	
4）添加扩展模块 SM 1223 DI16/DQ16×继电器输出	
5）添加扩展模块 SM 1221 DI16×24VDC	
6）更改扩展模块 SM 1223 DI16/DQ16×relay 继电器输出的 I/O 地址	

（续）

操作步骤及说明	示意图
7）添加 I/O 变量表	
8）单击“设备和网络”，添加 v90 电动机，并将其与 CPU 相连	
9）双击“变位机”，进入变位机模块，添加“标准报文3”，在常规中更改设备名称为“bwj”	

（3）机器人通信（表 4-3）

表 4-3 机器人通信

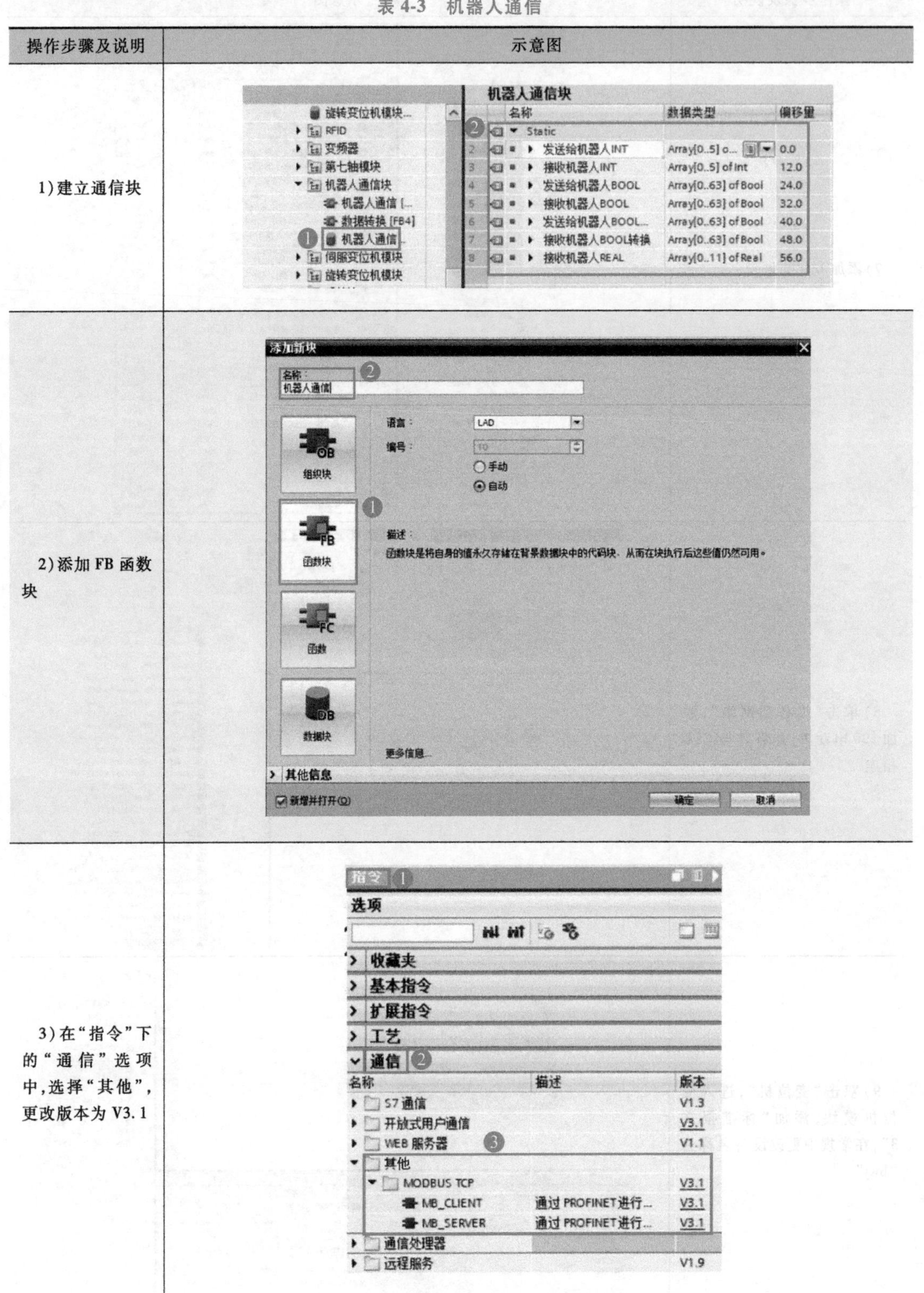

操作步骤及说明	示意图
1）建立通信块	
2）添加 FB 函数块	
3）在“指令”下的“通信”选项中，选择“其他”，更改版本为 V3.1	

（续）

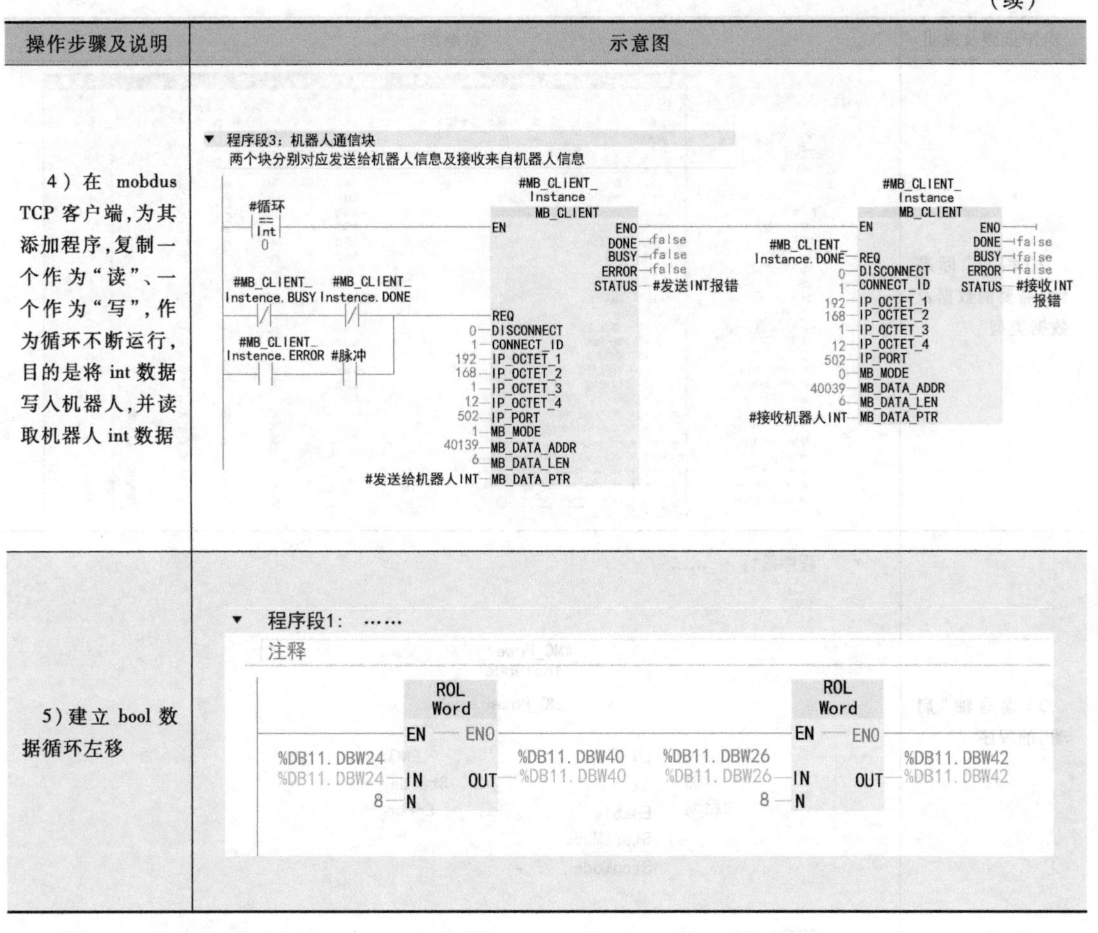

操作步骤及说明	示意图
4）在 mobdus TCP 客户端，为其添加程序，复制一个作为“读”、一个作为“写”，作为循环不断运行，目的是将 int 数据写入机器人，并读取机器人 int 数据	
5）建立 bool 数据循环左移	

5. PLC 标准轴设定（表 4-4）

表 4-4　PLC 标准轴设定

操作步骤及说明	示意图
1）创建“标准轴”模块	项目树 设备 设备和网络 PLC_1 [CPU 1214C DC/DC/DC] 设备组态 在线和诊断 程序块 添加新块 ① Main [OB1] MC-Interpolator [OB92] MC-Servo [OB91] IO映射 [FB1] 标准轴 [FB7] ② 复位 [FB2]

（续）

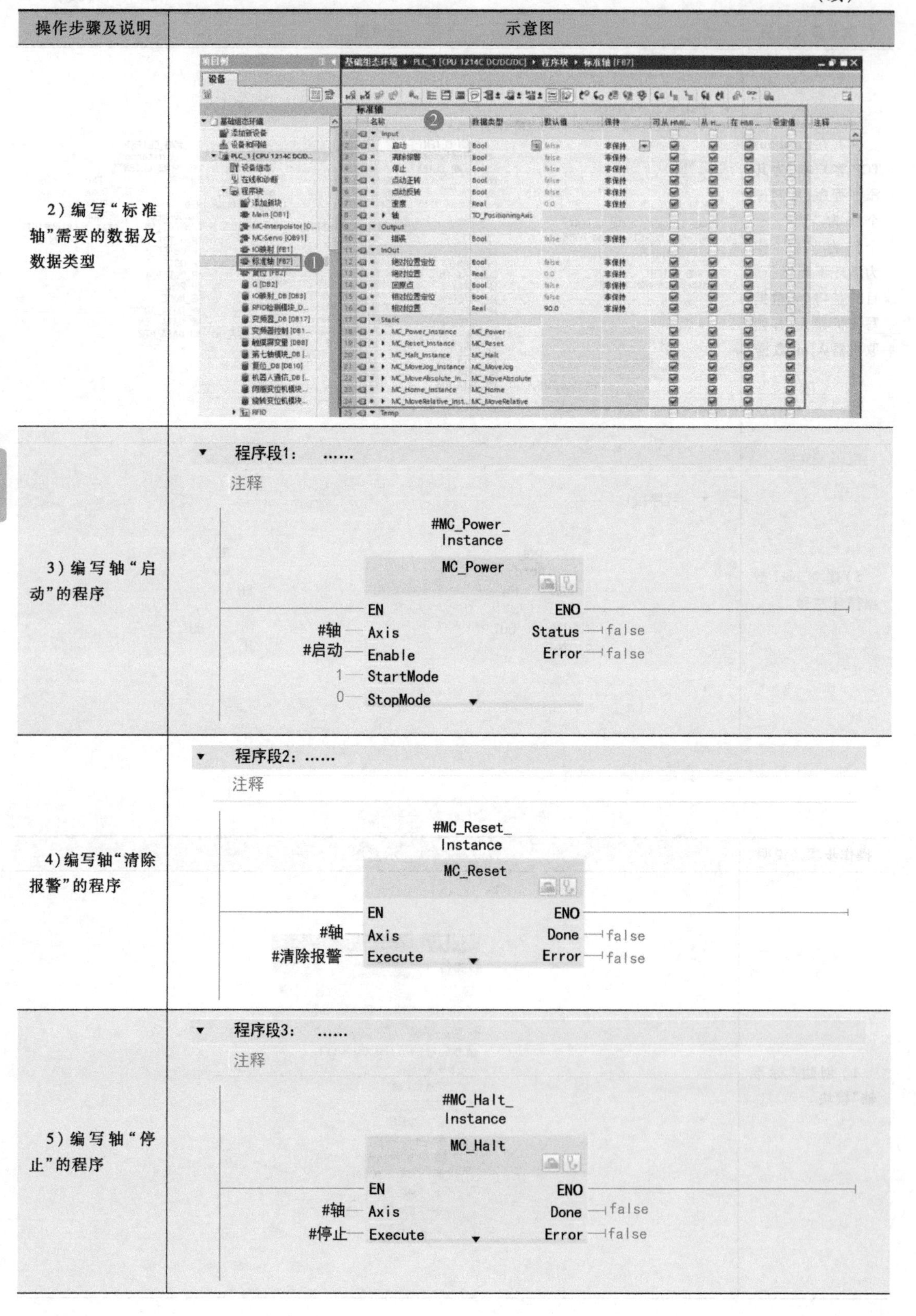

操作步骤及说明	示意图
2）编写“标准轴”需要的数据及数据类型	
3）编写轴“启动”的程序	
4）编写轴“清除报警”的程序	
5）编写轴“停止”的程序	

（续）

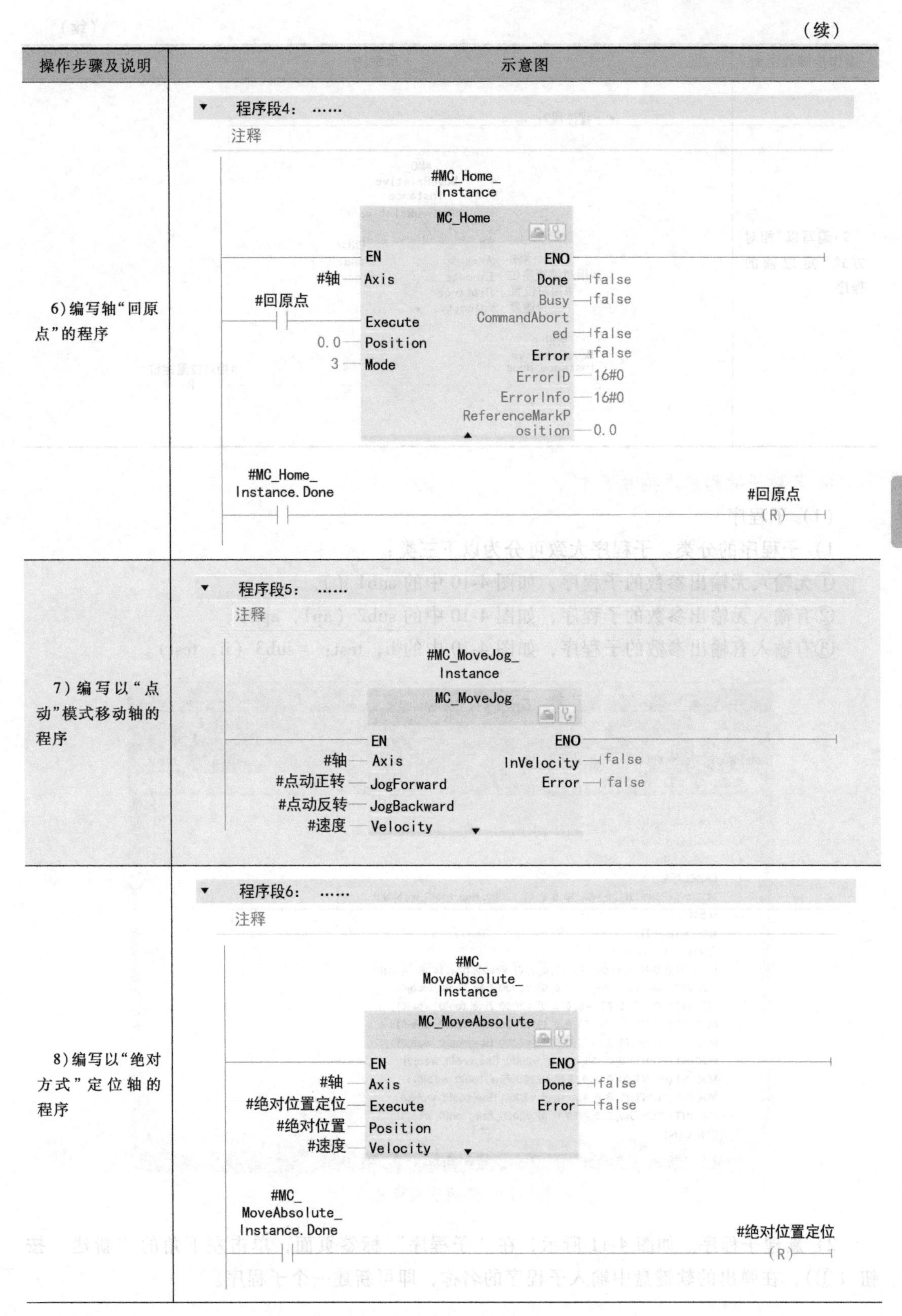

操作步骤及说明	示意图
6）编写轴“回原点”的程序	
7）编写以“点动”模式移动轴的程序	
8）编写以“绝对方式”定位轴的程序	

（续）

操作步骤及说明	示意图
9）编写以“相对方式”定位轴的程序	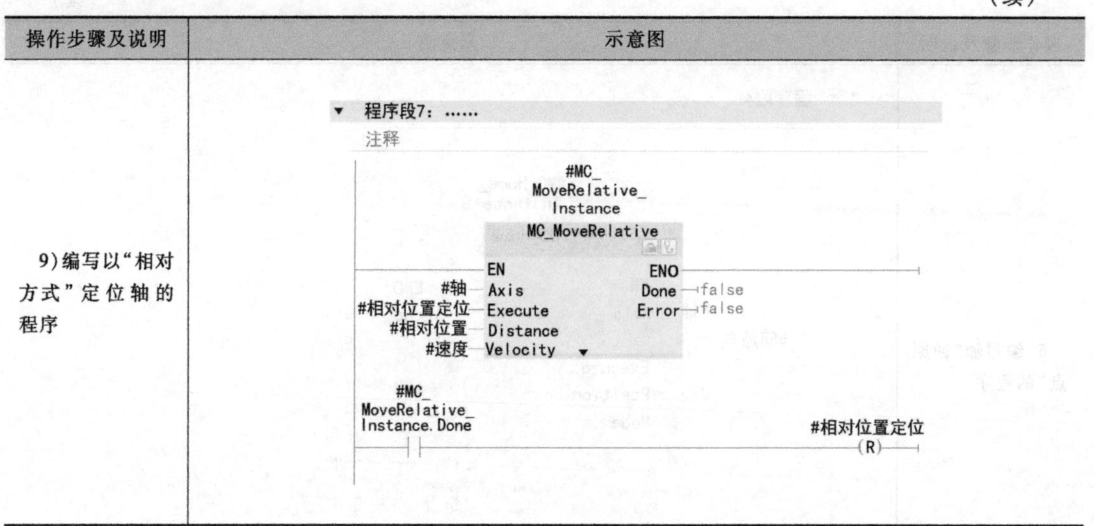

6. 示教器编程基本指令操作

（1）子程序

1）子程序的分类。子程序大致可分为以下三类：

①无输入无输出参数的子程序，如图4-10中的sub1（）。

②有输入无输出参数的子程序，如图4-10中的sub2（ap1，ap2）。

③有输入有输出参数的子程序，如图4-10中的ii，test：=sub3（ii，test）。

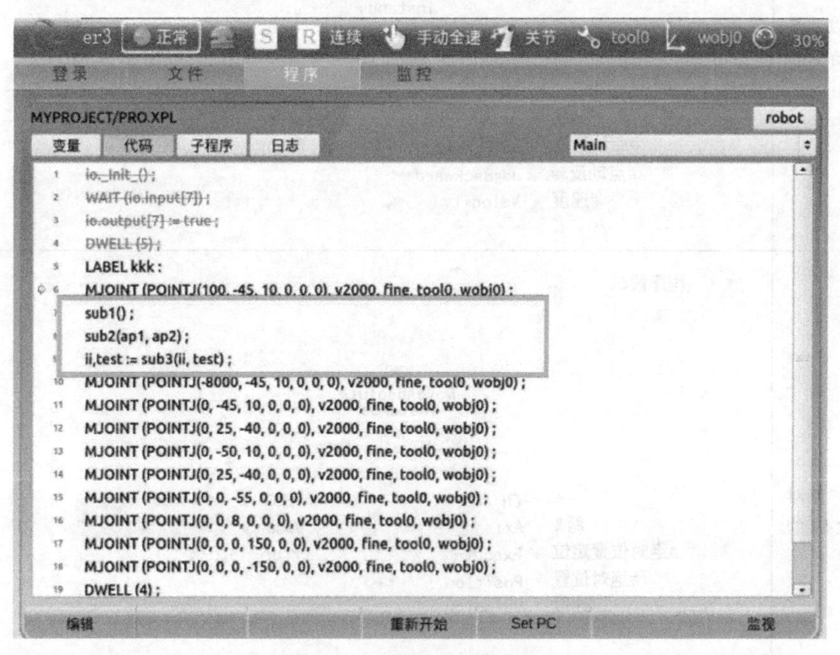

图4-10 调用子程序操作

2）新建子程序。如图4-11所示，在“子程序”标签页面，单击左下角的“新建”按钮（①），在弹出的软键盘中输入子程序的名称，即可新建一个子程序。

图 4-11　新建或删除子程序

3）修改子程序。若右上角的下拉框显示的是“Main”，则“变量”和“代码”即是主程序的变量管理和程序管理。若右上角的下拉框显示的是子程序名，则“变量”和“代码”即是子程序的变量管理和程序管理。

单击下拉框，选择需要修改的子程序，此时，“变量”和“代码”即是所选子程序的变量管理和程序管理。

4）删除子程序。如图 4-11 所示，单击“子程序”标签，选中需要删除的子程序，然后单击左下角的“删除”按钮（②），即可完成对子程序的删除，此操作不可逆。

5）子程序的调用（表 4-5）。

表 4-5　子程序的调用

操作步骤及说明	示意图
1)插入“CALL”指令。在编辑中，单击“通用”中的“CALL”，再单击“<<”，将“CALL”指令插入编辑中	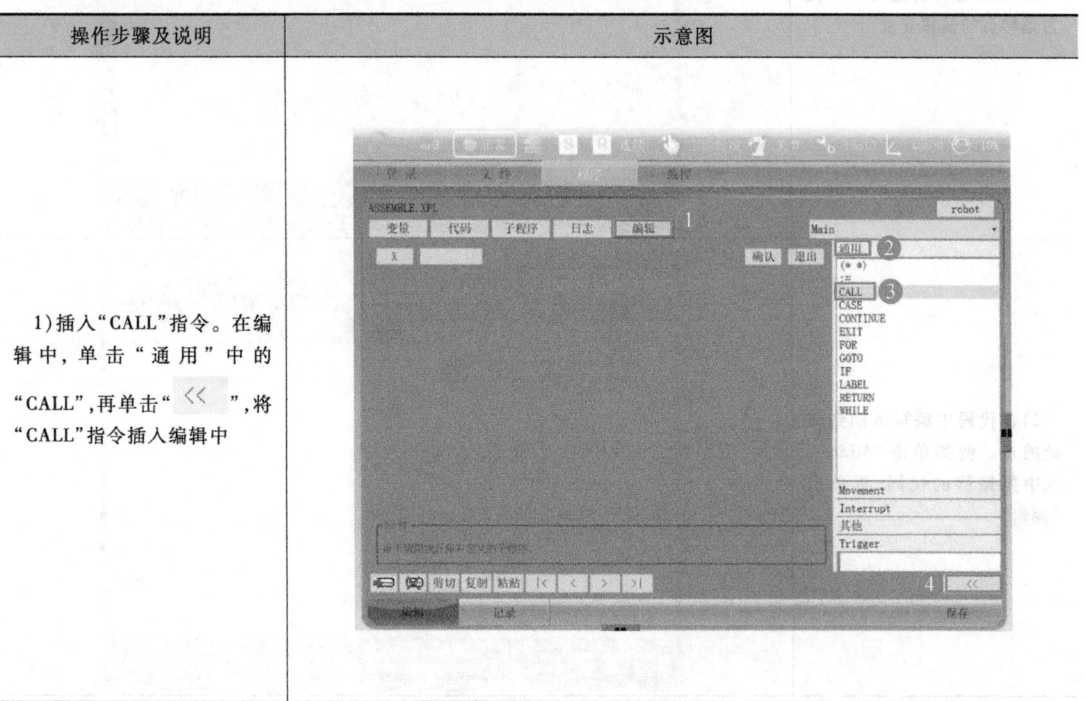

（续）

操作步骤及说明	示意图
2）插入子程序。选中“<subroutine>”，从“函数”中选择要插入的子程序，单击“ << ”，最后单击“确认”，则子程序插入到主程序中	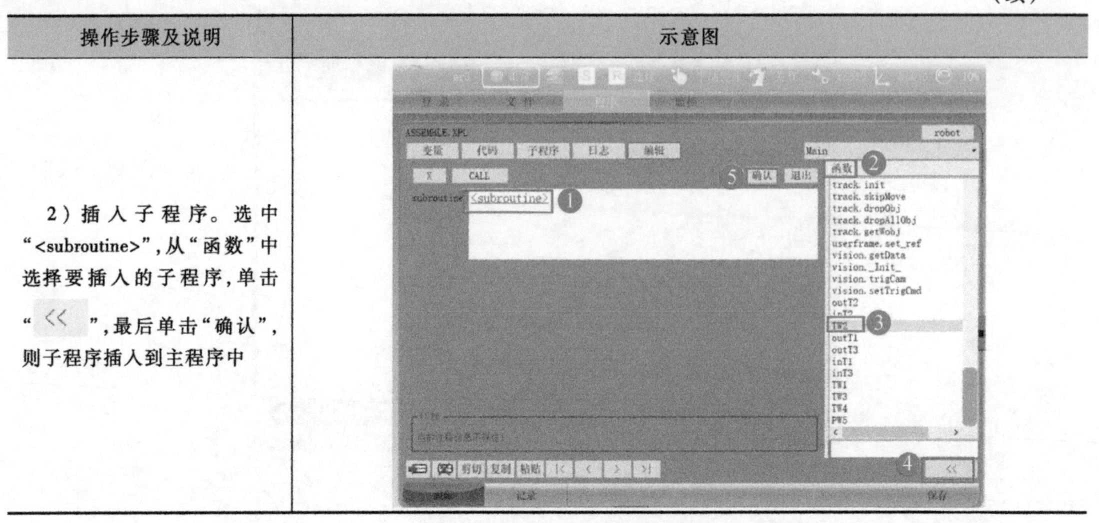

（2）偏移指令（表 4-6）

表 4-6 偏移指令

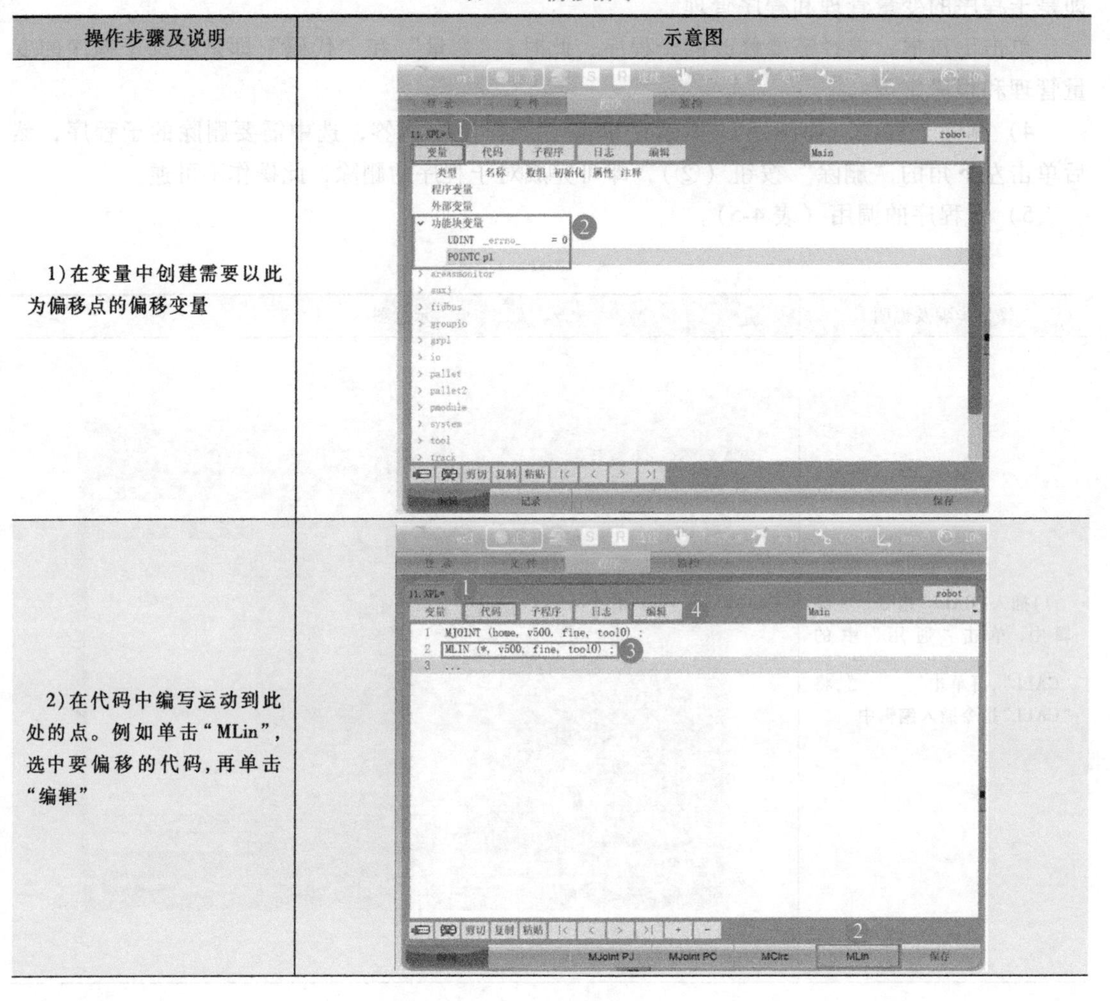

操作步骤及说明	示意图
1）在变量中创建需要以此为偏移点的偏移变量	
2）在代码中编写运动到此处的点。例如单击“MLin”，选中要偏移的代码，再单击“编辑”	

（续）

操作步骤及说明	示意图
3）插入“OFFSET”指令。在编辑中，单击“POINTC”，然后单击“函数”中的“OFFSET”，最后单击“<<”，完成“OFFSET”指令的插入	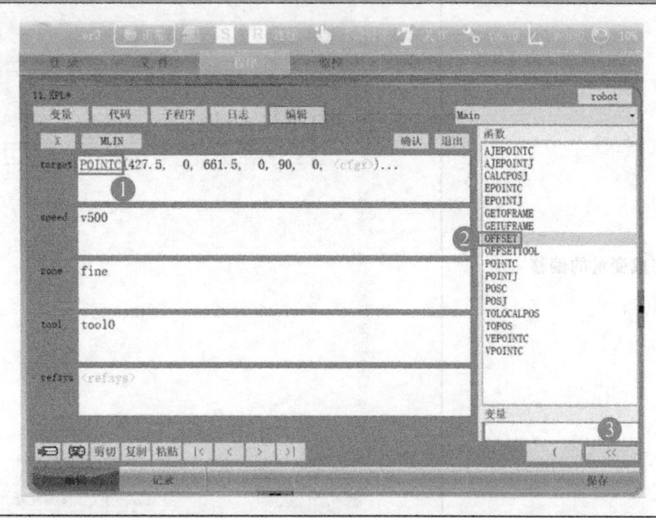
4）插入变量。在编辑中，单击“!!!”，然后单击“变量”中的“p1”，最后单击“<<”，完成“p1”变量的插入	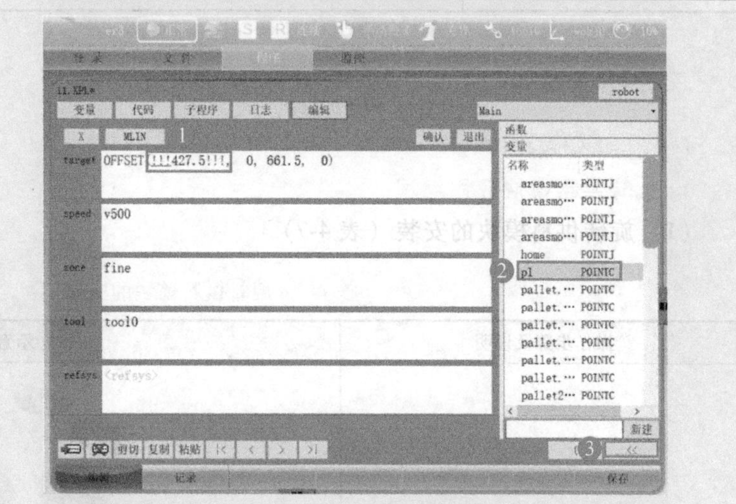
5）单击操作步骤数字，偏移是以p1点为原点，对X、Y、Z轴更改需要偏移的偏移量	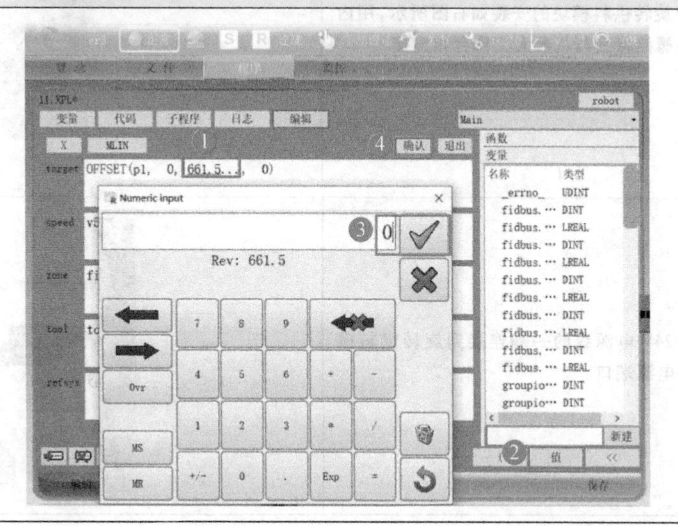

（续）

操作步骤及说明	示意图
6)完成变量的偏移	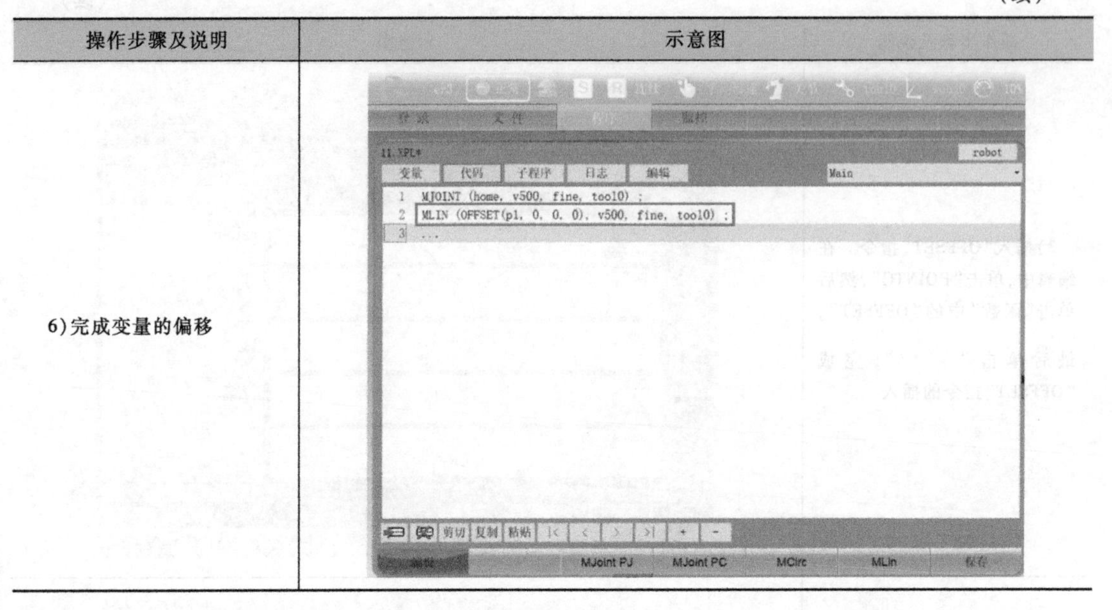

二、任务实施

（一）PLC 编程

1. 旋转供料模块应用编程

（1）旋转供料模块的安装（表 4-7）

表 4-7 旋转供料模块的安装

操作步骤及说明	示意图
1)旋转供料模块的安装如右图所示，用内六角螺栓将其与机器人工作台相连接	
2)24V 电源线的一端连接到旋转供料模块的电源端口	

（续）

操作步骤及说明	示意图
3）24V 电源线的另一端连接到电气接口板的 CN4 接口	
4）I/O 信号线的一端连接到旋转供料模块的端口	
5）I/O 信号线的另一端连接到电气接口	

（2）旋转供料模块的组态和编程

1）旋转供料模块的组态（表 4-8）。

表 4-8　旋转供料模块的组态

操作步骤及说明	示意图
1）在“新增对象”中，选择“运动控制”→“TO_PositioningAxis”，并添加名称“旋转供料”，最后单击“确定”按钮	

（续）

操作步骤及说明	示意图
2）在旋转供料的组态中，选择“基本参数”中的“常规”，设置驱动器模式为 PTO，设置“测量单位”为度（°）	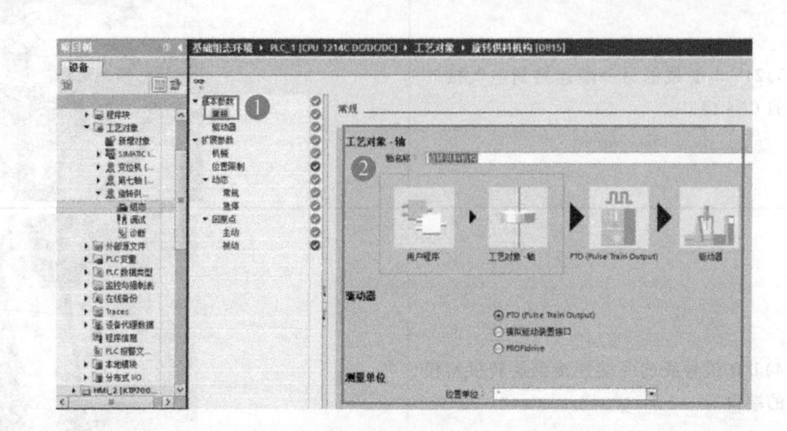
3）选择“基本参数”中的“驱动器”，设置对应参数	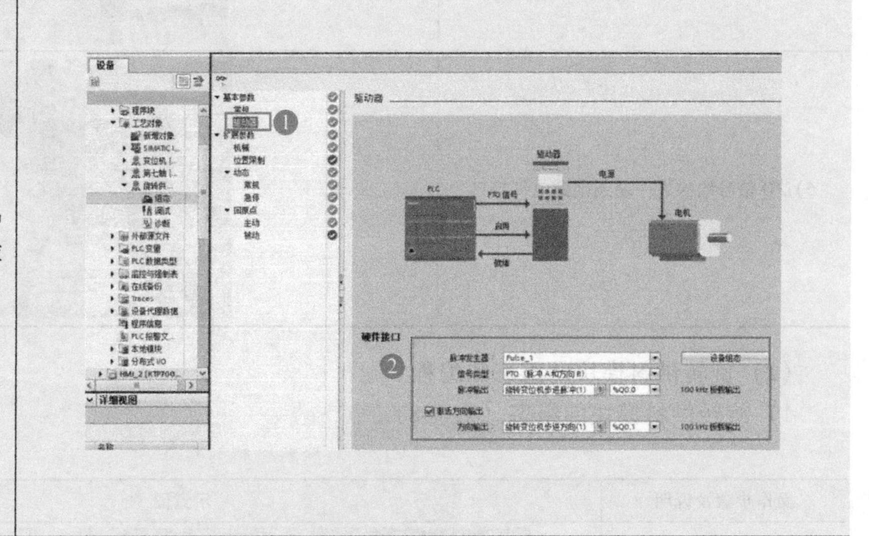
4）选择“扩展参数”中的“机械”，设置对应参数	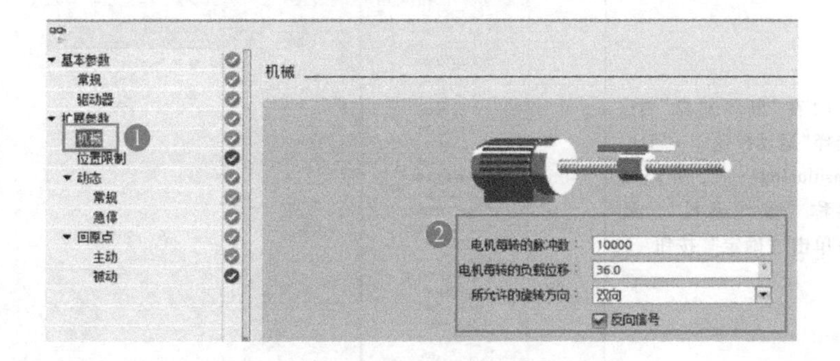

（续）

操作步骤及说明	示意图
5）选择“扩展参数”“动态”→“常规”，设置“速度限值的单位”及对应的其他参数	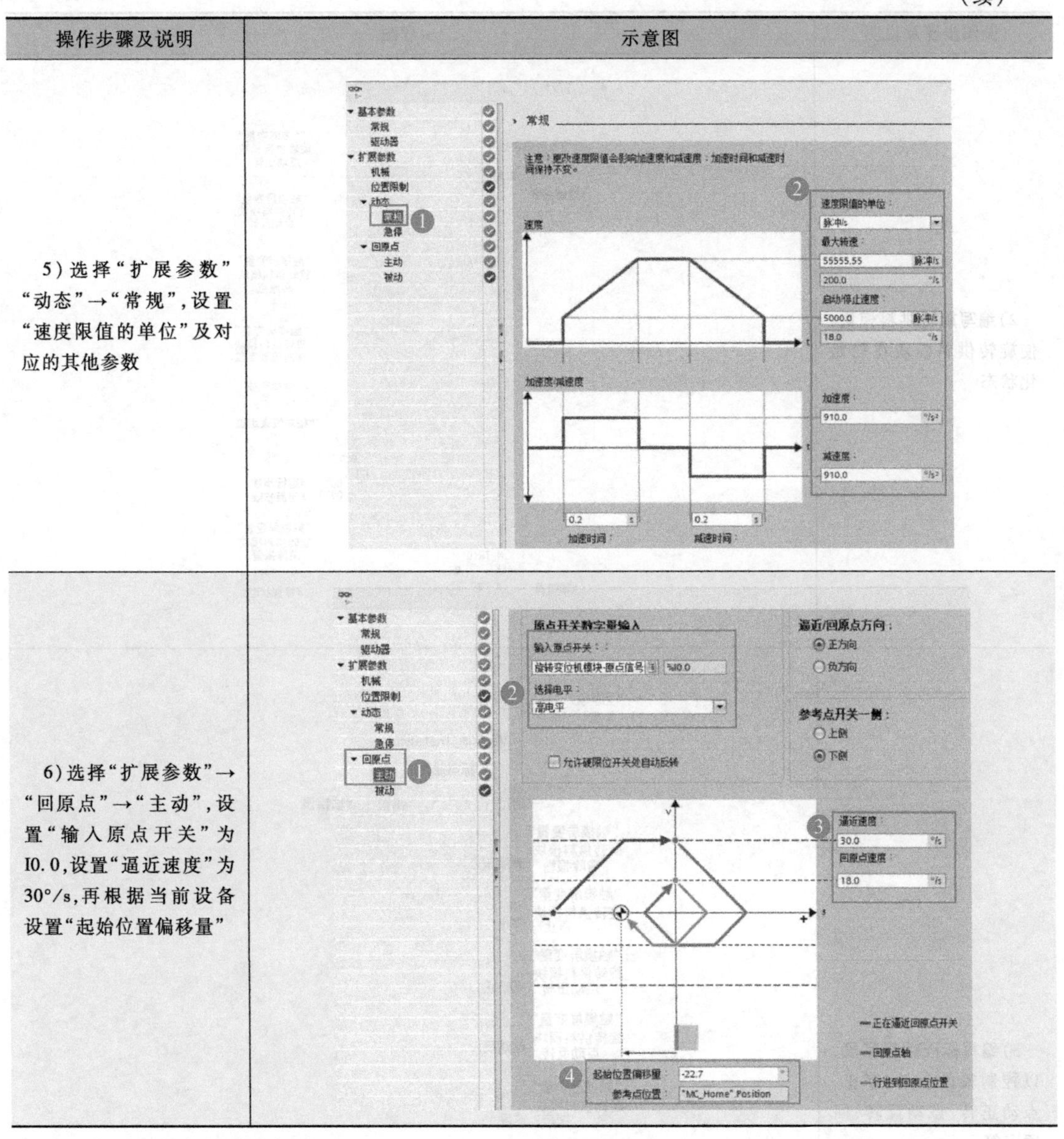
6）选择“扩展参数”→“回原点”→“主动”，设置“输入原点开关”为I0.0，设置“逼近速度”为30°/s，再根据当前设备设置“起始位置偏移量”	

2）旋转供料模块的编程（表 4-9）。

表 4-9 旋转供料模块的编程

操作步骤及说明	示意图
1）选定“旋转变位机模块”	旋转变位机模块_DB [DB5] RFID 变频器 第七轴模块 机器人通信块 伺服变位机模块 旋转变位机模块 旋转变位机模块 [FB13]

（续）

操作步骤及说明	示意图
2）编写旋转供料模块，使旋转供料模块在初始化状态	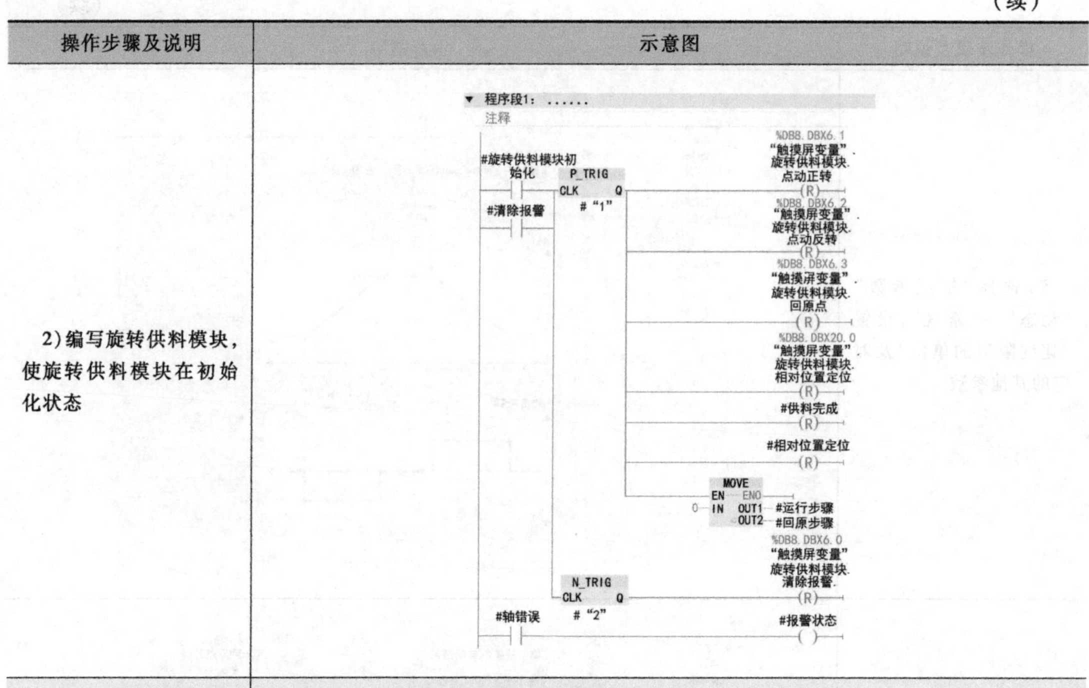
3）编写标准轴程序段，以控制轴的启动、停止、点动正转、点动反转、回原点等	程序段2：…… 注释 #标准轴_Instance %FB7 "标准轴" EN ENO 1—启动 错误—#轴错误 %DB8.DBX6.0 "触摸屏变量".旋转供料模块.清除报警—清除报... %DB8.DBX6.4 "触摸屏变量".旋转供料模块.停止—停止... %DB8.DBX6.1 "触摸屏变量".旋转供料模块.点动正转—点动正... %DB8.DBX6.2 "触摸屏变量".旋转供料模块.点动反转—点动反... %DB8.DBD10 "触摸屏变量".旋转供料模块.速度—速度 %DB15 "旋转供料机构"—轴 %DB8.DBX14.3 "触摸屏变量".旋转供料模块.绝对位置定位—绝对位置... %DB8.DBD16 "触摸屏变量".旋转供料模块.绝对位置—绝对位... %DB8.DBX6.3 "触摸屏变量".旋转供料模块.回原点—回原点... %DB8.DBX20.0 "触摸屏变量".旋转供料模块.相对位置定位—相对位置... %DB8.DBD22 "触摸屏变量".旋转供料模块.相对位置—相对位...

（续）

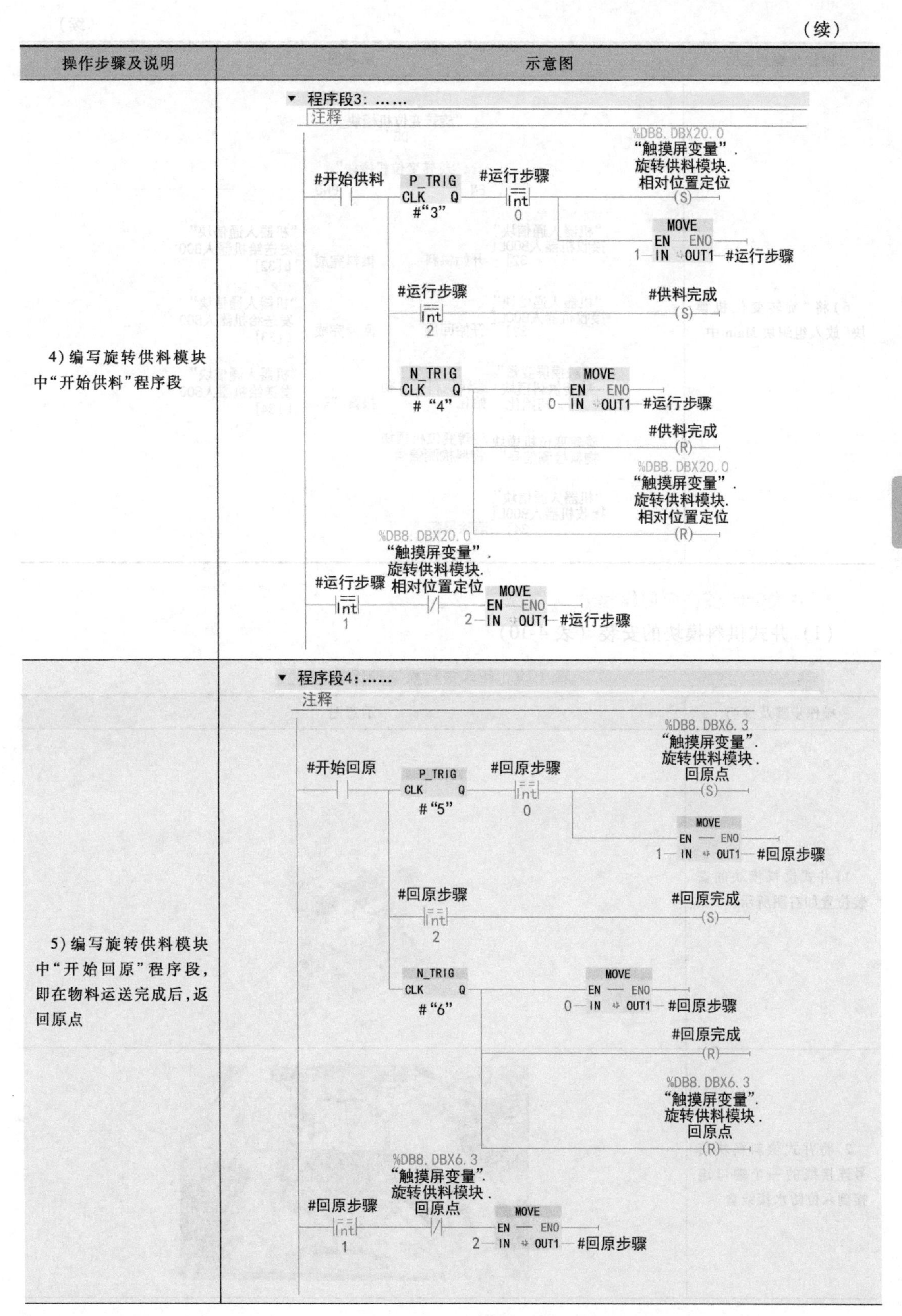

操作步骤及说明	示意图
4）编写旋转供料模块中“开始供料”程序段	程序段3
5）编写旋转供料模块中“开始回原”程序段，即在物料运送完成后，返回原点	程序段4

（续）

操作步骤及说明	示意图
6）将“旋转变位机模块”放入组织块 Main 中	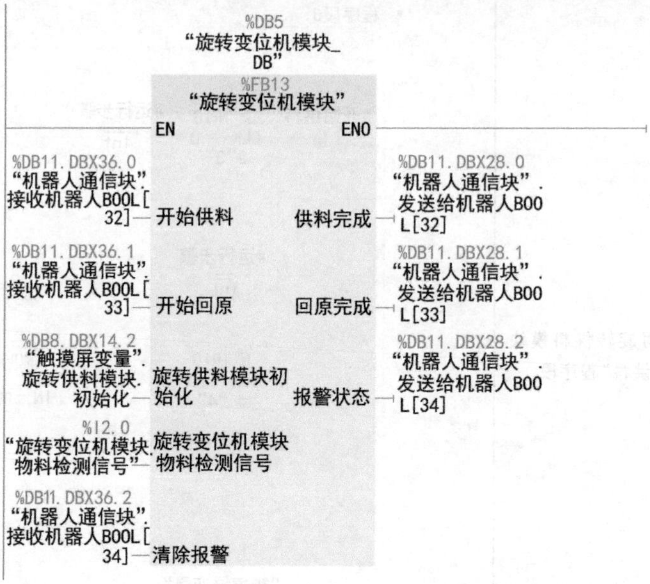 %DB5 “旋转变位机模块_DB” %FB13 “旋转变位机模块” EN ENO %DB11.DBX36.0 “机器人通信块”.接收机器人BOOL[32] — 开始供料　供料完成 — %DB11.DBX28.0 “机器人通信块”.发送给机器人BOOL[32] %DB11.DBX36.1 “机器人通信块”.接收机器人BOOL[33] — 开始回原　回原完成 — %DB11.DBX28.1 “机器人通信块”.发送给机器人BOOL[33] %DB8.DBX14.2 “触摸屏变量”.旋转供料模块.初始化 — 旋转供料模块初始化　报警状态 — %DB11.DBX28.2 “机器人通信块”.发送给机器人BOOL[34] %I2.0 “旋转变位机模块.物料检测信号” — 旋转变位机模块物料检测信号 %DB11.DBX36.2 “机器人通信块”.接收机器人BOOL[34] — 清除报警

2. 井式供料模块应用编程

（1）井式供料模块的安装（表 4-10）

表 4-10　井式供料模块的安装

操作步骤及说明	示意图
1）井式供料模块的安装位置如右图所示	
2）将井式供料模块信号连接线的一个端口连接到六位防水接线盒	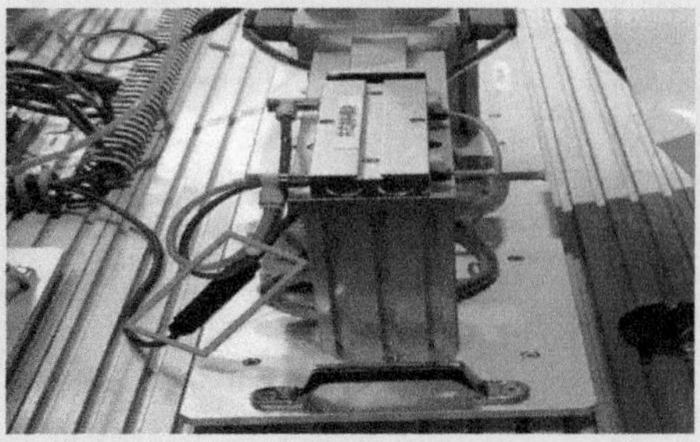

（续）

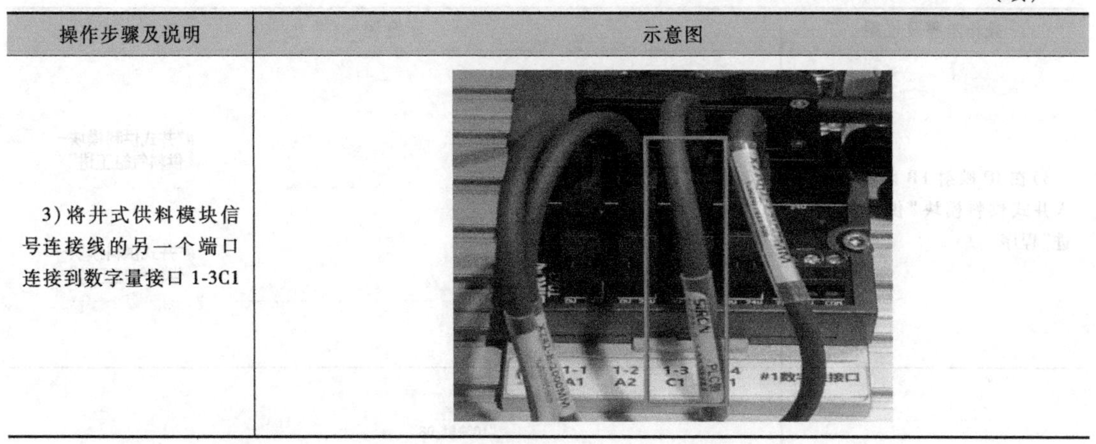

操作步骤及说明	示意图
3）将井式供料模块信号连接线的另一个端口连接到数字量接口1-3C1	

(2) 井式供料模块的I/O变量和编程

1) 井式供料模块的I/O变量（表4-11）。

表4-11　井式供料模块的I/O变量

名　　称	数据类型	地址
井式供料模块-料仓检测信号	Bool	%I0.1
井式供料模块-供料气缸工进信号	Bool	%I0.2
井式供料模块-供料气缸复位信号	Bool	%I0.3
井式供料模块-供料气缸工进	Bool	%Q2.0

2) 井式供料模块的编程（表4-12）。

表4-12　井式供料模块的编程

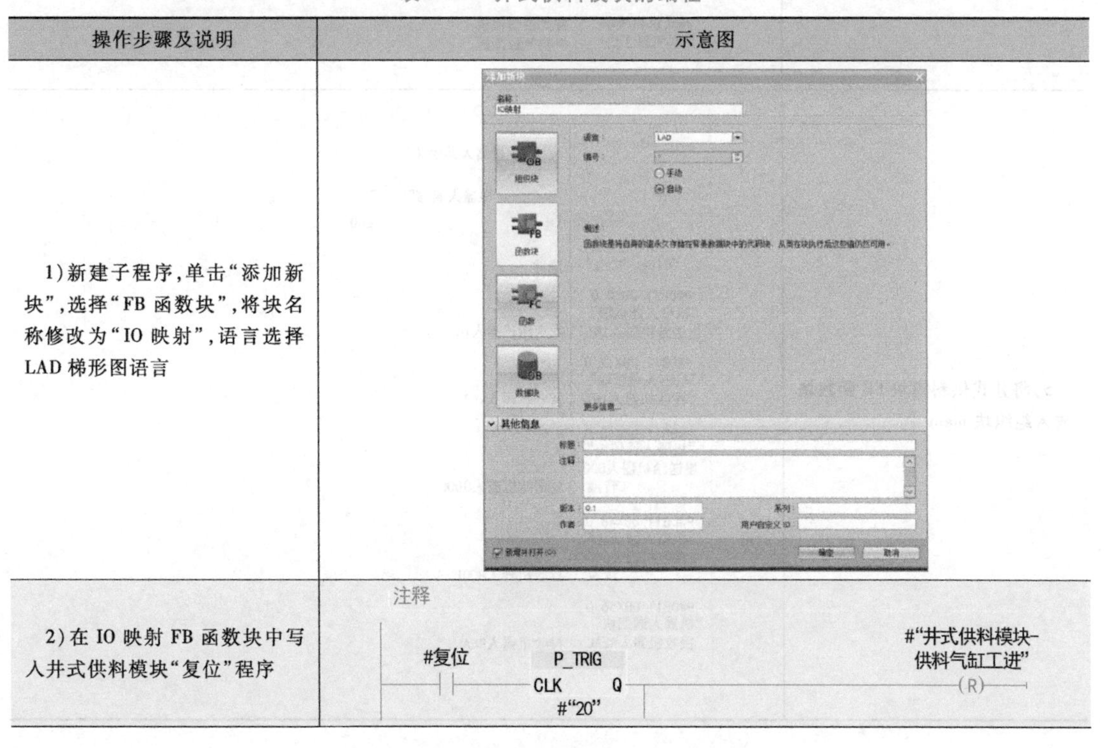

操作步骤及说明	示意图
1）新建子程序，单击“添加新块”，选择“FB函数块”，将块名称修改为“IO映射”，语言选择LAD梯形图语言	
2）在IO映射FB函数块中写入井式供料模块“复位”程序	注释 #复位　P_TRIG　CLK　Q　#“20” #“井式供料模块-供料气缸工进”　(R)

（续）

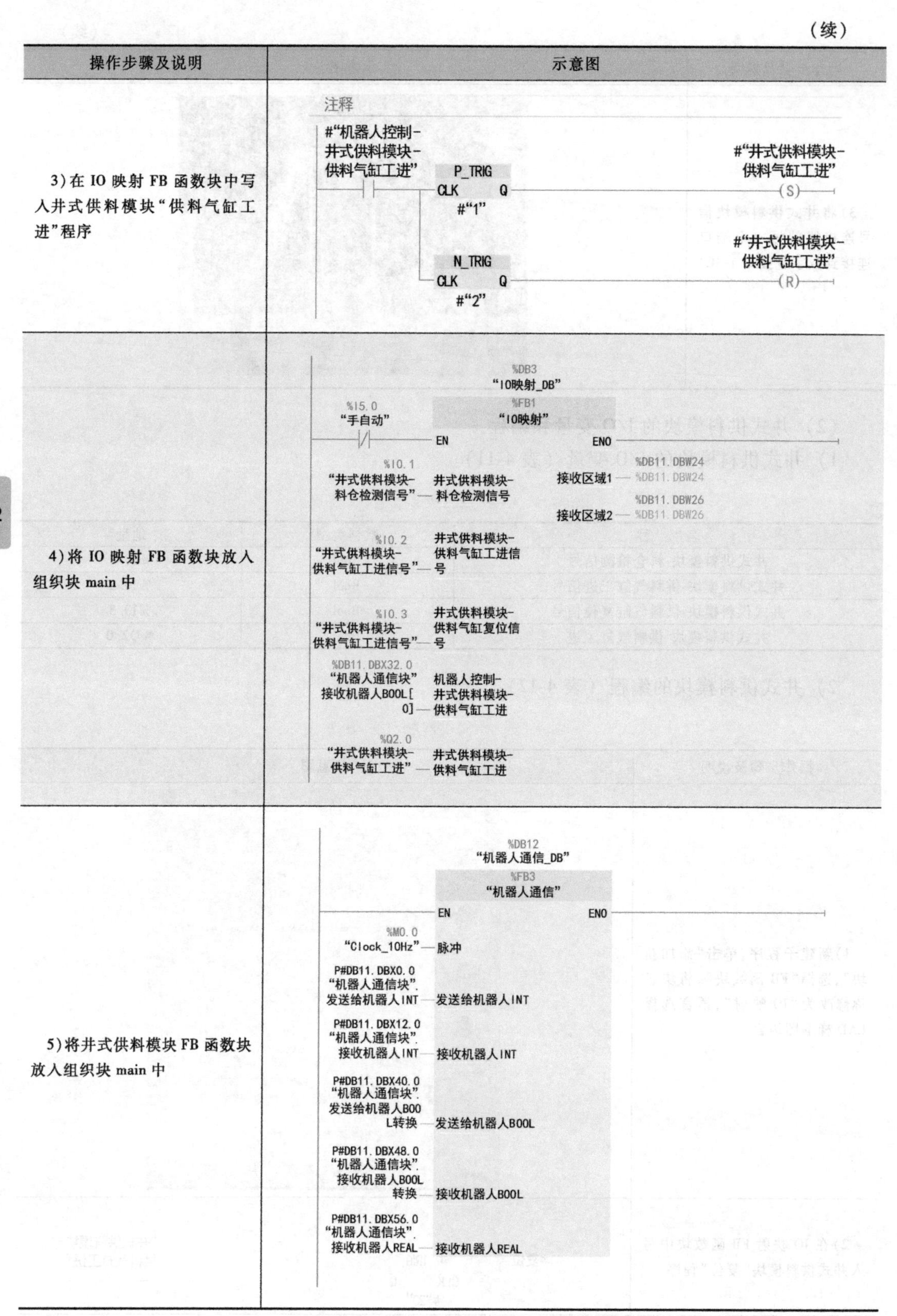

操作步骤及说明	示意图
3）在 IO 映射 FB 函数块中写入井式供料模块“供料气缸工进”程序	
4）将 IO 映射 FB 函数块放入组织块 main 中	
5）将井式供料模块 FB 函数块放入组织块 main 中	

3. 带传送模块应用编程

（1）带传送模块的安装（表 4-13）

表 4-13　带传送模块的安装

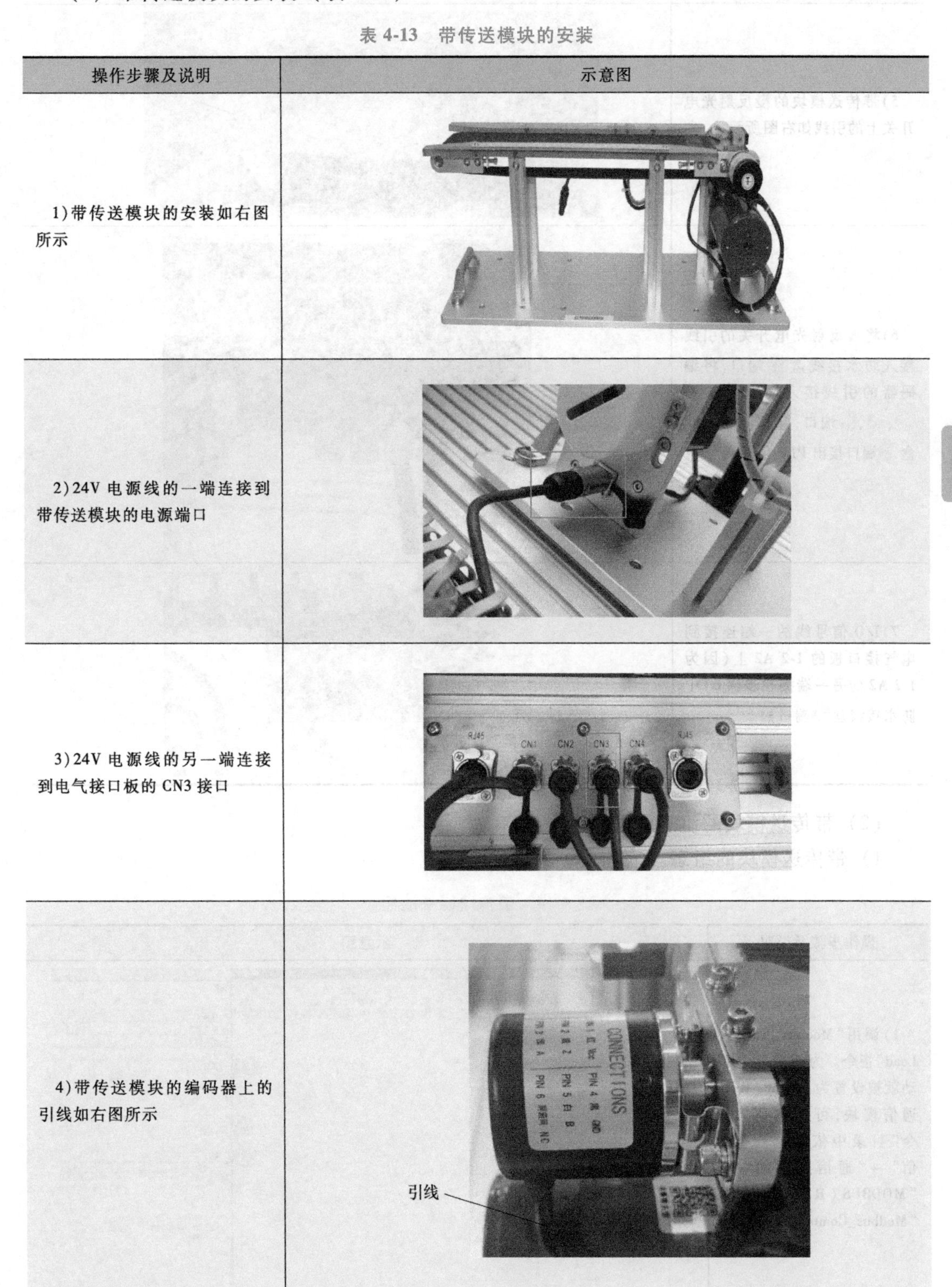

操作步骤及说明	示意图
1）带传送模块的安装如右图所示	
2）24V 电源线的一端连接到带传送模块的电源端口	
3）24V 电源线的另一端连接到电气接口板的 CN3 接口	
4）带传送模块的编码器上的引线如右图所示	

（续）

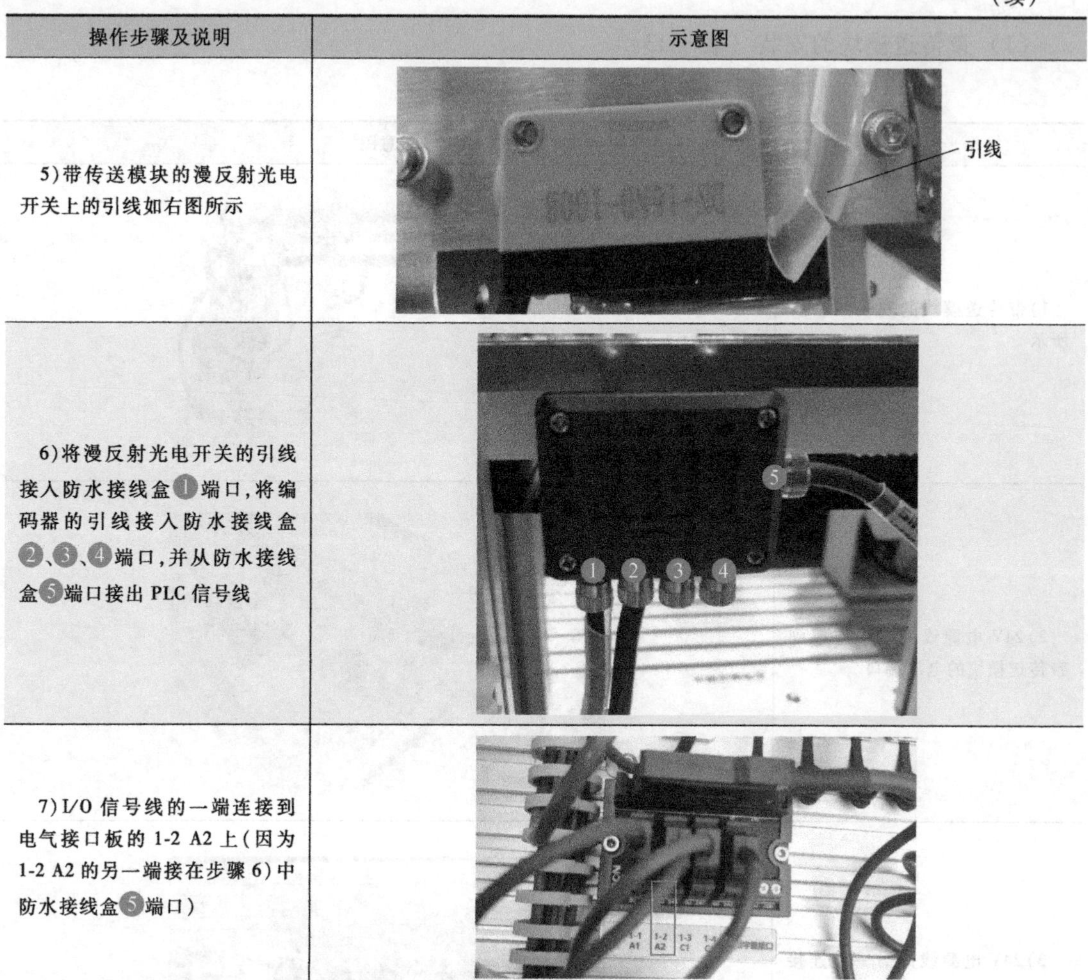

操作步骤及说明	示意图
5）带传送模块的漫反射光电开关上的引线如右图所示	
6）将漫反射光电开关的引线接入防水接线盒①端口，将编码器的引线接入防水接线盒②、③、④端口，并从防水接线盒⑤端口接出PLC信号线	
7）I/O信号线的一端连接到电气接口板的1-2 A2上（因为1-2 A2的另一端接在步骤6）中防水接线盒⑤端口）	

（2）带传送模块的组态和编程

1）带传送模块的组态（表4-14）。

表4-14 带传送模块的组态

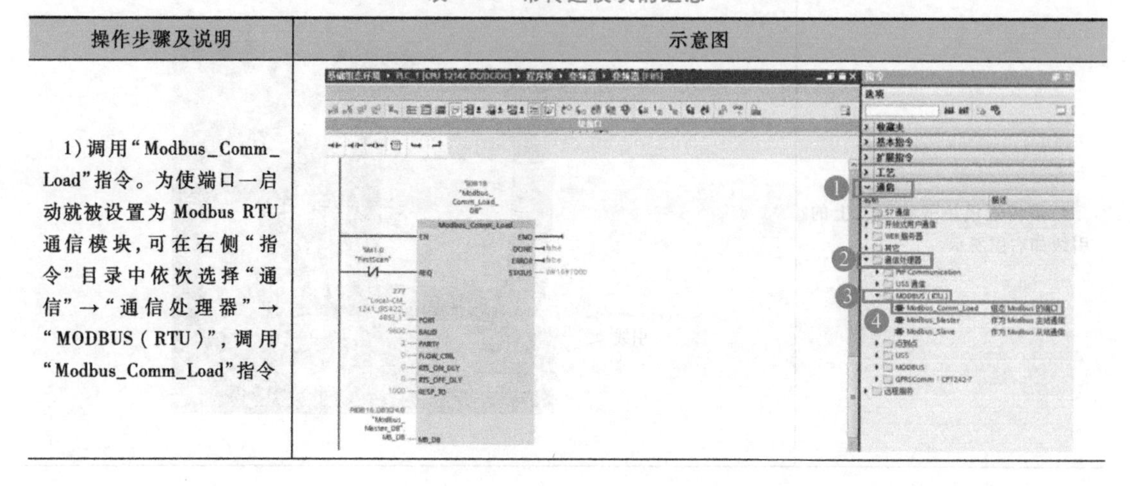

操作步骤及说明	示意图
1）调用“Modbus_Comm_Load”指令。为使端口一启动就被设置为Modbus RTU通信模块，可在右侧“指令”目录中依次选择“通信”→“通信处理器”→“MODBUS（RTU）”，调用“Modbus_Comm_Load”指令	

（续）

操作步骤及说明	示意图
2)调用“Modbus_Master”指令。在OB1中调用“Modbus_Master”指令。“Modbus_Master”指令可通过“Modbus_Comm_Load”指令组态的端口作为Modbus主站进行通信	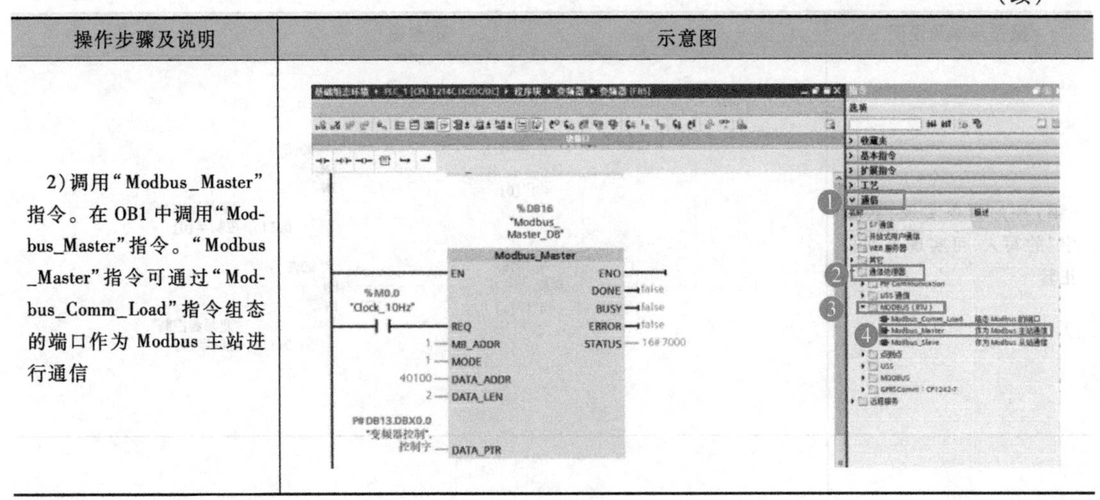

2）带传送模块的编程（表4-15）。

表4-15　带传送模块的编程

操作步骤及说明	示意图
1)在程序块中新增组，命名为“变频器”，在变频器组中创建函数块“变频器”，使用“LAD”语言	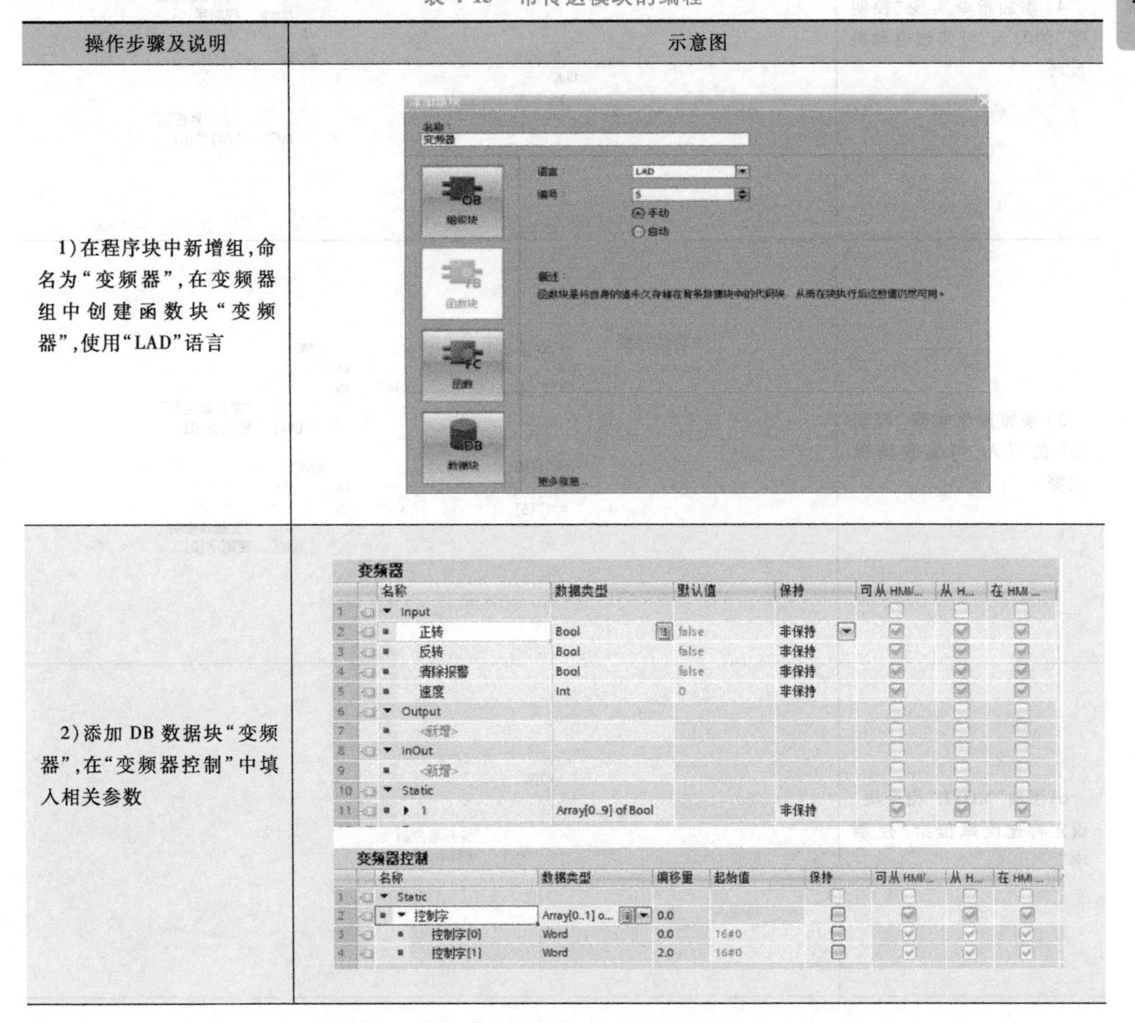
2)添加DB数据块“变频器”，在“变频器控制”中填入相关参数	

（续）

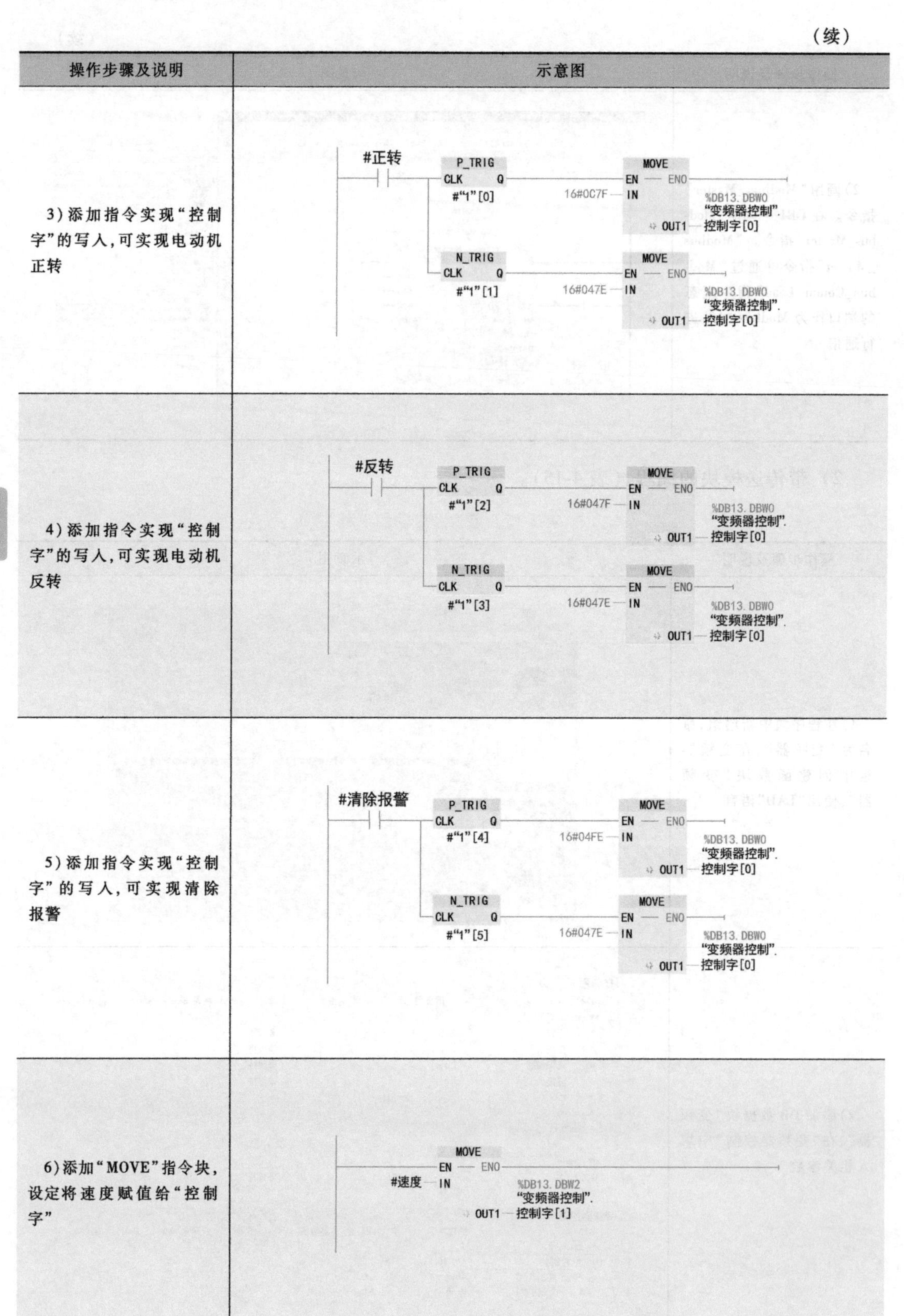

操作步骤及说明	示意图
3）添加指令实现“控制字”的写入，可实现电动机正转	
4）添加指令实现“控制字”的写入，可实现电动机反转	
5）添加指令实现“控制字”的写入，可实现清除报警	
6）添加“MOVE”指令块，设定将速度赋值给“控制字”	

（续）

操作步骤及说明	示意图
7）添加“Modbus_Comm_Load”通信指令，并设置相关参数。“Modbus_Comm_Load”指令通过Modbus RTU协议对“CM 1214”通信模块进行组态；添加“Modbus_Master”通信指令，并设置相关参数 功能：PLC将“控制字”写入三相异步电动机相应的地址中，实现对三相异步电动机的运动控制	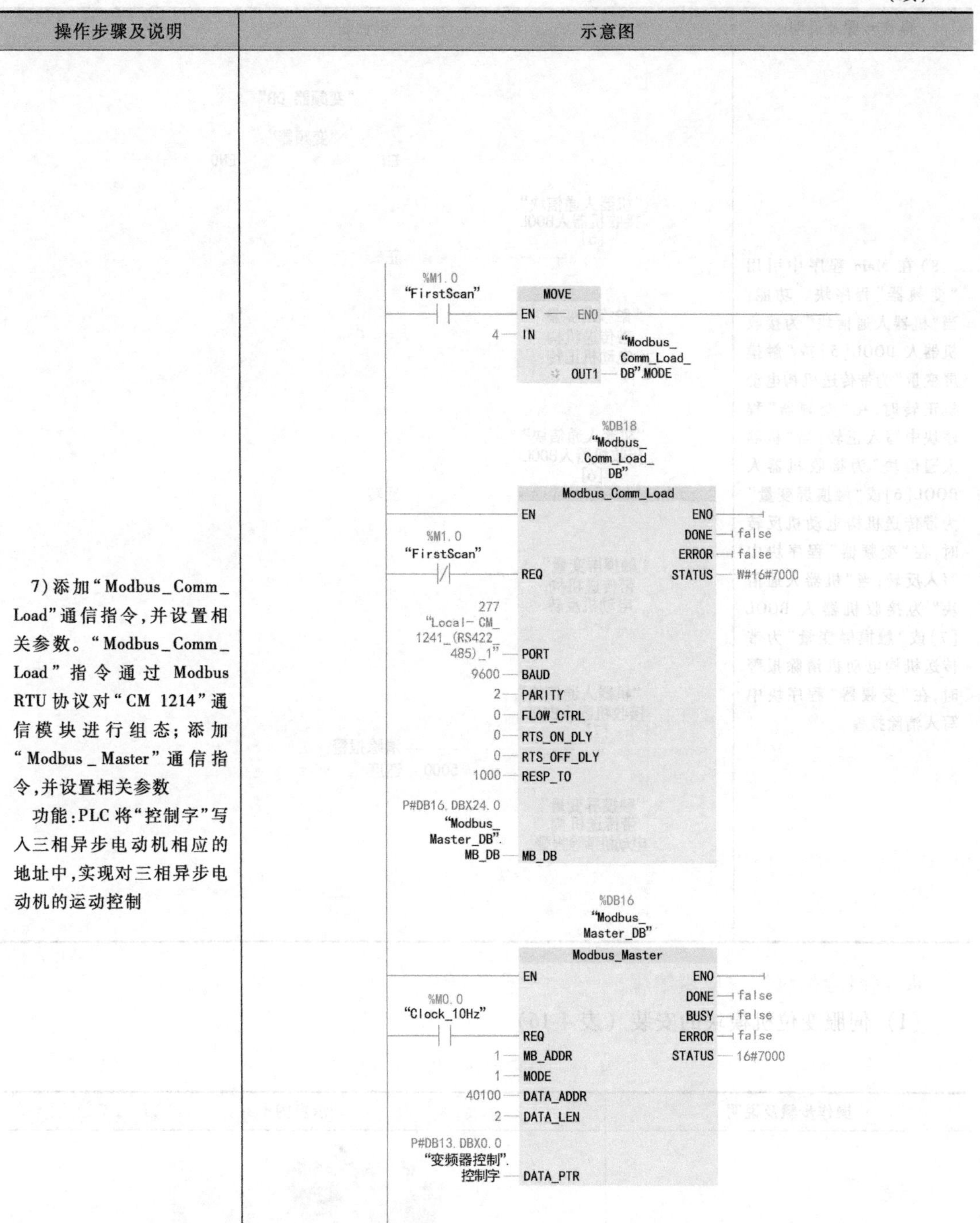

（续）

操作步骤及说明	示意图
8）在 Main 程序中引用"变频器"程序块。功能：当"机器人通信块"为接收机器人 BOOL[5]或"触摸屏变量"为带传送机构电动机正转时，在"变频器"程序块中写入正转；当"机器人通信块"为接收机器人 BOOL[6]或"触摸屏变量"为带传送机构电动机反转时，在"变频器"程序块中写入反转；当"机器人通信块"为接收机器人 BOOL[7]或"触摸屏变量"为带传送机构电动机清除报警时，在"变频器"程序块中写入清除报警	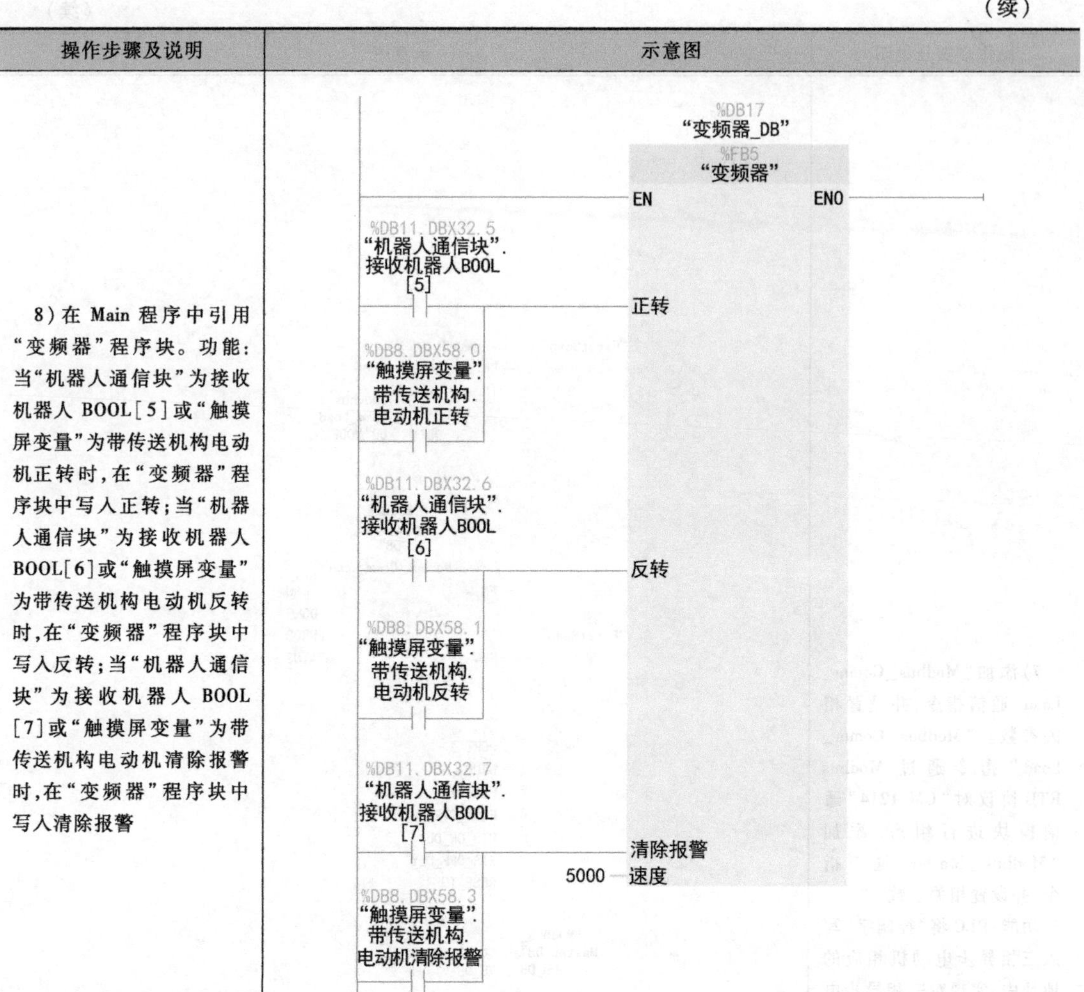

4. 伺服变位机模块应用编程

（1）伺服变位机模块的安装（表 4-16）

表 4-16　伺服变位机模块的安装

操作步骤及说明	示意图
1）伺服变位机模块的安装如右图所示	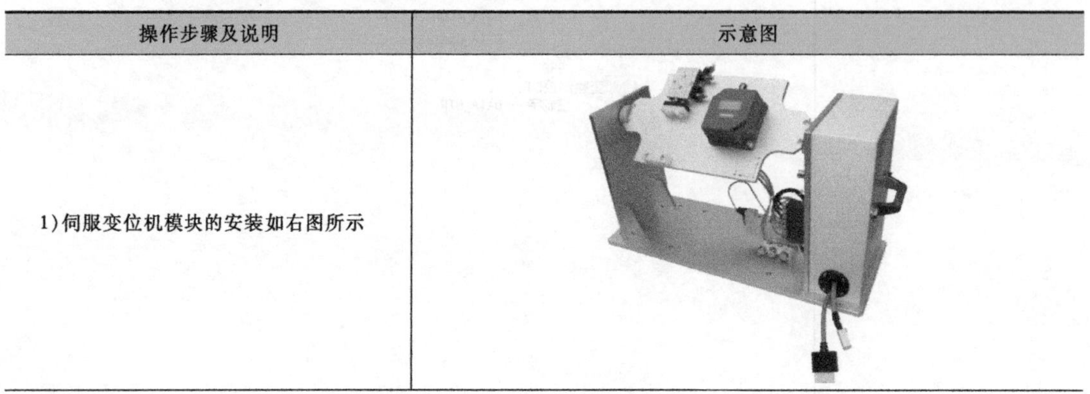

（续）

操作步骤及说明	示意图
2)动力线和编码器线的一端与伺服电动机相连	
3)动力线和编码器线的另一端与伺服驱动器相连	
4)传感器线的一端与传感器防水接线盒相连	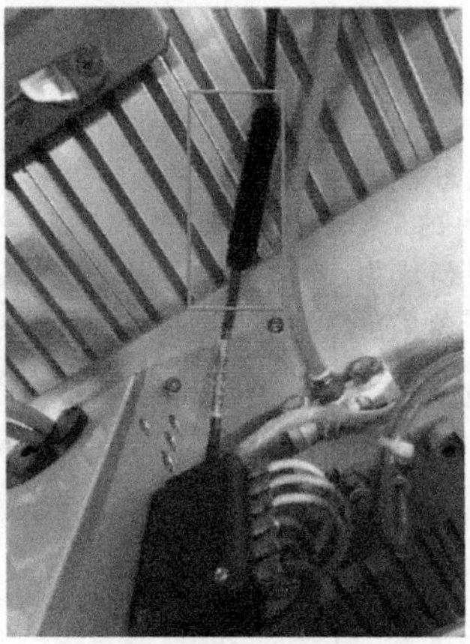

（续）

操作步骤及说明	示意图
5）传感器线的另一端与 PLC 端 2-3 C1 相连	

（2）伺服变位机模块的组态和编程

1）伺服变位机模块的组态（表 4-17）。

表 4-17　伺服变位机模块的组态

操作步骤及说明	示意图
1）在“新增对象”中，选择“运动控制”→“TO_PositioningAxis”，并创建变位机模块	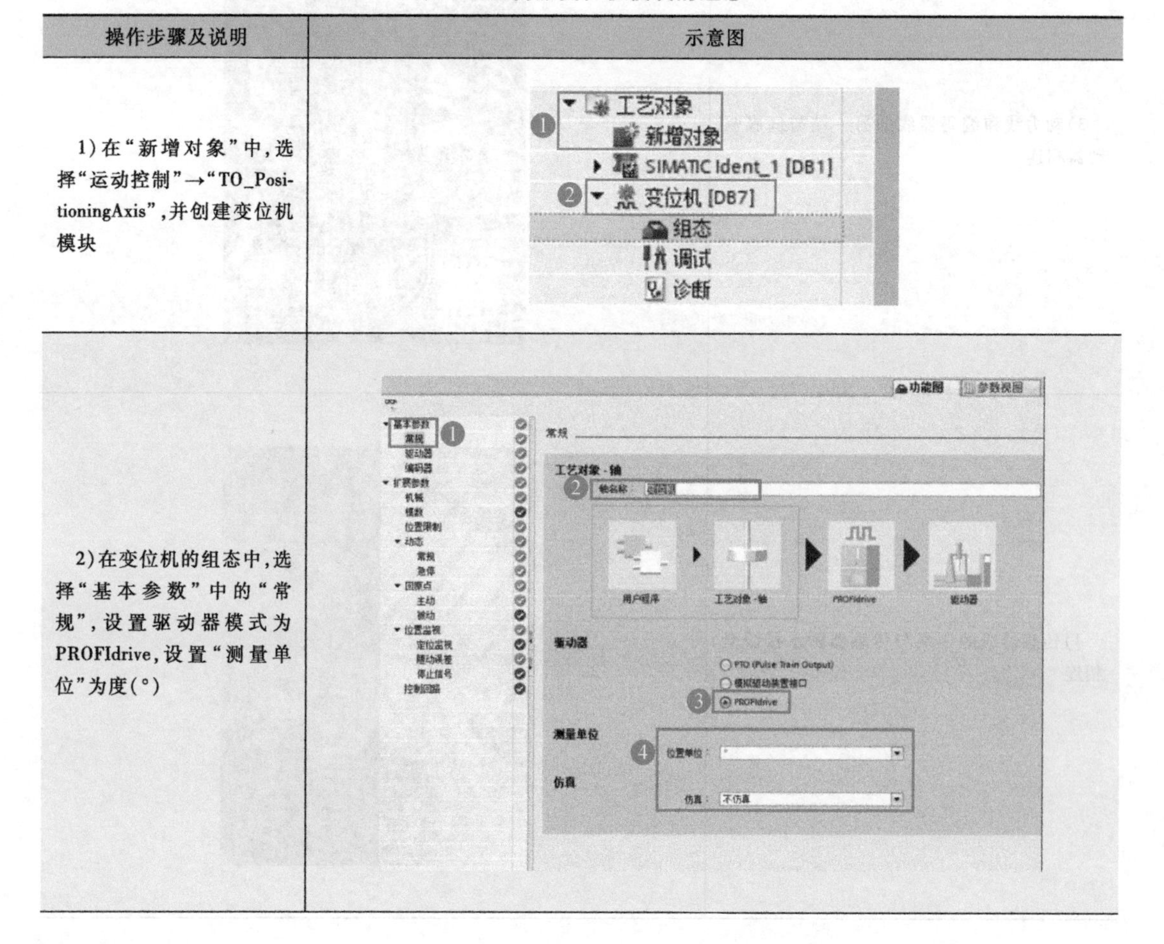
2）在变位机的组态中，选择“基本参数”中的“常规”，设置驱动器模式为 PROFIdrive，设置“测量单位”为度（°）	

（续）

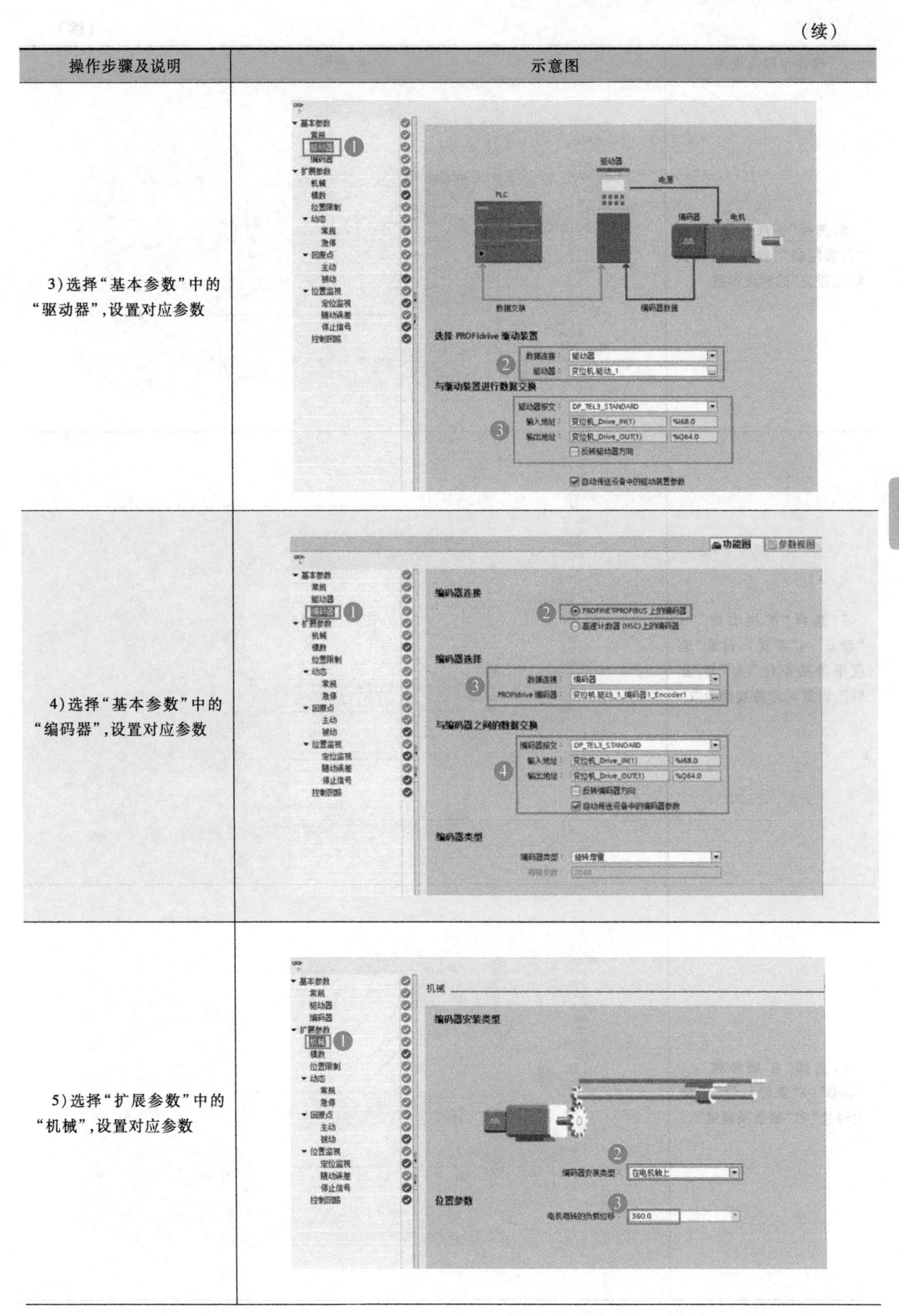

操作步骤及说明	示意图
3）选择“基本参数”中的“驱动器”，设置对应参数	
4）选择“基本参数”中的“编码器”，设置对应参数	
5）选择“扩展参数”中的“机械”，设置对应参数	

（续）

操作步骤及说明	示意图
6）选择“扩展参数”中的“位置限制”，设置“硬和软限位开关”的相关参数	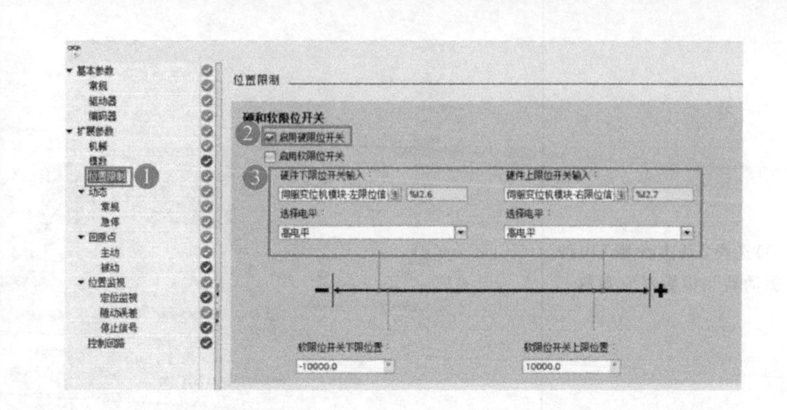
7）选择“扩展参数”→“动态”→“常规”，设置“速度限值的单位”为“转/分钟”，设置对应的其他参数	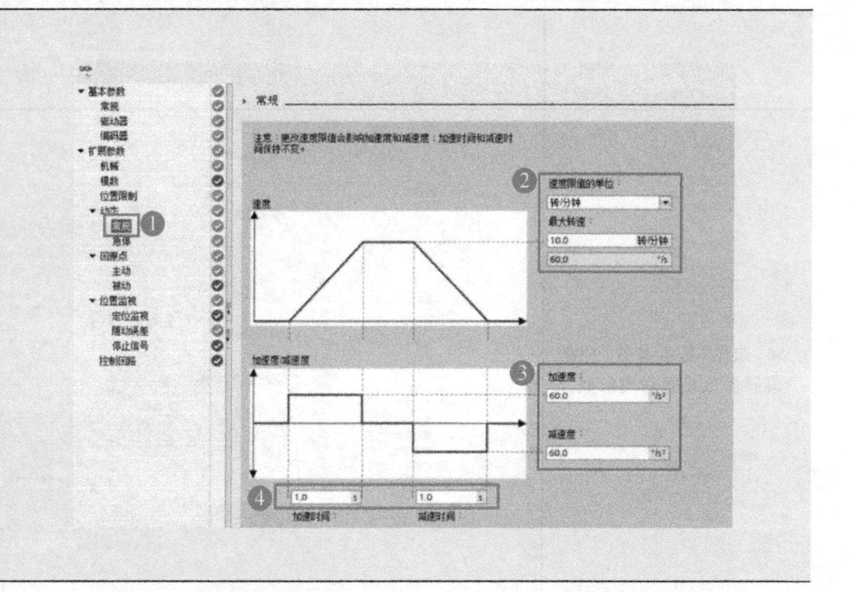
8）选择“扩展参数”→“动态”→“急停”，设置“最大转速”和“紧急减速度”	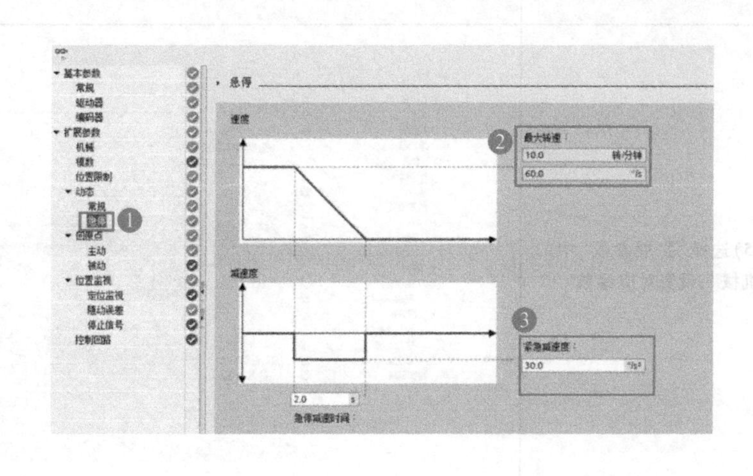

（续）

操作步骤及说明	示意图
9）选择“扩展参数”→“回原点”→“主动”，选择“通过数字量输入使用原点开关”，设置“输入原点开关”为 I2.5，设置“逼近速度”为 40°/s，再根据当前设备设置“起始位置偏移量”	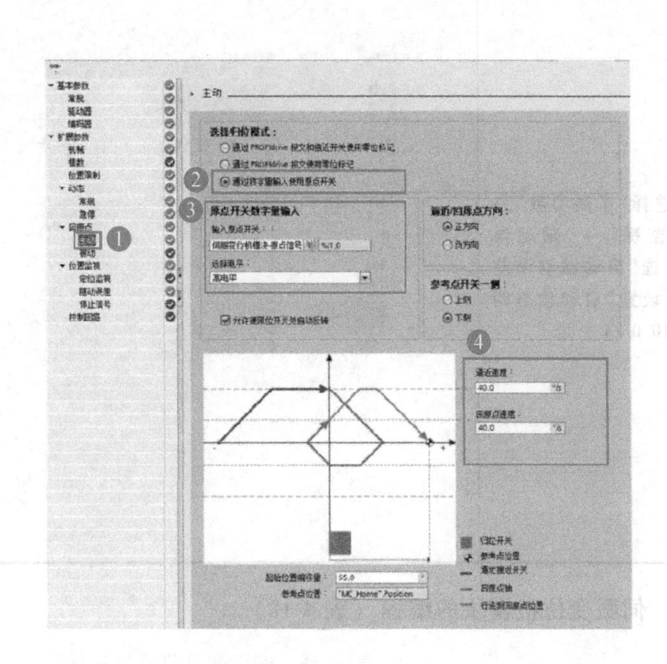
10）在“被动”中选择“通过数字量输入使用原点开关”，设置“选择电平”为“高电平”	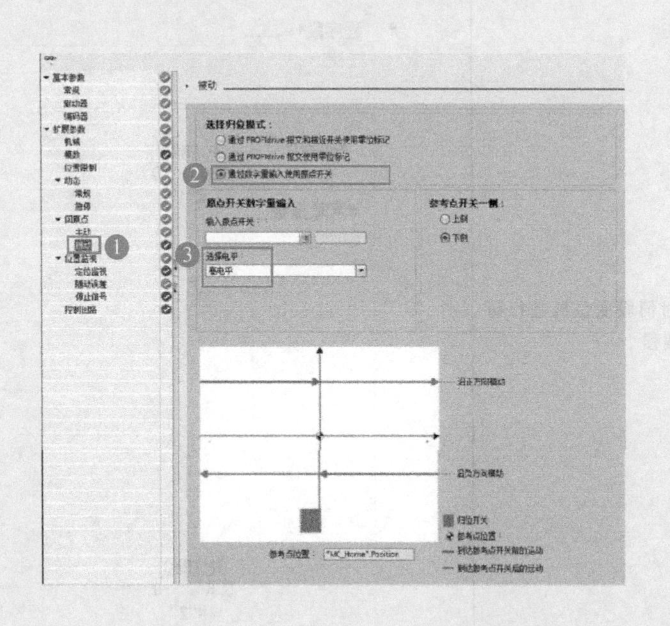

（续）

操作步骤及说明	示意图
11）选择“扩展参数”→“位置监视”→“随动误差”，勾选“启动随动误差监视”，设置“启动动态调整”为10.0°/s	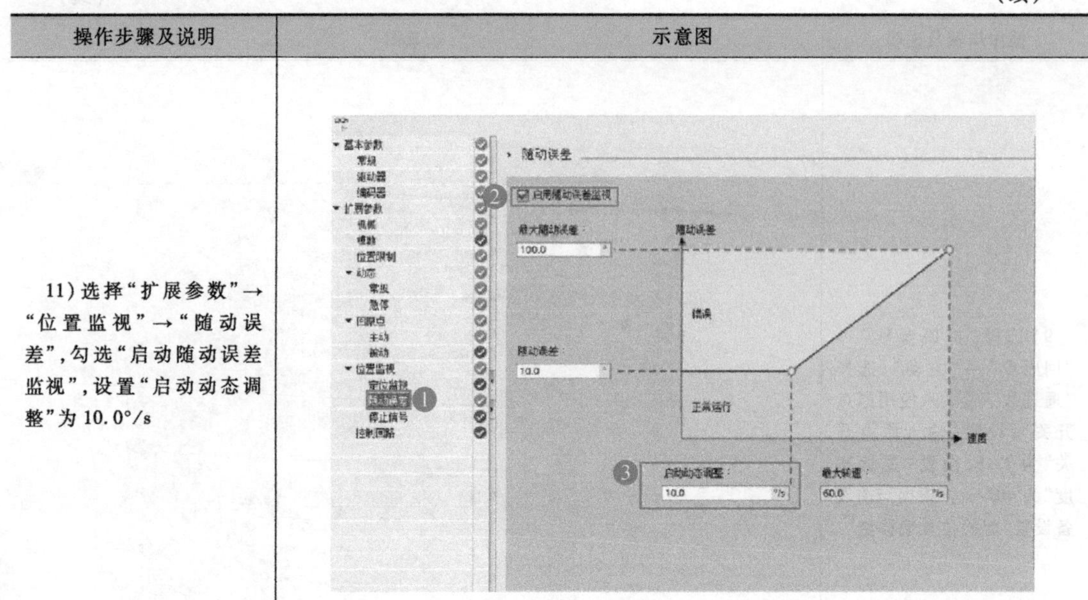

2）伺服变位机模块的编程（表4-18）。

表4-18 伺服变位机模块的编程

操作步骤及说明	示意图
1）对伺服变位机进行初始化编程	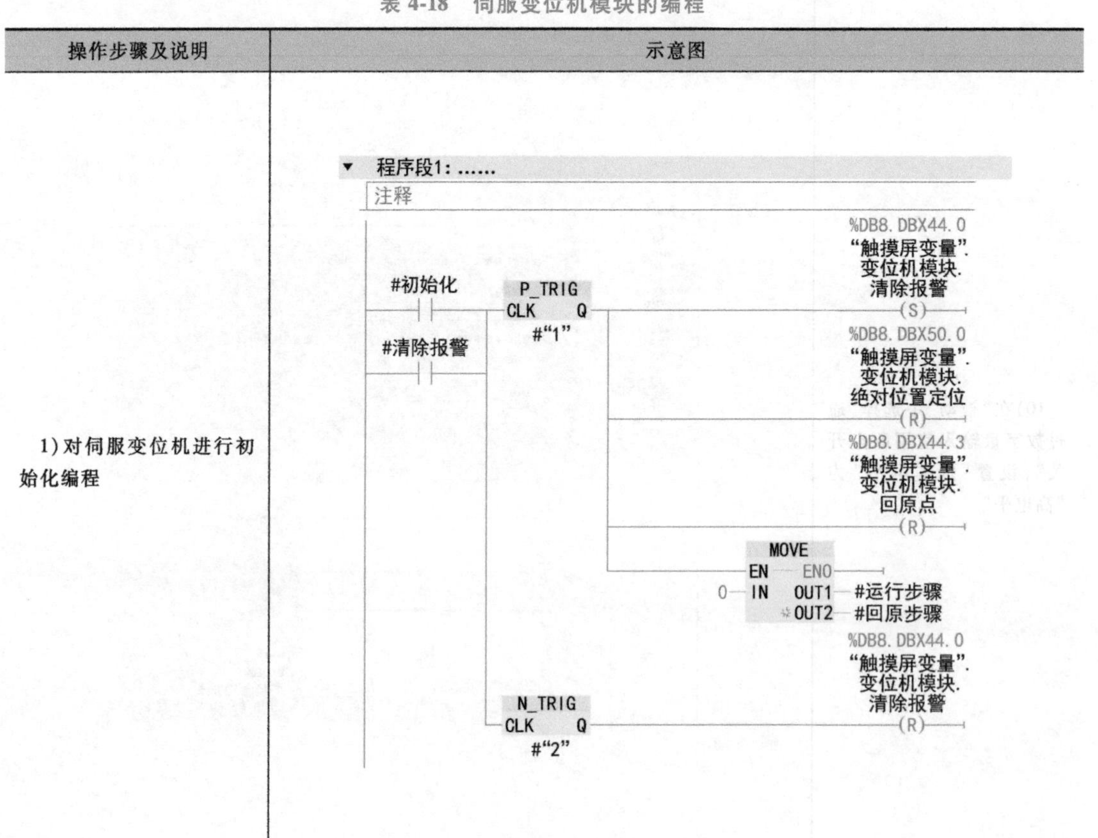

（续）

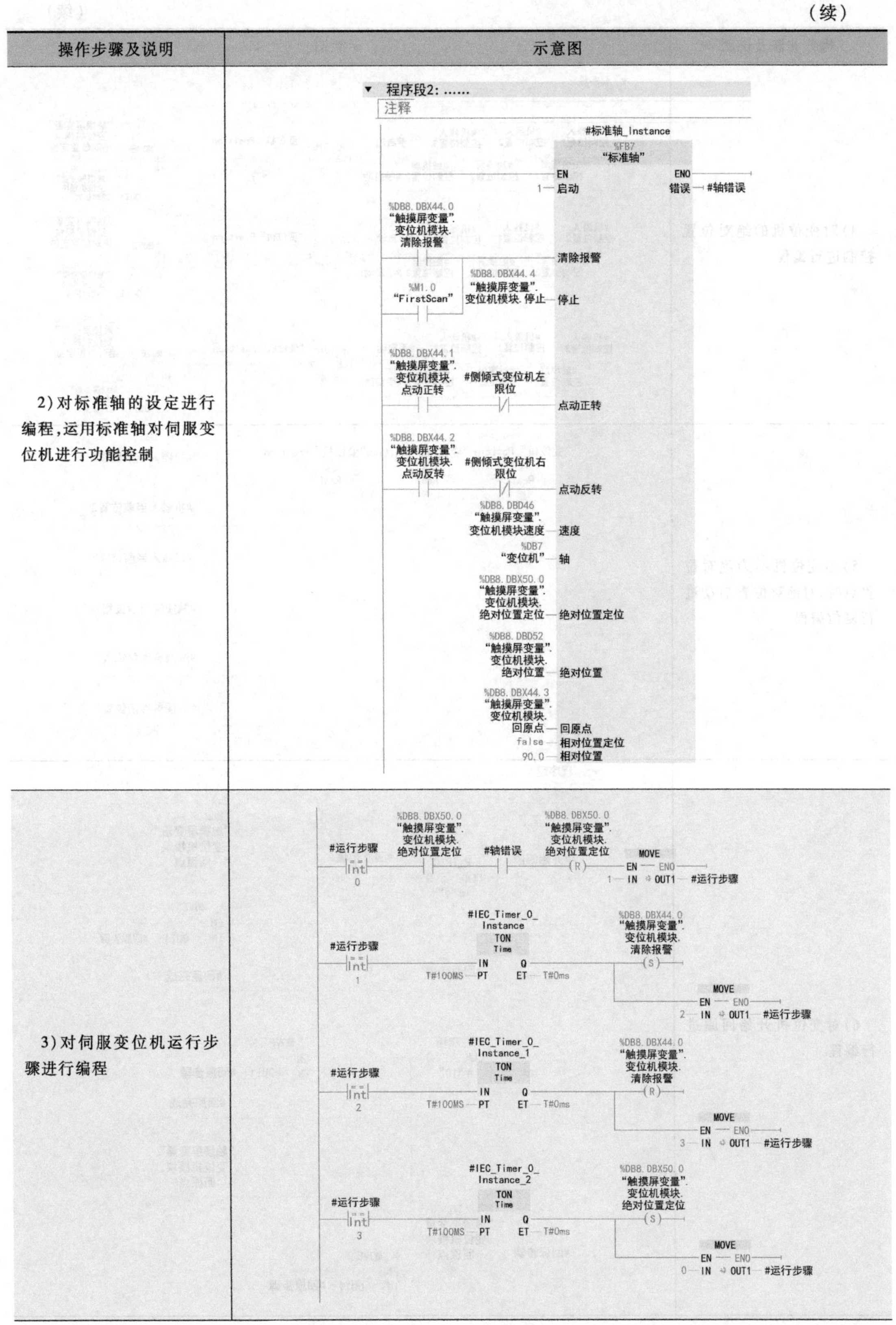

操作步骤及说明	示意图
2）对标准轴的设定进行编程，运用标准轴对伺服变位机进行功能控制	
3）对伺服变位机运行步骤进行编程	

（续）

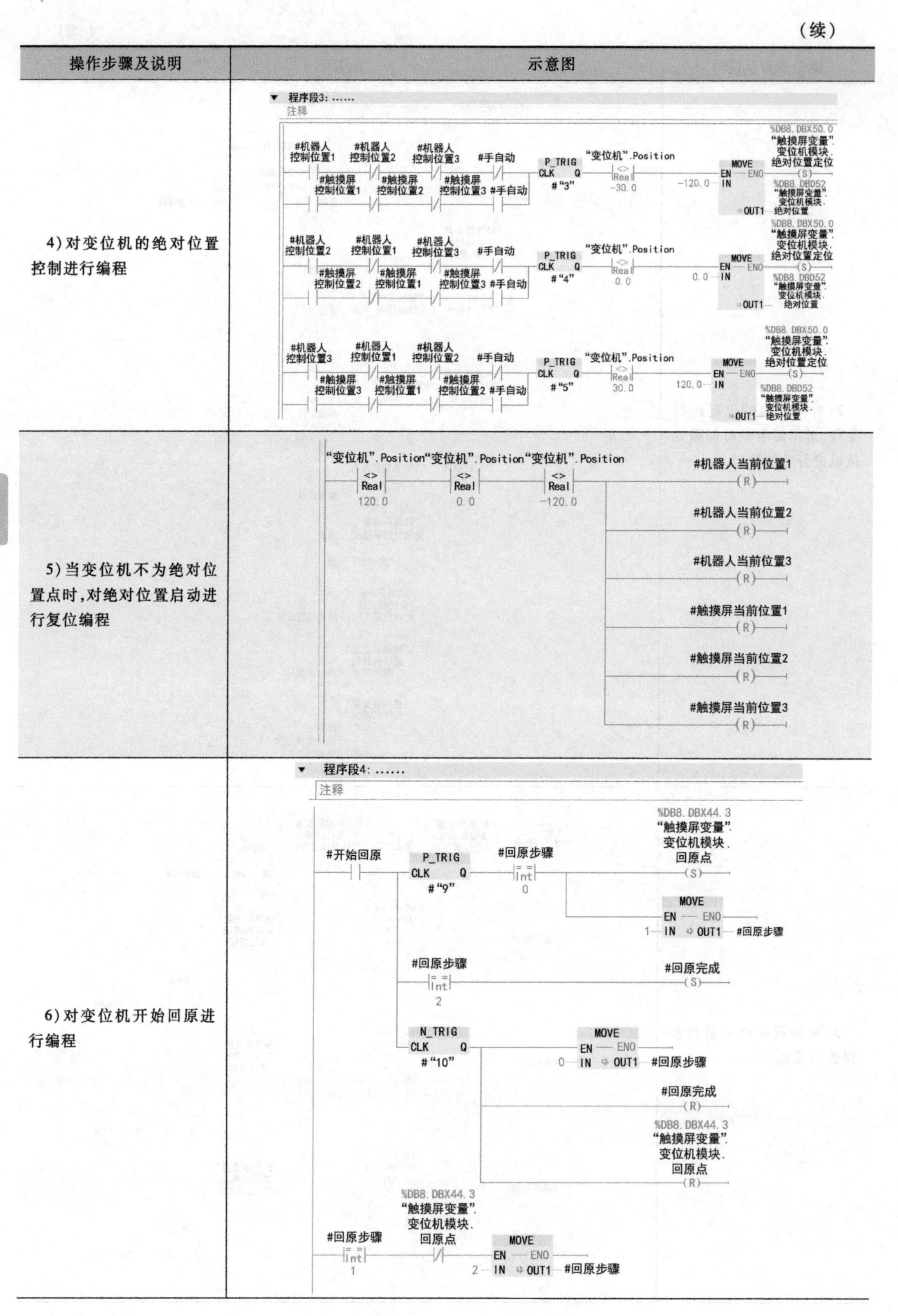

操作步骤及说明	示意图
4）对变位机的绝对位置控制进行编程	
5）当变位机不为绝对位置点时，对绝对位置启动进行复位编程	
6）对变位机开始回原进行编程	

（续）

操作步骤及说明	示意图
7）在 Main 程序中引用“伺服变位机模块”程序块	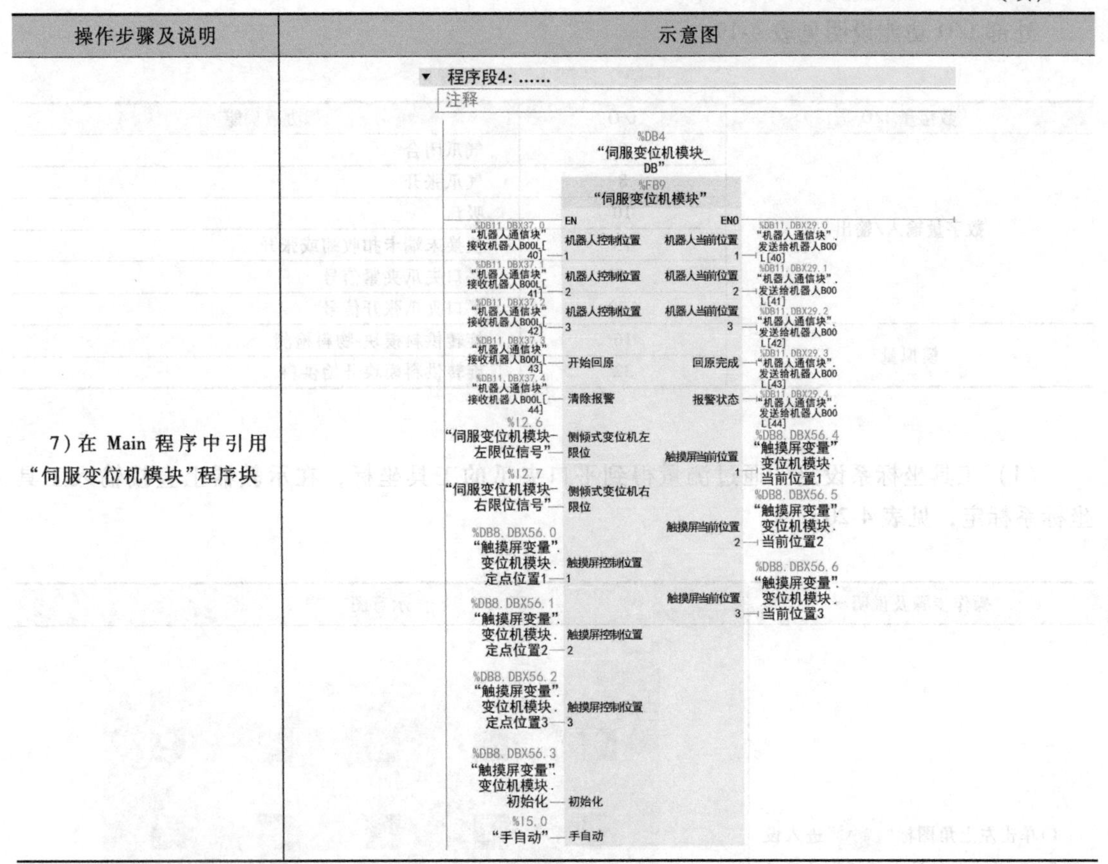

（二）装配编程

1. 运动轨迹规划

谐波减速器的装配规划如图 4-12 所示。

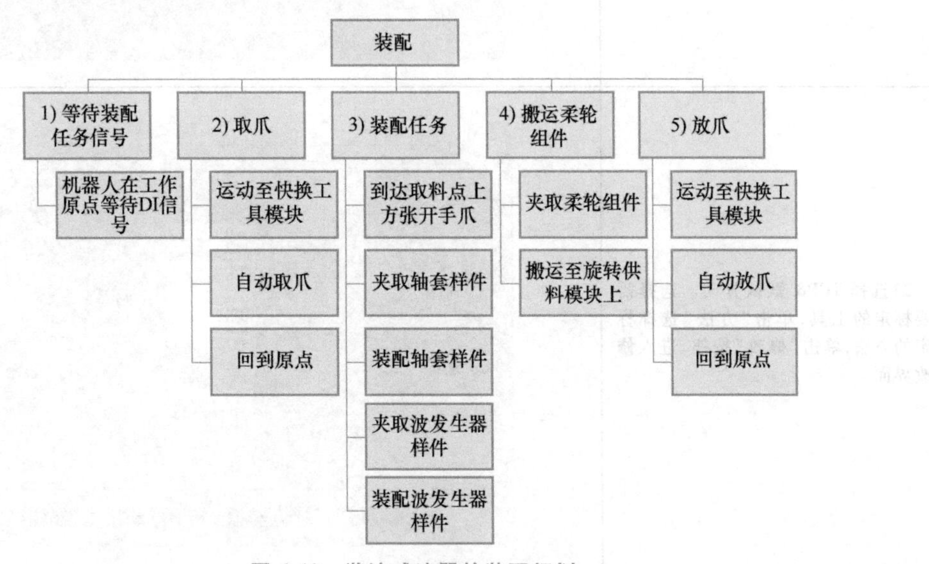

图 4-12 谐波减速器的装配规划

2. 外部 I/O 功能说明

外部 I/O 功能说明见表 4-19。

表 4-19 外部 I/O 功能说明

数字量 I/O	I/O	功 能
数字量输入/输出	9	气爪闭合
	8	气爪张开
	10	吸盘
	13	快换末端卡扣收缩或张开
	168	平口夹爪夹紧信号
	170	平口夹爪张开信号
模拟量	16	旋转供料模块-物料检测
	32	旋转供料模块开始供料

3. 示教编程

（1）工具坐标系设定　通过测量得到平口夹爪的工具坐标，在示教器上直接输入工具坐标系标定，见表 4-20。

表 4-20 工具坐标系设定

操作步骤及说明	示意图
1）单击左上角图标“ ”进入设置界面，单击“工具坐标系”对工具坐标系进行设定	
2）选择 TCP& 默认方向。选择需要标定的工具，单击“方法”选择标定的方法，单击“修改”按钮，进入修改界面	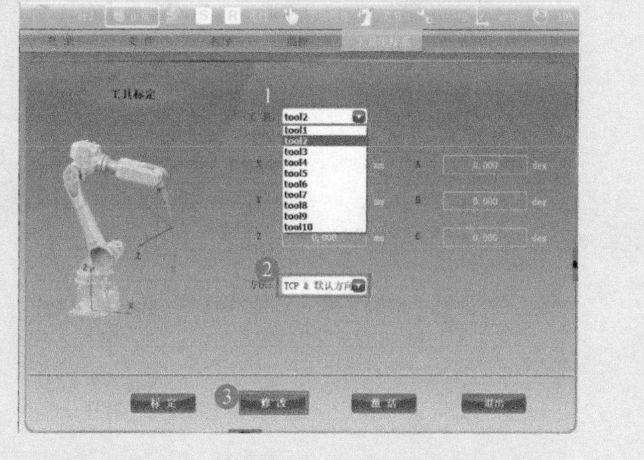

（续）

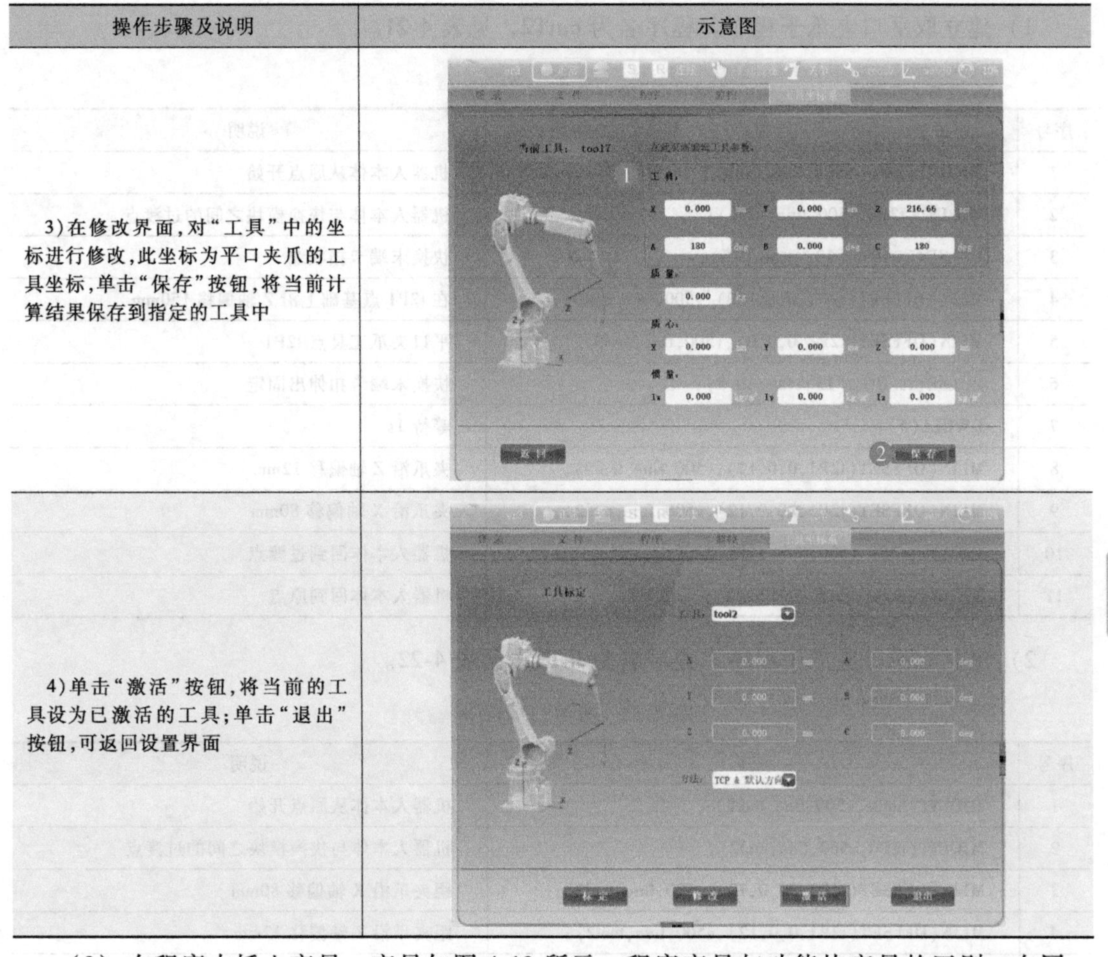

操作步骤及说明	示意图
3)在修改界面,对“工具”中的坐标进行修改,此坐标为平口夹爪的工具坐标,单击“保存”按钮,将当前计算结果保存到指定的工具中	
4)单击“激活”按钮,将当前的工具设为已激活的工具;单击“退出”按钮,可返回设置界面	

（2）在程序中插入变量　变量如图 4-13 所示。程序变量与功能块变量的区别：在同一文件下，通过程序变量建立的变量，只能在本程序中使用；通过功能块变量建立的变量，既可在本程序中使用，又可在其他主程序或子程序下使用。

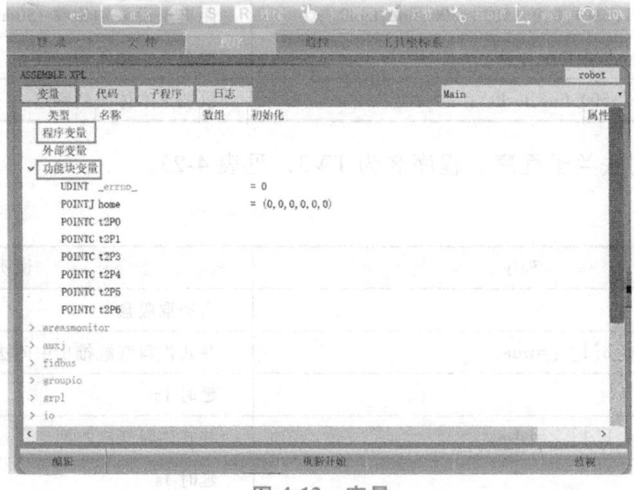

图 4-13　变量

（3）建立程序

1）建立取平口夹爪子程序。程序名为 outT2，见表 4-21。

表 4-21 取平口夹爪子程序

序号	程序	说明
1	MJOINT(home,v500,fine,tool0);	机器人本体从原点开始
2	MJOINT(t2P0,v500,fine,tool0);	机器人本体与快换模块之间的过渡点
3	PULSE(io.DOut[13],true,0.5);	快换末端卡扣收缩
4	MLIN(OFFSET(t2P1,0,0,150),v500,fine,tool0);	在 t2P1 点基础上沿 Z 轴偏移 150mm
5	MLIN(OFFSET(t2P1,0,0,0),v500,fine,tool0);	平口夹爪工具点 t2P1
6	PULSE(io.DOut[13],false,0.5);	快换末端卡扣伸出固定
7	DWELL(1);	等待 1s
8	MLIN(OFFSET(t2P1,0,0,12),v500,fine,tool2);	夹爪沿 Z 轴偏移 12mm
9	MLIN(OFFSET(t2P1,80,0,12),v500,fine,tool2);	夹爪沿 X 轴偏移 80mm
10	MJOINT(t2P0,v500,fine,tool2);	机器人本体回到过渡点
11	MJOINT(home,v500,fine,tool2);	机器人本体回到原点

2）建立放平口夹爪子程序。程序名为 inT2，见表 4-22。

表 4-22 放平口夹爪子程序

序号	程序	说明
1	MJOINT(home,v500,fine,tool2);	机器人本体从原点开始
2	MJOINT(t2P0,v500,fine,tool2);	机器人本体与快换模块之间的过渡点
3	MLIN(OFFSET(t2P1,80,0,12),v500,fine,tool2);	距夹爪沿 X 轴偏移 80mm
4	MLIN(OFFSET(t2P1,0,0,12),v500,fine,tool2);	距夹爪沿 Z 轴偏移 12mm
5	MLIN(OFFSET(t2P1,0,0,0),v500,fine,tool2);	平口夹爪存放处
6	PULSE(io.DOut[13],true,0.5);	快换末端卡扣收缩
7	DWELL(1);	等待 1s
8	MLIN(OFFSET(t2P1,0,0,150),v500,fine,tool0);	距夹爪沿 Z 轴偏移 150mm
9	MJOINT(t2P0,v500,fine,tool0);	机器人本体回到过渡点
10	MJOINT(home,v500,fine,tool0);	机器人本体回到原点

3）建立取中间法兰子程序。程序名为 TW3，见表 4-23。

表 4-23 取中间法兰子程序

序号	程序	说明
1	outT3();	自动取吸盘
2	fidbus.mtcp_wo_b[1] :=true;	井式供料气缸推出中间法兰
3	DWELL(1);	延时 1s
4	fidbus.mtcp_wo_b[1] :=false;	井式供料气缸收回
5	DWELL(1);	延时 1s

（续）

序号	程序	说明
6	fidbus. mtcp_wo_b[5] :=true;	带传送模块变频器转动
7	WAIT(fidbus. mtcp_ro_b[17]=true);	传送带末端传感器
8	DWELL(3);	延时 3s
9	MLIN(OFFSET(zjfl,0,0,90),v500,fine,tool0);	偏移至中间法兰点正上方 90mm 处
10	MLIN(OFFSET(zjfl,0,0,0),v500,fine,tool0);	偏移至中间法兰点
11	io. DOut[10] :=true;	打开吸盘
12	MLIN(OFFSET(zjfl,0,0,90),v500,fine,tool0);	偏移至中间法兰点正上方 90mm 处
13	(**)	后续装配至刚轮中

4）建立取输出法兰子程序。程序名为 TW4，见表 4-24。

表 4-24 取输出法兰子程序

序号	程序	说明
1	MJOINT(home,v500,fine,tool3);	原点(0,0,0,0,-90,0)
2	outT3();	自动取吸盘
3	fidbus. mtcp_wo_b[1] :=true;	井式供料气缸推出输出法兰
4	DWELL(1);	延时 1s
5	fidbus. mtcp_wo_b[1] :=false;	井式供料气缸收回
6	DWELL(1);	延时 1s
7	fidbus. mtcp_wo_b[5] :=true;	带传送模块变频器转动
8	WAIT(fidbus. mtcp_ro_b[17]=true);	传动带末端传感器
9	LABEL a :	开始循环
10	fidbus. mtcp_wo_b[59] :=false;	确保相机关闭
11	DWELL(2);	延时 2s
12	vision. setTrigCmd(1);	设置相机触发指令为 1
13	fidbus. mtcp_wo_b[59] :=true;	触发相机拍照
14	DWELL(2);	延时 2s
15	wc :=vision. getData();	将相机拍照后返回的数据传送给变量 wc
16	IF wc THEN	如果成功获取相机数据，则执行 Line17~20
17	fidbus. mtcp_wo_b[59] :=false;	关闭相机
18	x:=vision. x;	工件位置：X 方向坐标数据赋给 x
19	y:=vision. y;	工件位置：Y 方向坐标数据赋给 y
20	a:=vision. a;	工件位置：绕 Z 轴角度数据赋给 a
21	fidbus. mtcp _wo_i[0]:=a;	将角度信息发送给机器人
22	ELSE	如果未成功获取数据
23	GOTO a;	返回，继续循环
24	END_IF;	结束 IF 条件语句

（续）

序号	程序	说明
25	MLIN(OFFSETTOOL(zjfl,(x +/-Q),(y +/- W),-50,a),v500,fine,tool3);	偏差消除,角度旋转及偏移至输出法兰点上方50mm处
26	MLIN(OFFSETTOOL(zjfl,(x +/-Q),(y +/- W),0,a),v500,fine,tool3);	偏差消除,偏移至输出法兰点
27	io. DOut[10] :=true;	打开吸盘
28	……	机器人其他后续装配操作

5）建立取柔轮组合子程序。程序名为 TW2，见表 4-25。

表 4-25 取柔轮组合子程序

序号	程序	说明
1	MJOINT(home,v500,fine,tool2);	机器人本体从原点开始
2	WHILE fidbus. mtcp_ro_b[16]=false DO	WHILE 循环开始
3	fidbus. mtcp_wo_b[32] :=true;	旋转供料模块开始供料
4	WAIT(fidbus. mtcp_ro_b[32]);	等待
5	fidbus. mtcp_wo_b[32] :=false;	检测到模块停止供料
6	END_WHILE;	结束循环指令
7	PULSE(io. DOut[8],true,0.5);	气爪张开
8	MJOINT(t2P3,v500,fine,tool2);	工业机器人移动到柔轮组合正上方点处
9	MLIN(t2P4,v500,fine,tool2);	工业机器人移动到柔轮组合处
10	PULSE(io. DOut[9],true,0.5);	气爪闭合
11	DWELL(1);	等待 1s
12	MLIN(t2P3,v500,fine,tool2);	工业机器人直线移动到柔轮组合正上方点处
13	MJOINT(home,v500,fine,tool2);	工业机器人回到原点
14	MJOINT(t2P5,v500,fine,tool2);	工业机器人移动到刚轮正上方点处
15	MLIN(t2P6,v500,fine,tool2);	工业机器人移动到刚轮处
16	PULSE(io. DOut[8],true,0.5);	气爪张开
17	MLIN(t2P5,v500,fine,tool2);	工业机器人直线移动到刚轮正上方点处
18	MJOINT(home,v500,finetool2);	工业机器人回到原点

6）主程序（表 4-26）。关于工业机器人取弧口夹爪（outT1（）子程序）、工业机器人放弧口夹爪（inT1（）子程序）、弧口夹爪夹取刚轮出库（TW1（）子程序）可参考项目二，关于工业机器人自动取吸盘（outT3（）子程序）、工业机器人自动放吸盘至快换工具模块（inT3（）子程序）可参考项目三。

表 4-26 主程序

序号	程序	说明
1	outT1();	工业机器人取弧口夹爪
2	TW1();	弧口夹爪夹取刚轮出库

（续）

序号	程序	说明
3	inT1()；	工业机器人放弧口夹爪至快换工具模块
4	outT2()；	工业机器人取平口夹爪
5	TW2()；	工业机器人取柔轮组合
6	inT2()；	工业机器人放平口夹爪至快换工具模块
7	outT3()；	工业机器人自动取吸盘
8	TW3()；	工业机器人取中间法兰
9	TW4()；	工业机器人取输出法兰
10	inT3()；	工业机器人自动放吸盘至快换工具模块
11	outT1()；	工业机器人取弧口夹爪
12	PW5()；	工业机器人夹取装配体入库
13	inT1()；	工业机器人放弧口夹爪至快换工具模块

知识拓展

一、装配机器人简介

装配机器人是柔性自动化装配系统的核心设备，由机器人操作机、控制器、末端执行器和传感系统组成。其中机器人操作机的结构类型有水平关节型、直角坐标型、多关节型和圆柱坐标型等；控制器一般采用多CPU或多级计算机系统，可实现运动控制和运动编程；末端执行器为适应不同的装配对象而被设计成各种手爪和手腕等；传感系统用来获取装配机器人与环境和装配对象之间相互作用的信息。

装配机器人广泛应用在工业生产中的各个领域，主要用于各种电器制造（例如家用电器，如电视机、录音机、洗衣机、电冰箱和吸尘器等）、小型电动机、汽车及其部件、计算机、玩具、机电产品及其组件的装配等方面。例如在汽车装配行业中，人工装配已基本上被自动化生产线所取代，这样既节约了劳动成本，降低了工人的劳动强度，又提高了装配质量并保证了装配安全。随着装配机器人功能的不断发展和完善，以及装配机器人成本的进一步降低，未来它将在更多的领域发挥更加重要的作用。

二、工业机器人在装配工作中的应用及优势

（1）灵活性强、局限性小　在流水线中利用工业机器人来代替人工完成装配工作，首先提高了装配工作效率，其次由于取代了人工装配，可以减少采用人工装配时所要支付的薪酬，工业机器人在购买安装后便不需要再支付薪酬，仅仅是在检修维护时会用到少量资金。除此之外，工业机器人可以连续进行快速装配工作，不会因长时间工作而产生疲劳感，在工作量大的装配车间，可以在一台工业机器人上安装多个机械爪，使装配速度大幅提升。在一些较差的工作环境中，完全可以利用工业机器人来取代人工进行装配工作，机器人不会因为环境因素而降低装配速度，同时也不会因为过多的防护措施使装配效率下降。

（2）操作简便　虽然整个装配工作流水线都是由工业机器人来完成，但是其操作并不

复杂，只需要专业技术人员按照装配工作要求，为工业机器人设定一系列的工作参数后，便可进行装配工作。在为工业机器人设定工作参数时，也无须在每台工业机器人上进行设定，完全可以将多台工业机器人通过互联网连接，在计算机上进行统一设定。

（3）应用范围广　工业机器人不仅可以在生产流水线上发挥重要作用，而且在其他装配工作中同样可以使用工业机器人。例如：在快递站点，对货物进行装配时，可以给机器人安装二维码识别设备，通过识别快递物件上的二维码，得到快递发送地址的信息，工业机器人再根据地址信息，将货物分拣到相对应的窗口；在港口码头，同样可以利用工业机器人完成集装箱的装配工作。

三、工业机器人在装配工作中的发展方向

在工业机器人技术的发展中，应该更加注重工业机器人的智能化以及自主修复功能。在智能化方面，可以给工业机器人加装物理传感器和光学传感器，再给工业机器人设定智能思维，使工业机器人在装配工作中发挥更大的作用。除此之外，现今工业机器人水平还无法保证其在工作过程中不会发生故障，因此，针对这一影响装配工作效率的因素，下一阶段工业机器人的发展是必须拥有自我修复的能力。在工作中增加机器人本身的检测装置，及时发现机器人自身故障，并且自我修复，减少影响装配速度的因素。

近几年来，我国在汽车、电子等行业相继引进了不少配有装配机器人的先进生产线。除此之外，国内一些大专院校和科研单位也相继从国外进口了一些装配机器人，引入的这些设备，为我国在相关领域的研究工作提供了重要的借鉴作用。

装配机器人技术涉及多个科学领域，依赖于很多相关技术的进步。首先是智能化技术，因为智能机器人是未来机器人发展的必然趋势；其次是多机协调技术，制造业更多地体现出多机协调作业的特征，这是由现代生产规模不断扩大决定的。而多台设备共同生产时，相互之间的协调控制就变得非常重要；最后，装配机器人的微型化也是一个重要的研究领域，这依赖于微型传感器、微处理器和微执行机构等电子元件集成技术的进步。

评价反馈

评价反馈见表4-27。

表 4-27　评价反馈表

基本素养(20分)				
序号	评估内容	自评	互评	师评
1	纪律(无迟到、早退、旷课)(5分)			
2	安全规范操作(10分)			
3	团结协作能力、沟通能力(5分)			
理论知识(30分)				
序号	评估内容	自评	互评	师评
1	各种指令的应用(10分)			
2	装配规划(5分)			
3	步进电动机和三相异步电动机的认知(5分)			
4	示教器编程基本指令的掌握(5分)			
5	工业机器人在装配工作中的应用(5分)			

(续)

技能操作(50分)				
序号	评估内容	自评	互评	师评
1	用博途软件对谐波减速器进行PLC编程(20分)			
2	用示教器对谐波减速器进行装配编程(10分)			
3	程序校验、试运行(10分)			
4	程序自动运行(10分)			
综合评价				

练习与思考

一、填空题

1. 工业机器人装配系统主要包括：____。

2. 步进电动机是一种可以将脉冲信号转换为角位移或线位移的开环控制电动机，步进电动机按照构造方式分为三类，分别是____________________、____________________和____________________。

3. 三相异步电动机是________电动机的一种，是靠同时接入________三相交流电流供电的电动机。由于三相异步电动机的________________旋转磁场以相同的方向、不同的转速旋转，存在转差率，所以称为三相异步电动机。

4. 装配机器人是柔性自动化装配系统的核心设备，由____________、____________、____________和____________组成。

二、简答题

1. 直流伺服电动机的特性是什么？
2. 程序变量与功能块变量的区别是什么？
3. 工业机器人在装配工作中的应用及优势是什么？

三、编程题

1. 试用示教器对谐波减速器进行装配编程。
2. 试对旋转供料模块、带输传模块进行PLC编程。

项目五 工业机器人离线仿真应用编程

学习目标

1. 能够根据工作任务要求创建、导入和配置模型，完成仿真工作站系统布局。

2. 能够根据工作任务要求配置工具参数并生成对应工具的库文件。

3. 能够根据工作任务要求对激光雕刻、焊接、绘图、打磨抛光等典型应用进行离线编程和调试。

4. 能够根据工作任务要求配置验证模块，搭建验证环境，对离线程序进行实际验证和调试。

工作任务

一、工作任务背景

工业机器人编程可分为在线示教编程和离线编程，在线示教编程在实际应用中主要存在以下问题：

1）编程过程繁琐、效率低。

2）精度完全由示教者的目测决定，而且对于复杂的路径，在线示教编程难以取得令人满意的效果。

与在线示教编程相比，离线编程具有以下优势：

1）可以减少工业机器人的停机时间，当对下一个任务进行编程时，工业机器人仍可在生产线上进行工作。

2）使编程者远离了危险的工作环境。

3）适用范围广，可对各种工业机器人进行编程，并能方便地实现程序优化。

4）可对复杂任务进行编程。

5）便于修改工业机器人程序。

二、所需要的设备

离线编程所需的设备包括 ER-Factory 离线仿真软件、计算机、ER-Factory 离线仿真软件硬件加密锁等。离线编程验证所需设备详见表 5-1。

三、任务描述

激光雕刻：激光笔与雕刻模块保持固定距离且时刻与弧面垂直，沿“BN”字样的轨迹进行雕刻。

表 5-1　离线编程验证所需设备

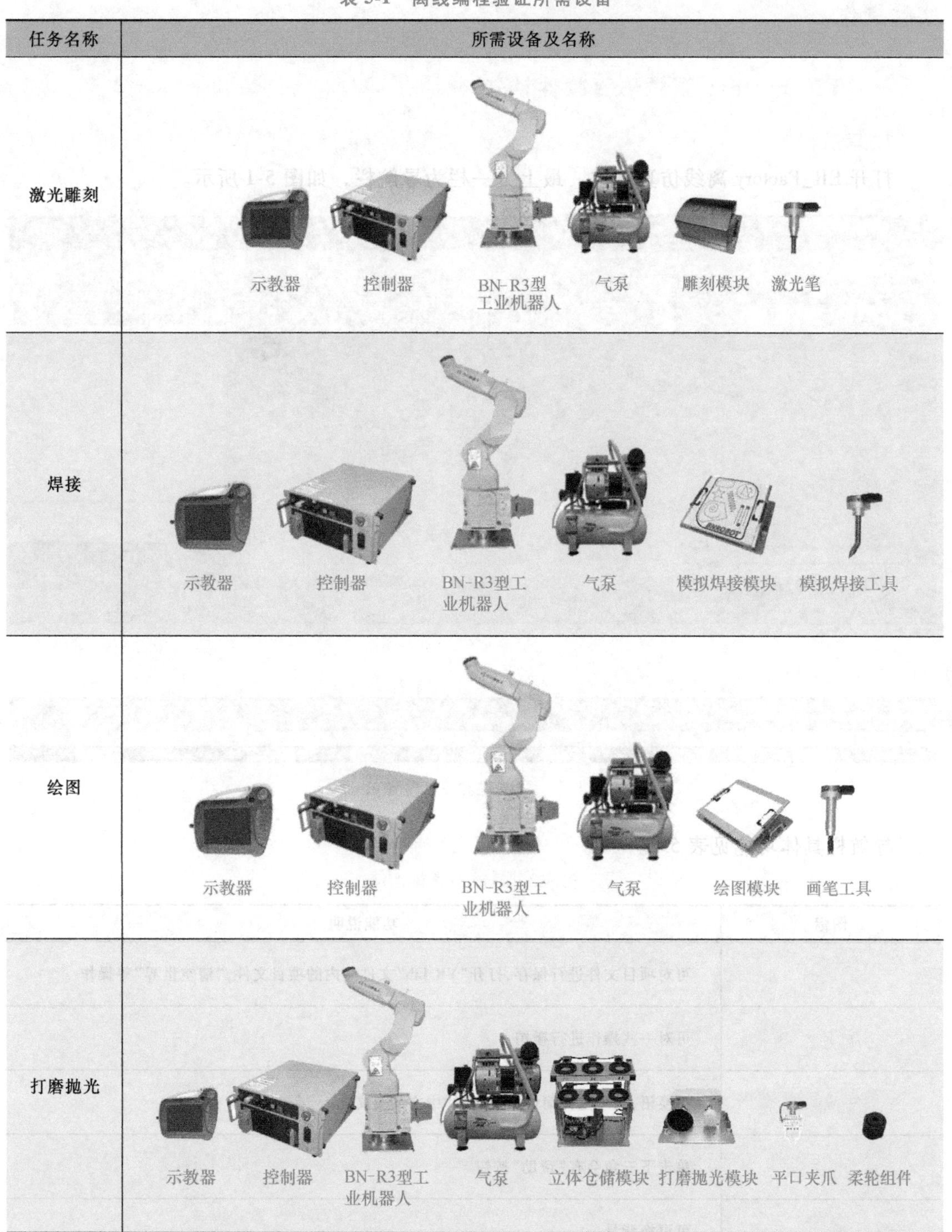

任务名称	所需设备及名称
激光雕刻	示教器　控制器　BN-R3型工业机器人　气泵　雕刻模块　激光笔
焊接	示教器　控制器　BN-R3型工业机器人　气泵　模拟焊接模块　模拟焊接工具
绘图	示教器　控制器　BN-R3型工业机器人　气泵　绘图模块　画笔工具
打磨抛光	示教器　控制器　BN-R3型工业机器人　气泵　立体仓储模块　打磨抛光模块　平口夹爪　柔轮组件

焊接：焊枪末端与模拟焊接模块保持垂直，在指定的轨迹下运动。

绘图：用画笔在绘图模块上绘出一个三角形。

打磨抛光：平口夹爪夹取立体仓储模块上的柔轮工件，将其移动至打磨抛光模块附近，打磨轴、抛光轴开始工作，柔轮工件经打磨、抛光处理后，再放回立体仓储模块。

实践操作

一、ER_Factory 离线仿真软件认知

1. 导航栏

打开 ER_Factory 离线仿真软件，最上方一栏为导航栏，如图 5-1 所示。

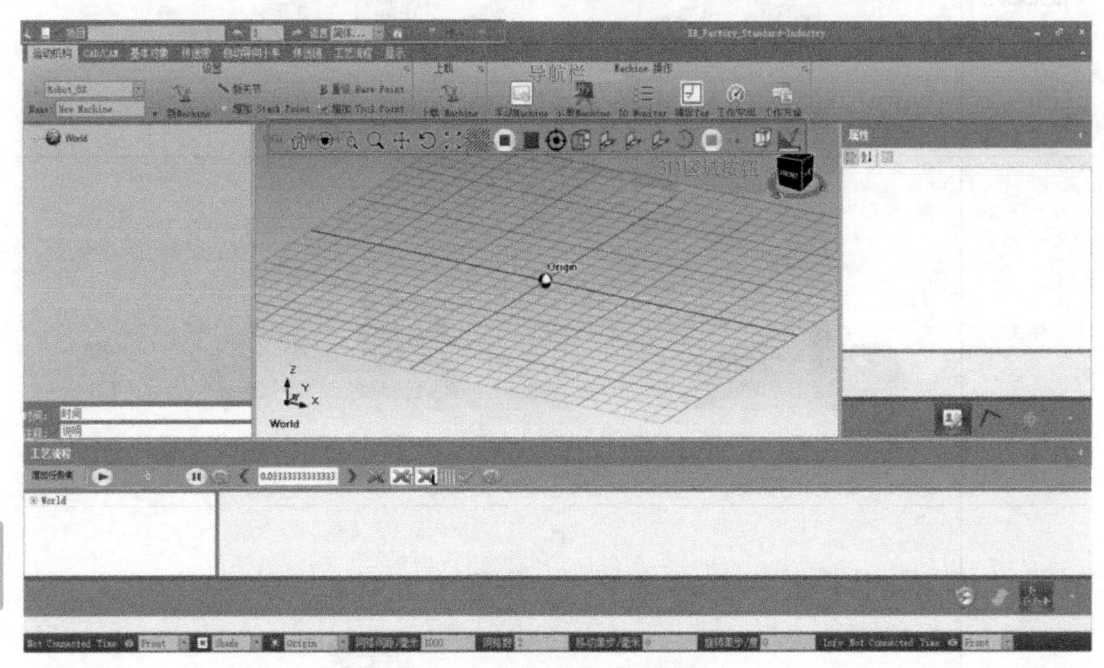

图 5-1　导航栏和 3D 区域按钮

导航栏具体功能见表 5-2。

表 5-2　导航栏具体功能

图标	功能说明
	可对项目文件进行保存，打开“VR Lib”文件夹内的项目文件，“清空世界”等操作
1	可对一些操作进行撤销
语言 简体…	更换语言，可选择简体中文、繁体中文和英文
	单击下三角会有“帮助”按钮
	可更换背景

2. 资源管理框

资源管理框包括四部分功能：资源、属性、关节和移动操作。资源管理框功能见表 5-3。

表 5-3 资源管理框功能

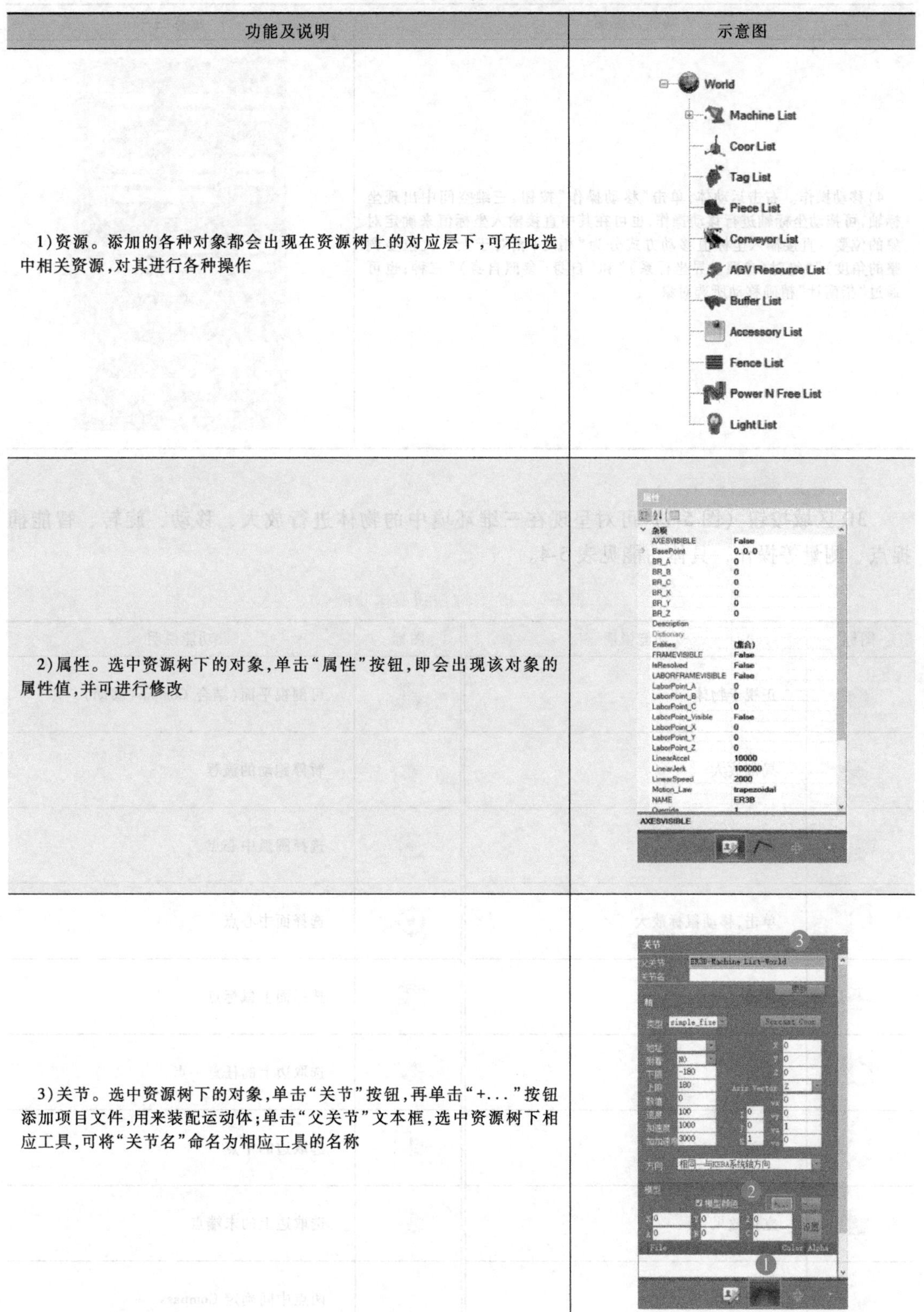

功能及说明	示意图
1)资源。添加的各种对象都会出现在资源树上的对应层下,可在此选中相关资源,对其进行各种操作	
2)属性。选中资源树下的对象,单击“属性”按钮,即会出现该对象的属性值,并可进行修改	
3)关节。选中资源树下的对象,单击“关节”按钮,再单击“+...”按钮添加项目文件,用来装配运动体;单击“父关节”文本框,选中资源树下相应工具,可将“关节名”命名为相应工具的名称	

（续）

功能及说明	示意图
4）移动操作。右击运动体，单击“移动操作”按钮，三维空间中出现坐标轴，可拖动坐标轴进行移动操作，也可在其中直接输入坐标值来确定对象的位姿。直接输入坐标值移动方式分为“相对（相对于上一次位姿调整的角度）”“绝对（参照世界坐标系）”和“自身（参照自身）”三种；也可通过“指南针”精确移动所选对象	

3. 3D 区域按钮

3D 区域按钮（图 5-1）可对呈现在三维环境中的物体进行放大、移动、旋转、智能捕捉点、测量等操作，具体功能见表 5-4。

表 5-4 3D 区域按钮具体功能

图标	功能说明	图标	功能说明
	正视于物体		可剖视平面（结合 Compass 移动）
	局部放大		暂停跑动的流程
	框选区域放大		选择圆弧中心点
	单击，移动鼠标放大		选择面中心点
	移动		选择面上鼠标点
	旋转		选取边上的任意一点
	缩放		选取边的中点
	立体效果		选取边上的末端点
	测量工具		两点中间确定 Compass

二、ER_Factory 基础操作

工业机器人离线仿真应用编程任务主要用到以下指令。

1. 编辑指令

（1）上载机器人　首先打开工业机器人离线仿真软件 ER-Factory，在“运动机构”一栏单击“上载 Machine”按钮，然后在弹出的对话框中选中“ER3B”机器人，单击“Load”按钮，选择“Robox”平台，单击“OK”按钮，完成机器人的上载，如图 5-2 所示。

（2）机器人示教　从左侧资源管理框中选中已加载的机器人，在“运动机构”一栏单击“示教 Machine”按钮，软件界面底部会弹出“机器任务”栏，如图 5-3 所示。

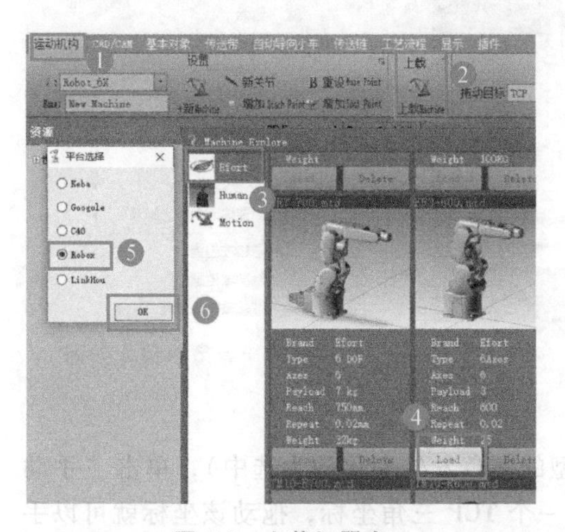

图 5-2　上载机器人

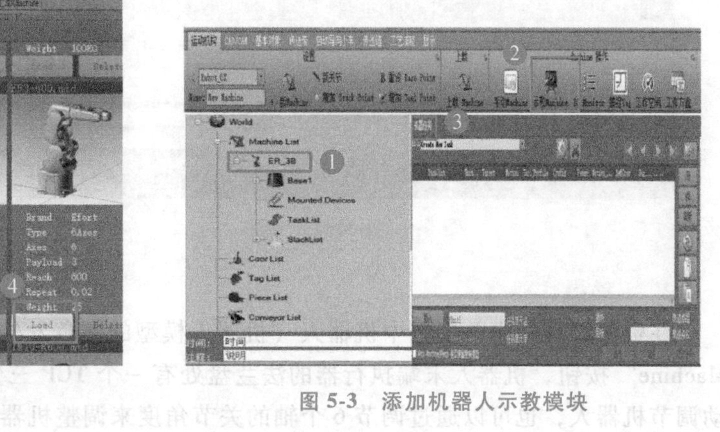

图 5-3　添加机器人示教模块

（3）创建机器任务　单击“插入”按钮，输入任务名称，单击“OK”按钮，如图 5-4 所示。

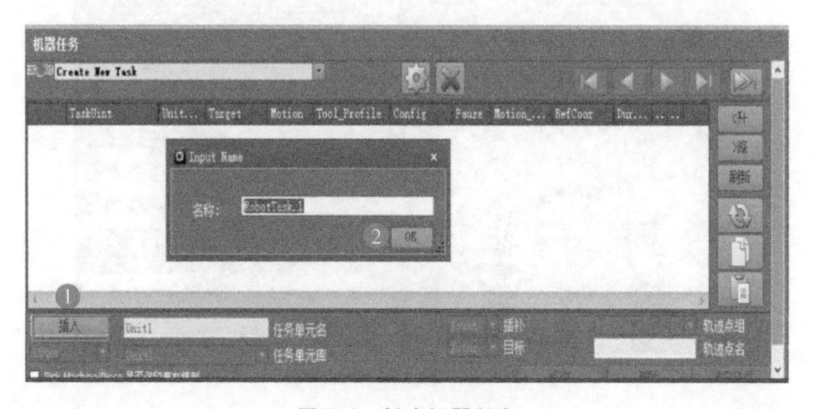

图 5-4　创建机器任务

（4）导入机器任务　通过拖拽机器人末端执行器 TCP 坐标，改变机器人的位置，每次调整位置，都要修改任务单元名（1、2、3、…），单击“插入”按钮，完成导入机器任务（记录该点坐标），如图 5-5 所示。

（5）机器任务命令　机器任务命令如图 5-6 所示。

	TaskUint	Unit...	Target	Motion	Tool_Profile	Config	Pause	Motion_...	RefCoor	Dur...	...
1	1	➡	Joint	JNT	Default.0	Config_2	☐	Default	JointCoor	0	
2	2	➡	Joint	JNT	Default.0	Config_2	☐	Default	JointCoor	0	
3	3	➡	Joint	JNT	Default.0	Config_2	☐	Default	JointCoor	0	

图 5-5 导入机器任务

右击一个任务单元，可以调节机器人的运动速度、圆弧过渡精度、插补类型，以及修改工具 TCP 点、后置输出参考坐标系等，如图 5-7 所示。

图 5-6 机器任务命令

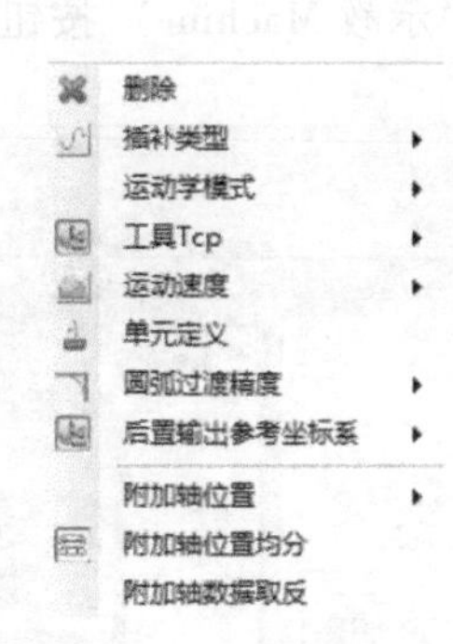

图 5-7 调节机器人参数

2. 手动操作机器人

在资源管理框中单击选中机器人（机器人模型的颜色发生变化即为选中），单击“手动 Machine”按钮，机器人末端执行器的法兰盘处有一个 TCP 三角坐标，拖动该坐标就可以手动调节机器人，也可以通过调节 6 个轴的关节角度来调整机器人，若单击“归零”，则可以将机器人调回最初位置，如图 5-8 所示。

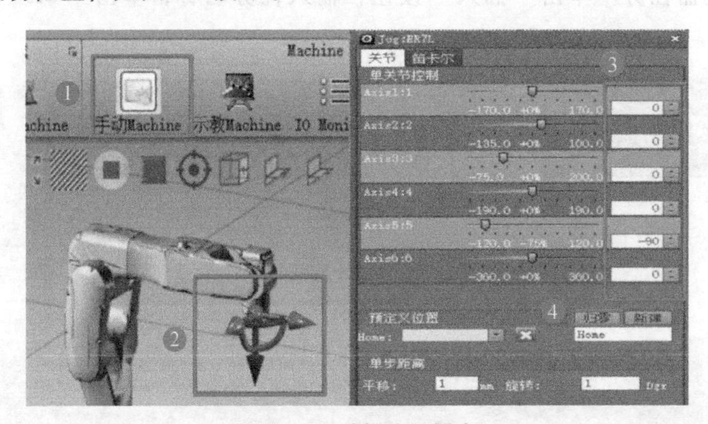

图 5-8 手动操作机器人

3. Dmt 定义和新建附件

（1）Dmt 定义　在“基本对象”一栏单击“Dmt 定义”按钮，自定义“Dmtco 名称”为“part9”，单击“+...”按钮，进入软件安装目录，例如在 D:\ ER_Factory_Standard \ Resource \ MTD Lib \ User Model 目录下找到 Brick 文件并打开，调整模型的颜色和位置，最后单击“保存 Dmtco 文件”按钮，如图 5-9 所示。

（2）新建附件　在“基本对象”一栏单击“新建附件”按钮，输入附件的名称，再单击“Dmtco 文件 ...”按钮，找到 part9 并单击，最后单击“确定”按钮，如图 5-10 所示。

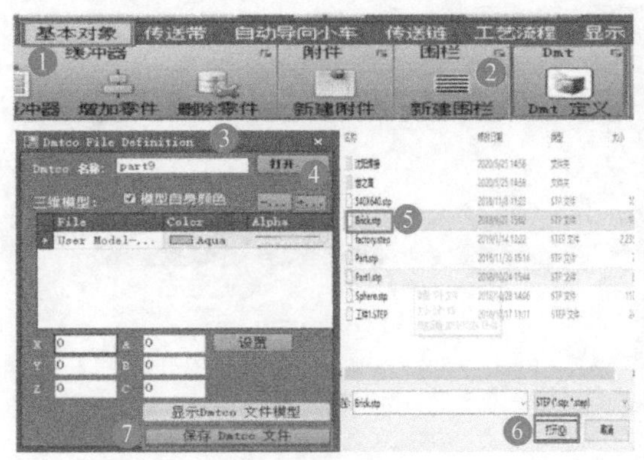

图 5-9　Dmt 定义

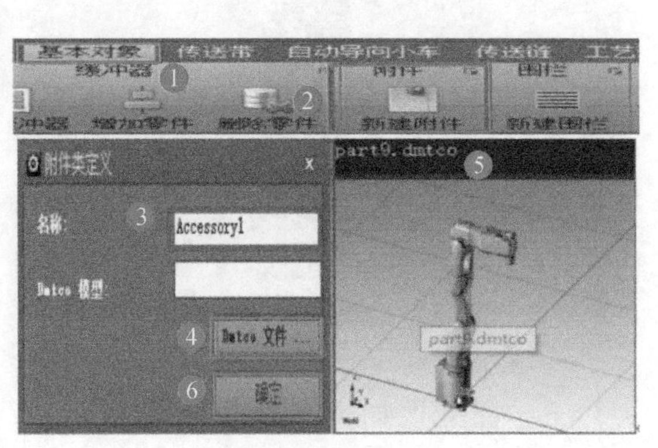

图 5-10　新建附件

4. 新建零件类

在“基本对象”一栏单击“新建零件类”按钮，输入零件的名称，单击“浏览”按钮，进入软件安装目录，例如在 D:\ER_Factory_Standard\Resource\MTD Lib\User Model 目录下找到 Brick 文件并打开，双击导入的三维模型，可以调整模型的颜色和位置，最后单击“确定”按钮，操作步骤如图 5-11 所示。

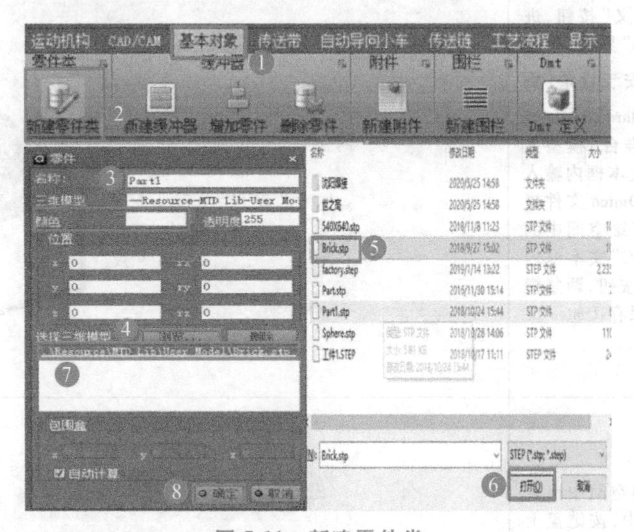

图 5-11　新建零件类

5. USB 导入、导出程序

离线编程完成后，可将程序输出到 U 盘，再将 U 盘插入示教器的 USB 接口（将示教器右侧盖子打开，即可看到 USB 接口），如图 5-12 所示。

打开示教器，进入“文件”界面，单击“USB”按钮，选择“从 USB”，选中所需要导入的程序，单击“导入”按钮即可，如图 5-13 所示。

提示：“从 USB”表示将 U 盘里的程序导入到示教器，“到 USB”表示将示教器里的程序导入到 U 盘。

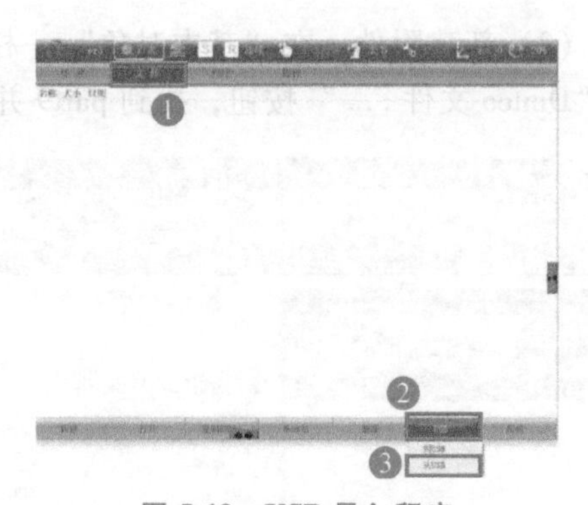

图 5-12 示教器的 USB 接口

图 5-13 USB 导入程序

三、激光雕刻离线编程及验证

1. 离线编程

激光雕刻离线编程操作步骤及说明见表 5-5。

表 5-5 激光雕刻离线编程操作步骤及说明

操作步骤及说明	示意图
1）Dmt 定义。打开软件，依次单击“基本对象”→“Dmt 定义”按钮，进入“Dmtco File Definition”界面，单击“+...”按钮，在软件安装目录（例如 D:\ER_Factory_Standard\Resource\MTD Lib）下打开“标准台”模型文件，并在“Dmtco 名称”文本框内输入“标准台”，单击“显示 Dmtco 文件模型”按钮，预览模型在三维空间中的位置，在“X、Y、Z、A、B、C”文本框内输入数值，单击“设置”按钮，调整模型的位置，最后单击“保存 Dmtco 文件”按钮	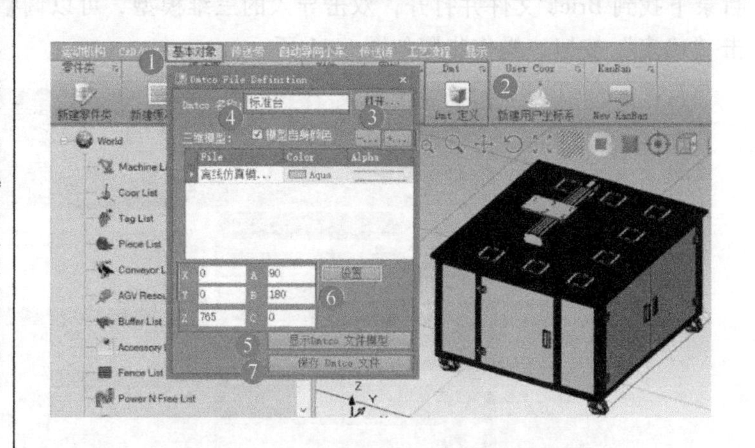
2）新建附件。若三维空间中出现标准台，则将其单击选中，按键盘上的<Delete>键将其删除（只有出现在资源树上的模型文件才有效）。依次单击“基本对象”→“新建附件”→“NEW”→“确定”按钮，在“名称”文本框内输入“标准台”，单击“Dmtco 文件...”按钮，找到标准台并单击，最后单击“确定”按钮。此时，展开资源树下的“Accessory List”，可看到新建的标准台附件	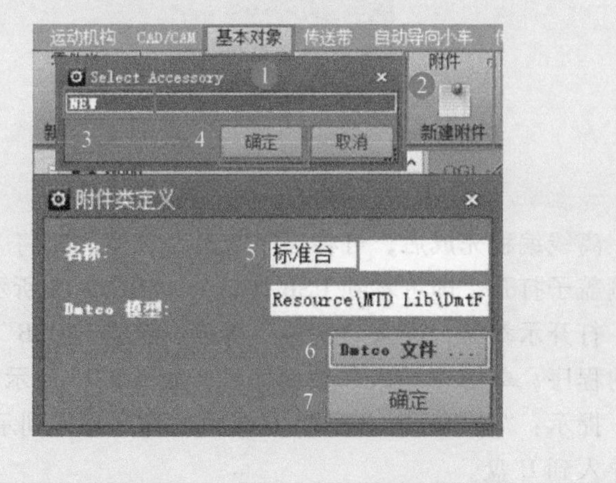

（续）

操作步骤及说明	示意图
3）上载机器人。依次单击“运动机构”→“上载 Machine”→“Efort”，找到“ER3B”机器人，单击“Load”按钮，选择“Robox”平台，单击“OK”按钮，完成机器人的上载	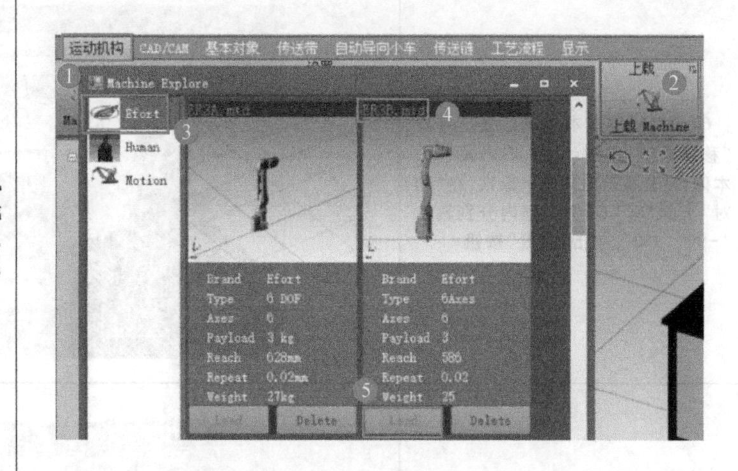
4）移动操作。单击“移动操作”按钮（①），单击②处的下三角按钮，选择“Compass1”，勾选“显示 Compass1”，单击“选择面中心点”按钮（④），将光标移至⑤处的平面，单击选中该平面，则完成指南针“Compass1”的移动操作	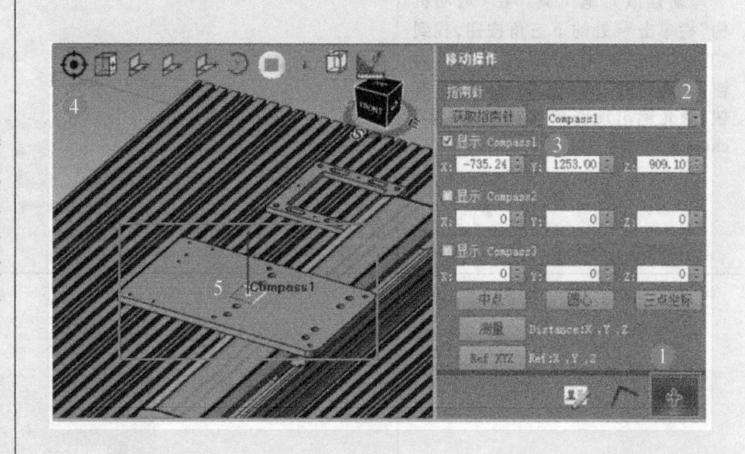
5）移动机器人。单击“移动操作”按钮（①），“参考坐标系”选择“Compass1”，右击机器人本体，出现机器人的基准坐标系，单击“设置”按钮，此时机器人本体已被移动至标准台上，再将“显示 Compass1”勾选取消（提示：移动某运动体之前，需要先右击该运动体，将其基准坐标系显示出来，方可进行移动）	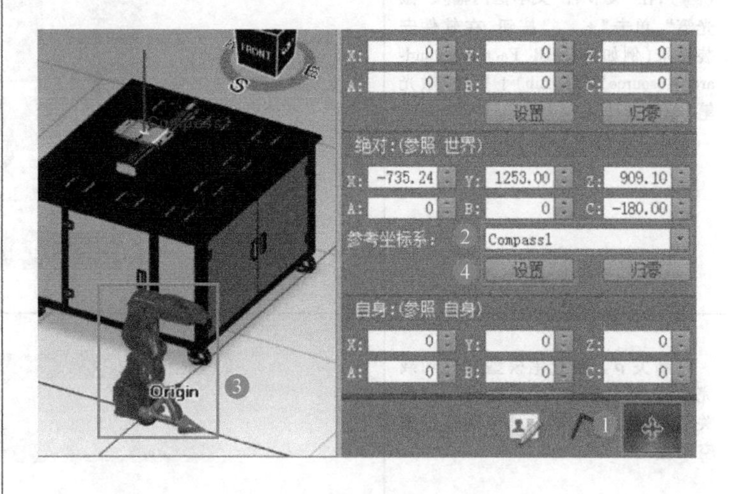

（续）

操作步骤及说明	示意图
6）调整机器人本体的位姿。单击“移动操作”按钮（①），右击机器人本体，使其显示出基准坐标系，在“相对”下的“X”“C”文本框内分别输入“-90”“180”，单击“设置”按钮	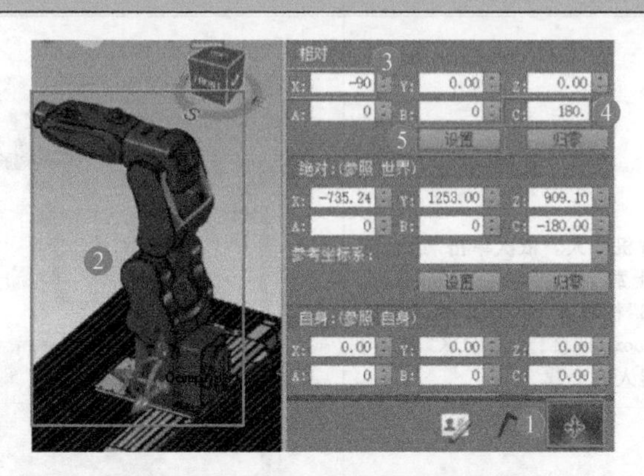
7）新建激光笔工具。在“运动机构”栏单击②处的下三角按钮，找到“Tool”并选中，在“Name”文本框内输入“激光笔”，单击“新 Machine”按钮，激光笔出现在资源树下的“Machine List”里	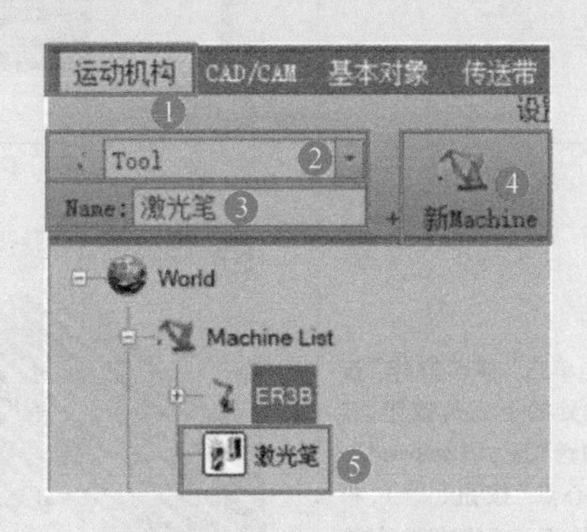
8）添加模型。单击“关节”按钮（①），在“关节名”文本框内输入“激光笔”，单击“+...”按钮，在软件安装目录（例如 D:\ER_Factory_Standard\Resource\MTD Lib）下打开“激光笔”模型文件	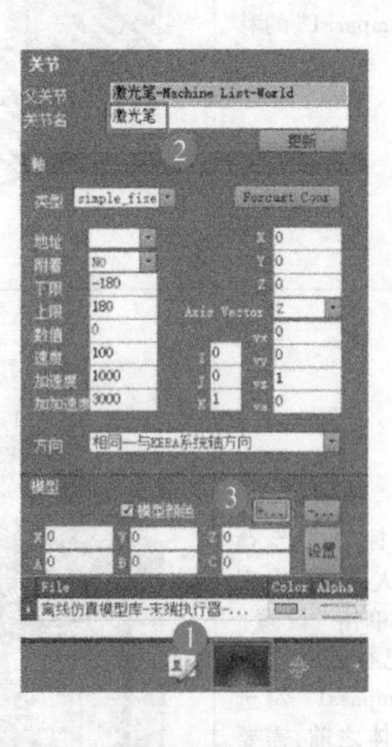
9）新关节。激光笔模型文件加载完毕后，依次单击“运动机构”→“新关节”按钮，激光笔工具出现在三维空间里	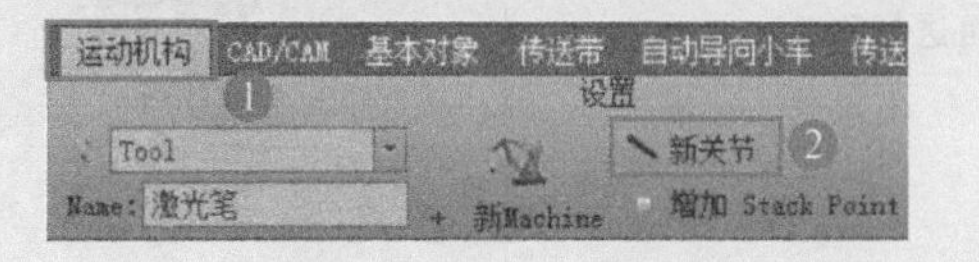

（续）

操作步骤及说明	示意图
10）重设基准点。在“运动机构”栏单击“重设 Base Point”按钮（即重设基准点），再单击“选择面中心点”按钮（②），最后单击激光笔工具的连接面（③）（提示：“重设 Base Point”与“选择面中心点”操作完成后需再次单击将其关闭）	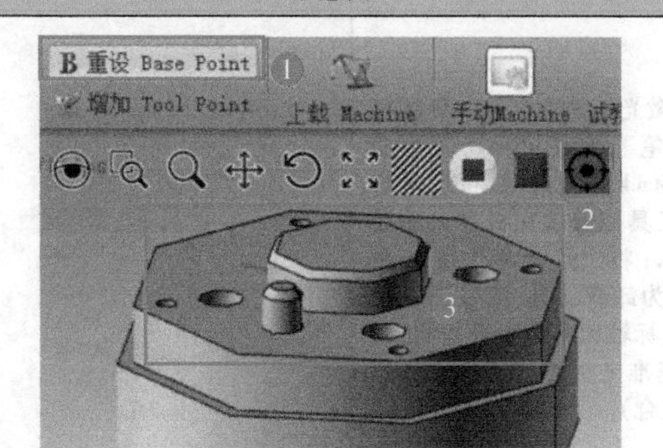
11）移动基准坐标。单击资源树下的“激光笔”（背景变蓝即为选中），右击“激光笔”，再单击“移动基准坐标”，此时，激光笔连接面处显示出其基准坐标系	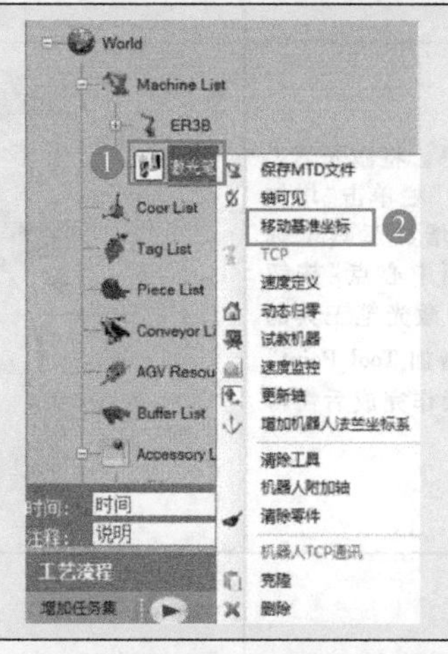
12）调整激光笔的基准坐标系。激光笔的基准坐标系显示在其连接面处（①），在“绝对：（参照世界）”下的“A”“C”角度文本框内分别输入“-180”“-90”，单击“设置”按钮（提示：A、C 角度不唯一，需根据机器人法兰坐标系具体分析）	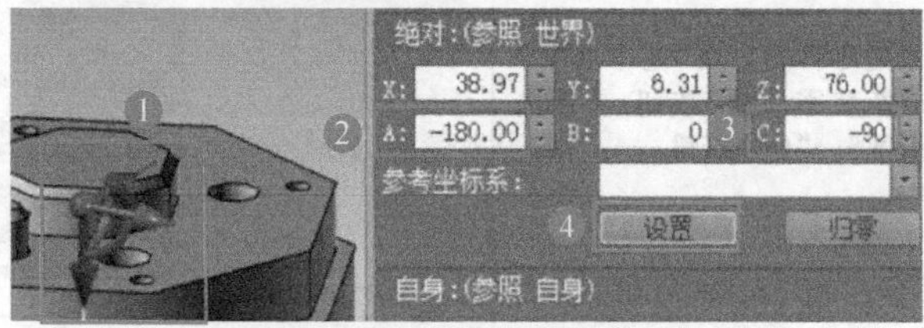
13）增加机器人法兰坐标系。单击“ER3B”前面的“⊞”将其展开；单击资源树下的“ER3B”（背景变蓝即为选中），右击“ER3B”，再单击“增加机器人法兰坐标系”，此时，三维空间中的机器人法兰盘上显示出法兰坐标系（提示：增加的机器人法兰坐标系保存在“StackList”里，将其展开，“ER3B：Stack：0”即为法兰坐标系，将其选中并右击，可进行“移动”或“删除”操作）	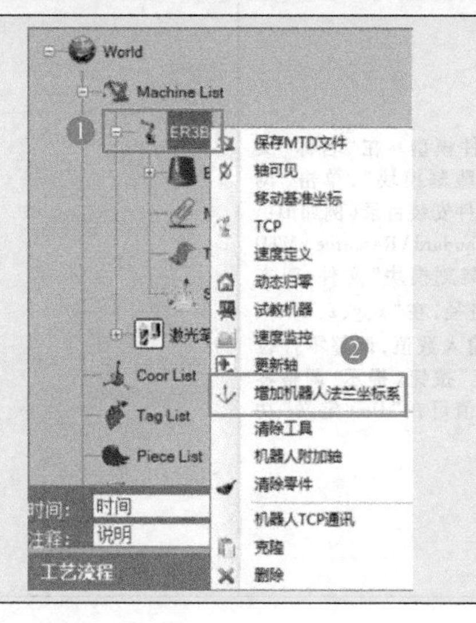

（续）

操作步骤及说明	示意图
14）安装激光笔工具。选中资源树中的“激光笔”，按住鼠标将其拖动至“ER3B：Stack：0”，此时，可以观察到激光笔工具被安装在机器人法兰盘上（提示：将“激光笔”拖动至“StackList”为卸载工具；安装工具是基于两个坐标轴相重合来进行的，即激光笔的基准坐标轴与机器人法兰盘坐标轴相重合）	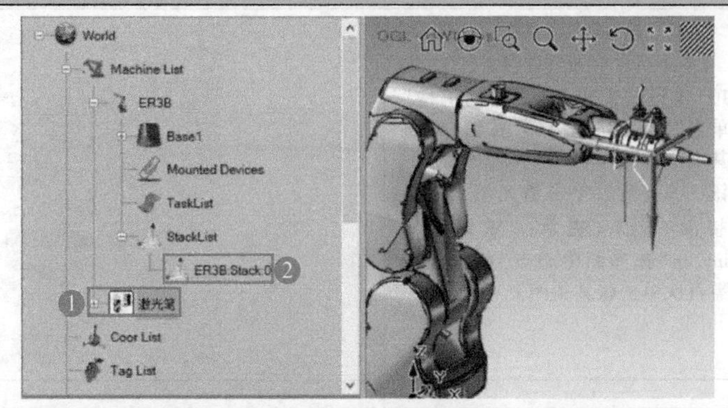
15）增加工具坐标系。将激光笔工具卸载，在“运动机构”栏单击“增加Tool Point”按钮（即增加工具坐标系），再单击“选择面中心点”按钮（②），最后单击选中激光笔工具的末端（③）（提示：“增加 Tool Point”与“选择面中心点”操作完成后需再次单击将其关闭）	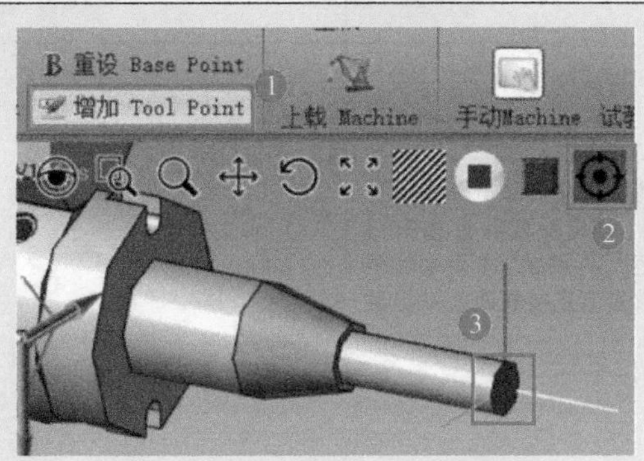
16）新建零件类。在“基本对象”栏单击“新建零件类”按钮，再依次单击“NEW”→“OK”按钮	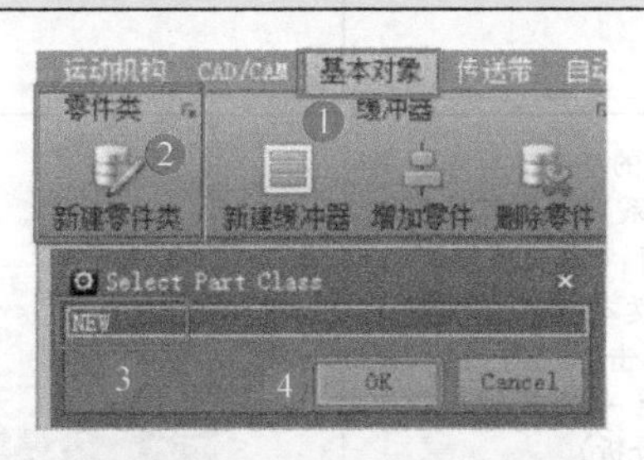
17）导入零件模型。在“名称”文本框内输入“雕刻模块”，单击“浏览”按钮，在软件安装目录（例如 D:\ER_Factory_Standard\Resource\MTD Lib）下打开“雕刻模块”文件，双击③处的文件路径，在“x、y、z、rx、ry、rz”文本框内输入数值，调整零件位置，单击“确定”按钮（提示：调整零件位置所用数值可在“Dmt 定义”功能下测得）	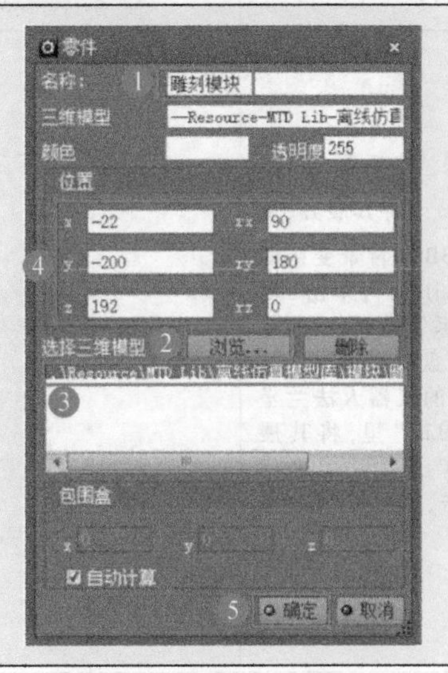

（续）

操作步骤及说明	示意图
18）插入加工件。在“CAD/CAM”栏单击“插入加工件”按钮，选择“雕刻模块”，单击“OK”按钮	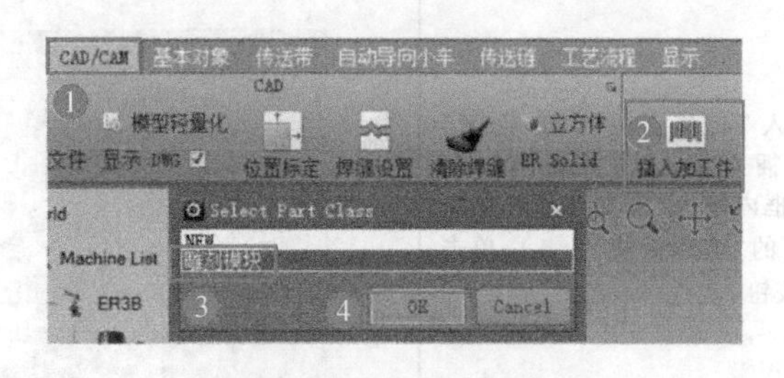
19）工件列表。在“名称”文本框内输入“雕刻模块”，单击“确定”按钮，此时，“雕刻模块”出现在三维空间和资源树的“Piece List”里	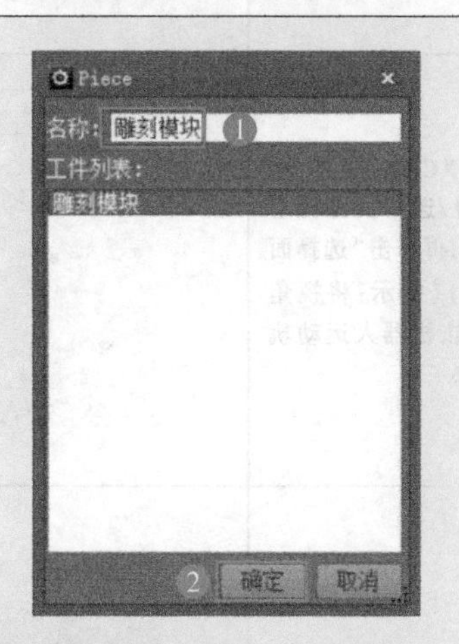
20）移动操作。单击“移动操作”按钮（①），选择“Compass”指南针，依次单击“选择圆弧中心点”按钮（③）和“两点中点确定 Compass”按钮（④），再依次单击选中⑤、⑥处的螺孔外圆，操作完成后单击“选择圆弧中心点”和“两点中点确定 Compass”按钮，将其关闭	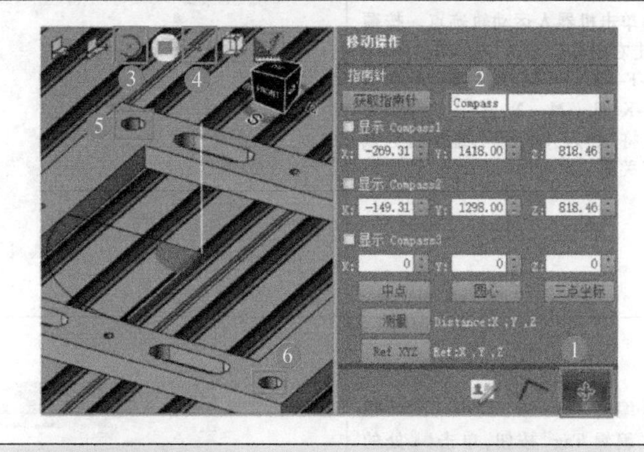
21）移动操作。在 3D 区域空白处右击，将“指南针”选项中的“显示/隐藏”勾选取消。右击雕刻模块使其基准坐标系（①）显示出来，在“移动操作”栏的“绝对：（参照世界）”下，单击②处的“▾”按钮，“参考坐标系”选择“Compass”，单击“设置”按钮，此时，雕刻模块移动至标准台上。至此，仿真工作站系统布局完成，可进行离线编程	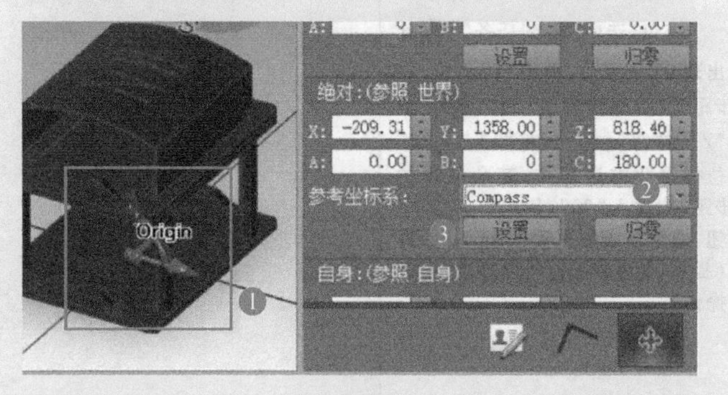

（续）

操作步骤及说明	示意图
22）插入 Tag 组。在“CAD/CAM”栏单击“插入 Tag 组”按钮，在“名称”文本框内输入“雕刻任务”，单击资源树下的“雕刻模块”（④），单击“确定”按钮	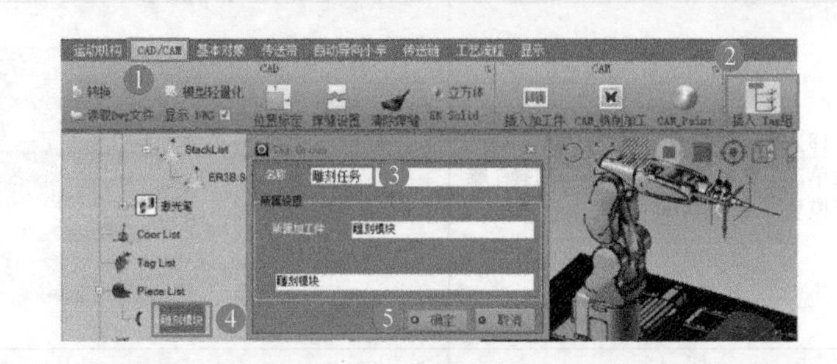
23）插入 Tag。在“CAD/CAM”栏单击“插入 Tag”按钮，选中资源树下的“雕刻任务”（③），再单击“选择面上鼠标点”按钮（④）（提示：将视角调成俯视，以方便单击机器人运动轨迹点）	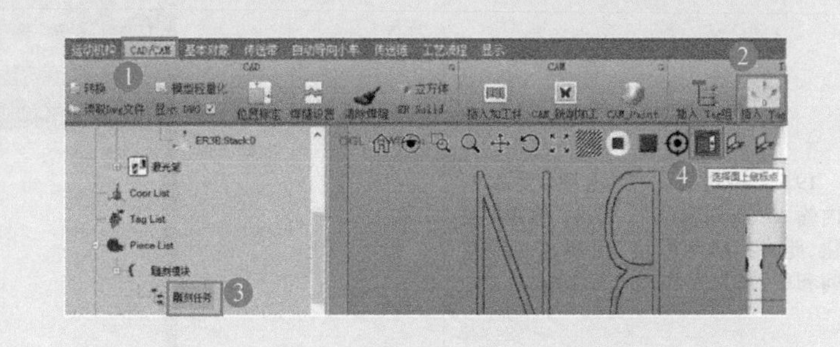
24）单击机器人运动轨迹点。按顺序单击右图标记点 A→A→B→C→D→E→F→B→F→G→H→A→A→I→I→J→K→L→M→N→O→O，操作完成后，将“插入 Tag”与“选择面上鼠标点”关闭	
25）编辑 Tag。在“CAD/CAM”栏单击“编辑 Tag”按钮，单击①处的“ ▾ ”按钮，选中“雕刻任务”，②处会出现 22 个点位，单击“1”点位，在“步距”文本框内输入“50”（③），单击“Z+”按钮（④）；再将“13、14、22”点位按照此方法操作，其余点位的“步距”均输入“20”，依次单击“Z+”按钮，操作完成后关闭“Tag Edit”界面（提示：调整步距时可以多选，再进行操作）	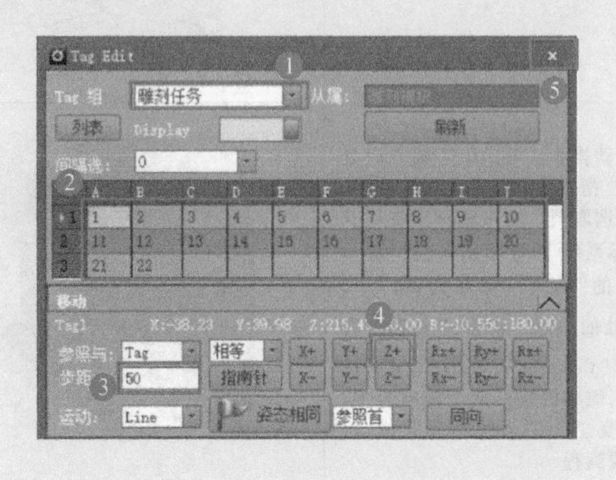

（续）

操作步骤及说明	示意图
26）调整工具坐标系。展开资源树中“激光笔”的“TcpList”，选中“Tcp：0”，再右击，单击“移动”，此时，激光笔工具的末端显示其工具坐标系，拖动坐标轴可以调整位置，也可在“绝对：（参照世界）”中直接输入数值，精确调整，操作完成后单击“设置”按钮（提示：“绝对：（参照世界）”中输入的数值不唯一，需根据插入的Tag的位置方向来确定，即工具坐标系与Tag方向保持一致，仿真运动时，机器人基于两个坐标轴相重合来进行位移）	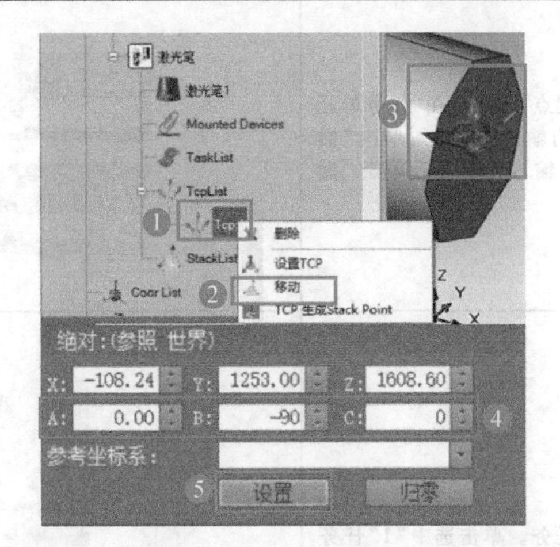
27）手动Machine。将激光笔工具安装到机器人法兰盘上，进入“运动机构”栏，选中资源树中的“ER3B”，单击“手动Machine”按钮，在“5轴”文本框内输入“-90”（④），此时，机器人的“5轴”位置发生变化，操作完成后关闭“Jog：ER3B”界面	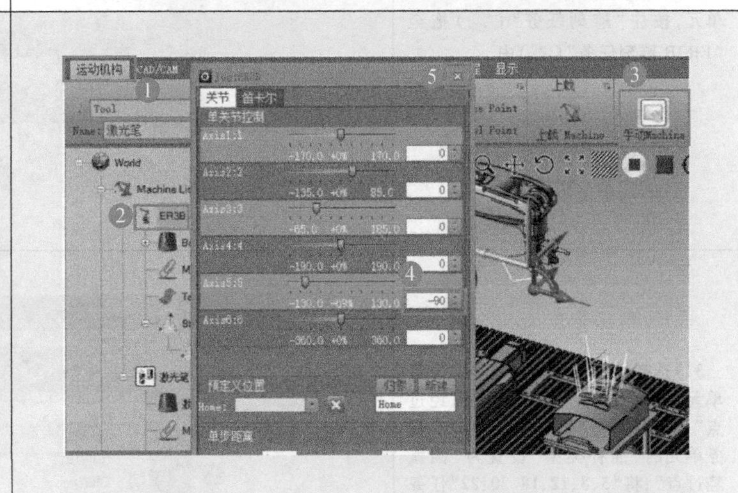
28）创建新任务。进入“运动机构”栏，选中资源树中的“ER3B”，单击“示教Machine”按钮，下滑“机器任务”界面，单击“插入”按钮，在“名称”文本框内输入“雕刻任务”，单击“OK”按钮	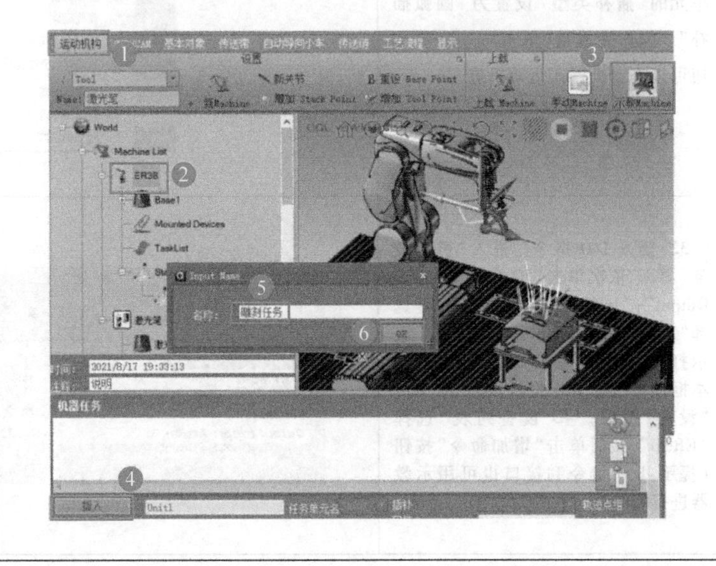

（续）

操作步骤及说明	示意图
29）插入起点、终点。在“任务单元名”文本框内输入“起点”，单击“插入”按钮；再输入“终点”，单击“插入”按钮	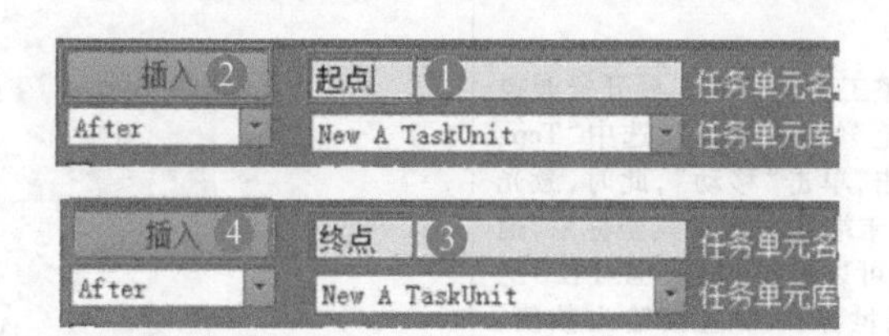
30）添加任务。单击选中“1”任务单元，按住“雕刻任务”（②）拖至“ER3B 雕刻任务”（③）中	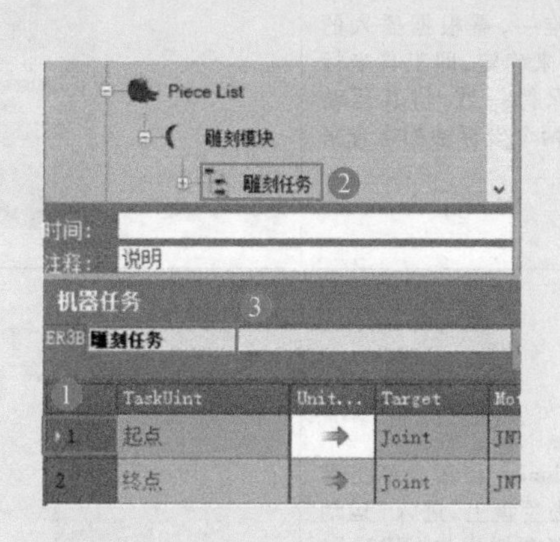
31）选择插补类型。右击“4”任务单元，选择“插补类型”→“圆弧经过点”；类似地，将“7、11、17、19、21”任务单元的“插补类型”设置为“圆弧经过点”，将“5、8、12、18、20、22”任务单元的“插补类型”设置为“圆弧插补”。操作完成后，单击“ ”按钮可以查看机器人运动轨迹	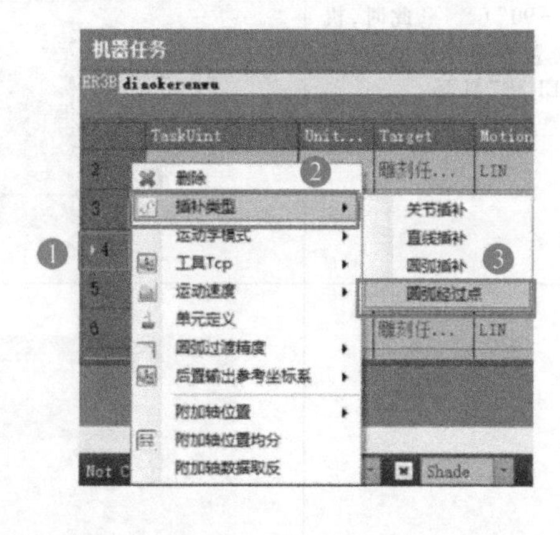
32）插入 I/O 指令。进入“机器任务”界面，依次单击“IO 命令”→“Set Output”；“In/Out 值”文本框内可选择“True”或“False”，其中，“True”表示打开，“False”表示关闭；“输出”文本框内可选择 I/O 接口，选中后单击“设置”按钮；“IO 设备列表”选择“ER3B”，最后单击“增加命令”按钮（提示：I/O 指令和接口也可用示教器进行修改）	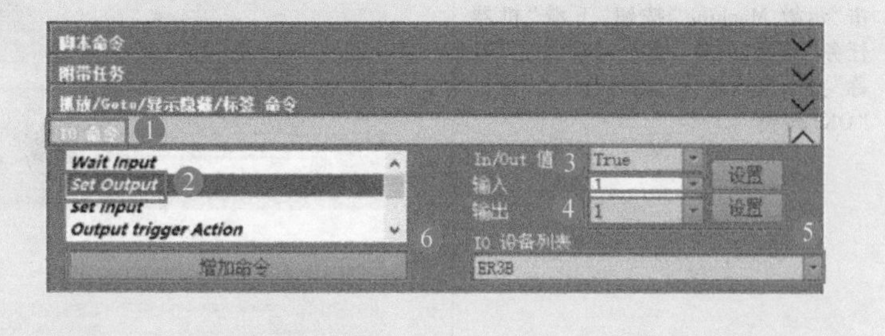

（续）

操作步骤及说明	示意图
33)新建用户坐标系。在“基本对象”栏单击“新建用户坐标系”按钮，三维空间内出现一个用户坐标系，右击该新建用户坐标系，将其调整至右图③处所示位置	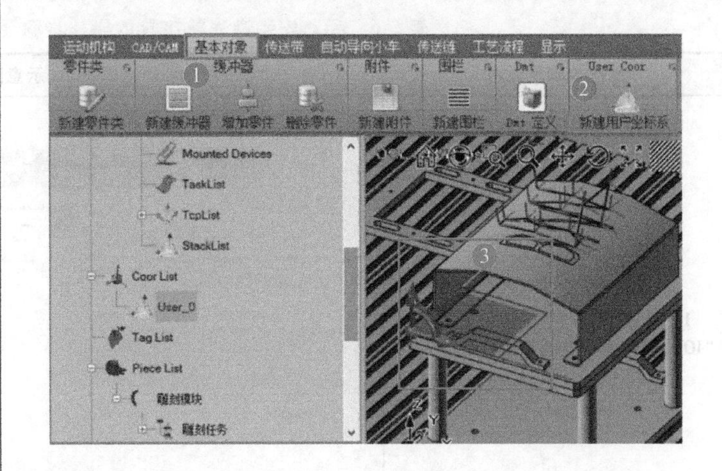
34)全选。单击“1”任务单元，下拉界面右侧滑块，单击“24”任务单元，即已全选任务单元	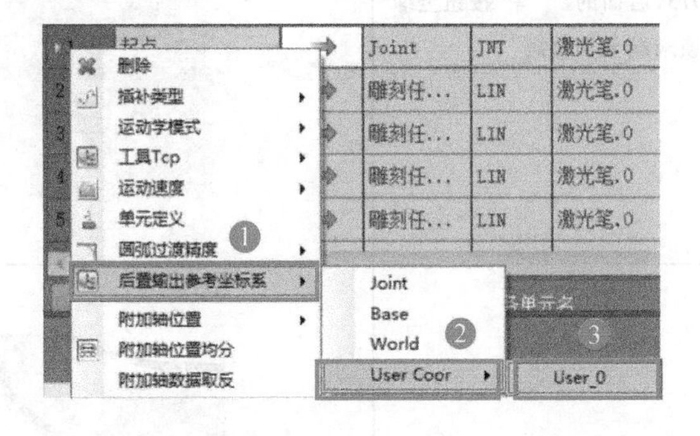
35)后置输出参考坐标系。右击任意任务单元，选择“后置输出参考坐标系”→“User Coor”→“User_0”	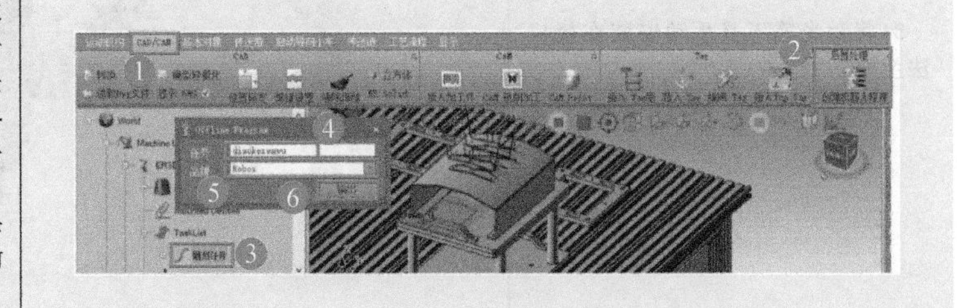
36)输出程序。在“CAD/CAM”栏单击“创建机器人程序”按钮，单击资源树中“TaskList”下的“雕刻任务”，在“任务”文本框内输入“diaokerenwu”，“品牌”选择“Robox”，单击“输出”按钮 注意：输出的程序必须用英文字母和数字命名，不可使用汉字。再用U盘将输出的程序导入到示教器中	

2. 手动安装激光笔工具

手动安装激光笔工具的操作步骤及说明见表 5-6。

表 5-6 手动安装激光笔工具的操作步骤及说明

操作步骤及说明	示意图
1）单击状态栏中的“监控”→“IO”，进入 I/O 控制界面	
2）单击“远程_2”前的“+”按钮，再单击“输出”前的“+”按钮，最后单击“DO13”后面的“○”按钮至绿色，使快换末端卡扣收缩	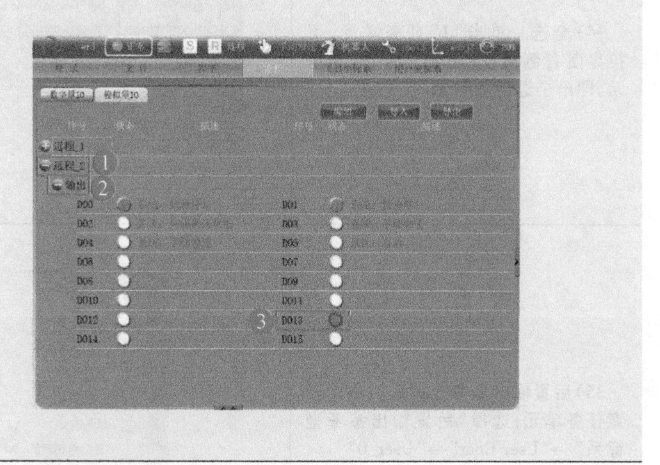
3）将激光笔工具手动安装在接口法兰处	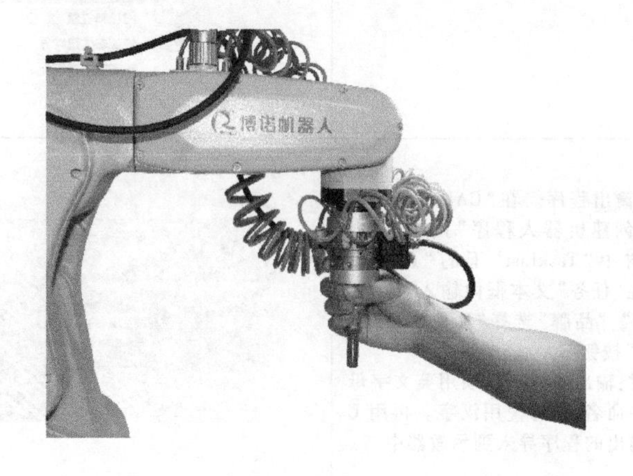

（续）

操作步骤及说明	示意图
4）单击“DO13”后面的“◯”按钮至白色，使快换末端卡扣伸出，激光笔被紧固在机器人法兰接口处，则手动安装激光笔工具完成	

3. 程序验证

程序验证过程中需要使用示教器对工具坐标系（tool1）进行修改，对用户坐标系（wobj1）进行标定。激光雕刻程序验证操作步骤及说明见表5-7。

表5-7　激光雕刻程序验证操作步骤及说明

操作步骤及说明	示意图
1）记录工具坐标系的参数。在ER-Factory离线仿真软件中选中“ER3B”，右击，选择“TCP”→“Now TCP”，记录工具坐标系的参数，即“X：0.00，Y：0.00，Z：163.00，A：180.00，B：0.00，C：180.00”	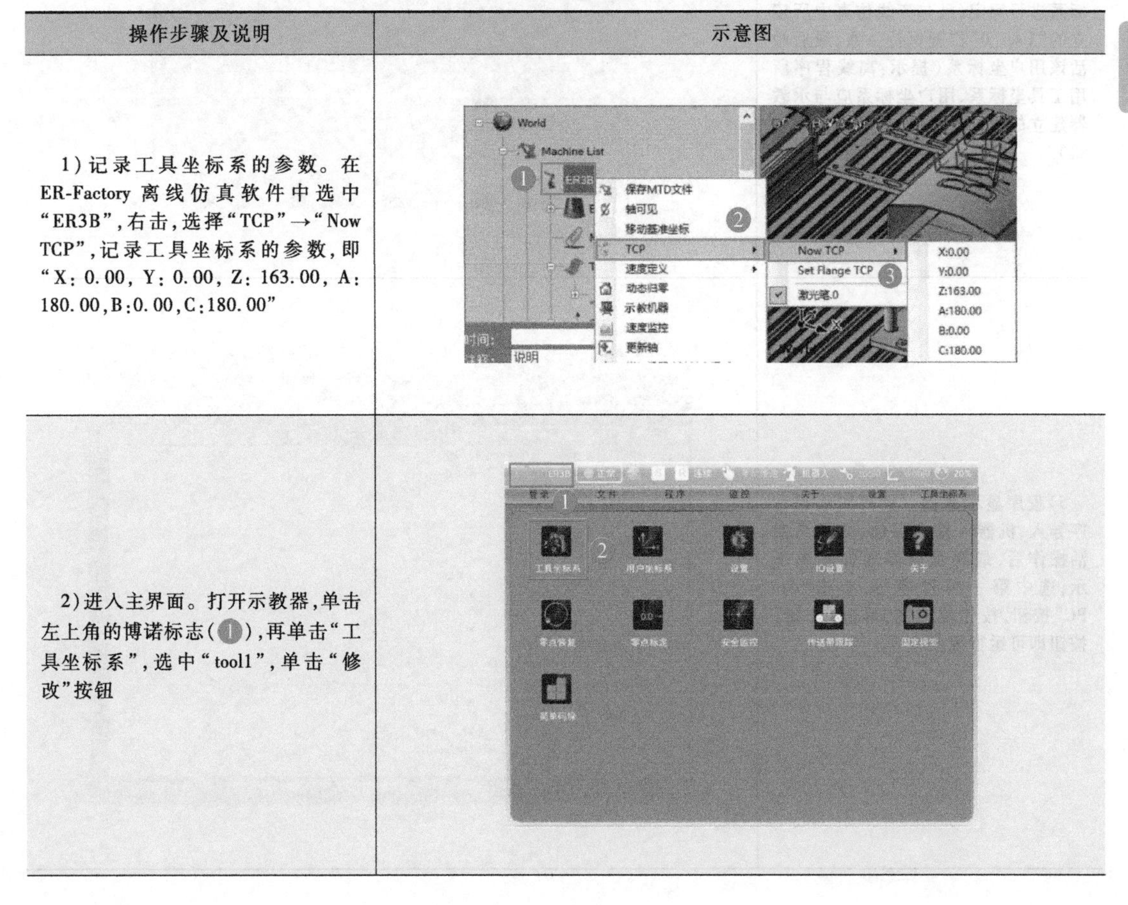
2）进入主界面。打开示教器，单击左上角的博诺标志（①），再单击“工具坐标系”，选中“tool1”，单击“修改”按钮	

（续）

<table>
<tr><th>操作步骤及说明</th><th>示意图</th></tr>
<tr><td>3）编辑工具参数。在“X、Y、Z、A、B、C”文本框内输入步骤 1）中的参数，单击“保存”按钮，返回后激活“tool1”工具坐标系</td><td>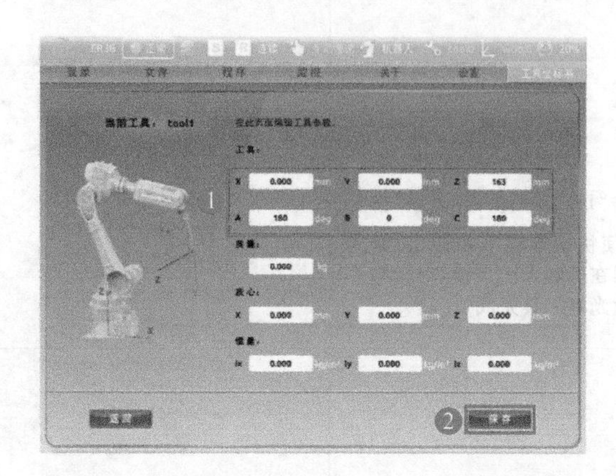
</td></tr>
<tr><td>4）标定用户坐标系。进入主界面，单击“用户坐标系”，选中“wobj1”，单击“标定”按钮，根据要求对用户坐标系进行标定，且与离线仿真中所建立的“User_0”位置保持一致，最后激活该用户坐标系（提示：离线程序所用工具坐标系、用户坐标系应与示教器建立的工具坐标系、用户坐标系一致）</td><td>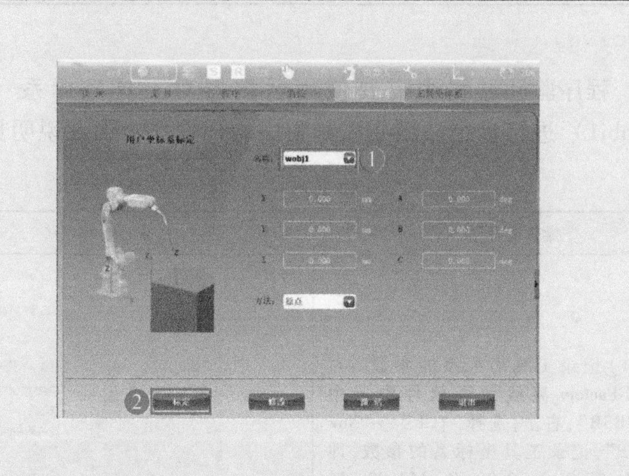
</td></tr>
<tr><td>5）程序显示界面。经离线编程程序导入、机器人指令添加、坐标系激活操作后，最终程序界面如右图所示，选中第一条程序行，单击“Set PC”按钮，按住使能键，单击“开始”按钮即可运行程序</td><td>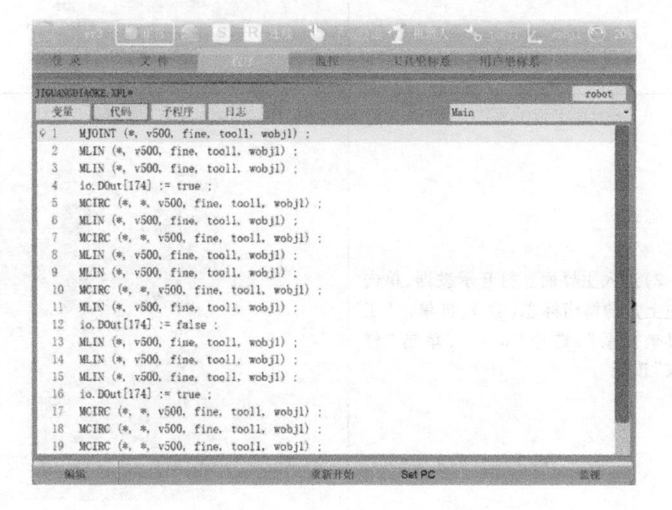
</td></tr>
</table>

(续)

操作步骤及说明	示意图
6)成果展示。程序运行完毕后,最终成果如右图所示	

四、焊接离线编程及验证

1. 离线编程

焊接离线编程操作步骤及说明见表5-8。

表5-8 焊接离线编程操作步骤及说明

操作步骤及说明	示意图
1)仿真工作站系统布局。不同应用的仿真工作站系统布局大致相同,只有工具和模块有所区分,例如:激光雕刻所用工具为激光笔,模块为雕刻模块;而焊接所用工具为焊枪,模块为焊接模块。因此,焊接仿真工作站系统布局过程可参照激光雕刻,这里不再赘述,布局完成后如右图所示	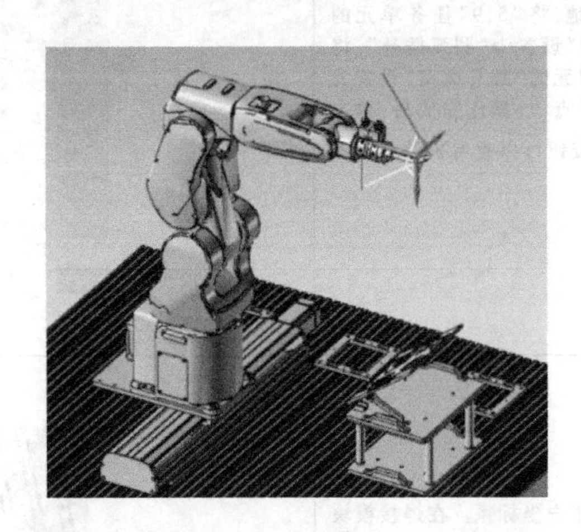
2)插入Tag。按照“A→A→B→C→D→E→F→G→H→A→A”的顺序插入Tag	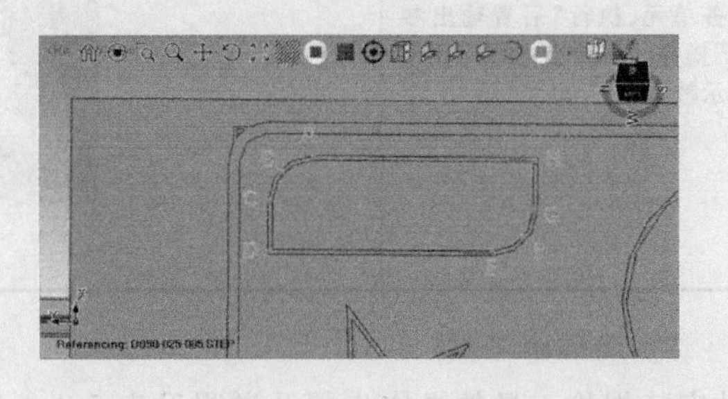

（续）

操作步骤及说明	示意图
3）编辑 Tag。将“1、11”点位，在“Z+”的方向上移动 30 步距	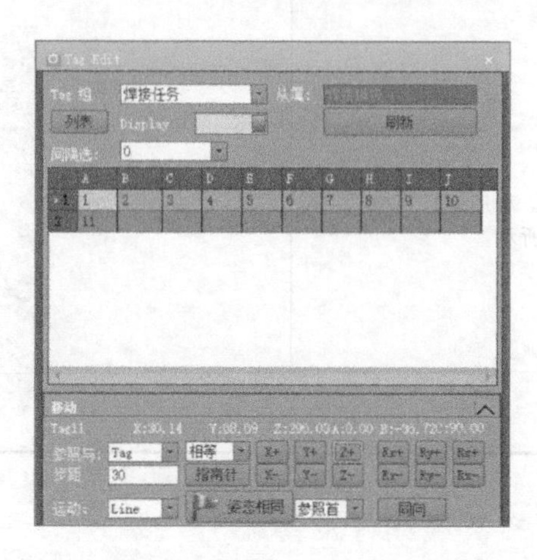
4）选择插补类型。右击“4”任务单元，选择“插补类型”→“圆弧经过点”；类似地，将“5、9”任务单元的“插补类型”设置为“圆弧插补”，将“8”任务单元的“插补类型”设置为“圆弧经过点”。操作完成后，单击“ ”按钮可以查看机器人运动轨迹	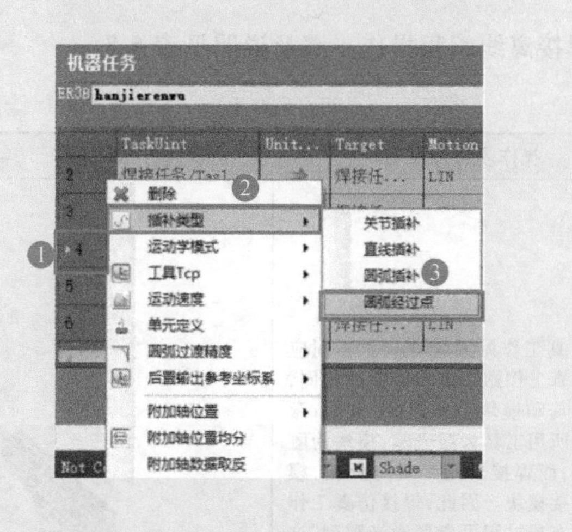
5）新建用户坐标系。在焊接模块的斜面上新建用户坐标系，如右图所示。接着，在“机器任务”界面中选中全部任务单元，执行“后置输出参考坐标系”操作。将输出的程序用 U 盘导入到示教器中	

2. 手动安装焊枪工具

手动安装焊枪工具的操作步骤及说明见表 5-9。

表 5-9　手动安装焊枪工具的操作步骤及说明

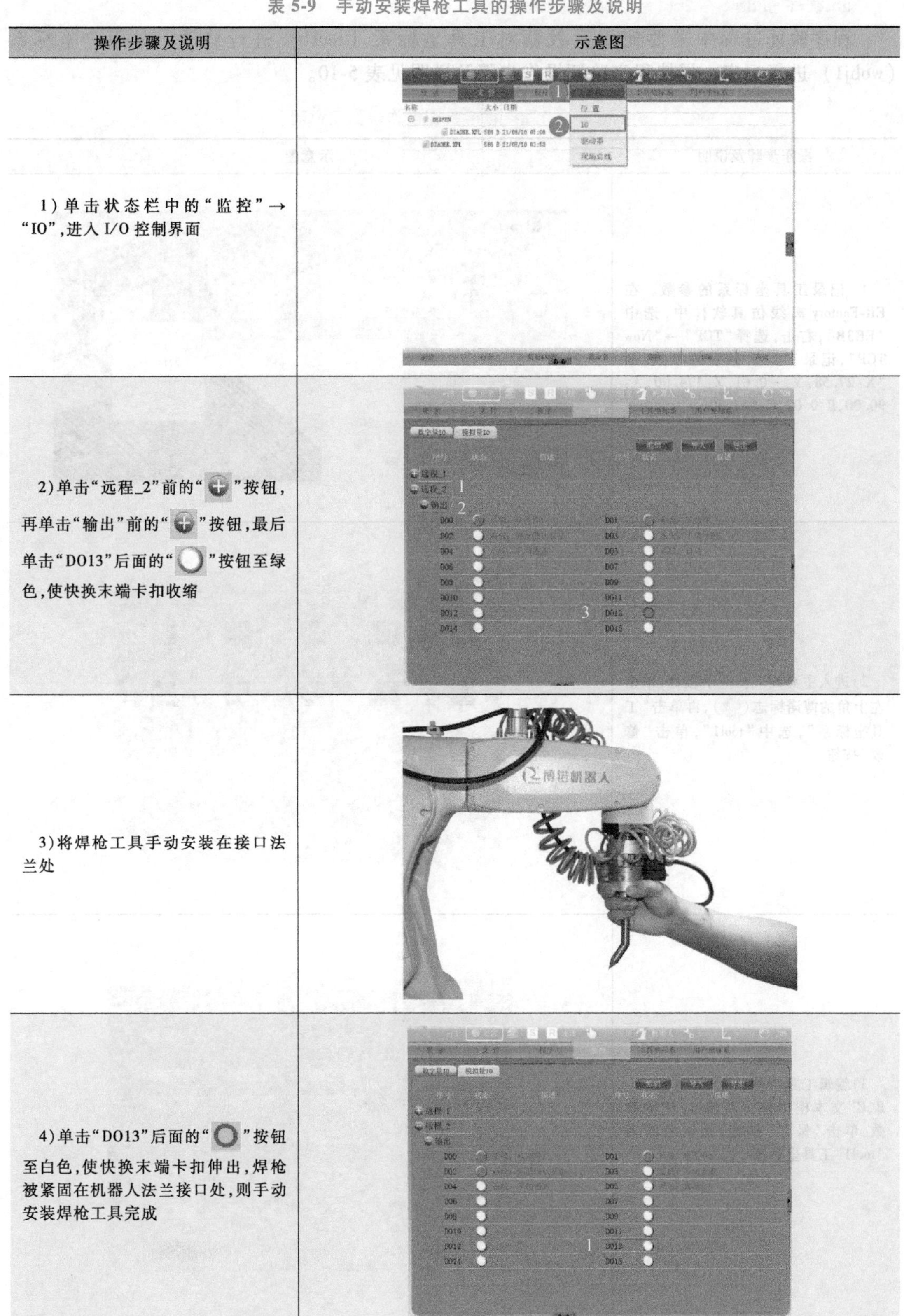

操作步骤及说明	示意图
1)单击状态栏中的"监控"→"IO",进入I/O控制界面	
2)单击"远程_2"前的"⊕"按钮,再单击"输出"前的"⊕"按钮,最后单击"DO13"后面的"○"按钮至绿色,使快换末端卡扣收缩	
3)将焊枪工具手动安装在接口法兰处	
4)单击"DO13"后面的"○"按钮至白色,使快换末端卡扣伸出,焊枪被紧固在机器人法兰接口处,则手动安装焊枪工具完成	

3. 程序验证

程序验证过程中需要使用示教器对工具坐标系（tool1）进行修改，对用户坐标系（wobj1）进行标定。焊接程序验证操作步骤及说明见表 5-10。

表 5-10 焊接程序验证操作步骤及说明

操作步骤及说明	示意图
1）记录工具坐标系的参数。在 ER-Factory 离线仿真软件中，选中“ER3B”，右击，选择“TCP”→“Now TCP”，记录工具坐标系的参数，即“X：27.58，Y：−0.61，Z：174.00，A：90.00，B：0.00，C：143.50”	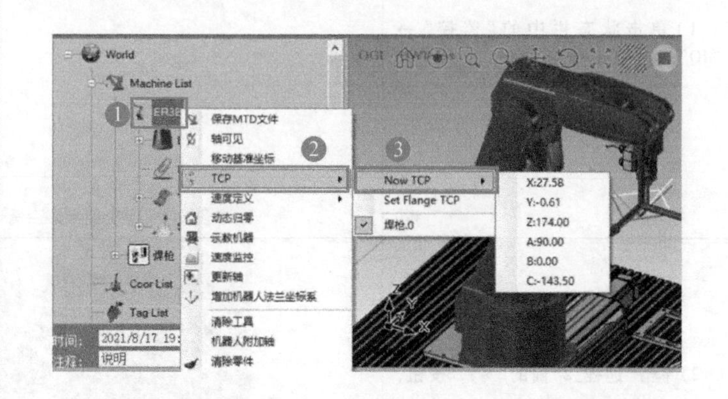
2）进入主界面。打开示教器，单击左上角的博诺标志（1），再单击“工具坐标系”，选中“tool1”，单击“修改”按钮	
3）编辑工具参数。在“X、Y、Z、A、B、C”文本框内输入步骤 1）中的参数，单击“保存”按钮，返回后激活“tool1”工具坐标系	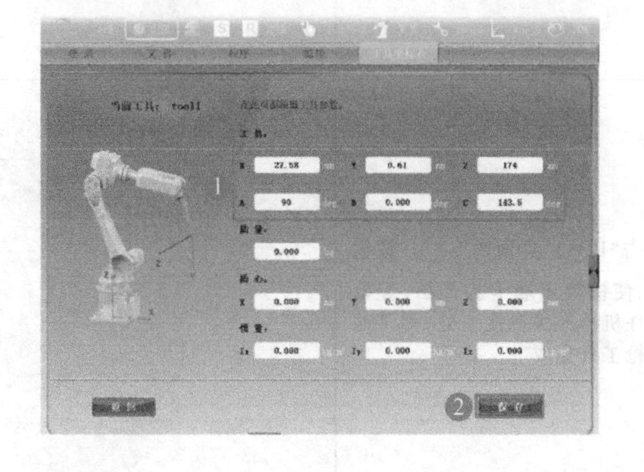

（续）

<table>
<tr><th>操作步骤及说明</th><th>示意图</th></tr>
<tr><td>4）标定用户坐标系。进入主界面，单击“用户坐标系”，选中“wobj1”，单击“标定”按钮，根据要求对用户坐标系进行标定，且与离线仿真中所建立的“User_0”位置保持一致，最后激活该用户坐标系（提示：离线程序所用工具坐标系、用户坐标系应与示教器建立的工具坐标系、用户坐标系一致）</td><td>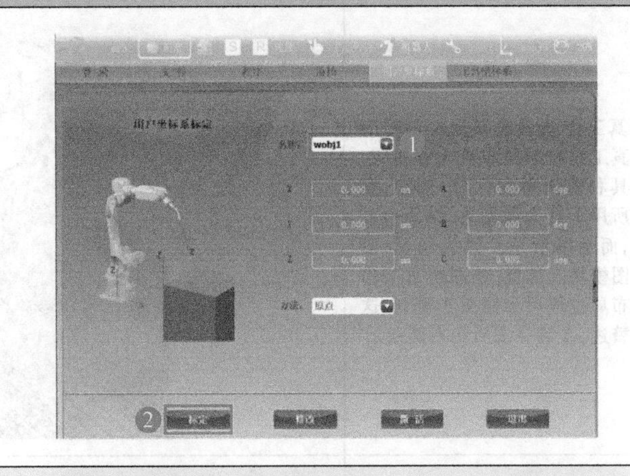</td></tr>
<tr><td>5）程序显示界面。经离线编程程序导入、机器人指令添加、坐标系激活操作后，最终程序界面如右图所示，选中第一条程序行，单击“Set PC”按钮，按住使能键，单击“开始”按钮即可运行程序</td><td>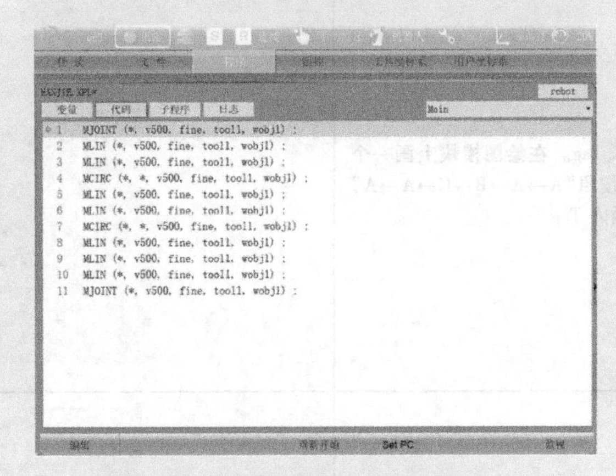</td></tr>
<tr><td>6）成果展示。程序运行完毕后，最终成果如右图所示</td><td>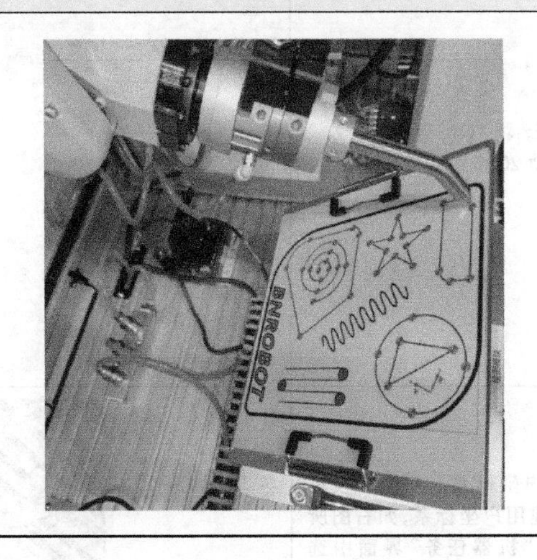</td></tr>
</table>

五、绘图离线编程及验证

1. 离线编程

绘图离线编程操作步骤及说明见表5-11。

表 5-11 绘图离线编程操作步骤及说明

操作步骤及说明	示意图
1)仿真工作站系统布局。不同应用的仿真工作站系统布局大致相同，只有工具和模块有所区分，例如：激光雕刻所用工具为激光笔，模块为雕刻模块；而绘图所用工具为画笔，模块为绘图模块。因此，绘图仿真工作站系统布局过程可参照激光雕刻，这里不再赘述，布局完成后如右图所示	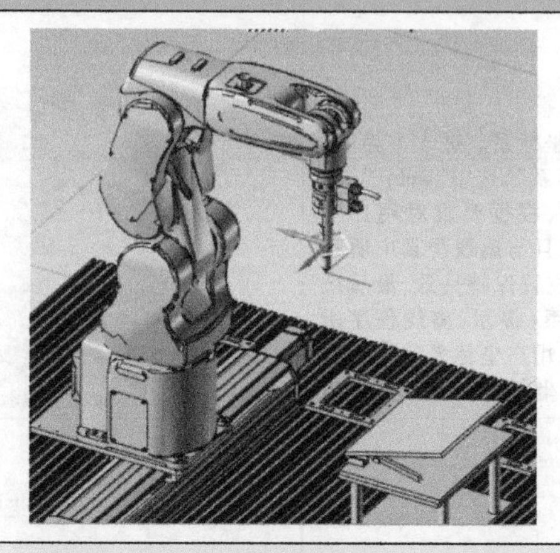
2)插入 Tag。在绘图模块上画一个三角形，按照“A→A→B→C→A→A”的顺序插入 Tag	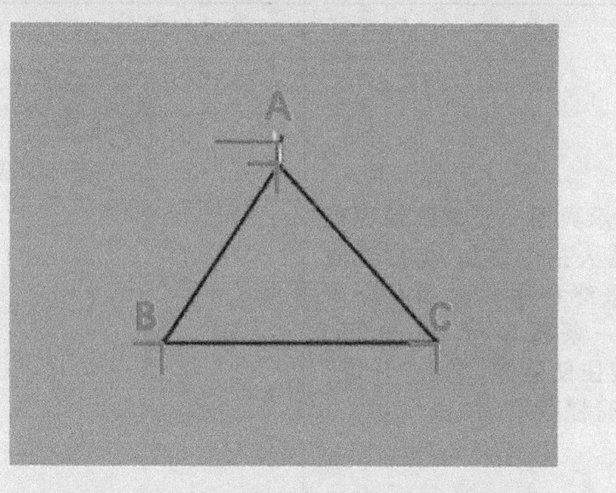
3)编辑 Tag。将“1、6”点位，在“Z+”的方向上移动 20 步距	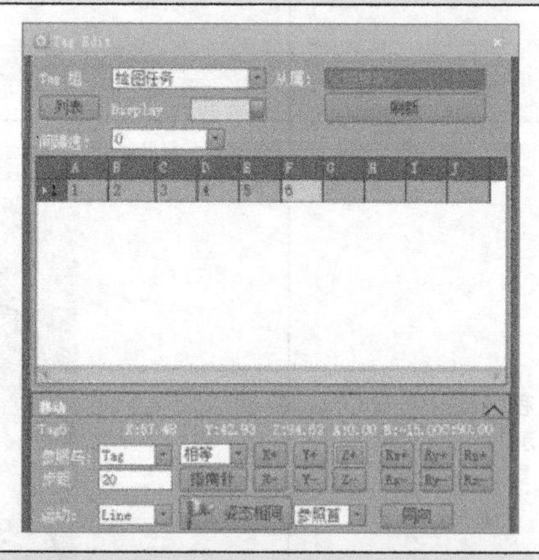
4)新建用户坐标系。在绘图模块的斜面上新建用户坐标系，如右图所示。接着，在“机器任务”界面中选中全部任务单元，执行“后置输出参考坐标系”操作。将输出的程序用 U 盘导入到示教器中	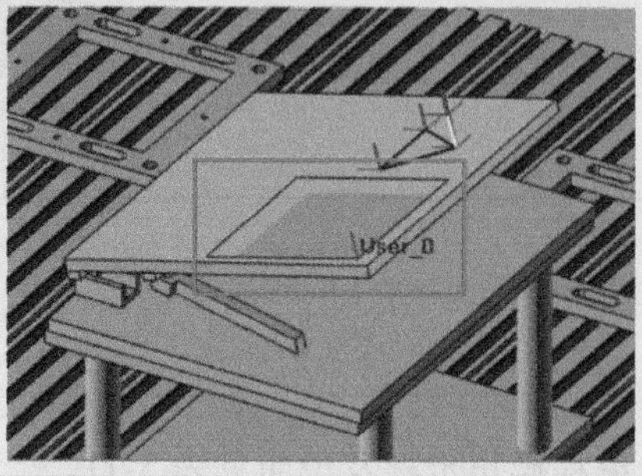

2. 手动安装画笔工具

手动安装画笔工具的操作步骤及说明见表 5-12。

表 5-12 手动安装画笔工具的操作步骤及说明

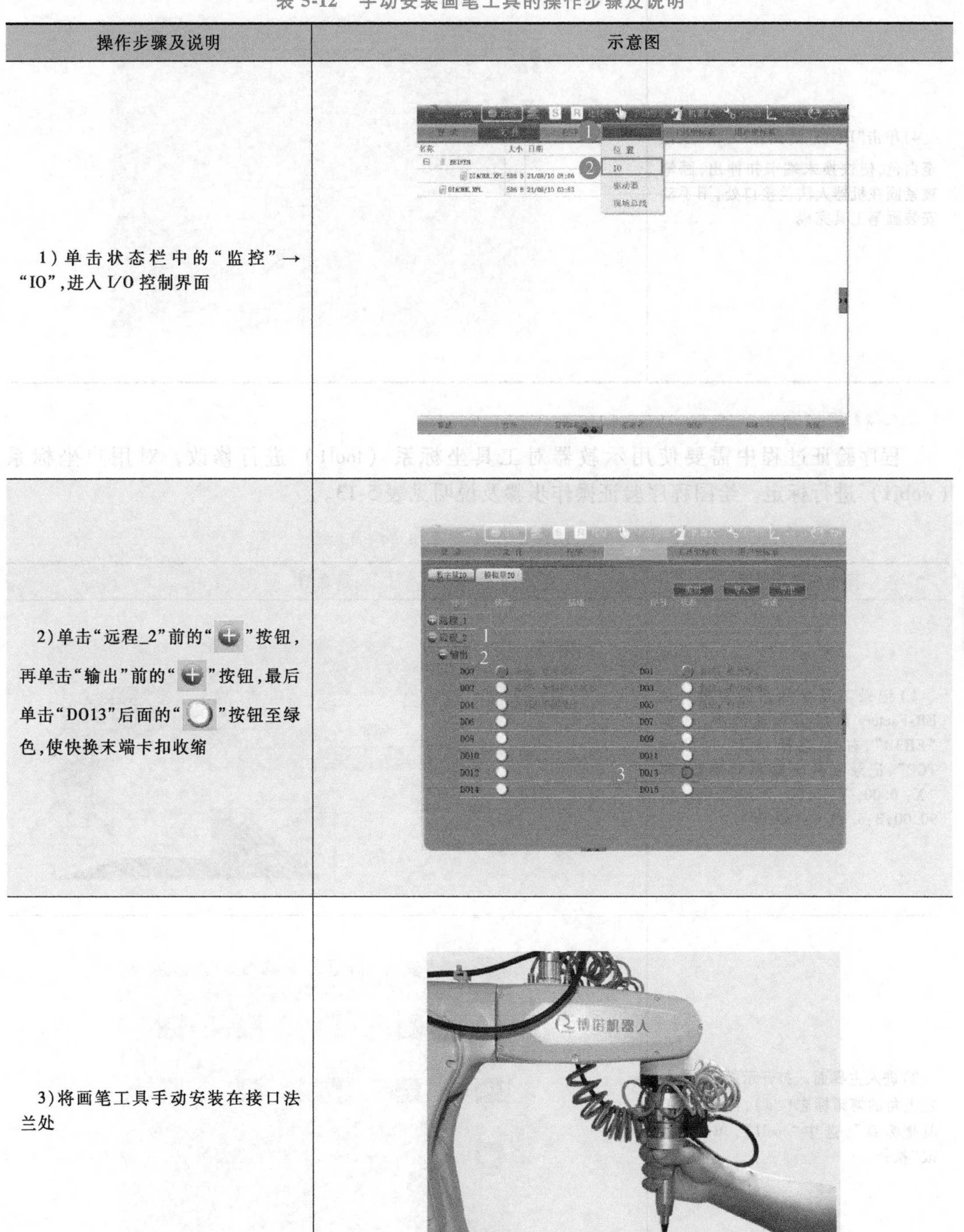

操作步骤及说明	示意图
1）单击状态栏中的“监控”→“IO”，进入 I/O 控制界面	
2）单击“远程_2”前的“⊕”按钮，再单击“输出”前的“⊕”按钮，最后单击“DO13”后面的“○”按钮至绿色，使快换末端卡扣收缩	
3）将画笔工具手动安装在接口法兰处	

（续）

操作步骤及说明	示意图
4）单击“DO13”后面的“○”按钮至白色，使快换末端卡扣伸出，画笔被紧固在机器人法兰接口处，则手动安装画笔工具完成	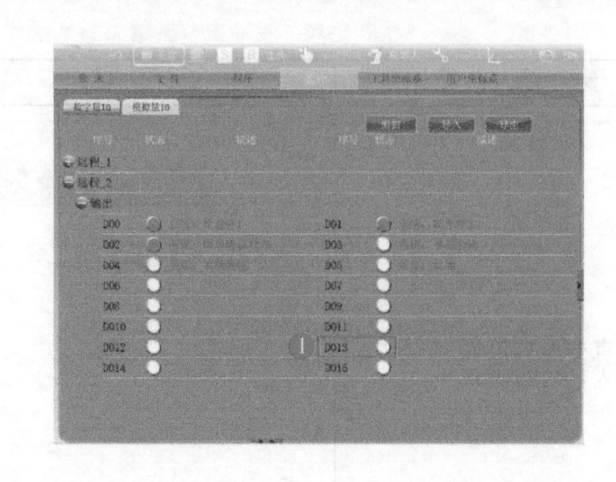

3. 程序验证

程序验证过程中需要使用示教器对工具坐标系（tool1）进行修改，对用户坐标系（wobj1）进行标定。绘图程序验证操作步骤及说明见表5-13。

表5-13 绘图程序验证操作步骤及说明

操作步骤及说明	示意图
1）记录工具坐标系的参数。在ER-Factory离线仿真软件中，选中“ER3B”，右击，选择“TCP”→“Now TCP”，记录工具坐标系的参数，即“X：0.00，Y：0.00，Z：208.00，A：90.00，B：0.00，C：180.00”	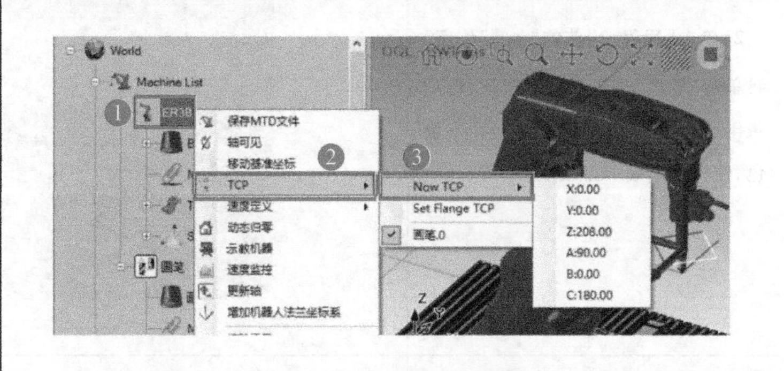
2）进入主界面。打开示教器，单击左上角的博诺标志（①），再单击“工具坐标系”，选中“tool1”，单击“修改”按钮	

（续）

操作步骤及说明	示意图
3）编辑工具参数。在“X、Y、Z、A、B、C”文本框内输入步骤 1）中的参数，单击“保存”按钮，返回后激活“tool1”工具坐标系	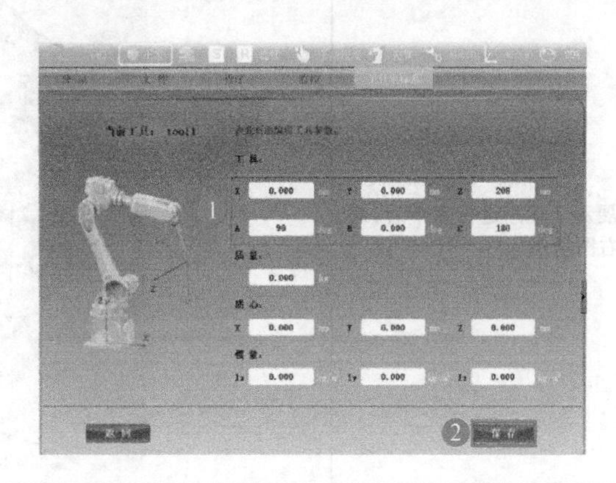
4）标定用户坐标系。进入主界面，单击“用户坐标系”，选中“wobj1”，单击“标定”按钮，根据要求对用户坐标系进行标定，且与离线仿真中所建立的“User_0”位置保持一致，最后激活该用户坐标系（提示：离线程序所用工具坐标系、用户坐标系应与示教器建立的工具坐标系、用户坐标系一致）	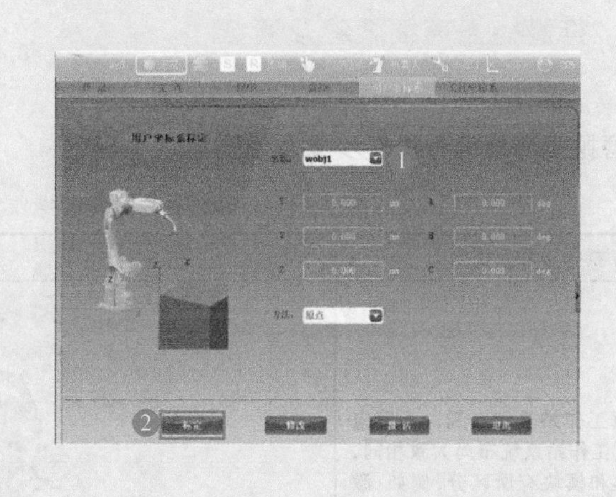
5）程序显示界面。经离线编程程序导入、机器人指令添加、坐标系激活操作后，最终程序界面如右图所示，选中第一条程序行，单击“Set PC”按钮，按住使能键，单击“开始”按钮即可运行程序	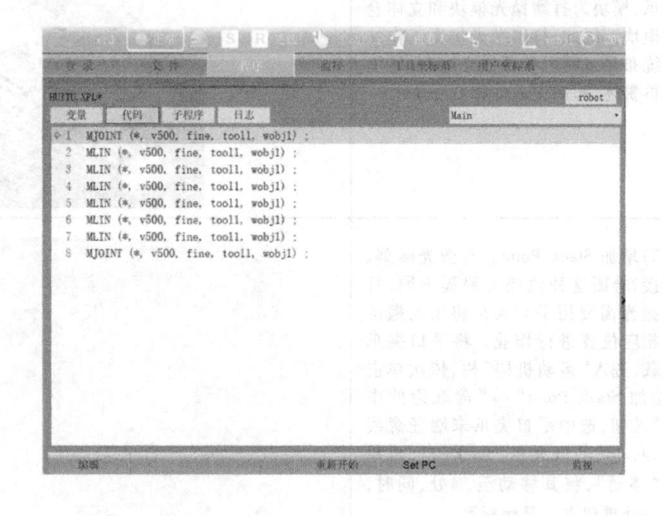

（续）

操作步骤及说明	示意图
6)成果展示。程序运行完毕后，最终成果如右图所示	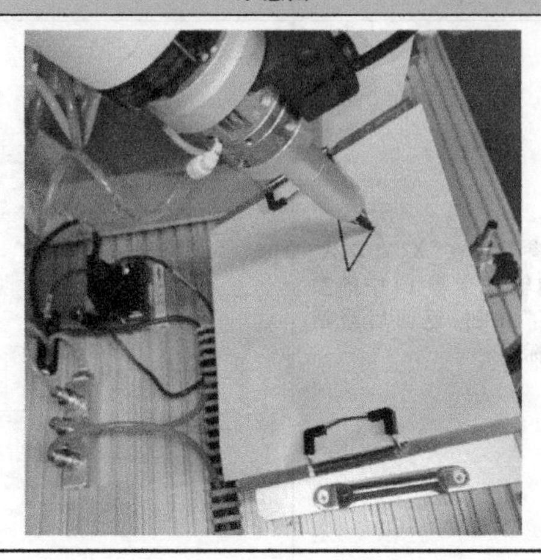

六、打磨抛光离线编程及验证

1. 离线编程

打磨抛光离线编程操作步骤及说明见表 5-14。

表 5-14　打磨抛光离线编程操作步骤及说明

操作步骤及说明	示意图
1)仿真工作站系统布局。不同应用的仿真工作站系统布局大致相同，只有工具和模块有所区分，例如：激光雕刻所用工具为激光笔，模块为雕刻模块；而打磨抛光所用工具为平口夹爪，模块为打磨抛光模块和立体仓储模块。因此，打磨抛光仿真工作站系统布局过程可参照激光雕刻，这里不再赘述，布局完成后如右图所示	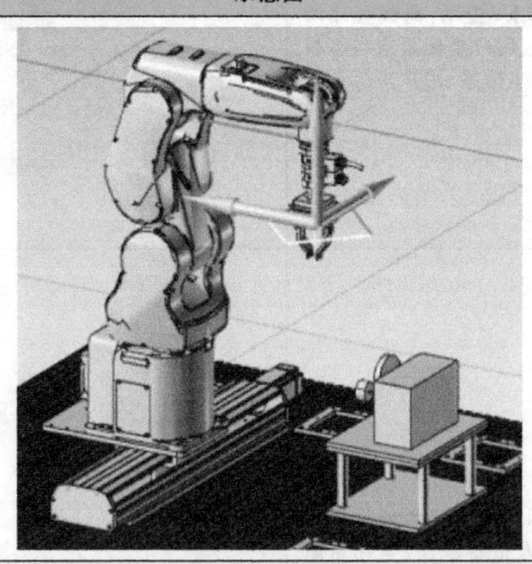
2)增加 Stack Point。与激光雕刻、焊接、绘图这种轨迹类编程不同，打磨抛光需要用平口夹爪将柔轮搬运到相应位置进行作业。将平口夹爪卸载，进入“运动机构”栏，依次单击“增加 Stack Point”→“选取边的中点”按钮，选中平口夹爪末端任意线段，右击“平口夹爪：Stack：0”，再单击“移动”，将其移动至❺处，同时，在该处再建立工具坐标系	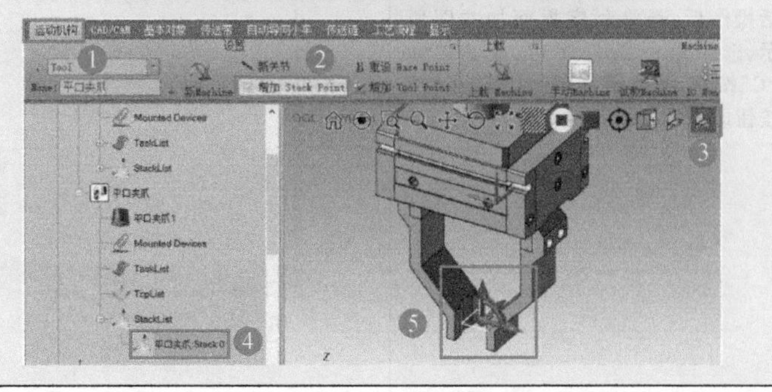

（续）

操作步骤及说明	示意图
3）新建零件类。平口夹爪抓取柔轮工件，首先进入“基本对象”栏，依次单击“新建零件类”→“NEW”→“OK”按钮，在“名称”文本框内输入“柔轮”，单击“浏览”按钮，在软件安装目录下打开“柔轮”模型文件，双击③处的文件路径，最后单击“确定”按钮	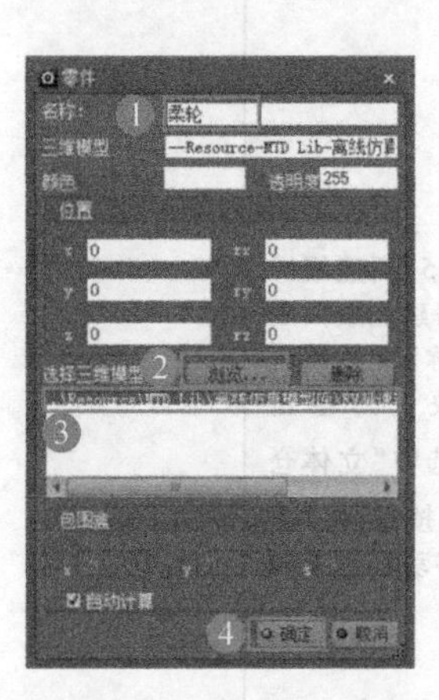
4）新建缓冲器。进入“基本对象”栏，依次单击“新建缓冲器”→“NEW”→“OK”按钮，在“Dmtco 名称”文本框内输入“立体仓储模块”，单击“+...”按钮，在软件安装目录下打开“立体仓储模块”模型文件，在“X、Y、Z、A、B、C”文本框内输入位置参数，最后单击“保存 Dmtco 文件”按钮	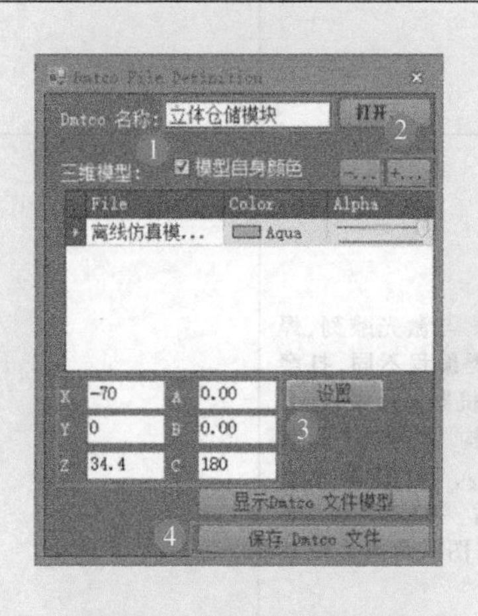
5）新建缓冲器。进入“基本对象”栏，依次单击“新建缓冲器”→“NEW”→“OK”按钮，在“名称”文本框内输入“立体仓储模块”，单击“DMTCO ...”按钮，选中“立体仓储模块”，在“最大层数”文本框内输入“1”，“码放点”选择“1”，单击“+”按钮，“层种类”选择“1”，“零件分配”选择“柔轮”，单击右图标记⑦处，单击“新建”按钮，输入位置参数，最后单击“确定”按钮	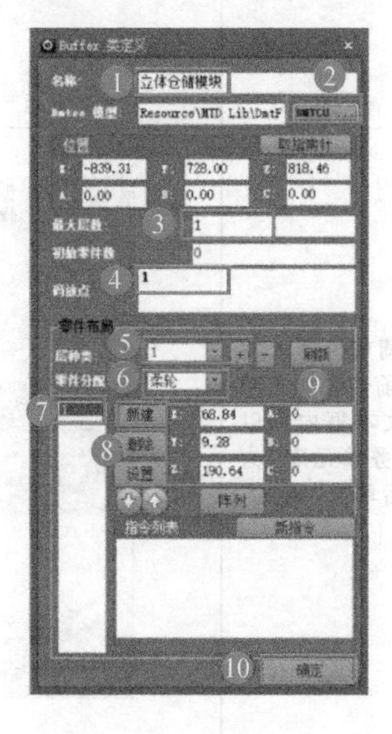

（续）

操作步骤及说明	示意图
6）新建缓冲器。步骤5）所建缓冲器为抓取工件所用，还需建立放回工件所用缓冲器。在“名称”文本框内输入“立体仓储模块2”，单击“DMTCO ...”按钮，选中“立体仓储模块2”，单击“确定”按钮，将“立体仓储模块2”模型也移动到标准台上，最后输入位置参数	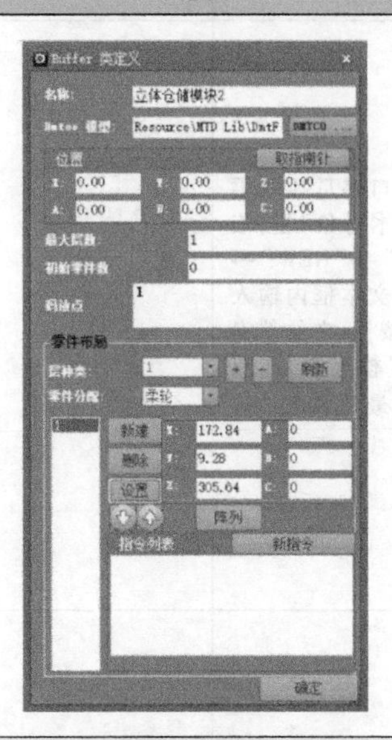
7）手动Machine。与激光雕刻、焊接、绘图这种轨迹类编程不同，打磨抛光需要手动调节机器人位置，逐个插入。在“运动机构”栏单击“示教Machine”按钮，插入“打磨抛光任务”；插入“起点”后，单击“手动Machine”按钮，输入右图所示关节位置参数	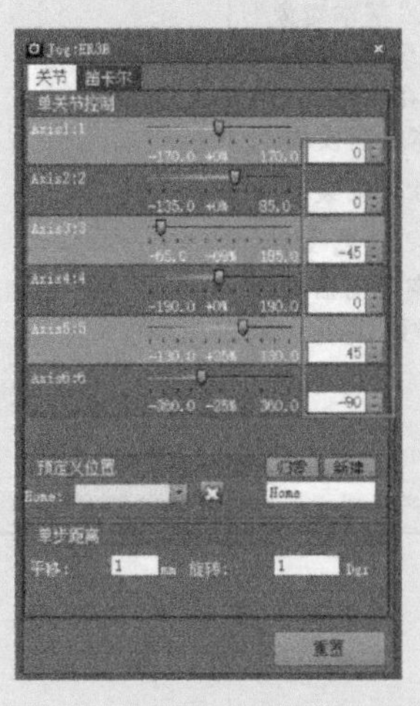
8）插入当前位置。调节机器人关节位置参数，机器人当前位置如右图所示，“任务单元名”文本框内可以输入“准备动作”，“任务单元库”为“New A TaskUnit”，最后单击“插入”按钮	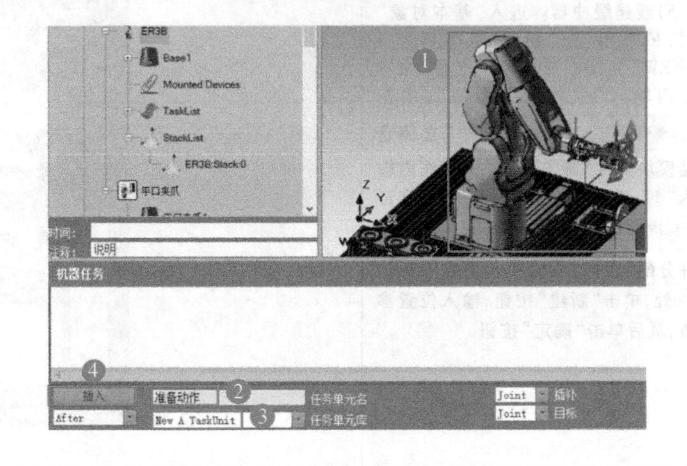

（续）

操作步骤及说明	示意图
9）手动 Machine。调节机器人各关节位置参数如右图所示，并插入当前位置点	
10）拖动工具坐标系调节机器人位置。除了“手动 Machine”，还可以拖动工具坐标系来调节机器人位置，如右图所示，将光标悬停在坐标轴上，待坐标轴颜色变黄即可拖动，然后插入当前位置点	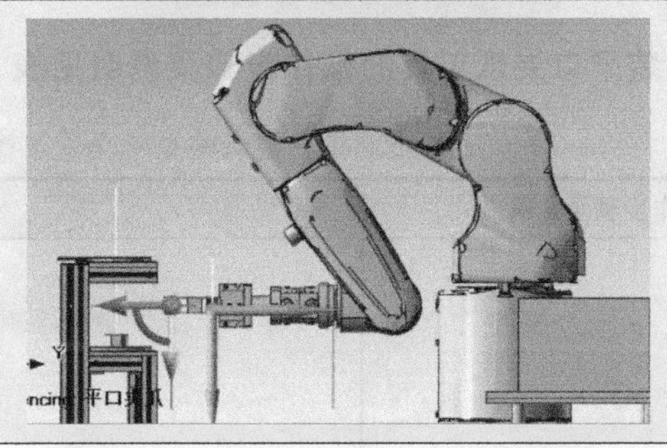
11）任务描述。打磨抛光任务是利用平口夹爪夹持，将柔轮工件从右图①处取出，经打磨（打磨抛光模块大轮）、抛光（打磨抛光模块小轮）处理后，放置在右图②处，运动路径不唯一，读者可自行合理安排	
12）抓放指令。单击“示教 Machine”按钮，进入“机器任务”界面，在“当前 Machine Stack 点”选中“0”，在“机器列表”选中“平口夹爪”，在“零件列表”选中“柔轮”，依次单击“修改”→“Pick part from buffer”→“增加命令”按钮（提示：“Pick part from buffer”表示柔轮显示在平口夹爪末端；“Drop part to buffer”表示柔轮消失在平口夹爪末端）	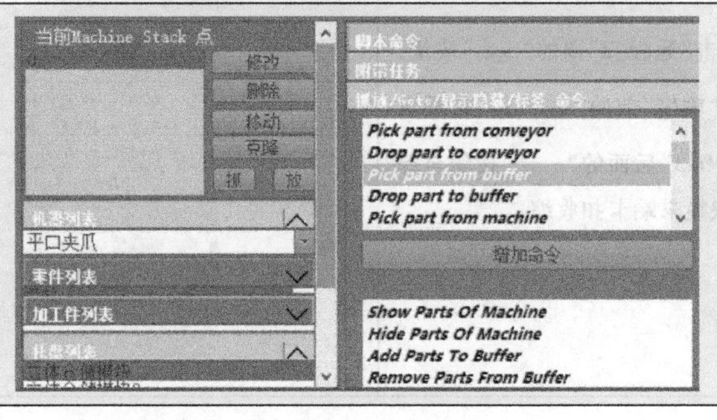

（续）

操作步骤及说明	示意图
13）隐藏/显示指令。机器人抓取柔轮后，需要将柔轮模型显示在平口夹爪末端，并且在立体仓储模块上隐藏。在“托盘列表”选中“立体仓储模块”，依次单击“Remove Parts From Buffer”→“增加隐藏/显示命令”按钮（提示：柔轮经打磨抛光完成后，放回“立体仓储模块 2”，需要用到“Add Parts To Buffer”，即柔轮显示在“立体仓储模块 2”上）	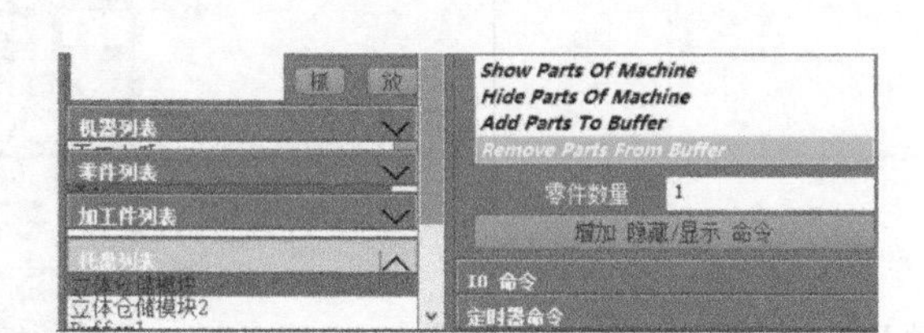
14）增加零件与删除零件。在“基本对象”栏，单击“增加零件”按钮，缓冲器上会出现零件；单击“删除零件”按钮，缓冲器上的零件会隐藏起来。这两个按钮主要用于恢复初始状态和观察零件位置	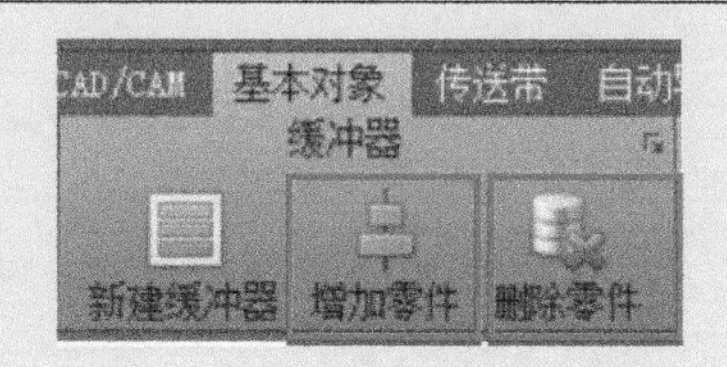

2. 手动安装平口夹爪工具

手动安装平口夹爪工具的操作步骤及说明见表 5-15。

表 5-15　手动安装平口夹爪工具的操作步骤及说明

操作步骤及说明	示意图
1）单击状态栏中的“监控”→“IO”，进入 I/O 控制界面	
2）单击“远程_2”前的“+”按钮，再单击“输出”前的“+”按钮，最后单击“DO13”后面的“○”按钮至绿色，使快换末端卡扣收缩	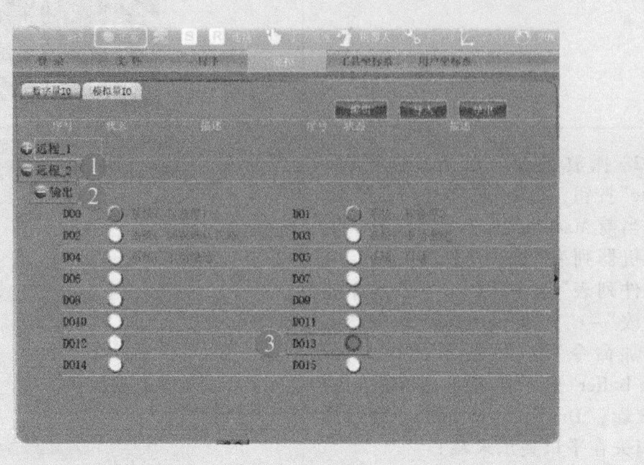

（续）

操作步骤及说明	示意图
3)将平口夹爪工具手动安装在接口法兰处	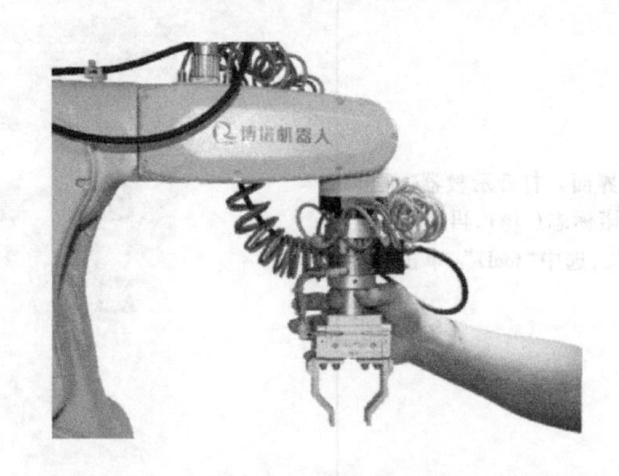
4)单击“DO13”后方“○”按钮至白色,使快换末端卡扣伸出,激光笔被紧固在机器人法兰接口处,则手动安装平口夹爪工具完成	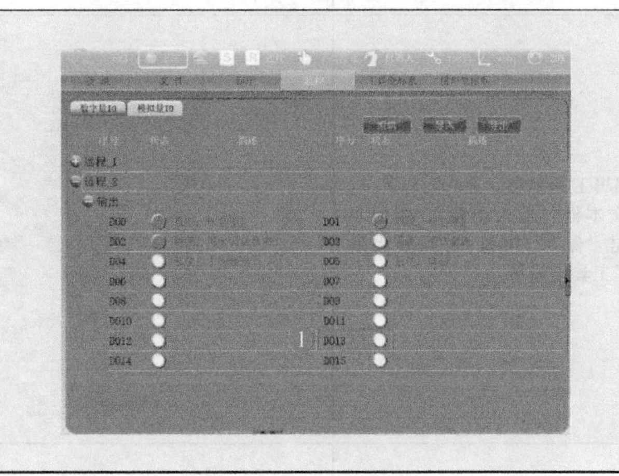

3. 程序验证

将离线程序导入示教器后，添加平口夹爪夹紧、松开指令，分别是“io. DOut［9］、io. DOut［8］”；打磨轴与抛光轴工作指令分别是“fidbus. mtcp_wo_b［9］、fidbus. mtcp_wo_b［10］”。程序验证过程中需要使用示教器对工具坐标系（tool1）进行修改，对用户坐标系（wobj1）进行标定。打磨抛光程序验证操作步骤及说明见表 5-16。

表 5-16　打磨抛光程序验证操作步骤及说明

操作步骤及说明	示意图
1)记录工具坐标系的参数。在 ER-Factory 离线仿真软件中,选中“ER3B”,右击,选择“TCP”→“Now TCP”,记录工具坐标系的参数,即“X:－0.09,Y:0.01,Z:214.60,A:90.00,B:0.00,C:90.00”	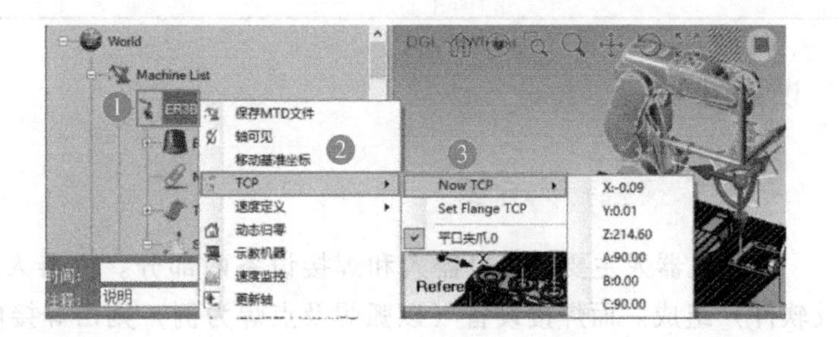

（续）

操作步骤及说明	示意图
2）进入主界面。打开示教器，单击左上角的博诺标志（①），再单击“工具坐标系”②，选中“tool1”，单击“修改”按钮	
3）编辑工具参数。在“X、Y、Z、A、B、C”文本框内输入步骤1）中的参数，单击“保存”按钮，返回后激活“tool1”工具坐标系	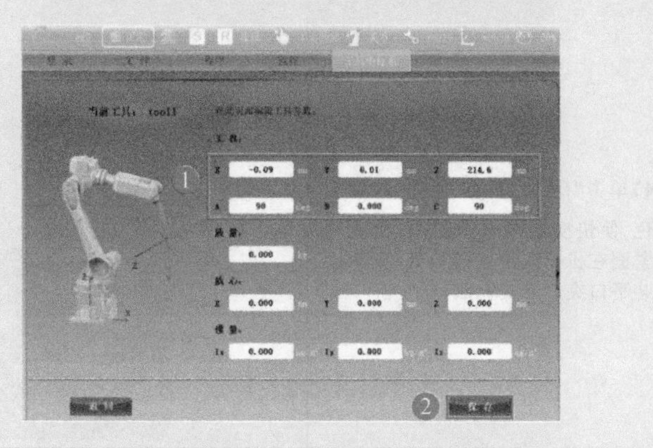
4）标定用户坐标系。进入主界面，单击“用户坐标系”，选中“wobj1”，单击“标定”按钮，根据要求对用户坐标系进行标定，且与离线仿真中所建立的“User_0”位置保持一致，最后激活该用户坐标系；打开离线程序试运行，并对程序进行调试（提示：离线程序所用工具坐标系、用户坐标系应与示教器建立的工具坐标系、用户坐标系一致）	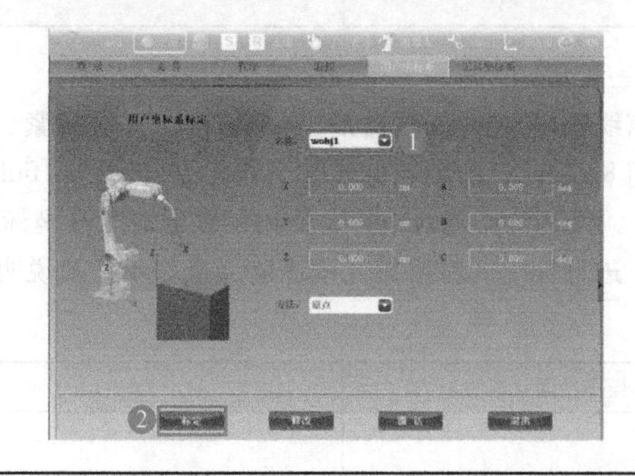

知识拓展

一、焊接机器人介绍

焊接机器人主要包括机器人和焊接设备两部分。机器人由机器人本体和控制器（硬件及软件）组成。而焊接设备（以弧焊及点焊为例）则由焊接电源（包括其控制系统）、送丝机（弧焊）和焊枪（钳）等部分组成。焊接机器人系统如图5-14所示。

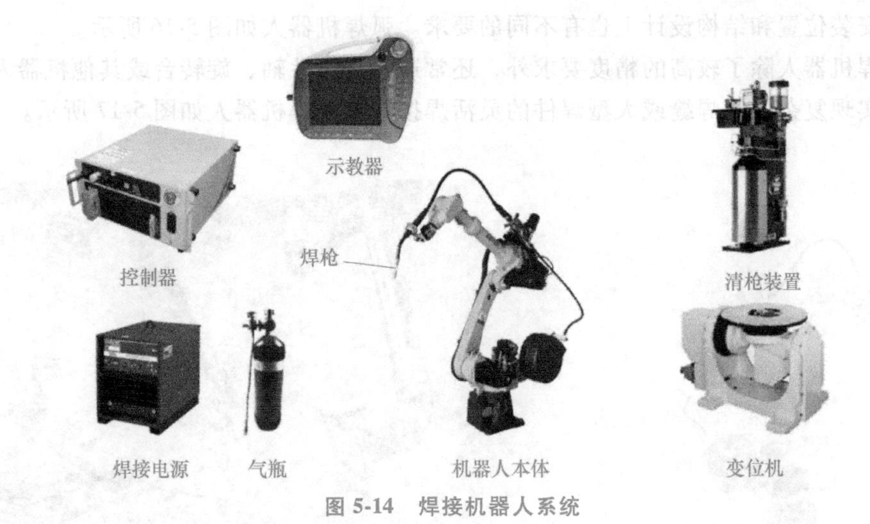

图 5-14　焊接机器人系统

世界各国生产的焊接机器人基本上都属关节机器人，绝大部分有 6 个轴。其中，1、2、3 轴可将末端工具送到不同的空间位置，而 4、5、6 轴可满足工具姿态的不同要求。焊接机器人本体的机械结构主要有两种形式：一种为平行四边形结构，一种为侧置式（摆式）结构。侧置式（摆式）结构的主要优点是上、下臂的活动范围大，使机器人的工作空间几乎能达一个球体。因此，这种机器人可倒挂在机架上工作，以节省占地面积，方便地面物件的流动。但是这种侧置式机器人的 2、3 轴为悬臂结构，降低了机器人的刚度，一般适用于负载较小的机器人，用于电弧焊、切割或喷涂。平行四边形机器人的上臂是由一根拉杆驱动的，拉杆与下臂组成一个平行四边形的两条边，故而得名。早期开发的平行四边形机器人工作空间比较小（局限于机器人的前部），难以倒挂工作。但 20 世纪 80 年代后期以来开发的新型平行四边形机器人（平行机器人）已把工作空间扩大到机器人的顶部、背部及底部，又不存在侧置式机器人的刚度问题，从而得到普遍的重视。这种结构不仅适合于轻型机器人，也适合于重型机器人。近年来，点焊机器人（负载 100～150kg）大多也选用平行四边形机器人。

按照机器人作业中所采用的焊接方法，可将焊接机器人分为点焊机器人、弧焊机器人、搅拌摩擦焊机器人和激光焊机器人等类型。

点焊机器人具有有效载荷大、工作空间大的特点，配备有专用的点焊枪，并能实现灵活准确的运动，以适应点焊作业的要求，其最典型的应用是用于汽车车身的自动装配生产线。点焊机器人如图 5-15 所示。

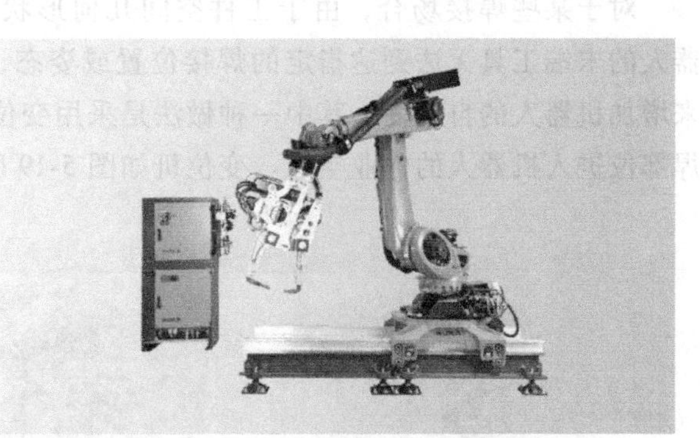

图 5-15　点焊机器人

弧焊机器人因弧焊的连续作业要求，需实现连续轨迹控制，也可利用插补功能根据示教点生成连续焊接轨迹。弧焊机器人除机器人本体、示教器和控制器之外，还包括焊枪、自动送丝机构、焊接电源和保护气体相关部件等，根据非熔化极焊接与熔化极焊接的区别，其送丝机构在安装位置和结构设计上也有不同的要求。弧焊机器人如图 5-16 所示。

激光焊机器人除了较高的精度要求外，还常通过与线性轴、旋转台或其他机器人协作的方式，来实现复杂曲线焊缝或大型焊件的灵活焊接。激光焊机器人如图 5-17 所示。

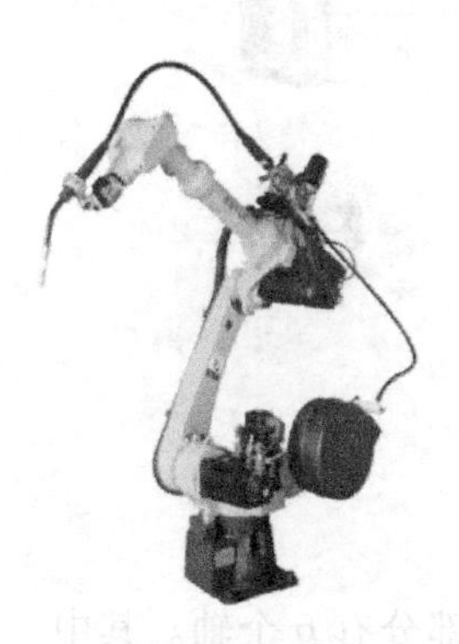

图 5-16 弧焊机器人

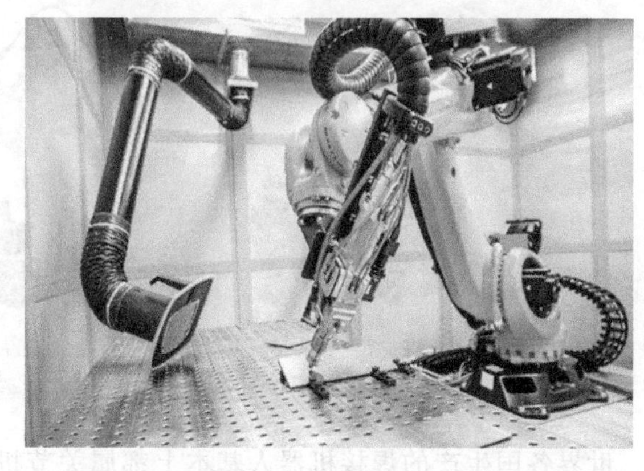

图 5-17 激光焊机器人

机器人在焊接过程中焊枪喷嘴内外残留的焊渣以及焊丝干伸长的变化等势必影响产品的焊接质量及其稳定性，清枪装置便是一套维护焊枪的装置，能够保证焊接过程的顺利进行，减少人为的干预，让整个自动化焊接工作站流畅运转。清枪装置如图 5-18 所示。

清枪过程包括以下三个动作：

（1）清焊渣　由自动机械装置带动顶端的尖头旋转对焊渣进行清洁。

（2）喷雾　自动喷雾装置对清完焊渣的枪头部分进行喷雾，防止焊接过程中焊渣和飞溅粘连到导电嘴上。

（3）剪焊丝　自动剪切装置将焊丝剪至合适的长度。

图 5-18 清枪装置

对于某些焊接场合，由于工件空间几何形状过于复杂，使焊接机器人的末端工具无法到达指定的焊接位置或姿态，此时可以通过增加 1～3 个外部轴的办法来增加机器人的自由度。其中一种做法是采用变位机让焊接工件移动或转动，使工件上的待焊部位进入机器人的作业空间。变位机如图 5-19 所示。

图 5-19 变位机

二、焊接参数

焊接参数界面如图 5-20 所示，其参数根据配置的焊接机器人不同而有所不同，部分参数介绍见表 5-17。

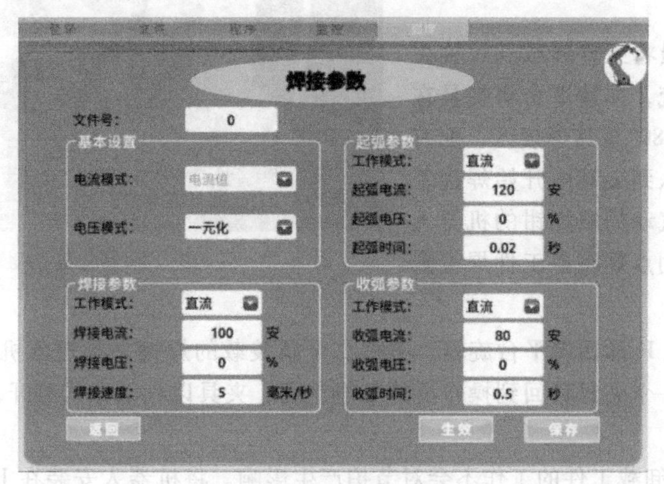

图 5-20　焊接参数界面

表 5-17　部分参数介绍

名称		描述	备注
文件号		保存焊接参数的文件编号，共可以保存 100 组参数	范围：0~99
基本设置	电流模式	电流模式分为电流值和送丝速度两个选项。电流值：焊接过程以焊接电流为准；送丝速度：焊接过程以送丝速度为准	目前只开放电流值设置方式
	电压模式	电压模式分为一元化和分别两个选项，一元化：设置焊接电流、焊接电压值焊机自动匹配，可以百分比方式进行上下调节；分别：焊接电流和焊接电压单独给定，互不影响	模拟量通信时，只能为分别模式
起弧参数	工作模式	选择焊机的起弧工作模式，分为直流和脉冲	
	起弧电流	起弧时，焊机输出电流或送丝速度。电流模式为电流值时，单位为 A；电流模式为送丝速度时，单位为 m/min	
	起弧电压	起弧时，焊机输出电压强度或电压值，电压模式为一元化时，单位为%；电压模式为分别时，单位 V	
	起弧时间	引弧成功后，焊机的电流、电压由起弧电流、电压渐变到焊接电流、电压的时间	

三、工业机器人焊接实例

焊接机器人当前最有市场地位的行业是汽车制造，除此之外，它在农业机械、电梯、工程机械和轨道交通等众多领域也有广泛应用。将多种焊接工艺融合为一体可形成紧凑型多功能单元，如图 5-21 所示。

该单元将一台机器人集成于一个 H 形回转平台的中央，该回转平台可使生产过程中始终有一个焊接夹具在工作状态，同时第二个焊接夹具由操作员装入工件，这样操作员的操作对节拍没有影响。

该单元也可以用于其他场合：既可以单独用一个机器人作为一个非常紧凑的机器人焊接单元使用，也可以配合其他机器人使用，后者可以融合不同的机器人焊接工艺。

首先，操作员将工件装载到焊接夹具上并且启动系统，回转平台将夹具在机器人下方旋转180°至其焊接区，配有焊枪的机器人伸入到夹具中开始焊接工件；然后，配有气动伺服焊钳的机器人移动至夹具中，用点焊将各工件焊接到一起。

图 5-21 紧凑型多功能单元

焊接完成后，H形回转平台旋转，将第二个新装载的焊接夹具送入机器人的工作空间。平台的旋转将第一个夹具移回到操作员的工作空间，夹具以气动方式打开，操作员可将焊接好的零件取出。

操作员装载/卸载工件的工作不会对节拍产生影响。将机器人安装在H形回转平台上的布置，提高了机器人在夹具工作区内执行焊接时的可达性。安装在平台上的机器人以其6kg的低负载和1600mm的工作半径完美地匹配了标准弧焊任务。

机器人腕部的流线型设计确保机器人具有最小的破坏性轮廓线和最高的运动自由度，因此这位“焊接专家”能够轻松到达工件上的所有焊接位置。

评价反馈

评价反馈见表5-18。

表 5-18 评价反馈表

序号	评估内容	自评	互评	师评
基本素养(30分)				
序号	评估内容	自评	互评	师评
1	纪律(无迟到、早退、旷课)(10分)			
2	安全规范操作(10分)			
3	团结协作能力、沟通能力(10分)			
理论知识(30分)				
序号	评估内容	自评	互评	师评
1	五个常用离线仿真指令(10分)			
2	激光雕刻仿真工艺流程(10分)			
3	机器人法兰盘上安装工具的依据(10分)			
技能操作(40分)				
序号	评估内容	自评	互评	师评
1	完成激光雕刻仿真工作站系统布局(10分)			
2	完成激光雕刻离线编程并导入示教器(10分)			
3	正确完成手动安装(10分)			
4	程序验证无误(10分)			
综合评价				

练习与思考

一、填空题

1. 新建附件需要最后保存为____________文件。
2. 新建的零件需要在____________导入。
3. 修改基准坐标系时，需要____________重新确定基准坐标系。
4. 建立工具坐标系时，需要____________确定坐标系。

二、简答题

1. 如何将机器人模型上载到离线仿真软件中？
2. 如何将工具导入离线仿真软件中？

三、编程题

参考雕刻模块进行机器人离线编程并验证，如图 5-22 所示，使机器人从运动轨迹中的（13）点出发，依次经过（16）、（12）、（15）、（11）、（14）、…、（2）进行雕刻工作。

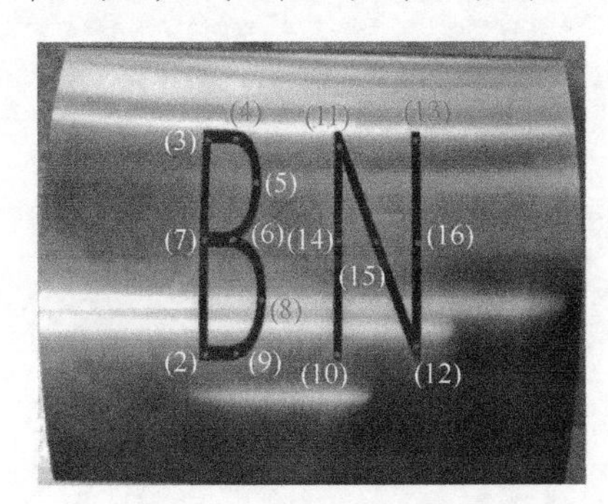

图 5-22　机器人运动轨迹

高 级 篇

项目六 工业机器人创新平台虚拟调试

学习目标

1. 熟悉 IRobotSIM（博智）智能制造生产线仿真软件的模型导入方法。
2. 掌握 IRobotSIM（博智）智能制造生产线仿真软件的模型布局方法。
3. 掌握 IRobotSIM（博智）智能制造生产线仿真软件的脚本编写方法。

工作任务

一、工作任务背景

随着互联网技术的快速发展，工业生产的方式也发生了极大变化，传统制造行业开始向智能制造转变。为了确保加工程序的正确性，规避加工中途因程序问题而引起的误切和停机等，在对机器人编程后，需要对其进行验证。博诺机器人联合多家科研单位，历时五年研发了拥有自主知识产权的产线分析与规划软件——IRobotSIM（博智），该软件可以在虚拟环境中对机器人、制造过程进行有效仿真，真实地模拟生产线的运动和节拍，实现智能制造生产线的分析与规划。IRobotSIM 具有丰富的 3D 设备库，支持模型导入与定制、物理仿真和传感器仿真，机器人离线编程，便捷的拖拽操作，具有大场景的优秀仿真效果，强大的 API 和数字孪生开发功能等，从而减少了实际生产过程中的异常情况，降低了生产成本，提高了生产质量。IRobotSIM 模拟的生产线如图 6-1 所示。

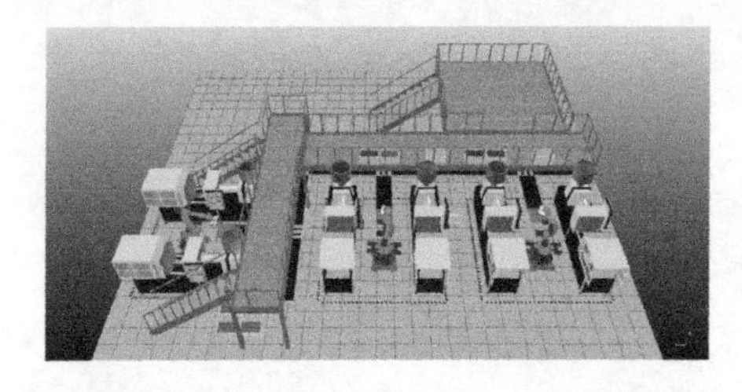

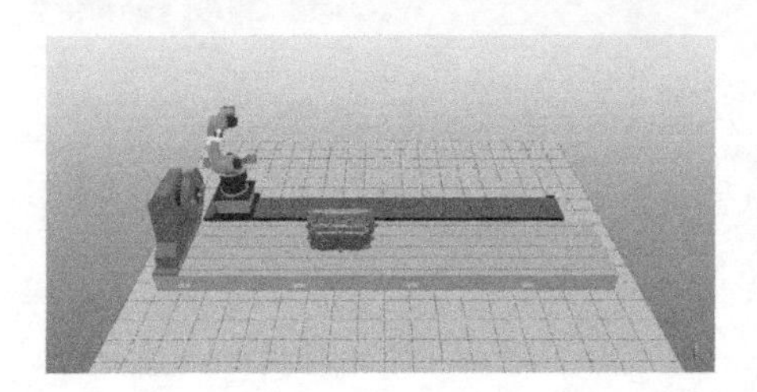
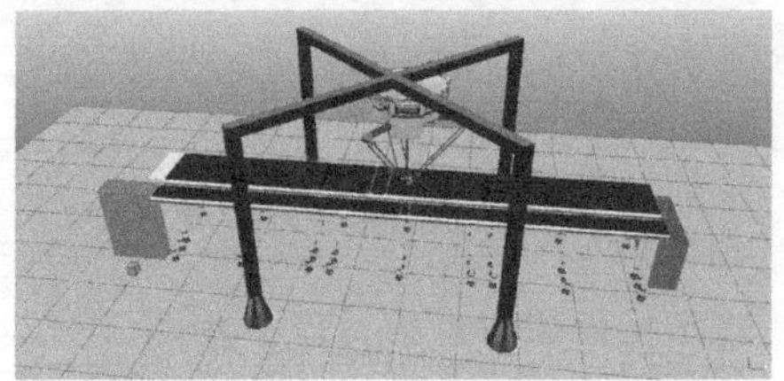

图 6-1　IRobotSIM 模拟的生产线

二、所需要的设备

虚拟调试所需的设备为 IRobotSIM（博智）智能制造生产线仿真软件。

三、任务描述

1）完成 IRobotSIM（博智）智能制造生产线仿真软件模型的导入。

2）完成 IRobotSIM（博智）智能制造生产线仿真软件模型位置的摆放。

3）完成 IRobotSIM（博智）智能制造生产线仿真软件脚本的建立。

4）完成 IRobotSIM（博智）智能制造生产线仿真软件脚本的编写。

实践操作

一、知识储备

IRobotSIM 是专业的虚拟仿真编程平台，具有多种功能特性与应用编程接口，可以满足二次定制开发、轨迹规划、三维可视化与渲染、碰撞检测、信号交互协同控制、机器人运动学分析及离散事件处理等规划类计算机辅助工程（CAE）分析功能的要求。

IRobotSIM 主要有以下几个特性：

1）IRobotSIM 使用集成开发环境、分布式控制体系结构。每个模型均可通过嵌入式脚本、插件和远程客户端应用编程进行接口控制。

2）IRobotSIM 支持 C/C++、Lua、Python、Matlab 和 Octave 等编程语言。

3）IRobotSIM 中有 Bulletphysicslibrary、OpenDynamicsEngine（ODE）、Vortex 和 Newton 四个物理引擎。其中 Bulletphysicslibrary 引擎包括 Bullet2. 78 和 Bullet2. 83 两个版本。

4）IRobotSIM 包括运动逆解、碰撞检测、距离计算、运动规划、路径规划和几何约束六大模块。

5）IRobotSIM 支持 Windows7 或 Windows10 平台安装。将安装包放在一个英文路径下，双击安装程序，根据提示进行安装操作即可。注意：安装过程可自定义安装目录，一旦开始安装后，默认是不能取消的。

二、任务实施

1. IRobotSIM 的界面

启动 IRobotSIM 软件后，其主界面如图 6-2 所示。

（1）应用栏　应用栏显示了软件的名称 IRobotSIM（博智）。

（2）菜单栏　菜单栏显示了对象的常用操作，包括文件、编辑、设置、工具、帮助和测试。其中，文件用于场景的创建和保存，支持 obj、dxf、stl、stp、step 和 iges 等网格文件的导入，也可以直接加载 hcm 格式的场景，也支持对单独的形状进行导出；编辑可以对已选择的对象进行复制、粘贴和删除等操作；设置包括仿真设置和系统设置。

（3）工具栏

1）工具栏 1。工具栏 1 用于编辑模型和场景、控制仿真过程，主要包括场景的新建、打开和保存，对象的平移和旋转，撤销与重做，示教平移和旋转等。

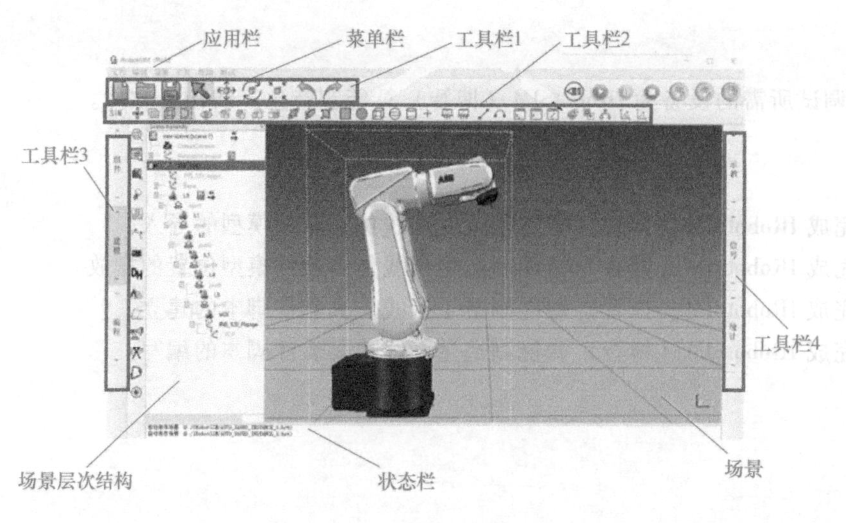

图 6-2 IRobotSIM 软件的主界面

2）工具栏 2。工具栏 2 用于页面选择和场景选择，对象的合并与分解，关节、实体、坐标点、传感器、路径和线程脚本等的添加。

3）工具栏 3。工具栏 3 分为组件、建模及编程三大功能模块。组件中有各种模型，可将模型拖到场景中进行设备调用。单击侧边栏的“建模”按钮，打开场景层次和相应的功能模块。scene1 和 scene2 是两个不同的场景，在 scene1 中，双击图标右边的名字，可以对名字进行更改，双击名字左边的图标，可以对相应的组件进行参数设置。单击选中某个对象进行拖动，可以改变场景的层次结构，也可以按<Ctrl+C>键复制某个对象，在当前场景或其他场景下（确保在同一个场景层次下），按<Ctrl+V>键粘贴对象。若要一次复制多个对象，则可选中一个对象，按住<Shift>键，用鼠标拖动选择多个对象，然后进行复制、粘贴。图 6-3 中 scene1 后面是主脚本，对应的还有子脚本。

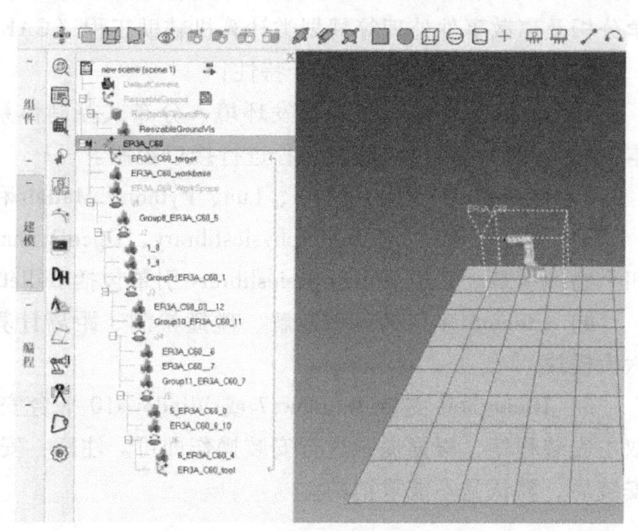

图 6-3 场景层次栏

单击“编程”按钮，弹出如图 6-4 所示的对话框，主要是建立机器人路径点，并仿真运行，还可以进行后置输出。

4）工具栏 4。工具栏 4 主要包括示教、信号和统计三大模块。这里主要介绍手动示教功能（针对串联机器人）。对于一个机器人来说，在场景层次结构下，将机器人模型最上面的父对象勾选设置模型为组件，即可打开右边栏的机器人选项。如图 6-5 所示。通过调节每个关节的大小，即可改变机器人的位置。Tx、Ty、Tz、Rx、Ry、Rz 为对应目标点（target）的位置和方向，通过改变目标点的位姿（位置和方向），机器人模型也做出相应的改变。

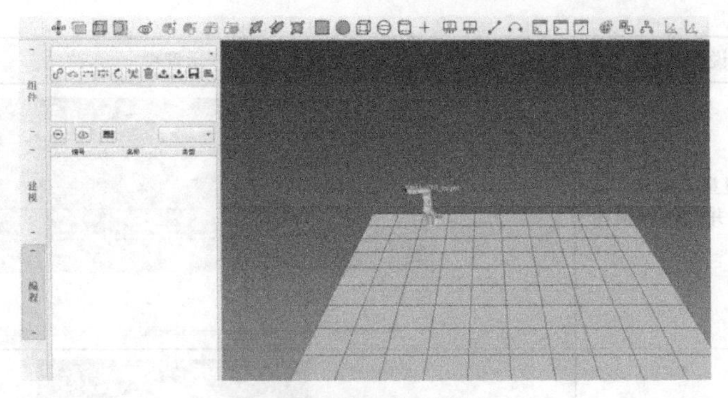

图 6-4　“编程”对话框

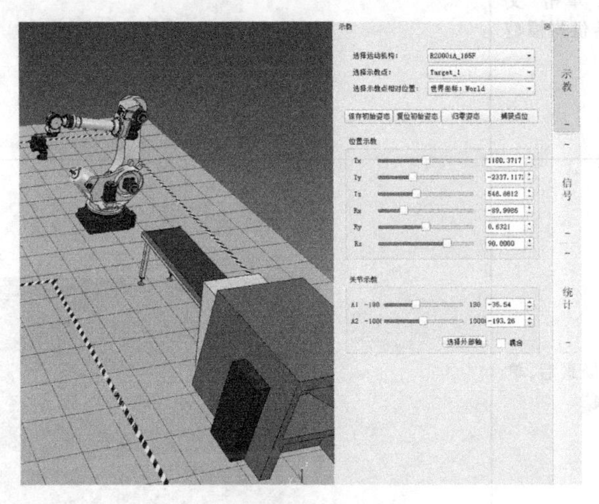

图 6-5　机器人示教

2. 模型的导入与布局（表 6-1）

表 6-1　模型的导入与布局

操作步骤及说明	示意图
1）打开软件。双击 IRobotSIM（博智）图标打开软件	
2）打开虚拟调试场景。单击左上角的“文件”，选择“打开场景”，打开虚拟调试场景	

（续）

操作步骤及说明	示意图
3)导入井式供料模型。单击“文件”→“加载模型”,将井式供料模型导入	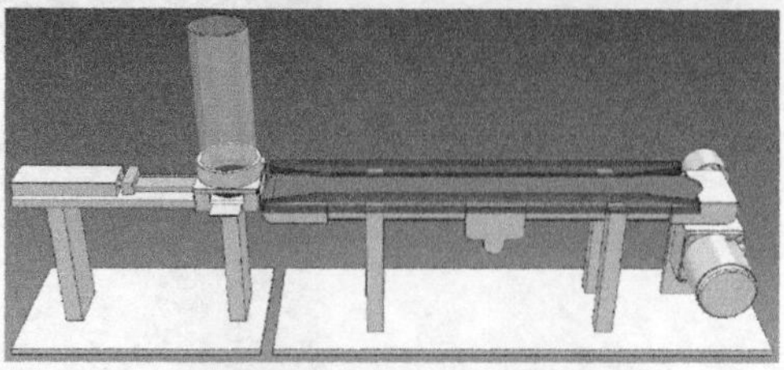
4)导入旋转供料模型。单击“文件”→“加载模型”,将旋转供料模型导入	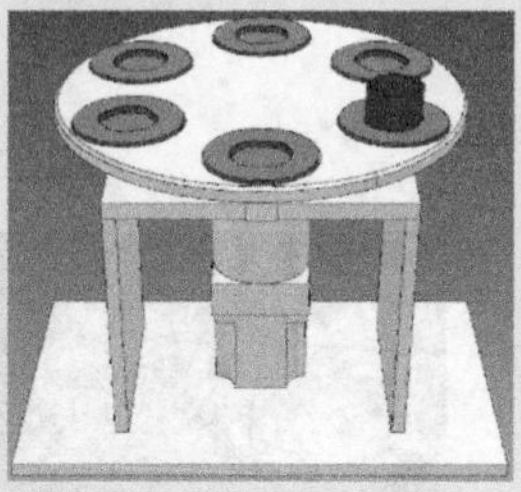
5)建模。在模型导入至场景后,单击软件左侧边栏中的“建模”	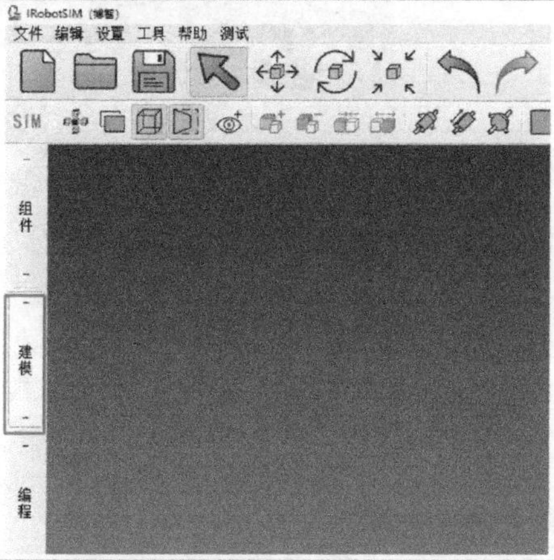
6)选中模型。打开“建模”工具栏后,单击“pjingshigongliao”模型	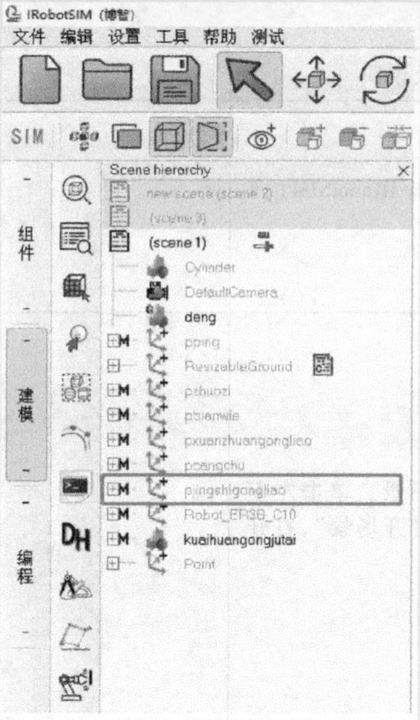

（续）

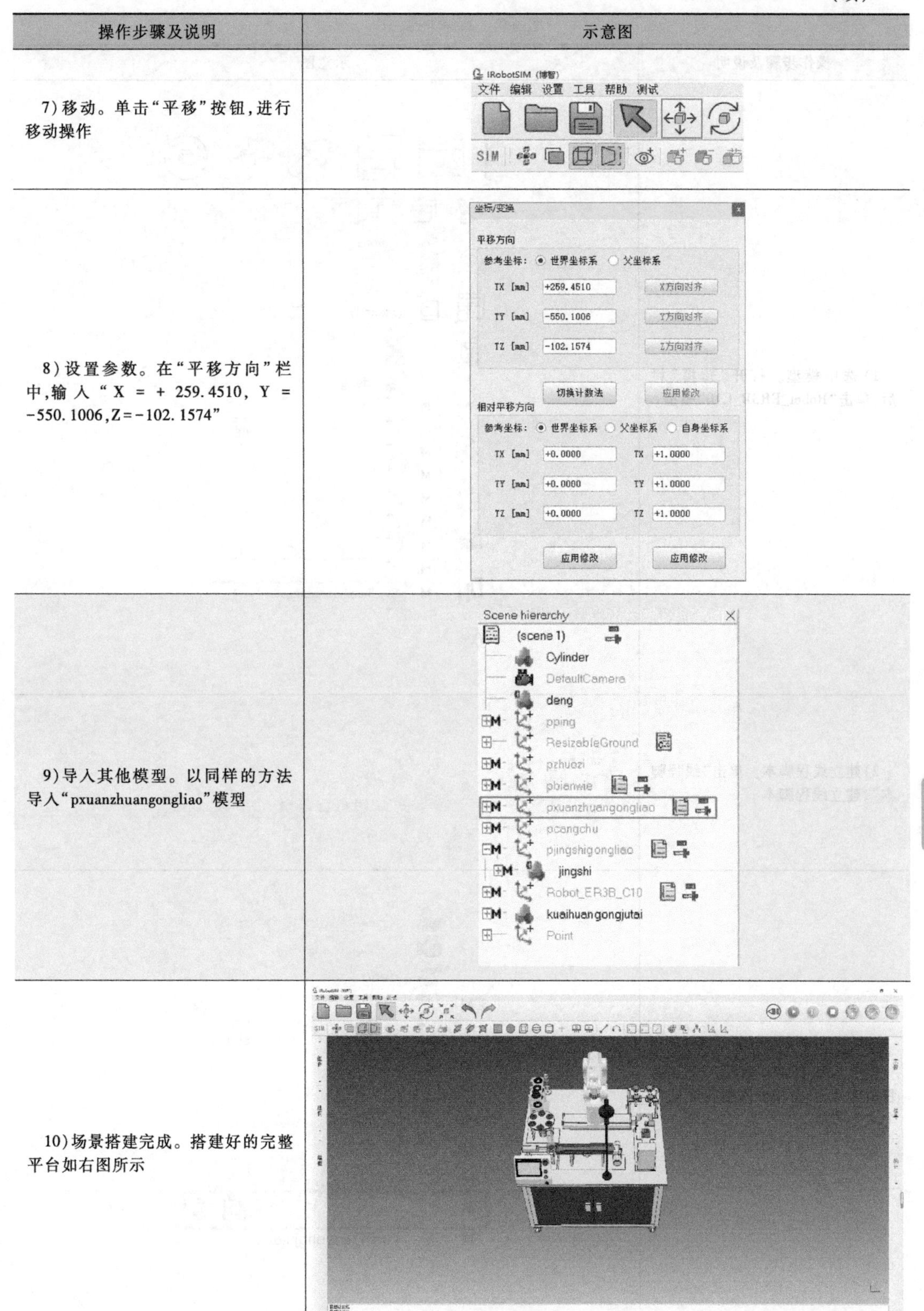

操作步骤及说明	示意图
7）移动。单击“平移”按钮，进行移动操作	
8）设置参数。在“平移方向”栏中，输入“X = +259.4510，Y = -550.1006，Z = -102.1574”	
9）导入其他模型。以同样的方法导入“pxuanzhuangongliao”模型	
10）场景搭建完成。搭建好的完整平台如右图所示	

3. 脚本的建立（表 6-2）

表 6-2 脚本的建立

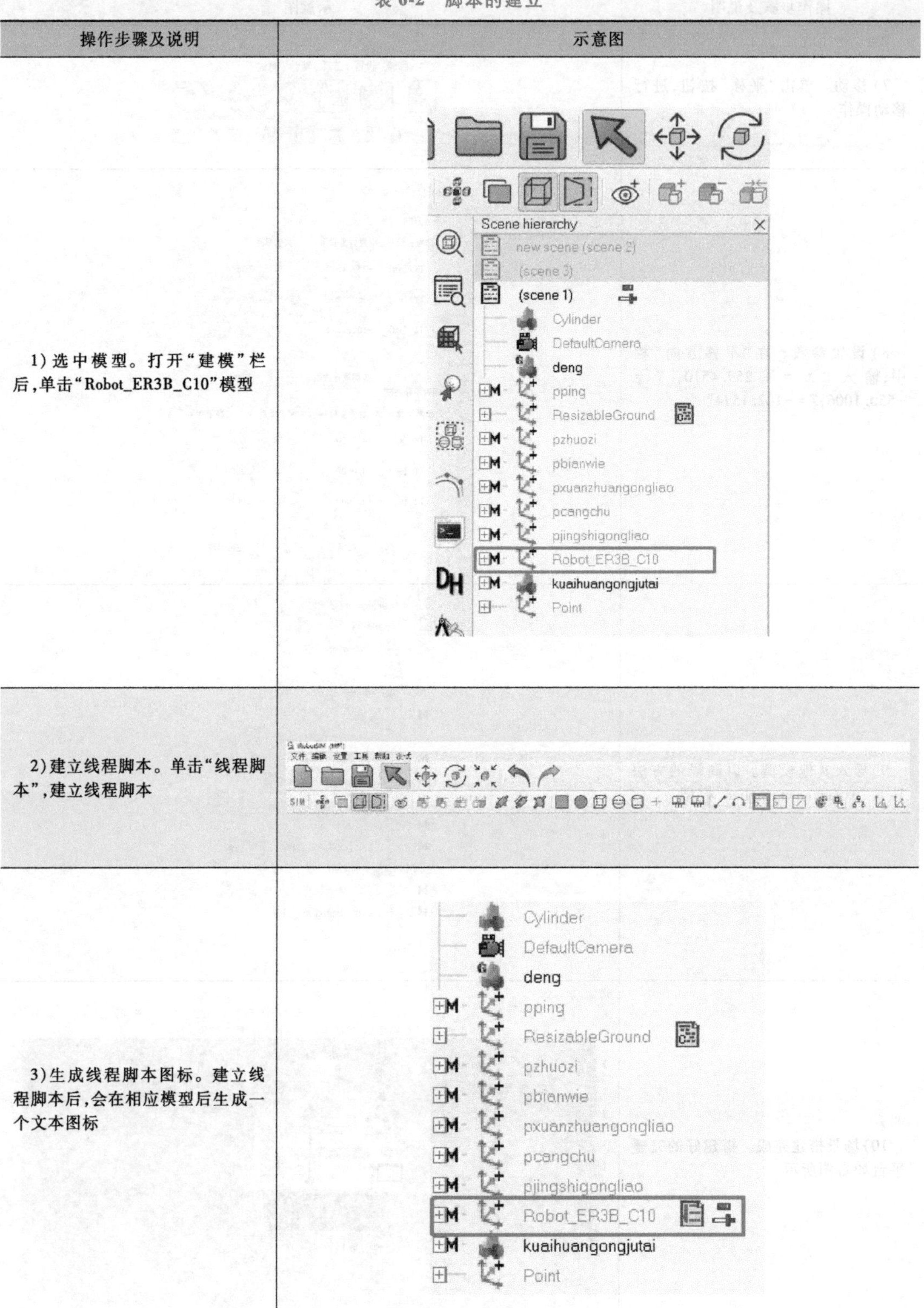

操作步骤及说明	示意图
1）选中模型。打开“建模”栏后，单击“Robot_ER3B_C10”模型	Scene hierarchy：new scene (scene 2)、(scene 3)、(scene 1)、Cylinder、DefaultCamera、deng、pping、ResizableGround、pzhuozi、pbianwie、pxuanzhuangongliao、pcangchu、pjingshigongliao、Robot_ER3B_C10、kuaihuangongjutai、Point
2）建立线程脚本。单击“线程脚本”，建立线程脚本	
3）生成线程脚本图标。建立线程脚本后，会在相应模型后生成一个文本图标	Cylinder、DefaultCamera、deng、pping、ResizableGround、pzhuozi、pbianwie、pxuanzhuangongliao、pcangchu、pjingshigongliao、Robot_ER3B_C10、kuaihuangongjutai、Point

（续）

操作步骤及说明	示意图
4）脚本建立完成。双击该文本图标，即可打开编写脚本的界面，脚本建立完成	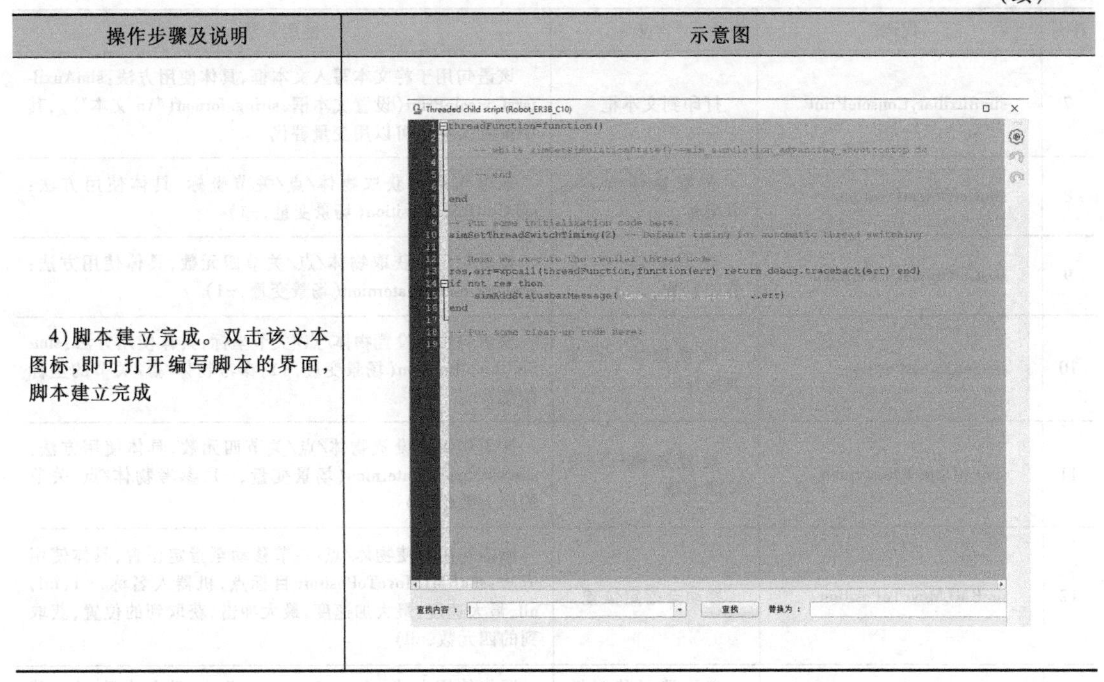

4. 脚本的编写（表 6-3）

表 6-3　脚本的编写

序号	代码	含义	使用方法
1	simGetObjectHandle	建立模型句柄	该语句用于关联脚本与场景中模型，只有在脚本中建立该语句才能利用脚本操控场景中的模型、点和关节等。具体使用方法：场景变量＝simGetObjectHandle('模型/点/关节名称')
2	simSetObjectPosition	设置物体位置	该语句用于设置场景中物体的位置，具体使用方法：simSetObjectPosition(场景变量，-1，{X * 0.001，Y * 0.001，Z * 0.001})，其中“-1”为参考坐标系信息，后文代码中也有用“-1”指代世界坐标系，“X、Y、Z”为位置信息，在脚本中与外部场景中的单位需要转换，故乘 0.001
3	simSetObjectParent	设置对象的父对象	该语句用于设置场景中物体的从属关系，使用该语句可让某个物体/点/关节从属于某个物体/点/关节。具体使用方法：simSetObjectParent(物体/点/关节，从属于物体/点/关节/-1，true)
4	simMoveToJointPositions	使关节移动	该语句用于使关节移动，具体使用方法：simMoveToJointPositions(关节名称，移动距离 * 0.001，移动速度(0~1))，当多个关节需要同时移动时可以变为：simMoveToJointPositions({关节名称，关节名称}，{移动距离 * 0.001，移动距离 * 0.001}，移动速度(0~1))
5	simWait	等待	该语句用于设置等待时间，具体使用方法：simWait(等待时间)
6	simAuxiliaryConsoleOpen	设置文本框	该语句用于设置文本框相关信息，具体使用方法：simAuxiliaryConsoleOpen("文本框名称"，显示行数，1)，其中“1”表示控制台窗口将在仿真结束时自动关闭(当从仿真脚本调用时)

（续）

序号	代码	含义	使用方法
7	simAuxiliaryConsolePrint	打印到文本框	该语句用于将文本写入文本框，具体使用方法：simAuxiliaryConsolePrint（设置文本框，string. format（"\n 文本"）），其中设置文本框可以用变量替代
8	simGetObjectPosition	获取物体/点/关节坐标	该语句用于获取物体/点/关节坐标，具体使用方法：simGetObjectPosition（场景变量，-1）
9	simGetObjectQuaternion	获取物体/点/关节四元数	该语句用于获取物体/点/关节四元数，具体使用方法：simGetObjectQuaternion（场景变量，-1）
10	simSetObjectPosition	设置物体/点/关节坐标	该语句用于设置物体/点/关节坐标，具体使用方法：simSetObjectPosition（场景变量，-1，参考物体/点/关节的坐标信息）
11	simSetObjectQuaternion	设置物体/点/关节四元数	该语句用于设置物体/点/关节四元数，具体使用方法：simSetObjectQuaternion（场景变量，-1，参考物体/点/关节的四元数信息）
12	simRMLMoveToPosition	移动至指定位置	该语句用于使物体/点/关节移动至指定位置，具体使用方法：simRMLMoveToPositio（目标点，机器人名称，-1，nil，nil，最大速度，最大加速度，最大冲击，获取到的位置，获取到的四元数，nil）
13	simGetPositionOnPath	获取路径绝对插值点位置	语句使用方法：simGetPositionOnPath（路径名称，0），其中 0 为路径起点
14	simGetOrientationOnPath	获取路径绝对插值点方向	语句使用方法：simGetOrientationOnPath（路径名称，0），其中 0 为路径起点
15	simMoveToPosition	移动到目标位置	语句使用方法：simMoveToPosition（移动的物体，-1，获取路径绝对插值点位置，获取路径绝对插值点方向，1，1）
16	simFollowPath	沿路径移动	语句使用方法：simFollowPath（移动的物体，路径，3，0，1，0.1），其中 3 为修改位置和方向，1 为路径结尾，0.1 为移动速度
17	simSetIntegerSignal	设置整形信号	语句使用方法：simSetIntegerSignal（'信号名'，信号值）
18	simWaitForSignal	等待信号	语句使用方法：simWaitForSignal（'信号名'，信号值）
19	simClearIntegerSignal	清除整形信号	语句使用方法：simClearIntegerSignal（'信号名'）
20	simSetThreadSwitchTiming	线程转换时间	—
21	xpcall	错误处理函数	Lua 提供了 xpcall 函数，xpcall 接收一个错误处理函数，当错误发生时，Lua 会在调用栈展开（unwind）前调用错误处理函数，于是可在该函数中使用 debug 库来获取关于错误的额外信息
22	simAddStatusbarMessage	向状态栏添加消息	语句使用方法：simAddStatusbarMessage（'信息'）

注：在操作旋转关节时，需将 * 0.001 替换为 * math. pi/180。

表 6-3 中的 8~11 可以封装至一个函数中，从而实现坐标的变换，具体应用如下：

```
setTargetPosAnt = function （thisObject, targetObject）
    local P = simGetObjectPosition （targetObject, -1）
    local A = simGetObjectQuaternion （targetObject, -1）
```

```
    simSetObjectPosition (thisObject, -1, P)
    simSetObjectQuaternion (thisObject, -1, A)
  end
```

表 6-3 中的 5、8、9、12 可以封装至一个函数中，从而实现机器人模型的运动，具体应用如下：

```
  moveToplace=function (objectHandle, waitTime)
  local targetP=simGetObjectPosition (objectHandle, targetBase)
  local targetO=simGetObjectQuaternion (objectHandle, targetBase)
    simRMLMoveToPosition (target, targetBase, -1, nil, nil, maxVel, maxAccel, maxJerk, targetP, targetO, nil)
  simWait (waitTime)
  end
```

表 6-3 中的 13~16 可以封装至一个函数中，从而实现物体沿路径移动，具体应用如下：

```
  p=simGetPositionOnPath(Path,0)
    o=simGetOrientationOnPath(Path,0)
    simMoveToPosition(pwuliao3_1,-1,p,o,1,1)
    simFollowPath(pwuliao3_1,Path,3,0,1,0.1)
```

本项目中所介绍脚本语句的具体示例可见附录 A。

知识拓展

一、数字孪生技术

数字孪生是充分利用物理模型、传感器更新、运行历史记录等，集成多学科、多物理量、多尺度和多概率的仿真过程，以完成虚拟空间中的映射，从而反映相应实体设备的整个生命周期过程。因此，在灵活的单元制造中，可以利用数字孪生技术，通过实体生产线和虚拟生产线的双向真实映射与实时交互，实现实体生产线、虚拟生产线、智能服务系统的全要素、全流程、全业务数据的集成和融合，在孪生数据的驱动下，实现生产线的生产布局、生产计划、生产调度等的迭代运行，达到单元式生产线最优的一种运行模式。图 6-6 所示为数字孪生模型结构，包括全要素物理实体层、信息物理融合层、数字孪生模型层和智能应用服务层。

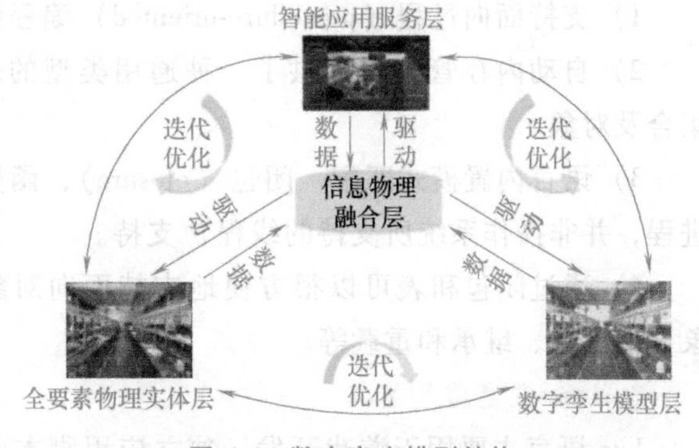

图 6-6 数字孪生模型结构

（1）全要素物理实体层 全要素物理实体层是单元式生产线数字孪生模型结构的现实物理层，主要是指生产线、人、机器和对象等物理生产线实体，以及相联系的客观存在的实体集合。该层作为数字孪生体系的基础层，为数字孪生模型中的各层提供数据信息，主要负责接收智能应用服务层下达的生产任务，并按照虚拟生产线仿真优化后的生产指令进行生产。

（2）信息物理融合层　信息物理融合层（CPS）是单元式生产线模型的载体，是实体层和模型层之间的桥梁，实现虚拟实体与物理实体之间的交互映射和实时反馈，负责为实体层生产线和服务层的运行提供数据支持。CPS贯穿柔性生产线的全生命周期各阶段，实现物理对象的状态感知和控制功能。

（3）数字孪生模型层　数字孪生模型层是指全要素物理实体层在虚拟空间中的数字化镜像，是实现单元式生产线规划设计、生产调度、物流配送和故障预测等功能最核心的部分。该层基于数据驱动的模型实现仿真、分析和优化，并对生产过程实时监测、预测与调控等。

（4）智能应用服务层　智能应用服务层从产品的设计、制造、质量、回收进行全生命周期管理把控，实现生产线生产布局管理、生产调度优化、生产物流精准配送、装备智能控制、产品质量分析与追溯、故障预测与健康管理，在满足一定约束的前提下，不断提升生产率和灵活性，以达到生产线生产和管控最优。

二、Lua 语言介绍

本项目中的脚本采用 Lua 语言进行编写。Lua 语言是一种轻量小巧的脚本语言，用标准C语言编写并以源代码形式开放，其设计目的是嵌入应用程序中，从而为应用程序提供灵活的扩展和定制功能。

1. Lua 语言的特性

（1）轻量级　它用标准C语言编写并以源代码形式开放，编译后仅仅一百余KB，可以很方便地嵌入其他程序里。

（2）可扩展　Lua 语言提供了非常易于使用的扩展接口和机制：由宿主语言（通常是C或C++）提供的功能，Lua 语言可以使用它们，就像是本来就内置的功能一样。

（3）其他特性

1）支持面向过程（procedure-oriented）编程和函数式（functional）编程。

2）自动内存管理只提供了一种通用类型的表（table），用它可以实现数组、哈希表、集合及对象。

3）语言内置模式匹配，闭包（closure），函数也可以看作一个值，提供多线程（协同进程，并非操作系统所支持的线程）支持。

4）通过闭包和表可以很方便地支持面向对象编程所需要的一些关键机制，如数据抽象、虚函数、继承和重载等。

2. Lua 语言应用场景

Lua 语言主要用于游戏开发、独立应用脚本、Web 应用脚本、扩展和数据库插件（如MySQL Proxy 和 MySQL WorkBench），以及安全系统（如入侵检测系统）。

评价反馈

评价反馈见表6-4。

表 6-4　评价反馈表

基本素养(30 分)				
序号	评估内容	自评	互评	师评
1	纪律(无迟到、早退、旷课)(10 分)			
2	安全规范操作(10 分)			
3	团结协作能力、沟通能力(10 分)			
理论知识(30 分)				
序号	评估内容	自评	互评	师评
1	了解 IRobotSIM 软件功能(10 分)			
2	了解 IRobotSIM 软件脚本结构(10 分)			
3	了解 Lua 语言(10 分)			
技能操作(40 分)				
序号	评估内容	自评	互评	师评
1	掌握 IRobotSIM 软件模型的导入与布局方法(10 分)			
2	了解 IRobotSIM 软件脚本的建立方法(10 分)			
3	了解 IRobotSIM 软件脚本的编写方法(20 分)			
综合评价				

练习与思考

一、填空题

1. IRobotSIM 支持 C/C++、__________、__________、__________和__________等编程语言。

2. IRobotSIM 中有__________、__________、__________和__________四个物理引擎。

3. IRobotSIM 包括__________、__________、__________、__________、__________和__________六大模块。

4. 数字孪生模型结构包括全要素物理实体层、__________、__________和智能应用服务层。

二、简答题

1. IRobotSIM 中的工具栏有哪些功能？
2. 数字孪生的概念是什么？
3. Lua 语言的主要特性包括哪些？

项目七 工业机器人双机协作应用编程

学习目标

1. 了解并掌握外部轴的使用方法。
2. 学会使用 S7 通信在两台机器人之间建立通信。
3. 了解工业机器人多机协作的意义、现状及存在的难点。
4. 通过 PLC 编程、机器人示教编程及 MVP 视觉软件编程控制两台机器人协同完成装配任务。

工作任务

一、工作任务背景

随着人类的制造应用需求陡增，尤其面向智能制造中出现的小批量、多品种、个性化生产要求增多，应对这种复杂的柔性化生产趋势，单个机器人作业功能开始显得比较单一，生产需要更加数字化、网络化、智能化，因此多机器人协作的理论和应用发展成为必然，在工业上更多地体现在智能工厂对分布式人工智能的典型应用上，如工业机器人多机协作在汽车装配领域的应用，如图 7-1 所示。本项目以双工业机器人协作装配减速器为例，来介绍工业机器人双机协作应用编程方法。

图 7-1　汽车装配领域的多机协作

二、所需要的设备

工业机器人双机协作应用编程所需的主要设备为工业机器人应用领域一体化教学创新平

台（BN-R116-R3），包括 BN-R3 型工业机器人本体、控制器、示教器、气泵、旋转供料模块、立体仓储模块、原料仓储模块、伺服变位机模块、快换工具模块、视觉检测模块、弧口夹爪工具和平口夹爪工具，如图 7-2 所示，搭建完成的平台如图 7-3 所示。

图 7-2　工业机器人双机协作应用编程所需设备

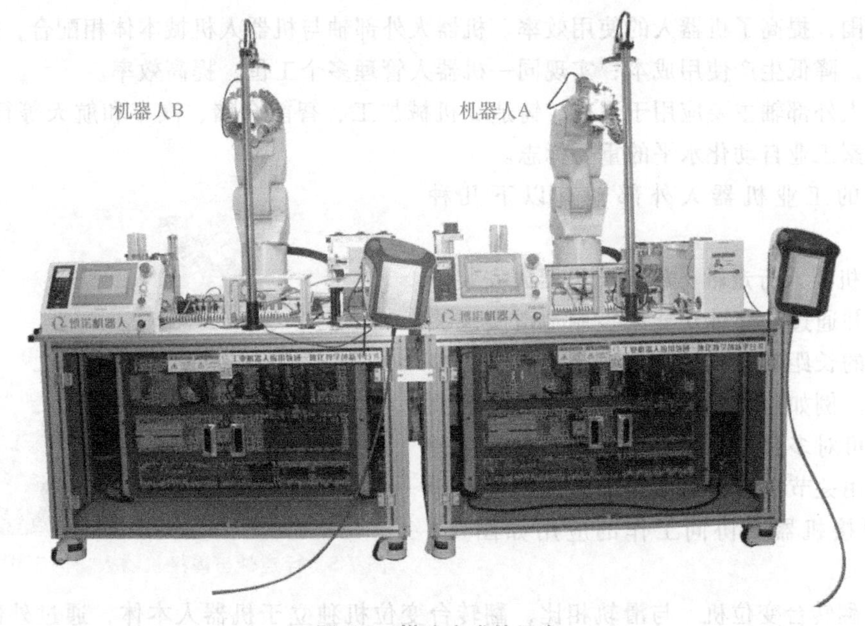

图 7-3　搭建完成的平台

三、任务描述

这里以谐波减速器的部分装配为典型案例，两台机器人同时作业，首先各自抓取工具，再由机器人 B 抓取柔轮组件，并将柔轮组件放置到 A 平台旋转供料模块的指定位置，同时机器人 A 将刚轮从立体仓储模块中取出，在 RFID 模块上写入数据以后放置到伺服变位机模块上。柔轮组件经过旋转供料模块移动至指定位置后，机器人 A 将柔轮组件抓取并装配在刚轮上。完成装配后，机器人 A 抓取装配完的谐波减速器，将其移动至 RFID 模块上方并读取数据，读取完成后将其放置到立体仓储模块的指定位置，放回弧口夹爪，回到原位，任务完成。谐波减速器装配示意图如图 7-4 所示。

图 7-4 谐波减速器装配示意图

实践操作

一、知识储备

1. 外部轴

外部轴也称为机器人第七轴、行走轴，是机器人本体轴数之外的轴，机器人可以通过定制的安装板安装在外部轴上。

由于安装在固定基座上的机器人有其使用的局限性——不能移动，对于工作空间较大的场合，需要多次或多台机器人进行作业，增加了使用成本，因此需要增加外部轴进行功能扩展。

机器人外部轴能让机器人在指定的路线上进行移动，扩大机器人的作业半径，扩展机器人使用范围，提高了机器人的使用效率。机器人外部轴与机器人机械本体相配合，使工件变位或移位，降低生产使用成本；实现同一机器人管理多个工位，提高效率。

机器人外部轴主要应用于焊接、铸造、机械加工、智能仓储、汽车和航天等行业领域，是一个国家工业自动化水平的重要标志。

常见的工业机器人外部轴有以下几种类型。

（1）机器人行走轴　将关节机器人安装于滑轨上，并通过外部轴功能来控制地滑实现关节机器人的长距离移动，可以实现大范围、多工位工作。例如：在机床行业中，使用一台关节机器人可对多台机床进行上下料；在焊接行业中，使用关节机器人可实现大范围焊接。行走轴与焊接机器人协同工作的应用如图 7-5 所示。

图 7-5 行走轴与焊接机器人协同工作的应用

（2）翻转台变位机　与滑轨相比，翻转台变位机独立于机器人本体，通过外部轴的功能控制翻转台变位机翻转到特定的角度，更加利于机器人对工件的某一个面进行加工，翻转台变位机（图 7-6）主要应用于焊接、切割、喷涂和热处理等场合。例如，在喷涂行业中，通过翻转台变位机翻转 180°，可实现对工件上下表面的喷涂。

翻转台变位机按照自由度可划分为单回转式变位机和双回转式变位机。

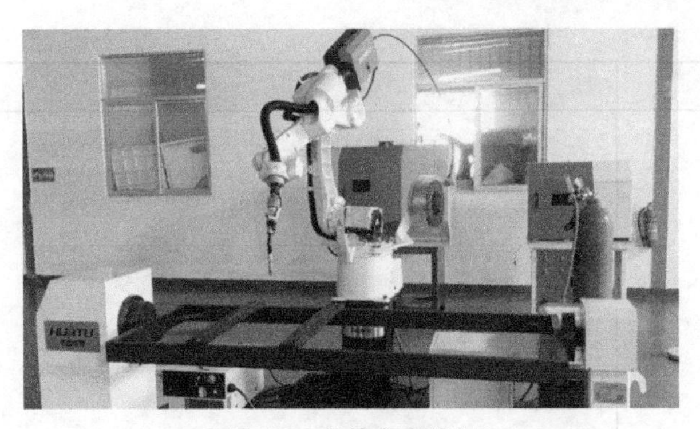

图 7-6　翻转台变位机

1）单回转式变位机只有一个旋转轴，该旋转轴的位置和方向固定不变。

2）双回转式变位机有两个旋转轴，旋转轴的位置和方向随着翻转轴的转动而发生变化。

2. 机器人通信

双机协作机器人通信见表 7-1。

表 7-1　双机协作机器人通信

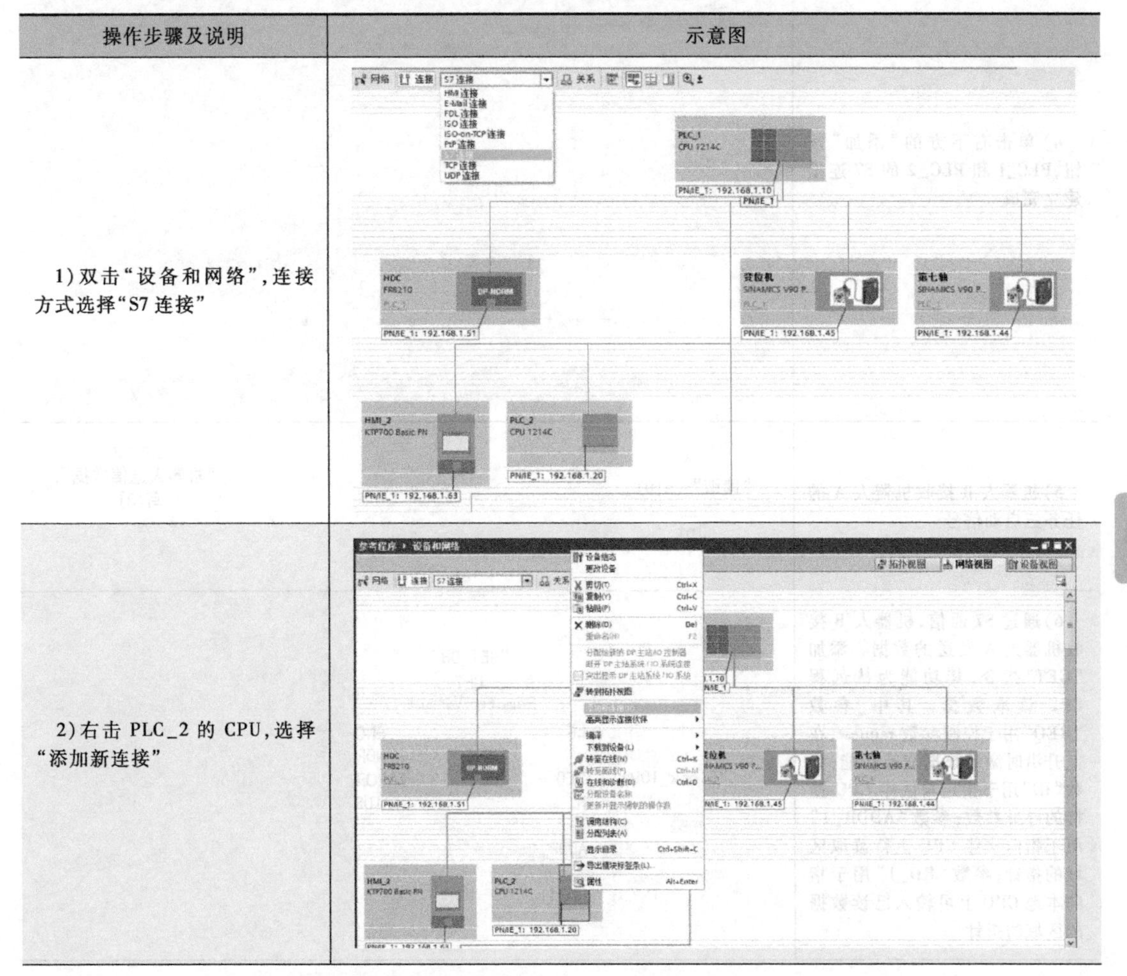

操作步骤及说明	示意图
1）双击“设备和网络”，连接方式选择“S7 连接”	
2）右击 PLC_2 的 CPU，选择“添加新连接”	

（续）

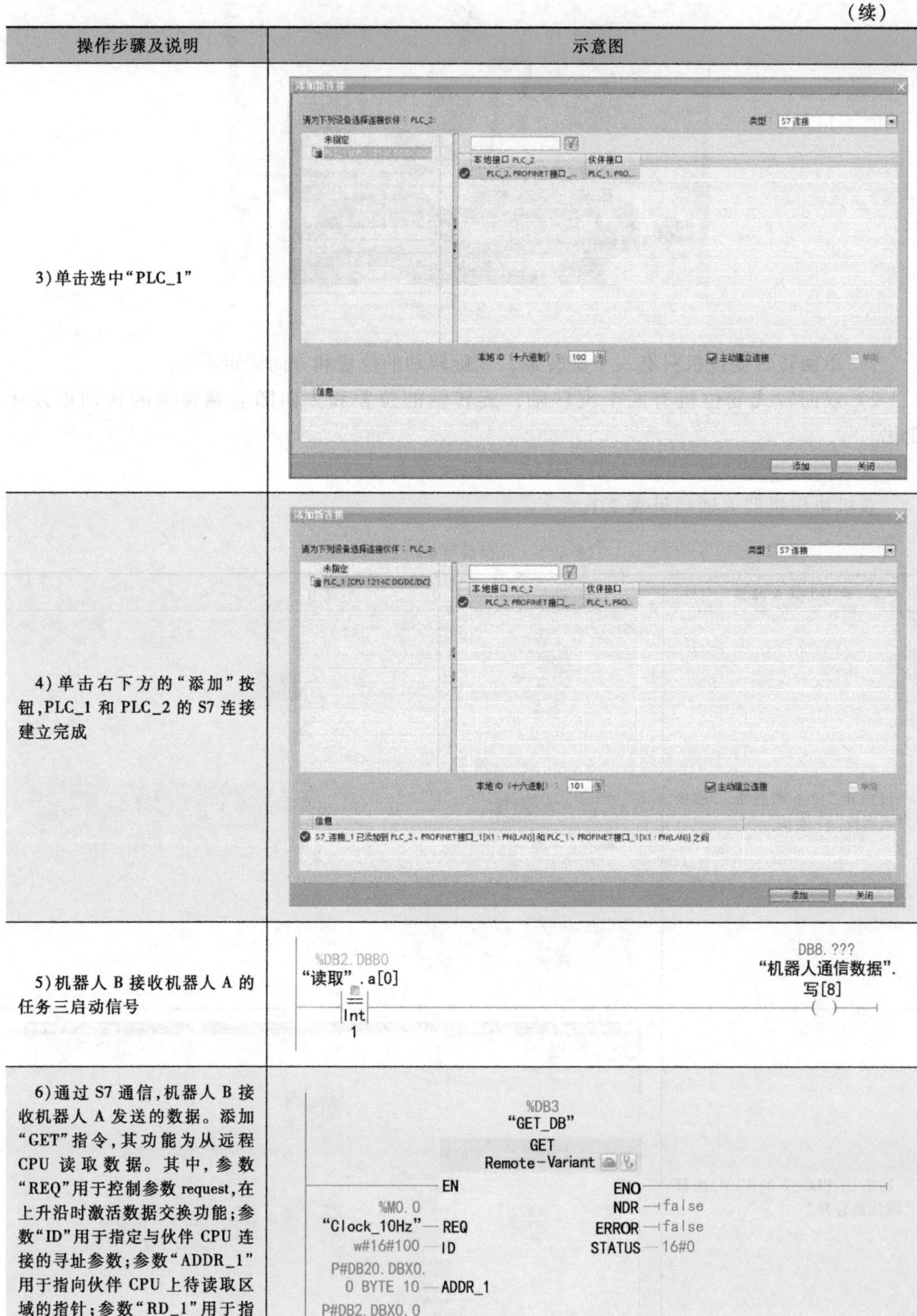

操作步骤及说明	示意图
3）单击选中“PLC_1”	添加新连接；请为下列设备选择连接伙伴：PLC_2；类型：S7 连接；未指定；PLC_1 [CPU 1214C DC/DC/DC]；本地接口 PLC_2；伙伴接口；PLC_2, PROFINET接口_...；PLC_1, PRO...；本地 ID（十六进制）：100；主动建立连接；单向；信息；添加；关闭
4）单击右下方的“添加”按钮，PLC_1 和 PLC_2 的 S7 连接建立完成	添加新连接；请为下列设备选择连接伙伴：PLC_2；类型：S7 连接；未指定；PLC_1 [CPU 1214C DC/DC/DC]；本地接口 PLC_2；伙伴接口；PLC_2, PROFINET接口_...；PLC_1, PRO...；本地 ID（十六进制）：101；主动建立连接；单向；信息；S7_连接_1 已添加到 PLC_2、PROFINET接口_1[X1 : PN(LAN)] 和 PLC_1、PROFINET接口_1[X1 : PN(LAN)] 之间；添加；关闭
5）机器人 B 接收机器人 A 的任务三启动信号	%DB2.DBB0 “读取”.a[0] == Int 1；DB8.??? “机器人通信数据”.写[8]
6）通过 S7 通信，机器人 B 接收机器人 A 发送的数据。添加“GET”指令，其功能为从远程 CPU 读取数据。其中，参数“REQ”用于控制参数 request，在上升沿时激活数据交换功能；参数“ID”用于指定与伙伴 CPU 连接的寻址参数；参数“ADDR_1”用于指向伙伴 CPU 上待读取区域的指针；参数“RD_1”用于指向本地 CPU 上可输入已读数据的区域的指针	%DB3 “GET_DB” GET Remote-Variant；EN；ENO；%M0.0 “Clock_10Hz” — REQ；w#16#100 — ID；P#DB20.DBX0.0 BYTE 10 — ADDR_1；P#DB2.DBX0.0 BYTE 10 — RD_1；NDR — false；ERROR — false；STATUS — 16#0

（续）

操作步骤及说明	示意图
7）机器人B完成任务后，发送数据给机器人A，机器人A接收数据后继续运行	注释 DB19.??? “读取”.b[0] == Int 1 %DB11.DBX29.5 “机器人通信块”.发送给机器人BOOL[45] ( )
8）触摸屏按下“任务三启动”后，两台机器人开始自动运行	%DB8.DBX98.0 “触摸屏变量”.任务三启动 P_TRIG CLK Q %M21.0 “Tag_5” MOVE EN ENO 1 IN OUT1 %DB20.DBB0 “写入”.a[0] N_TRIG CLK Q %M21.1 “Tag_7” MOVE EN ENO 0 IN OUT1 %DB20.DBB0 “写入”.a[0]
9）机器人B任务完成发送数据给机器人A	DB8.??? “机器人通信数据”.读[13] P_TRIG CLK Q %M22.0 “Tag_2” MOVE EN ENO 1 IN OUT1 %DB1.DBB0 “写入”.b[0] N_TRIG CLK Q %M23.0 “Tag_3” MOVE EN ENO 0 IN OUT1 %DB1.DBB0 “写入”.b[0]
10）通过S7通信，机器人B接收机器人A写入的数据。添加“PUT”指令，参数“REQ”用于控制参数request，在上升沿时激活数据交换功能；参数“ID”用于指定与伙伴CPU连接的寻址参数；参数“ADDR_1”用于指向伙伴CPU上可写入数据的区域的指针；参数“SD_1”用于向本地CPU上包含要发送数据的区域的指针	%DB4 “PUT_DB” PUT Remote - Variant EN ENO %M0.0 “Clock_10Hz” REQ DONE false w#16#100 ID ERROR false STATUS 16#0 P#DB19.DBX0.0 BYTE 10 ADDR_1 P#DB1.DBX0.0 BYTE 10 SD_1

二、任务实施

1. 任务流程

双机协作的任务流程如图7-7所示。

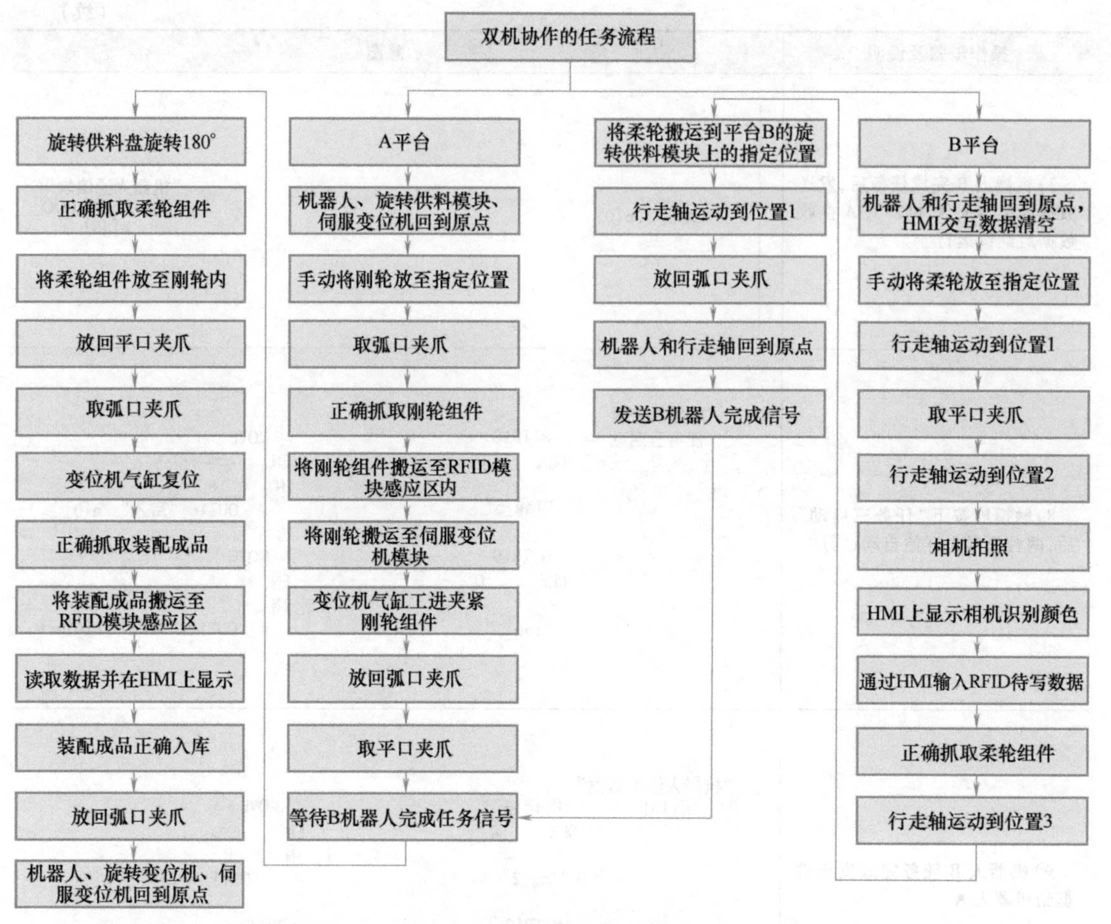

图 7-7 双机协作的任务流程

2. 编程准备

相机程序、PLC 程序和 HMI 事先由工作人员准备好，这里只展示相机程序和 HMI 完成的效果，I/O 对照表见附录。

相机颜色识别程序如图 7-8 所示。

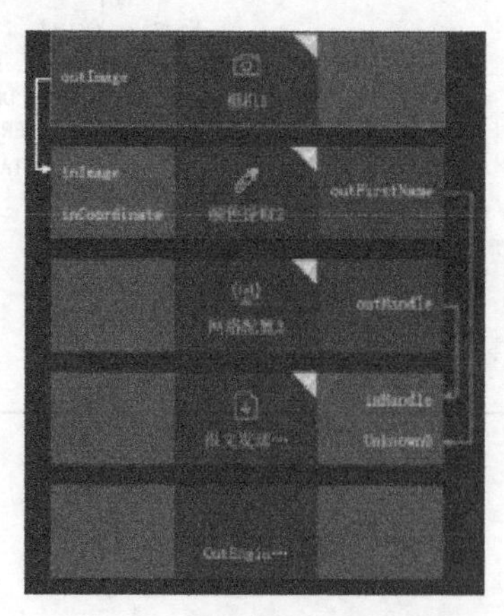

图 7-8 相机颜色识别程序

HMI 如图 7-9 所示。

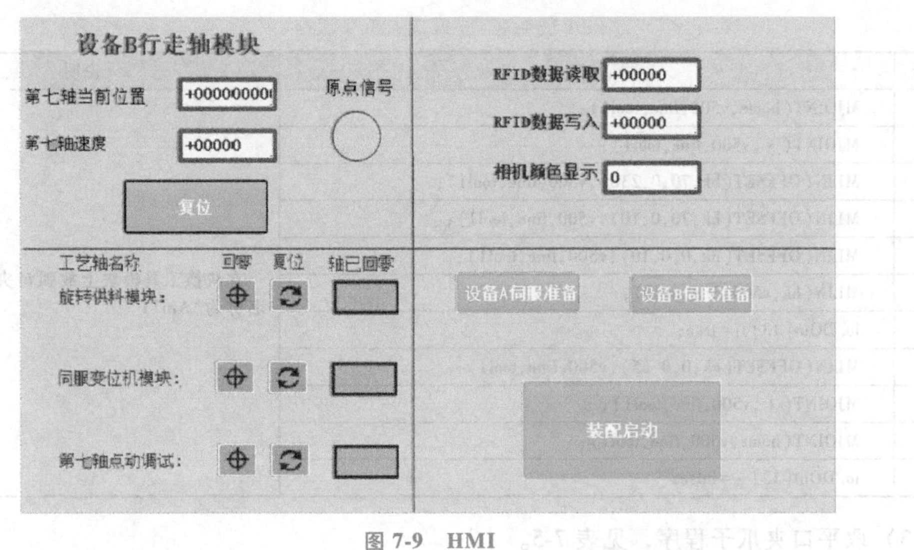

图 7-9　HMI

3. 示教编程

（1）A 平台程序　A 平台包括 7 个已有的子程序和 1 个需要自行编写的主程序，程序点说明见表 7-2。

表 7-2　程序点说明

程序点	符号	类型	说明
程序点 1	home	POINTJ	工作原点
程序点 2	pk	POINTC	平口夹爪抓取点
程序点 3	hk	POINTC	弧口夹爪抓取点
程序点 4	GL_BWJ	POINTC	刚轮在变位机上的放置点
程序点 5	RL_SFBW	POINTC	柔轮放置点
程序点 6	RL_XZGL	POINTC	平口夹爪在旋转供料模块处抓取柔轮的位置
程序点 7	GL_LTCC	POINTC	刚轮在立体仓储模块的放置位置

1）取弧口夹爪子程序，见表 7-3。

表 7-3　取弧口夹爪子程序

序号	程序	说明
1	MJOINT(home,v500,fine,tool0);	在快换工具模块上取弧口夹爪，子程序名称为“AoutT1”
2	MJOINT(* ,v500,fine,tool0);	
3	MLIN(OFFSET(hk,0,0,25),v500,fine,tool0);	
4	io. DOut[13] := true;	
5	MLIN(hk,v500,fine,tool0);	
6	io. DOut[13] := false;	
7	MLIN(OFFSET(hk,0,0,10),v500,fine,tool1);	
8	MLIN(OFFSET(hk,70,0,10),v500,fine,tool1);	
9	MLIN(OFFSET(hk,70,0,230),v500,fine,tool1);	
10	MJOINT(home,v500,fine,tool1);	

2）放弧口夹爪子程序，见表 7-4。

表 7-4 放弧口夹爪子程序

序号	程序	说明
1	MJOINT(home,v500,fine,tool1);	在快换工具模块上放弧口夹爪，子程序名称为“AinT1”
2	MJOINT(*,v500,fine,tool1);	
3	MLIN(OFFSET(hk,70,0,230),v500,fine,tool1);	
4	MLIN(OFFSET(hk,70,0,10),v500,fine,tool1);	
5	MLIN(OFFSET(hk,0,0,10),v500,fine,tool1);	
6	MLIN(hk,v500,fine,tool1);	
7	io.DOut[13]:=true;	
8	MLIN(OFFSET(hk,0,0,25),v500,fine,tool1);	
9	MJOINT(*,v500,fine,tool1);	
10	MJOINT(home,v500,fine,tool1);	
11	io.DOut[13]:=false;	

3）取平口夹爪子程序，见表 7-5。

表 7-5 取平口夹爪子程序

序号	程序	说明
1	MJOINT(home,v500,fine,tool0);	在快换工具模块上取平口夹爪，子程序名称为“AoutT2”
2	MJOINT(*,v500,fine,tool0);	
3	MLIN(OFFSET(pk,0,0,25),v500,fine,tool0);	
4	io.DOut[13]:=true;	
5	MLIN(pk,v500,fine,tool0);	
6	io.DOut[13]:=false;	
7	MLIN(OFFSET(pk,0,0,10),v500,fine,tool2);	
8	MLIN(OFFSET(pk,70,0,10),v500,fine,tool2);	
9	MLIN(OFFSET(pk,70,0,230),v500,fine,tool2);	
10	MJOINT(home,v500,fine,tool2);	

4）放平口夹爪子程序，见表 7-6。

表 7-6 放平口夹爪子程序

序号	程序	说明
1	MJOINT(home,v500,fine,tool2);	在快换工具模块上放平口夹爪，子程序名称为“AinT2”
2	MJOINT(*,v500,fine,tool2);	
3	MLIN(OFFSET(pk,70,0,230),v500,fine,tool2);	
4	MLIN(OFFSET(pk,70,0,10),v500,fine,tool2);	
5	MLIN(OFFSET(pk,0,0,10),v500,fine,tool2);	
6	MLIN(pk,v500,fine,tool2);	
7	io.DOut[13]:=true;	
8	MLIN(OFFSET(pk,0,0,25),v500,fine,tool0);	
9	MJOINT(*,v500,fine,tool0);	
10	MJOINT(home,v500,fine,tool0);	
11	io.DOut[13]:=false;	

5）刚轮放入伺服变位机子程序，见表 7-7。

表 7-7　刚轮放入伺服变位机子程序

序号	程序	说明
1	MJOINT(home,v500,fine,tool1);	
2	MJOINT(* ,v500,fine,tool1);	
3	MJOINT(* ,v500,fine,tool1);	
4	io. DOut[9] :=false;	
5	PULSE(io. DOut[8],true,1);	
6	MLIN(OFFSET(GL_LTCC,0,0,70),v500,fine,tool1);	
7	MLIN(GL_LTCC,v500,fine,tool1);	
8	io. DOut[9] :=true;	
9	MLIN(OFFSET(GL_LTCC,0,0,50),v500,fine,tool1);	
10	MJOINT(* ,v500,fine,tool1);	
11	MJOINT(* ,v500,fine,tool1);	
12	MLIN(OFFSET(GL_BWJ,115,45,50),v500,fine,tool1);	将刚轮放入伺服变位机,子程序名称为“TW1”,(* *)处程序需要自己编写
13	(* *)	
14	MLIN(OFFSET(GL_BWJ,0,0,70),v500,fine,tool1);	
15	MLIN(GL_BWJ,v500,fine,tool1);	
16	io. DOut[9] :=false;	
17	PULSE(io. DOut[8],true,1);	
18	MLIN(OFFSET(GL_BWJ,0,0,70),v500,fine,tool1);	
19	fidbus. mtcp_wo_b[1] :=true;	
20	MJOINT(* ,v500,fine,tool1);	
21	MJOINT(* ,v500,fine,tool1);	
22	MJOINT(home,v500,fine,tool1);	

6）柔轮放入刚轮子程序，见表 7-8。

表 7-8　柔轮放入刚轮子程序

序号	程序	说明
1	MJOINT(home,v500,fine,tool2);	
2	MJOINT(* ,v500,fine,tool2);	
3	io. DOut[9] :=false;	
4	PULSE(io. DOut[8],true,1);	
5	MLIN(OFFSET(RL_XZGL,0,0,150),v500,fine,tool2);	
6	MLIN(RL_XZGL,v500,fine,tool2);	
7	io. DOut[9] :=true;	
8	MLIN(OFFSET(RL_XZGL,0,0,150),v500,fine,tool2);	将柔轮放入刚轮,子程序名称为“TW2”
9	MJOINT(* ,v500,fine,tool2);	
10	MLIN(OFFSET(RL_SFBW,0,0,150),v500,fine,tool2);	
11	MLIN(RL_SFBW,v500,fine,tool2);	
12	io. DOut[9] :=false;	
13	PULSE(io. DOut[8],true,1);	
14	MLIN(OFFSET(RL_SFBW,0,0,150),v500,fine,tool2);	
15	MJOINT(home,v500,fine,tool2);	

7）刚轮放入立体仓储模块子程序，见表 7-9。

表 7-9 刚轮放入立体仓储模块子程序

序号	程序	说明
1	MJOINT(home,v500,fine,tool1);	将刚轮放入立体仓储模块,子程序名称为"PW5",(* *)处程序需要自己编写
2	MJOINT(*,v500,fine,tool1);	
3	MJOINT(*,v500,fine,tool1);	
4	io. DOut[9] :=false;	
5	PULSE(io. DOut[8],true,1);	
6	fidbus. mtcp_wo_b[1] :=false;	
7	MLIN(OFFSET(GL_BWJ,0,0,70),v500,fine,tool1);	
8	MLIN(GL_BWJ,v500,fine,tool1);	
9	io. DOut[9] :=true;	
10	MLIN(OFFSET(GL_BWJ,0,0,70),v500,fine,tool1);	
11	MLIN(OFFSET(GL_BWJ,115,45,50),v500,fine,tool1);	
12	(* *)	
13	MJOINT(*,v500,fine,tool1);	
14	MJOINT(*,v500,fine,tool1);	
15	MLIN(OFFSET(GL_LTCC,0,0,50),v500,fine,tool1);	
16	MLIN(GL_LTCC,v500,fine,tool1);	
17	io. DOut[9] :=false;	
18	PULSE(io. DOut[8],true,1);	
19	MLIN(OFFSET(GL_LTCC,0,0,50),v500,fine,tool1);	
20	MJOINT(*,v500,fine,tool1);	
21	MJOINT(*,v500,fine,tool1);	
22	MJOINT(home,v500,fine,tool1);	

8）A 平台需要自行编写的主程序，见表 7-10。

表 7-10 A 平台需要自行编写的主程序

序号	程序	说明
1	WAIT(fidbus. mtcp_ro_b[60]=true);	A 平台任务启动
2	AoutT1();	调用子程序"AoutT1",取弧口夹爪
3	TW1();	调用子程序"TW1",将刚轮放入伺服变位机
4	AinT1();	调用子程序"AinT1",放弧口夹爪
5	AoutT2();	调用子程序"AoutT2",取平口夹爪
6	WAIT(fidbus. mtcp_ro_b[45]=true);	等待 B 平台任务完成信号
7	PULSE(fidbus. mtcp_wo_b[34],true,1);	旋转变位机模块清除报警
8	LABEL a :	标签 a
9	fidbus. mtcp_wo_b[32] :=false;	关闭旋转变位机模块开始供料

（续）

序号	程序	说明
10	DWELL(0.8)；	等待 0.8s
11	fidbus. mtcp_wo_b[32] ：=true；	旋转变位机模块开始供料
12	DWELL(3)；	等待 3s
13	IF fidbus. mtcp_ro_b[16]=false THEN	如果旋转变位机模块没有收到物料检测信号，则程序返回标签 a
14	GOTO a；	
15	END_IF；	结束 IF 条件语句
16	TW2()；	调用子程序“TW2”，将柔轮放入刚轮
17	AinT2()；	调用子程序“AinT2”，放平口夹爪
18	AoutT1()；	调用子程序“AoutT1”，取弧口夹爪
19	PW5()；	调用子程序“PW5”，将刚轮放入立体仓储模块
20	AinT1()；	调用子程序“AinT1”，放弧口夹爪
21	PULSE(fidbus. mtcp_wo_b[33],true,1)；	旋转变位机回原点

在子程序“TW1”中的“(* *)”处需要写入 RFID 写入程序，见表 7-11。

表 7-11　RFID 写入程序

序号	程序	说明
1	PULSE(fidbus. mtcp_wo_b[58],true,1)；	RFID 数据初始化
2	PULSE(fidbus. mtcp_wo_b[57],true,1)；	RFID 写入数据

在子程序“PW5”中的“(* *)”处需要写入 RFID 读取程序，见表 7-12。

表 7-12　RFID 读取程序

序号	程序	说明
1	PULSE(fidbus. mtcp_wo_b[56],true,1)；	RFID 读取数据

（2）A 平台机器人关键位置和示教点

1）弧口夹爪抓取点示教。在程序数据里示教弧口夹爪抓取点“hk”位置，其抓取位置如图 7-10 所示。示教方式如下：首先单击变量中的“hk”，当机器人移动到抓取位置时，再单击下方的“记录”，示教结果如图 7-11 所示。

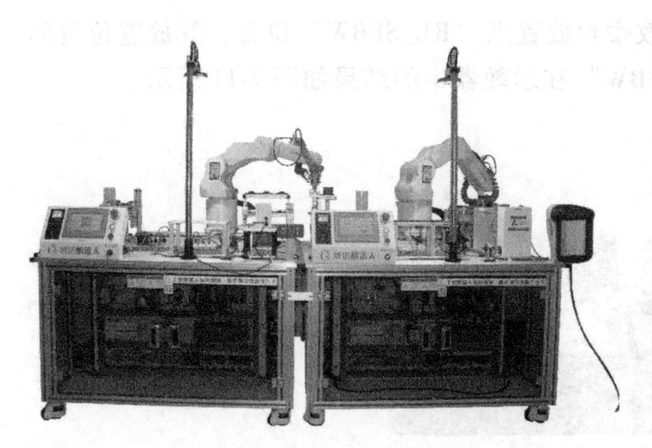

图 7-10　弧口夹爪抓取位置

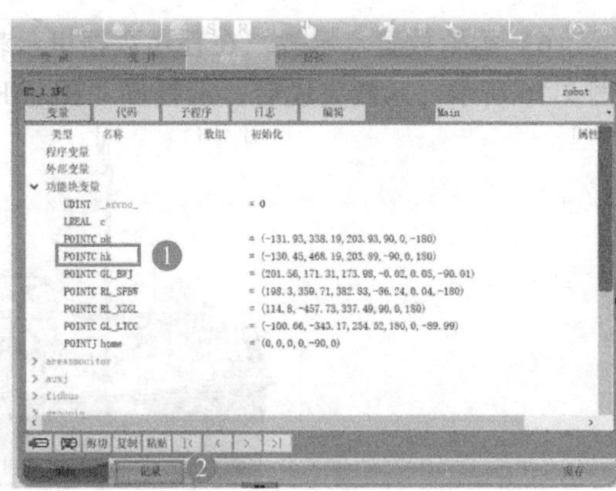

图 7-11　示教结果

2）平口夹爪抓取点示教。在程序数据里示教平口夹爪抓取点“pk”位置，其抓取位置如图 7-12 所示。示教完成后，示教点“pk”在示教器中的结果如图 7-11 所示。

3）刚轮抓取点示教。在程序数据里示教刚轮抓取点“GL_LTCC”位置，其抓取位置如图 7-13 所示。示教完成后，示教点“GL_LTCC”在示教器中的结果如图 7-11 所示。

图 7-12 平口夹爪抓取位置

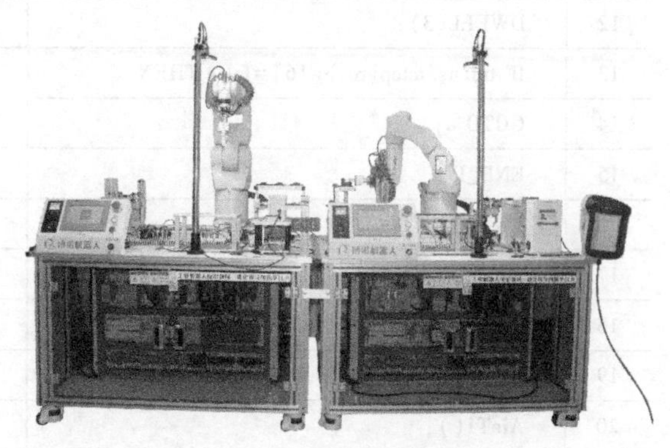

图 7-13 刚轮抓取位置

4）刚轮放置点示教。在程序数据里示教刚轮放置点“GL_BWJ”位置，其放置位置如图 7-14 所示。示教完成后，示教点“GL_BWJ”在示教器中的结果如图 7-11 所示。

5）柔轮抓取点示教。在程序数据里示教柔轮抓取点“RL_XZGL”位置，其抓取位置如图 7-15 所示。示教完成后，示教点“RL_XZGL”在示教器中的结果如图 7-11 所示。

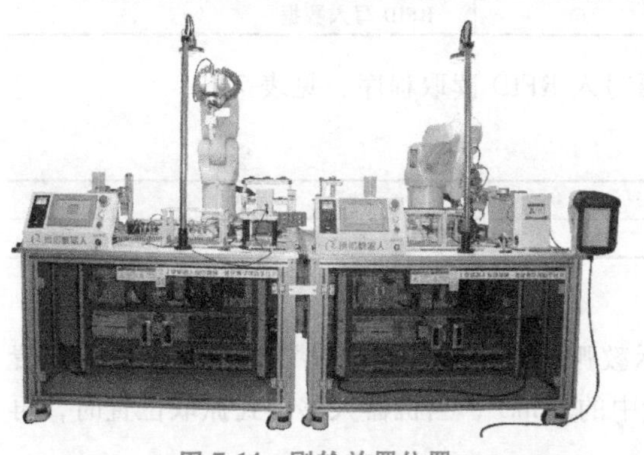

图 7-14 刚轮放置位置

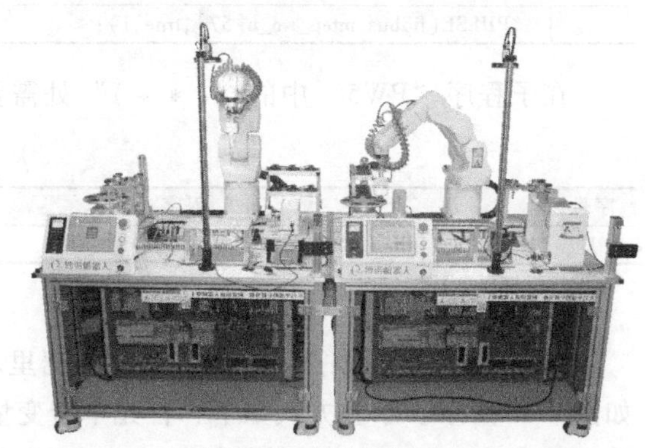

图 7-15 柔轮抓取位置

6）柔轮放置点示教。在程序数据里示教柔轮放置点“RL_SFBW”位置，其放置位置如图 7-16 所示。示教完成后，示教点“RL_SFBW”在示教器中的结果如图 7-11 所示。

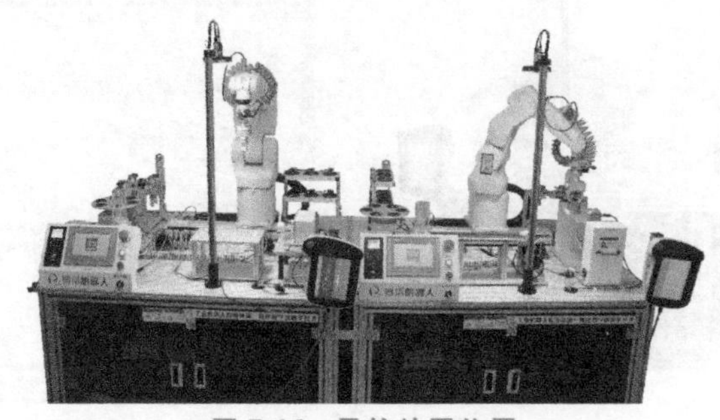

图 7-16 柔轮放置位置

(3) B 平台程序 B 平台包括 3 个已有的子程序和 1 个需要自行编写的主程序，程序点说明见表 7-13。

表 7-13 程序点说明

程序点	符号	类型	说明
程序点 1	home	POINTJ	工作原点
程序点 2	pk	POINTC	平口夹爪抓取点
程序点 3	RL_YLCC	POINTC	平口夹爪在原来仓储模块抓取柔轮的位置

1) 取平口夹爪子程序，见表 7-14。

表 7-14 取平口夹爪子程序

序号	程序	说明
1	MJOINT(home,v500,fine,tool0);	取平口夹爪子程序,程序的名称为"BoutT2"
2	MJOINT(* ,v500,fine,tool0);	
3	io. DOut[13] :=true;	
4	MLIN(OFFSET(pk,0,0,100)v500,fine,tool0);	
5	MLIN(pk,v5300,fine,tool0);	
6	io. DOut[13] :=false;	
7	DWELL(1);	
8	MLIN(OFFSET(pk,0,0,12),v500,fine,tool0);	
9	MLIN(OFFSET(pk,0,100,12),v500,fine,tool0);	
10	MLIN(OFFSET(pk,0,100,300),v500,fine,tool0);	
11	MJOINT(home,v500,fine,tool0);	

2) 放平口夹爪子程序，见表 7-15。

表 7-15 放平口夹爪子程序

序号	程序	说明
1	MJOINT(home,v500,fine tool2);	放平口夹爪子程序,程序的名称为"BinT2"
2	MJOINT(* ,v500,fine,tool2);	
3	MLIN(OFFSET(pk,0,100,300),v500,fine,tool2);	
4	MLIN(OFFSET(pk,0,100,12),v500,fine,tool2);	
5	MLIN(OFFSET(pk,0,0,12),v500,fine,tool2);	
6	MLIN(pk,v500,fine,tool2);	
7	io. DOut[13] :=true;	
8	DWELL(1);	
9	MLIN(OFFSET(pk,0,0,100),v500,fine,tool2);	
10	MJOINT(* ,v500,fine,tool2);	
11	MJOINT(home,v500,fine,tool2);	
12	io. DOut[13] :=false;	

3）取柔轮子程序，见表 7-16。

表 7-16 取柔轮子程序

序号	程序	说明
1	io. DOut[9] : =false;	取柔轮子程序，程序的名称为“TW3”
2	PULSE(io. DOut[8],true,1);	
3	MLIN(OFFSET(RL_YLCC,0,0,100),v500,fine,tool2);	
4	MLIN(RL_YLCC,v500,fine,tool2);	
5	io. DOut[9] : =true;	
6	MLIN(OFFSET(RL_YLCC,0,0,100),v500,fine,tool2);	
7	MJOINT(home,v500,fine,tool2);	

4）B 平台需要自行编写的主程序，见表 7-17。

表 7-17 B 平台需要自行编写的主程序

序号	程序	说明
1	fidbus. mtcp_wo_b[5] : =false;	中断任务完成发送信号
2	WAIT(fidbus. mtcp_ro_b[0]=true);	等待 HMI 发送任务启动信号
3	PULSE(fidbus. mtcp_wo_b[0],true,1);	第七轴模块清除报警
4	PULSE(fidbus. mtcp_wo_b[1],true,1);	第七轴模块回原点
5	WAIT(fidbus. mtcp_ro_b[1]=true);	等待第七轴模块回原点完成
6	PULSE(fidbus. mtcp_wo_b[2],true,1);	第七轴模块到位置 1
7	WAIT(fidbus. mtcp_ro_b[2]=true);	等待第七轴模块到位置 1
8	BoutT2();	调用子程序“BoutT2”，取平口夹爪
9	PULSE(fidbus. mtcp_wo_b[3],true,1);	第七轴模块到位置 2
10	WAIT(fidbus. mtcp_ro_b[2]=true);	等待第七轴模块到位置 2
11	PULSE(fidbus. mtcp_wo_b[8],true,1);	相机拍照
12	TW3();	调用子程序“TW3”，取柔轮
13	PULSE(fidbus. mtcp_wo_b[4],true,1);	第七轴模块到位置 3
14	WAIT(fidbus. mtcp_ro_b[2]=true);	等待第七轴模块到位置 3
15	MJOINT(*,v500,fine,tool1);	将柔轮放到旋转供料模块指定位置
16	MLIN(*,v500,fine,tool1);	
17	MJOINT(*,v500,fine,tool1);	
18	MJOINT(*,v500,fine,tool1);	
19	io. DOut[9] : =false;	关闭平口夹爪闭合
20	PULSE(io. DOut[8],true,1);	平口夹爪张开
21	MLIN(*,v500,fine,tool0);	夹爪向上方移动
22	MJOINT(home,v500,fine,tool0);	机器人返回原点
23	PULSE(fidbus. mtcp_wo_b[0],true,1);	第七轴模块清除报警
24	PULSE(fidbus. mtcp_wo_b[1],true,1);	第七轴模块回原点

（续）

序号	程序	说明
25	WAIT(fidbus. mtcp_ro_b[1] = true);	等待第七轴模块回原点完成
26	PULSE(fidbus. mtcp_wo_b[2], true, 1);	第七轴模块到位置 1
27	WAIT(fidbus. mtcp_ro_b[2] = true);	等待第七轴模块到位置 1
28	BinT2();	调用子程序“BinT2”，放平口夹爪
29	PULSE(fidbus. mtcp_wo_b[1], true, 1);	第七轴模块到原点
30	WAIT(fidbus. mtcp_ro_b[1] = true);	等待第七轴模块回原点完成
31	fidbus. mtcp_wo_b[5] := true;	任务完成发送信号给 A 平台

（4）B 平台机器人关键位置和示教点

第七轴模块到达位置 1，在程序数据里示教平口夹爪抓取点“pk”位置，如图 7-17 所示。示教完成后，示教点“pk”在示教器中的结果如图 7-18 所示。

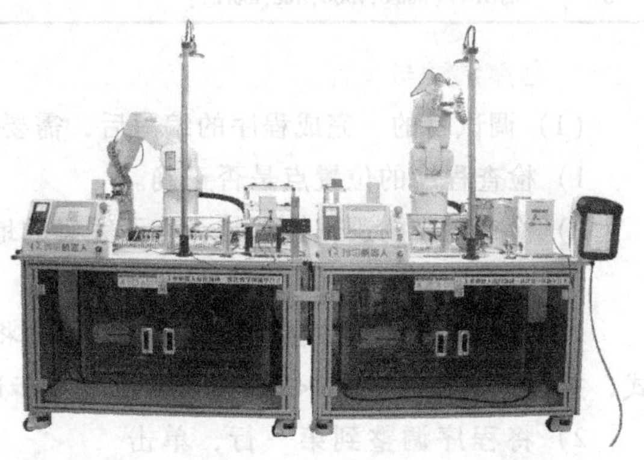

图 7-17　平口夹爪抓取点“pk”位置

第七轴模块到达位置 2，在程序数据里示教平口夹爪抓取点“RL_YLCC”位置，如图 7-19 所示。示教完成后，示教点“RL_YLCC”在示教器中的结果如图 7-18 所示。

第七轴模块到达位置 3，柔轮放置点位置如图 7-20 所示。放置柔轮程序见表 7-18。

类型	名称	数组	初始化	属性	注释
程序变量					
外部变量					
∨ 功能块变量					
UDINT	_errno_		= 0		
POINTC	RL_YLCC		= (491.03, 62.48, 295.43, -91.63, -0.01, 180)		
POINTC	pk		= (-133.98, -391.17, 205.91, 180, 0, -180)		
POINTJ	home		= (0, 0, 0, 0, -90, 0)		

图 7-18　示教结果

图 7-19　平口夹爪抓取点“RL_YLCC”位置

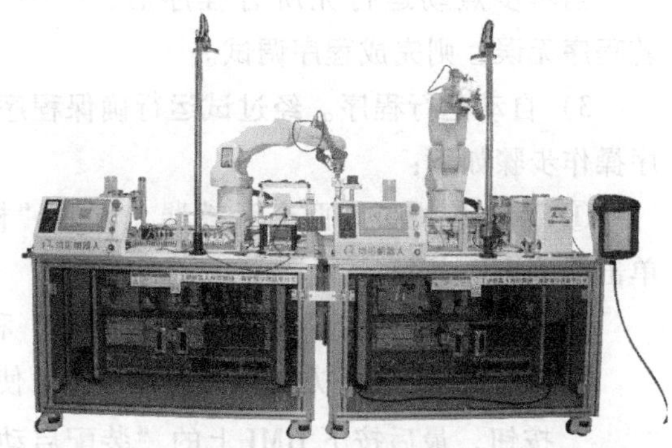

图 7-20　柔轮放置点位置

表 7-18　放置柔轮程序

序号	程序	说明
1	MJOINT(* ,v500,fine,tool1);	将柔轮放到旋转供料模块指定位置
2	MLIN(* ,v500,fine,tool1);	
3	MJOINT(* ,v500,fine,tool1);	
4	MJOINT(* ,v500,fine,tool1);	
5	io. DOut[9] : =false;	关闭平口夹爪闭合
6	PULSE(io. DOut[8],true,1);	平口夹爪张开
7	MLIN(* ,v500,fine,tool1);	夹爪向上方移动
8	MJOINT(home,v500,fine,tool1);	机器人返回原点

4. 程序调试与运行

（1）调试目的　完成程序的编写后，需要对程序进行调试，调试的目的有以下两个：

1）检查程序的位置点是否正确。

2）检查程序的逻辑控制是否有不完善的地方。

（2）调试过程

1）切换单步运行。在运行程序前，需要将机器人伺服使能（将钥匙开关切换到手动模式，并按下使能键）。按<F3>键切换至“单步进入”状态。

2）将程序调整到第一行，单击“Set PC”，调试步骤如图 7-21 所示，按下示教器上的使能键并保持在中间档，按住示教器右侧绿色三角形开始键“▶”，则程序开始试运行，指示箭头依次下移。

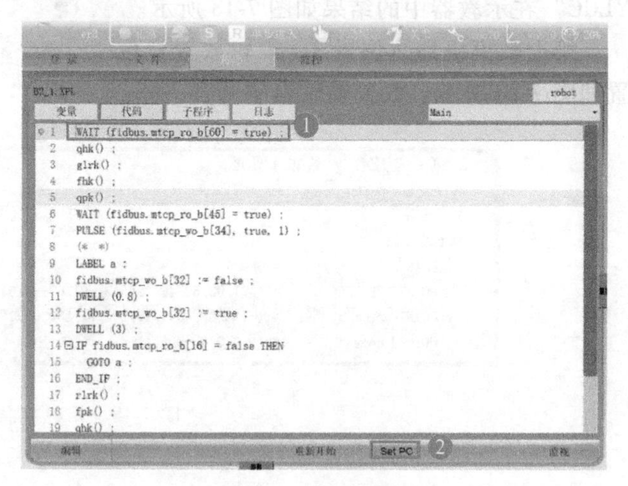

图 7-21　调试步骤

运行程序过程中，若发现可能发生碰撞、失速等危险，则应及时按下示教器上的红色急停按钮，防止发生人身伤害或机器人损坏。

当单步点动运行完所有程序后，若程序无误，则完成程序调试。

3）自动运行程序。经过试运行确保程序无误后，方可进行自动运行程序。自动运行程序操作步骤如下：

① 手动将 A 和 B 两个示教器上方的“模式旋钮”调至“AUTO”，选择“首行运行”，单击“确定”按钮。

② 按下 HMI 上的“设备 A 伺服准备”和“设备 B 伺服准备”按钮。

③ 按下示教器下方的“PWR”按钮使得伺服上电，再分别按下 A 和 B 示教器的“▶”按钮，最后按下 HMI 上的“装配启动”按钮即可自动运行。自动运行步骤如图 7-22 所示。

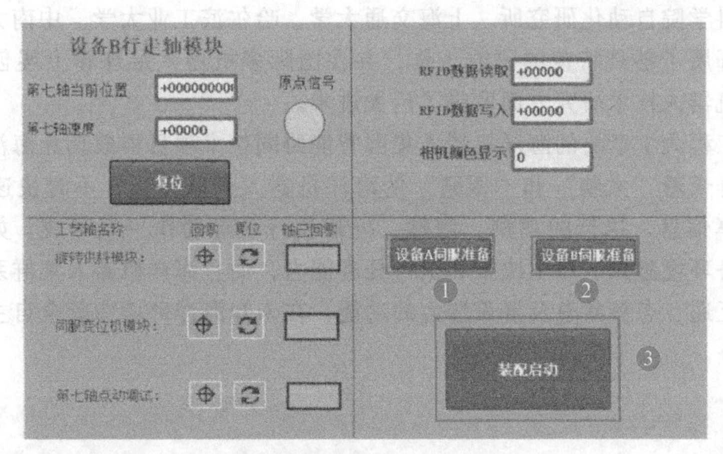

图 7-22　自动运行步骤

知识拓展

一、多机协作概述

早在 20 世纪 40 年代，Walter、Wiener 和 Shannon 在研究世界上第一种人工生命——龟形机器人时，就发现这些简单的机器人在相互作用中能反映出“复杂的群体行为”。自从 20 世纪 80 年代，建立世界上首个基于多智能体的多机器人系统以来，多机器人系统在理论和应用研究上都取得了显著的进展。多机器人系统是指通过组织多智能体结构，并协作完成某一共同任务的机器人群体。其中，协作性是多机器人系统的重要特征和关键指标，并最早由 Noreils 定义为：多个机器人协同工作，完成单个机器人无法完成的任务，或改善工作过程，并获得更优的系统性能。通过适当的协作机制，多机器人系统可以获得系统级的非线性功能增量，从而突破单机器人系统在感知、决策及执行能力等方面受到的限制，从本质上提高系统性能，甚至完成单个机器人无法实现的任务。

此外，相对于单机器人系统，多机器人系统拥有时间、空间、功能、信息和资源上的分布特性，从而在任务适用性、经济性、最优性、鲁棒性、可扩展性等方面表现出极大的优越性，因此，在军事、工业生产、交通控制等领域具有良好的应用前景。美国国防高级研究计划局（DARPA）、美国海军和能源部都对多机器人系统的研究进行了大力资助，美国宇航局和空军也将多机器人的编队控制技术确定为 21 世纪的关键技术。DARPA 涉及多机器人作战平台的研究计划包括 MARS-2020、TASK、TMR 和 SDR 等，如 MARS-2020 计划持续时间长、支持力度大，其目的是研究战场环境下各种智能武器平台通过通信进行任务制定、规划和协调合作，共同完成任务的组织框架和方法。美军资助的多机器人研究项目包括 UGV Demo、CENTIBOTS、SuperBot 和 HUNT 等。欧盟也很早就开展了多机器人协同搬运的 MARTHA 项目研究，有代表性的研究工作还包括：瑞士苏黎世大学开展的生物机器人与群体智能研究，瑞士联邦理工学院开展的多机器人任务分配和规划问题研究，意大利 Antonelli 开展的零空间编队控制方法研究，比利时布鲁塞尔大学开展的集群机器人系统研究等。而日本的多机器人研究工作主要集中在仿生多机器人系统上，如名古屋大学的 CEBOT 和日产公司利用鱼类仿生技术开发的多机器人系统“EPORO”等。国内的多机器人系统研究则起步较晚，但发展很快，中国科学院自动化研究所、上海交通大学、哈尔滨工业大学、中南大学和东北大学等科研院所都开展了各具特色的研究工作，并在国际多机器人足球赛上屡创佳绩。事实证明，我国在多机器人技术研究方面取得了巨大进步。

由哈尔滨工程大学牵头的海洋机器人集群智能协同技术项目群成功让海洋机器人学会了团队协作，一群长着“大脑”和“眼睛”的海洋机器人列队出征，不时快速变换队形，通过组网通信共享信息，执行的观察、调整、决策和行动等动作一气呵成，如图 7-23 所示。这群机器人具备环境感知、自主决策和执行任务能力，而且海洋机器人集群系统还能实现智能机器人互联互通、态势共享及群策群力的功能，在未知海洋环境中能全自主地完成协同探测、作业等任务。

图 7-23 海洋机器人编队

海洋机器人集群智能协同属于多机器人范畴，是“人工智能+海洋无人系统”深度融合发展的一项基础性、创新性技术，多机器人融合的系统庞大、涉及关键技术众多、复杂性高，这种多机器人集群往往需要两个或多个机器人协同作业，不是简单的功能叠加，而会出现 1+1>2 的群体智能效应，涌现出全新的协同行为模态，从而才能完成更加复杂的协同任务。

二、多机器人协作发展现状与趋势

多机器人的应用不仅局限在海洋国防领域，其实在工业制造业等许多方面，多机器人的应用需求也在逐渐提升。目前，在工业制造、仓储物流、侦查监控和环境监测应急救灾等领域都有多机器人的身影。

多机器人是面向科学前沿的代表技术，同时也是一门多学科交叉的学科，多机器人体系下涉及的前沿技术非常多，相互结合也较为紧密，涵盖了如人工智能博弈论和运筹学等，又与复杂系统和信息理论、控制理论等学科密切相关。在应用和载体开发方面，工业机器人、移动机器人、水下微纳机器人等都有多机器人应用发展的空间，需求往往是带动发展变化的第一推动力，在应用方面也诞生了一些典型的案例，如智能物流、精准农业、海洋群体探测以及无人作战等，这些技术应用也推动了多机器人的发展。

多机器人的研究更多还是面向科学前沿，如目前成果凸显的海洋、军事和国防等领域的一些典型应用，民用化大多还在普及阶段，在工业上，更多地体现在智能工厂对分布式人工智能的典型应用上，如物流行业生产线中的仓储物流分配调度优化。

目前来看，在一些具体应用上，由多个机器人完成的效率确实更高，大量的工业机器人、移动机器人企业也都开始提出和研究多机协作技术。例如：针对大型复杂构件的加工，往往就需要用多机器人协作，以提升加工效率和精准度，因为多机器人在大型构件加工制造中，能有效涵盖更大加工范围；在增材制造方面，多机器人协作能更精准、高效地完成加工，可减少消耗；在加工装配应用方面，用多个机器人完成装配、加工能起到效率提升的作用。因此，多机器人在工业加工领域有很好的应用价值，也有更广的拓展空间。

在物流行业，多机器人联动现在也已经成为常态，在这种大型复杂动态的开放物流仓储系统中，多机器人能发挥重要的作用。几家头部快递企业都开始采取 SLAM 百台集群调度控制系统方案，加速了商品流通速度，这在未来也有非常广的拓展空间，当然其前提是能搭建更加互联互通的智能物联网络和庞大的智能制造云端数据库。多物流机器人协同工作如图 7-24 所示。

图 7-24　多物流机器人协同工作

工业生产等领域的多机器人组织架构和融合以及智能化应用才刚刚起步，智能工厂目前仍然存在许多不可控变量，多机器人的切入往往还需要在解决复杂环境中对工程应用的不确定性进行评估，但在未来随着 AI 的加入，在更智能的分配调度系统中，多机器人在工业上的应用将逐渐增多。

多机器人协作具备几个典型特点：资源分布式、信息分布式、时间分布式、功能分布式和空间分布式，正是因为这些典型特点，使多机器人能利用空间的信息优势通过机器人的执行工作来提高效率，并使其展现出更多发展潜力。

相对于单机器人而言，多机器人能通过资源的互补对单机器人的能力进行提升，将其有限扩大到多个任务，分布到不同的机器人当中。同时多机器人也可以增强机器人的灵活性，特别是在资源的分配调度优化方面，能起到更加广泛的作用，未来成熟的智能工厂更需要多机器人，以适应复杂的人工智能调度。多机器人协作在汽车领域的应用如图 7-25 所示。

图 7-25　多机器人协作在汽车领域的应用

人工智能的发展就得益于分布式多机器人的研发推动。随着人类社会的不断进化，人类的许多创造发明往往是从自然界中得到的启发，人类能把各种复杂生物界的多智能体、生物运动都抽象成数学模型，建立起复杂的环境感知和多智能体的网络架构，然后建立起智能任务功能，从而把复杂生物界的群体映射到机器人中，变成各种应用当中的机器人，即通过自然界启发群体。多机器人模态本质上也是一种自然模态的延伸，如蜂群、蚁群等协同智能，这种对于自然界生物智能的协同模仿推动了人类多机器人以及相关技术的发展。

目前，研究多机器人的核心点在于推动认知科学的发现和通信速率的异构信息融合解决这两个问题，因为无论多么复杂的多机器人，都需要有关键技术。从单机器人实现多机器人协作，最核心的点是：必须具备感知能力、执行和分解任务能力、局部规划能力、学习能力、通信能力，因此多机器人还应具有两方面关键技术：协同感知、协同规划。

在协同感知方面，最核心的是解决异构大数据源的信息融合，即不同的传感器装载不同的信息，不同的感知能进行有机分布式融合得到信息，融合的信息可以为下一步动作、地图创建和多机器人协作提供信息支撑，从而可解决不同传感器协同感知的问题。

在协同规划方面，物流行业的应用已经非常好，协同规划就是如何完成多个机器人的规划。在大型物流仓储中，除了物流机器人以外，往往还要与其他机器人协同，如何把多种机器人进行有机协同、有机组合，从而有机自主、高效、高精度地完成工作，这是协同控制要解决的多目标优化调度问题，也就是把一个复杂的任务进行时间、空间、任务分配规划，再进行路径规划和轨迹规划，提供分布式协同，这也是多机器人要解决的关键问题。移动机器人与搬运机器人协同作业如图 7-26 所示。

图 7-26 移动机器人与搬运机器人协同作业

评价反馈

评价反馈见表 7-19。

表 7-19 评价反馈表

基本素养(30分)				
序号	评估内容	自评	互评	师评
1	纪律(无迟到、早退、旷课)(10分)			
2	安全规范操作(10分)			
3	团结协作能力、沟通能力(10分)			
理论知识(30分)				
序号	评估内容	自评	互评	师评
1	机器人外部轴介绍(10分)			
2	双机协作的任务流程(10分)			
3	多机协作的概念和发展(10分)			
技能操作(40分)				
序号	评估内容	自评	互评	师评
1	机器人示教编程(20分)			
2	程序校验、试运行(10分)			
3	程序自动运行(10分)			
综合评价				

练习与思考

一、填空题

1. 常见的工业机器人外部轴有____________、____________。

2. 单回转式变位机只有____________旋转轴，该旋转轴的位置和方向____________。

3. 双回转式变位机有____________个旋转轴，旋转轴的位置和方向随着翻转轴的转动而____________。

二、简答题

1. 多机器人协作具备的典型特点有哪些？

2. 机器人外部轴的别名并解释其作用是什么？

三、编程题

B 平台机器人将柔轮移动至 A 平台旋转供料模块，A 平台机器人将刚轮放至 RFID 写入数据后再放至伺服变位机上，将柔轮装入刚轮后再控制中间法兰从井式供料模块中推出，由带传送模块运送至取料点，再将中间法兰装入刚轮，读取 RFID 数值后送至立体仓储模块的指定位置。

项目八 工业机器人的二次开发

学习目标

1. 熟悉软件程序与硬件的通信。
2. 掌握 C#语言基本控件的使用方法。
3. 掌握 C#语言代码编写的基础知识。
4. 掌握 Modbus 的使用方法。

工作任务

一、工作任务背景

随着全球工业化进程的不断推进，工业机器人已经在越来越多的行业发挥着举足轻重的作用。为了适应不断发展的工业需求，工业机器人需要不断创新、不断完善，以满足用户的多元化需求。一些科研院所对机器人的应用有更多的创新，因此其对机器人二次开发功能要求也就更具多样性。

二、所需要的设备

工业机器人实训平台二次开发所需要的设备为一台安装有 Visio Studio 2019 的计算机。

三、任务描述

1）完成与机器人通信的界面设计。
2）实现机器人连接与断开功能。
3）实现数据的写入功能。
4）实现接口地址对应值的读取功能。
5）实现机器人各关节数据的读取功能。

实践操作

一、知识储备

1. 界面设计相关知识

(1) 控件与软件主界面简介　控件主要用来进行界面的设计，常用的控件有 Button（按钮）控件、ComboBox（下拉框）控件、Label（标签）控件、TextBox（文本框）控件和 PictureBox（图片）控件等，所有的控件都在主界面的工具箱中。注意：如果主界面中没有“工具箱”按钮，则可以单击菜单栏中的“视图”→“工具箱”将其调出；“属性”按钮同理，也可单击菜单栏中的“视图”→“属性”将其调出。软件工作界面如图 8-1 所示。其中，若将控件拖到界面设计窗口，则可以显示；“项目文件”在“解决方案资源管理器”中。

图 8-1　软件工作界面

（2）控件属性设置　常用的控件属性及其作用见表 8-1。

表 8-1　常用的控件属性及其作用

属性	作用
Name	设置控件的名字，即为控件起名
AutoSize	设置控件的大小是否可以自由改变，false 表示不可以，true 表示可以
Image	为某个控件设置背景图片
Location	通过设置控件的 X 和 Y 坐标来设置控件的位置
Size	设置控件的大小
Text	设置控件上显示的文字
Font	设置控件上文字的大小、字体、颜色等
Items	设置单击下拉框后显示的数据

1）Button 控件。将其从工具箱中拖拽到界面设计窗口后，界面设计窗口就会自动生成一个按钮，可以自由地改变按钮的大小和位置，也可以通过属性窗口输入位置数值进行精确设置，然后在属性窗口更改 Name 属性和 Text 属性。

这里以“连接机器人”按钮为例，如果界面设计窗口没有任何按钮，则将 Button 控件拖拽到界面设计窗口，按钮上的文字默认显示 button1，通过鼠标拖拽将控件大小和位置调整合适，然后单击“属性”打开控件的属性窗口，设置 Text 属性为“连接机器人”，设置 Name 属性为“btn_connect”。Button 控件属性修改如图 8-2 所示。

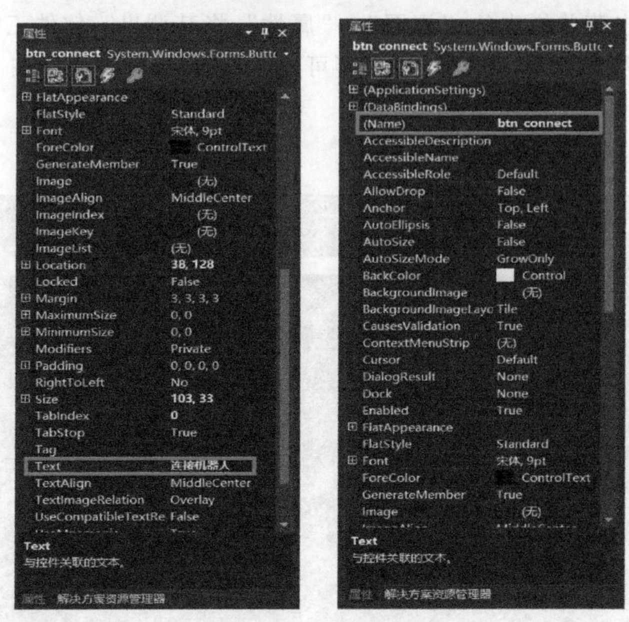

图 8-2 Button 控件属性修改

2）ComboBox 控件。将其从工具箱中拖拽到界面设计窗口后，界面设计窗口会自动生成一个下拉框，下拉框默认是可以输入数据的，若将下拉框的 DropDownStyle 属性设置为“DropDownList”，则下拉框不可以输入数据。单击 Items 属性右侧的“...”按钮，打开“字符串集合编辑器”对话框，输入下拉框要显示的数据，以回车作为一条数据的结束。ComboBox 控件属性修改如图 8-3 所示。

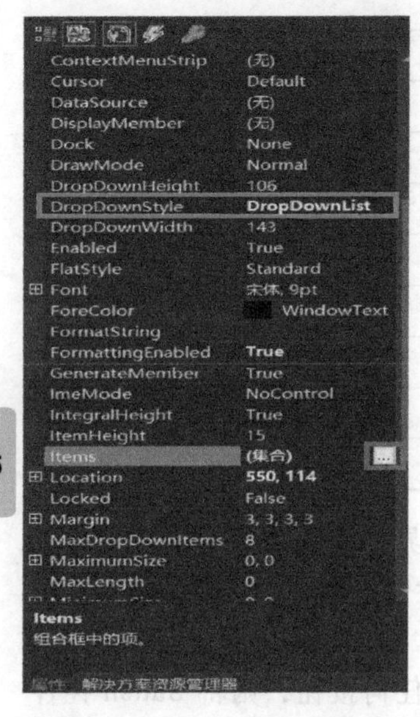

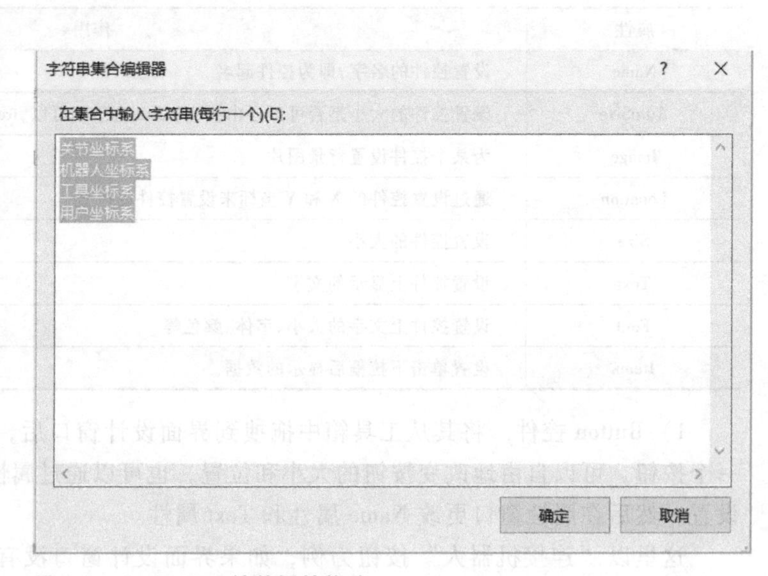

图 8-3 ComboBox 控件属性修改

3）Label 控件。如果界面设计窗口没有标签，则将其从工具箱中拖拽到界面设计窗口，标签上的文字默认显示 lable1，Label 控件只需在属性窗口修改 Text 属性即可，其大小和位置通过鼠标拖动来修改，修改方法与 Button 控件相同。

4）TextBox 控件。TextBox 控件只需在属性窗口修改 Name 属性和 AutoSize 属性即可，Name 属性根据文本框位置和标签位置做相应的更改；将 AutoSize 属性设置为“false”，控件的大小和位置也可通过鼠标拖动来修改，修改方法与 Button 控件同理。

5）PictureBox 控件。单击属性窗口中 Image 属性右侧的“…”按钮，打开“查找本地文件”对话框，找到要添加的文件，单击“确定”，然后将 SizeMode 属性设置为“StretchImage”，让图片的大小适应控件的大小。

（3）控件事件介绍

1）Click 事件。它是单击事件，即当单击该控件时，程序会触发相应的动作。

2）SelectedIndexChanged 事件。它是下拉框索引改变事件，即选择下拉框中不同数据时会引发的一个动作。

2. 代码编写相关知识

（1）变量的声明与初始化

1）语法：修饰符 数据类型 变量名；

2）修饰符：用来设置变量或函数的访问权限。

① private 代表私有，只能本类访问，子类和实例都不可访问。

② public 代表公有，不受任何限制。

③ protected 代表保护，只能本类和子类访问，实例不可访问。

3）数据类型：用来说明变量或函数的类型。常用的数据类型有 int（整型）、float（浮点型，也就是小数）、bool［布尔型，只有两个值，一个是 true（真），一个是 false（假）］和 byte（字节类型）。

例如：声明一个私有整型变量，名称为 a。

```
private int a;
```

又如：声明一个私有整型变量，名称为 a，并初始化 a 为 66。

```
private int a=66;
```

（2）数组（这里只介绍一维数组）

1）语法：修饰符 数据类型［］变量名=new 数据类型［数组大小］；

2）作用：它可以包含同一个类型的多个元素。

例如：声明一个公有整型数组 a，数组大小为 4。

```
public int[ ] a=new int[4];
```

又如：声明一个公有整型数组 a，数组大小为 4，并对其进行初始化。

```
public int[ ] a=new int[4] {0,0,0,0};
```

（3）循环（这里只介绍 while 循环）

1）语法：while（循环条件）{

循环体；

}

2）作用：多次执行同一部分代码。

例如：通过循环求 1 到 100 的整数和。

```
int i=0;
    while (i<=100) {
        i=i+1;
}
```

（4）函数

1）语法：修饰符 数据类型 函数名（）

```
{
    函数体;
}
```

2）作用：当程序的功能较多时，可以将功能分模块来写，每一个功能模块放在一个函数内，需要时直接调用该函数即可。

例如：建立一个私有的无返回值的函数 a，在函数中实现求 1 到 100 的整数和。

```
private void a()
{
    for(int i=1;i<=100;i++)
    {
        i+=1;
    }
}
```

（5）线程　开启线程三步走：创建一个新的线程→设置与后台线程同步→准备开启线程。引入线程的步骤如下：

1）Thread 自定义的线程名=new Thread（要开启线程的函数）。

2）自定义的线程名 . IsBackground=true。

3）自定义的线程名 . Start（）。

注意：使用线程时需要引入 System. Threading，引入方法是在程序第一行添加 using System. Threading 代码。

（6）类中函数的调用　在一个类中调用另一个类中函数的步骤如下：

1）实例化类。类名自定义名=new 类名（）。

2）调用。自定义名 . 函数名（参数 1，参数 2，…，参数 n）。

（7）异常处理（这里只介绍 try... catch（）... 的方式）

语法：try

```
    {
        可能会引发异常的代码;
    }
    Catch (Excepton)
    {
        对异常进行处理的代码;
    }
```

例如：假设 this. pictureBox1. Image = Image. FromFile （" C：/Users/Administrator/Desktop/小灯图片/RedLight. png" ）；这段代码会发生找不到文件的异常，那么处理方式如下：

```
try
{
    this. pictureBox1. Image = Image. FromFile ( " C :/Users/Administrator/Desktop/小灯图片/RedLight. png" ) ;
}
Catch ( Excepton )
{
    messageBox. Show ( "文件未找到" ) ;
}
```

二、界面设计

界面设计如图 8-4 所示，其操作步骤及说明见表 8-2。

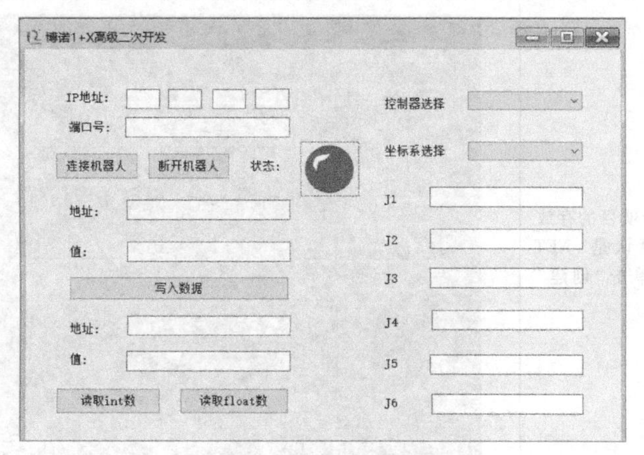

图 8-4　界面设计

表 8-2　界面设计操作步骤及说明

操作步骤及说明	示意图
1）打开 Visual Studio 2019 软件，单击“创建新项目”按钮	Visual Studio 2019 打开最近使用的内容(R) 开始使用 克隆存储库(C) 打开项目或解决方案(P) 打开本地文件夹(F) 创建新项目(N)

（续）

操作步骤及说明	示意图
2）在打开的“创建新项目”界面中，在“搜索模板”文本框内输入“Windows 窗体应用（.NET Framework）”，单击搜索到的基于 C#的 Windows 窗体应用，再单击“下一步”	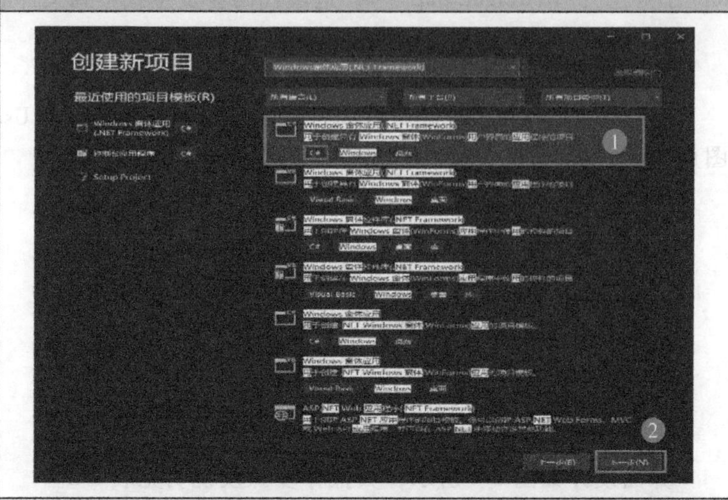
3）输入项目名称，选择项目的存放位置，框架默认即可（默认是 .NET Framework4.7.2），然后单击“创建”按钮	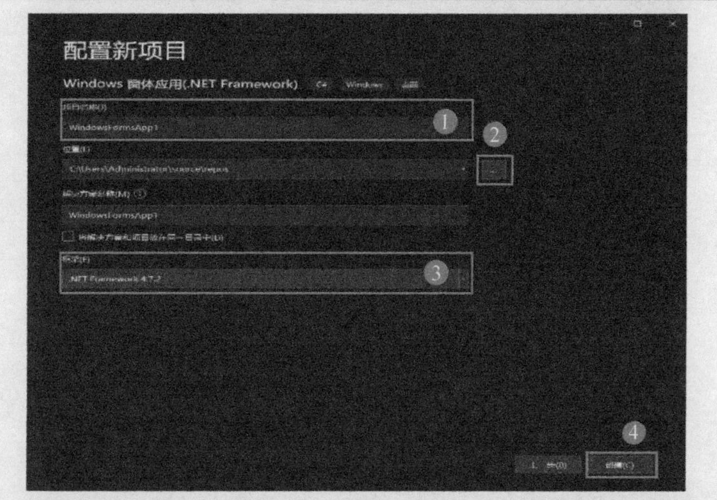
4）所创建的新项目中没有“工具箱”按钮，则单击“视图”→“工具箱”将其调出	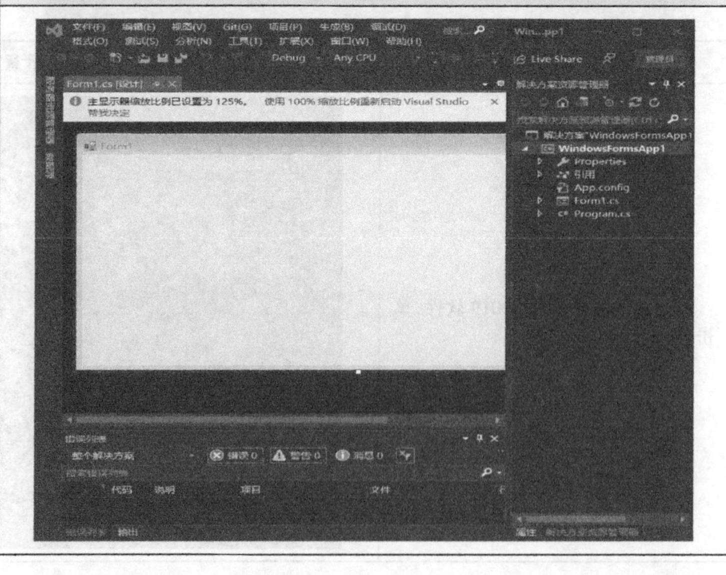

（续）

操作步骤及说明	示意图
5）打开工具箱，找到 Label 控件，按住鼠标将其拖拽到界面设计窗口，界面设计窗口就会出现一个名为“label1”的标签控件	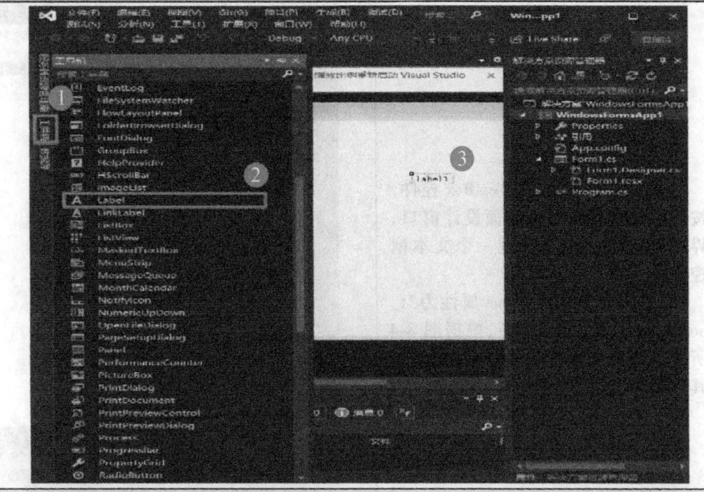
6）单击界面设计窗口中的“label1”标签，然后单击“属性”按钮，打开控件属性窗口，如右图所示。如果软件界面没有“属性”按钮，则单击“视图”→“属性”将其调出	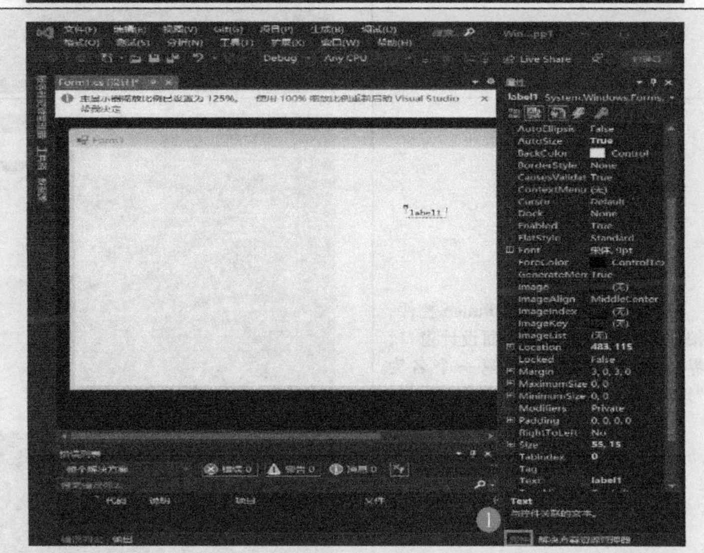
7）在属性窗口找到 Tex 属性，将其改为“IP 地址”，界面设计窗口的标签会随之改变，如右图所示；通过鼠标拖动“IP 地址”标签可随意更改位置，将 AutoSize 属性设为“False”后可随意更改大小 8）与步骤 7）同理，将图 8-4 所示界面中的“端口号”“地址（两个）”“值（两个）”“控制器选择”“坐标系选择”和“状态”几个标签设计出来，并调整到合适的大小和位置	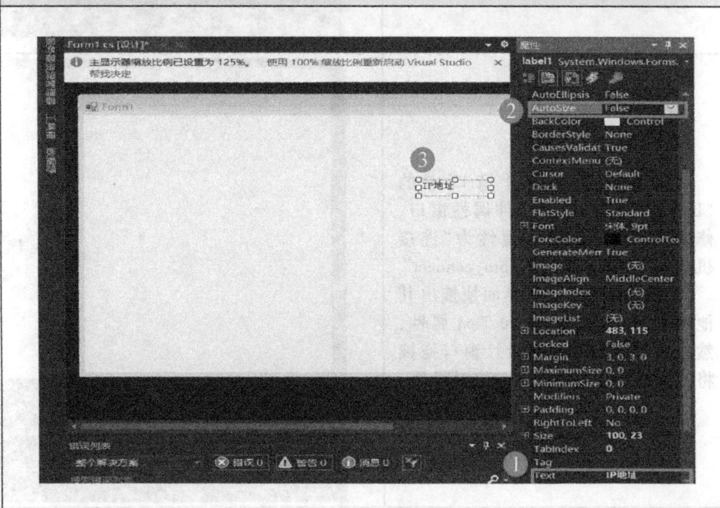

（续）

操作步骤及说明	示意图
9）打开工具箱，找到 TextBox 控件，按住鼠标将其拖拽到界面设计窗口，界面设计窗口就会出现一个文本框控件 10）修改文本框的 Name 属性为“t_port”（名称可自己定义），根据图 8-4 所示界面拖拽出其他文本框，然后将其调整到合适的大小和位置即可	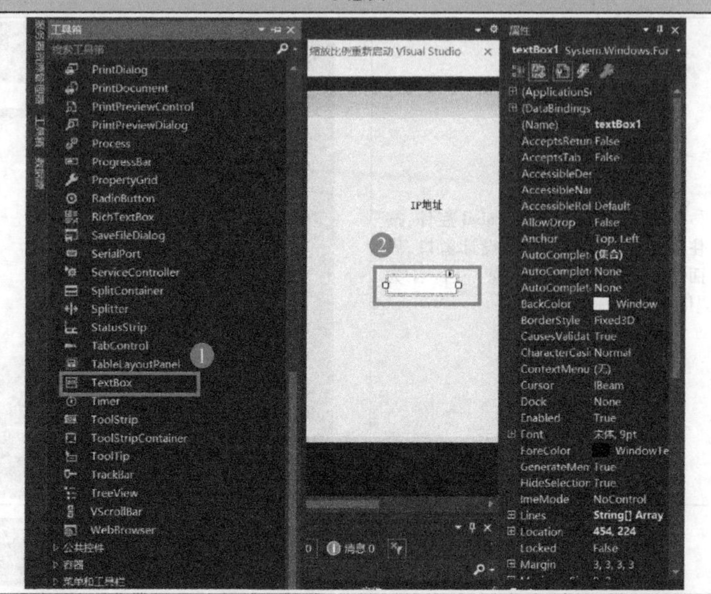
11）打开工具箱，找到 Button 控件，按住鼠标将其拖拽到界面设计窗口，界面设计窗口就会出现一个名为“button1”的按钮控件	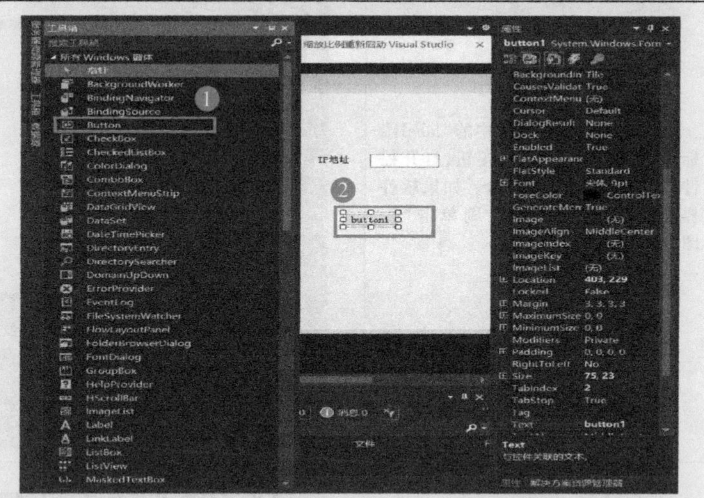
12）单击界面设计窗口中的“button1”按钮，打开控件属性窗口，修改“button1”的 Text 属性为“连接机器人”，Name 属性为“btn_connect” 13）根据图 8-4 所示界面拖拽出其他按钮，修改其 Name 和 Text 属性，然后通过鼠标在界面设计窗口拖拽将其调整到合适的大小和位置即可	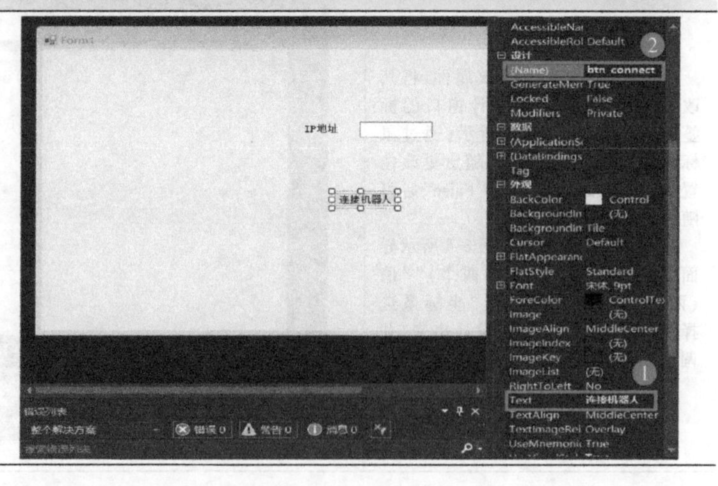

（续）

操作步骤及说明	示意图
14）打开工具箱，找到 PictureBox 控件，按住鼠标将其拖拽到界面设计窗口，界面设计窗口就会出现一个图片控件	
15）单击界面设计窗口中的 PictureBox 控件，打开控件属性窗口，单击 Image 属性右侧的“...”按钮（单击 Image 右侧的“无”文字后会显示“...”），在“选择资源”对话框中选择“本地资源”，单击“导入”，导入资源如右图所示	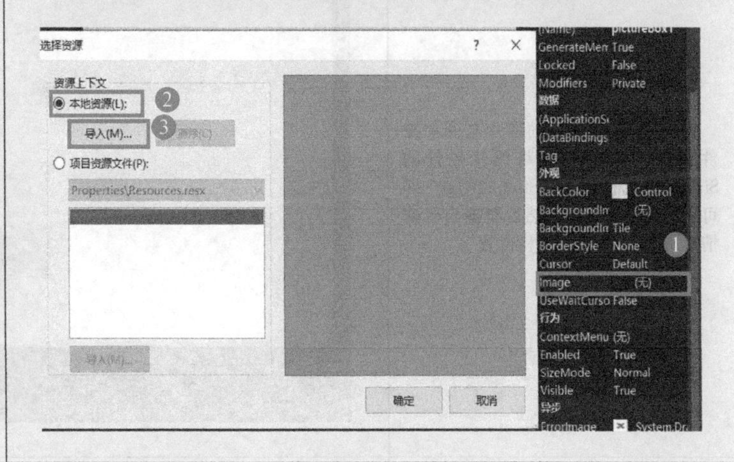
16）在“打开”对话框中找到红灯图片并选中，单击“打开”按钮	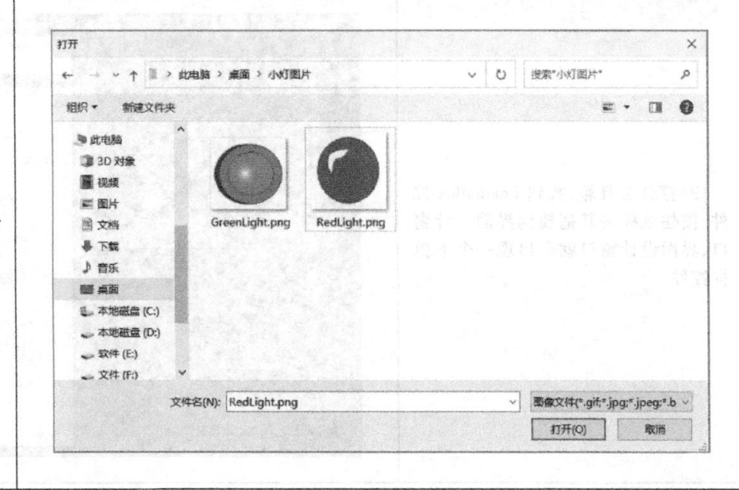

（续）

操作步骤及说明	示意图
17）“选择资源”对话框中显示选择好的图片，单击“确定”按钮	
18）若刚添加进来的图片与图片控件的大小不匹配，则将图片控件的SizeMode属性改为“StretchImage”即可（默认是Normal），然后根据自己的情况调整控件的大小和位置	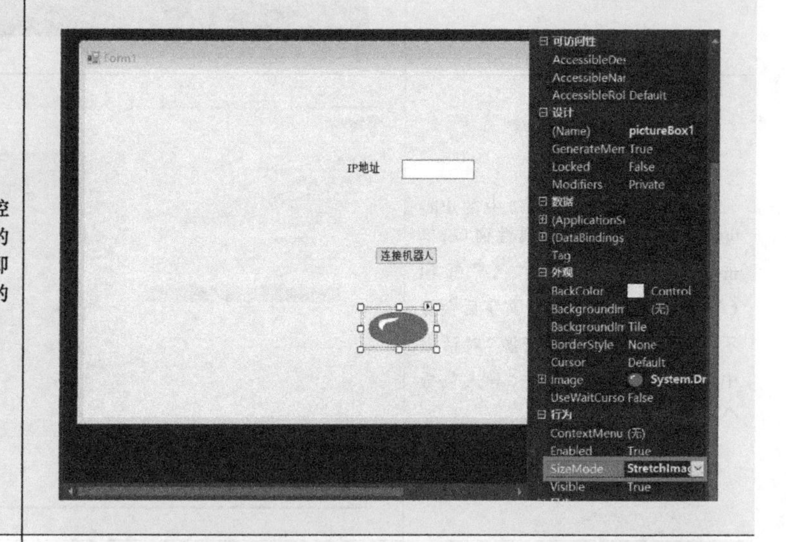
19）打开工具箱，找到ComboBox控件，按住鼠标将其拖拽到界面设计窗口，界面设计窗口就会出现一个下拉框控件	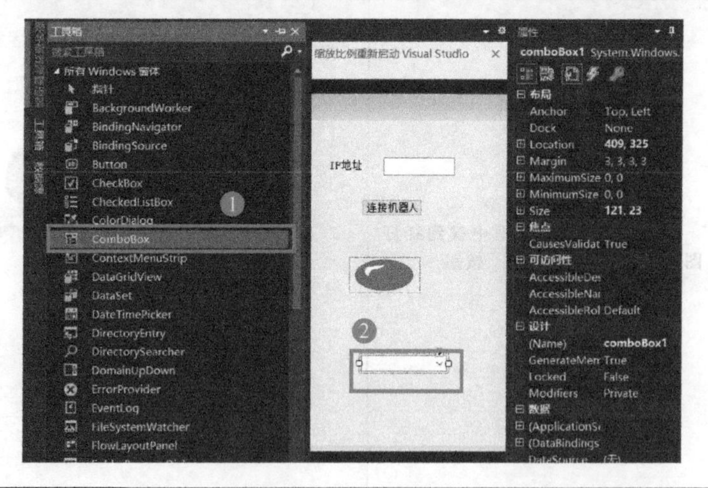

（续）

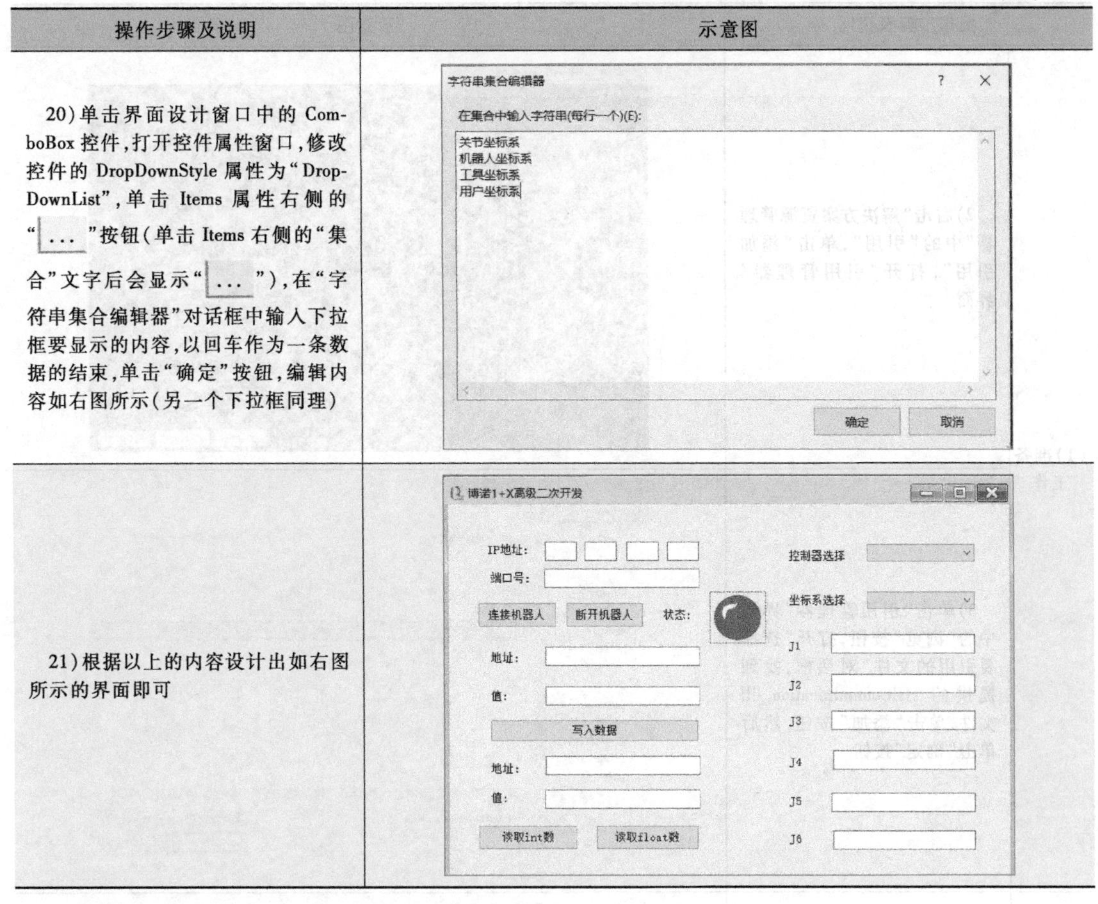

操作步骤及说明	示意图
20）单击界面设计窗口中的 ComboBox 控件，打开控件属性窗口，修改控件的 DropDownStyle 属性为“DropDownList”，单击 Items 属性右侧的“...”按钮（单击 Items 右侧的“集合”文字后会显示“...”），在“字符串集合编辑器”对话框中输入下拉框要显示的内容，以回车作为一条数据的结束，单击“确定”按钮，编辑内容如右图所示（另一个下拉框同理）	
21）根据以上的内容设计出如右图所示的界面即可	

三、代码编写

代码编写操作步骤及说明见表 8-3。

表 8-3　代码编写操作步骤及说明

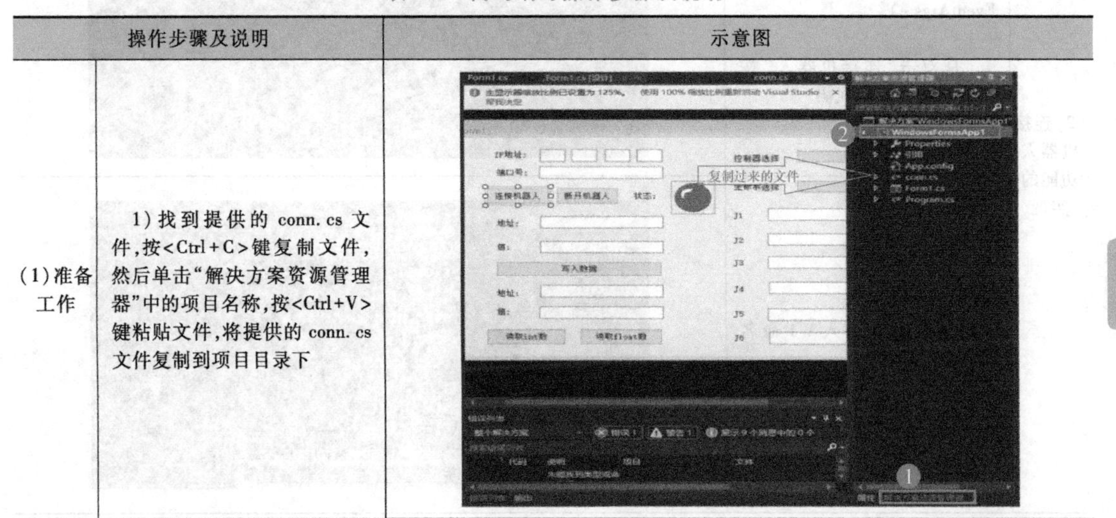

操作步骤及说明		示意图
（1）准备工作	1）找到提供的 conn. cs 文件，按<Ctrl+C>键复制文件，然后单击“解决方案资源管理器”中的项目名称，按<Ctrl+V>键粘贴文件，将提供的 conn. cs 文件复制到项目目录下	

（续）

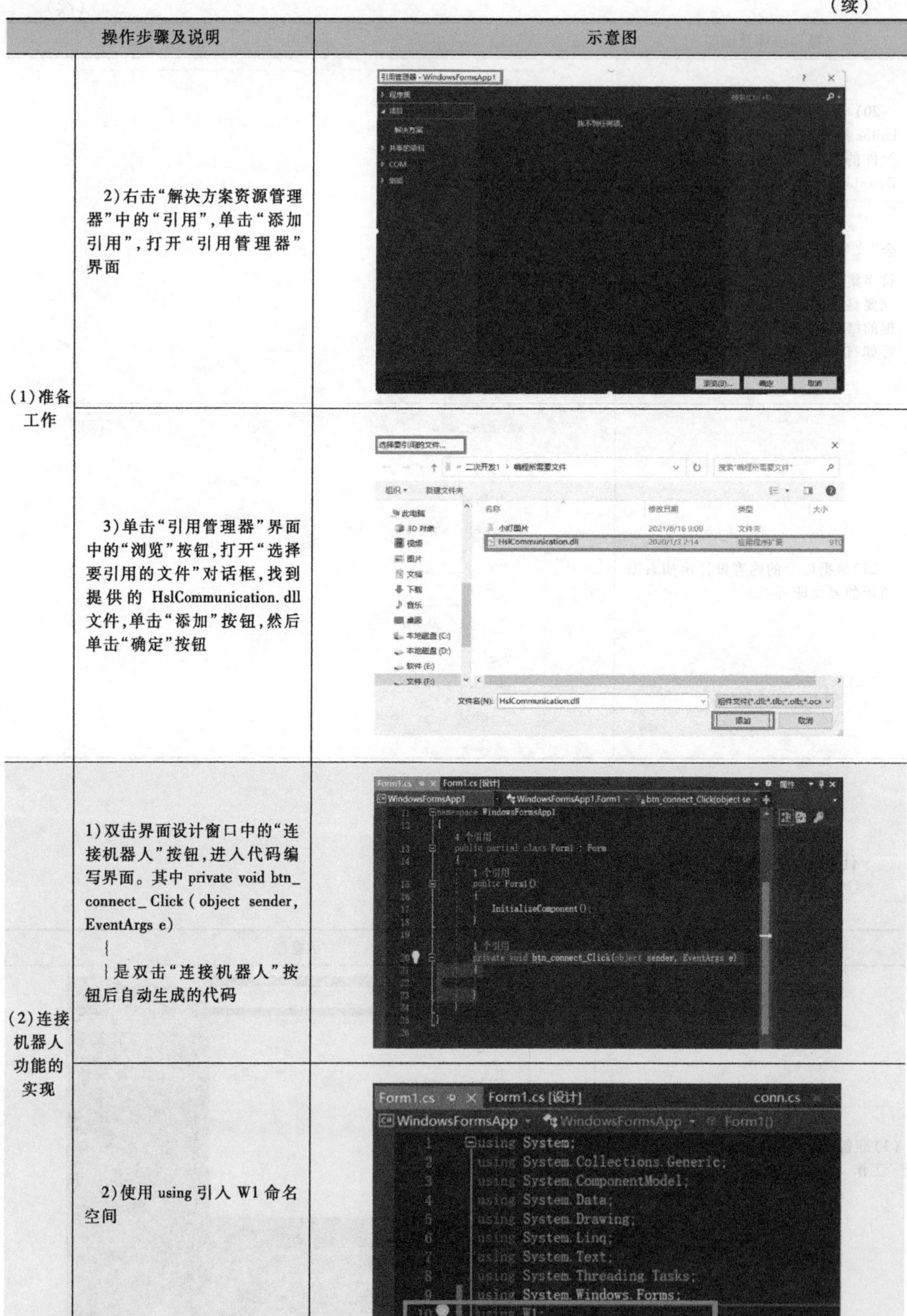

操作步骤及说明		示意图
（1）准备工作	2）右击“解决方案资源管理器”中的“引用”，单击“添加引用”，打开“引用管理器”界面	
	3）单击“引用管理器”界面中的“浏览”按钮，打开“选择要引用的文件”对话框，找到提供的 HslCommunication. dll 文件，单击“添加”按钮，然后单击“确定”按钮	
（2）连接机器人功能的实现	1）双击界面设计窗口中的“连接机器人”按钮，进入代码编写界面。其中 private void btn_connect_ Click (object sender, EventArgs e) { }是双击“连接机器人”按钮后自动生成的代码	
	2）使用 using 引入 W1 命名空间	

（续）

操作步骤及说明		示意图
	3）实例化 conn 类对象	 1 个引用 16 public Form1() 17 { 18 InitializeComponent(); 19 } 20 21 conn c = new conn();
	4）声明一个布尔型变量控制是否读取机器人数据	 22 private bool flag;

(2)连接机器人功能的实现	5）在 btn_connect_Click 函数里添加条件判断逻辑以及相关的动作执行语句，if(条件表达式){...}else{...}的意思是，单击界面设计窗口中的“连接机器人”按钮后，会在一定条件下连接机器人，如果不满足该条件会怎么样。这里单击“连接机器人”按钮后，如果满足条件会触发四个动作：❶红灯变绿灯，❷坐标系下拉框自动显示“关节坐标系”，❸读取到机器人各个关节数据，❹给出“机器人连接成功”的提示；如果不满足条件会给出“机器人连接失败”的提示（其中 ConnectRobot 函数有红色下划线是因为程序中还没有声明和建立这个函数，程序找不到它，所以会报错，后面的步骤会建立该函数）
	代码解析：Connect( )函数的调用，该函数位于 conn. cs 文件内，而程序在 From1. cs 文件内，要想使用其他类文件的函数，就需要先实例化，然后通过“实例化名称．函数名(参数)”的方法调用，这里的实例化名称就是步骤 3）中的 c，从图中可以看到 Connect 函数需要两个参数，一个是 IP 地址，一个是端口号，都是字符串类型的，那么在 From1. cs 程序中将 Connect 函数需要的参数给它，所以通过“文本框 Name 属性名．Text. ToString()”的方式获取文本框中输入的数据，然后传递给 Connect 函数；该部分其他代码可参考图中的注释部分（即双斜杠部分）
		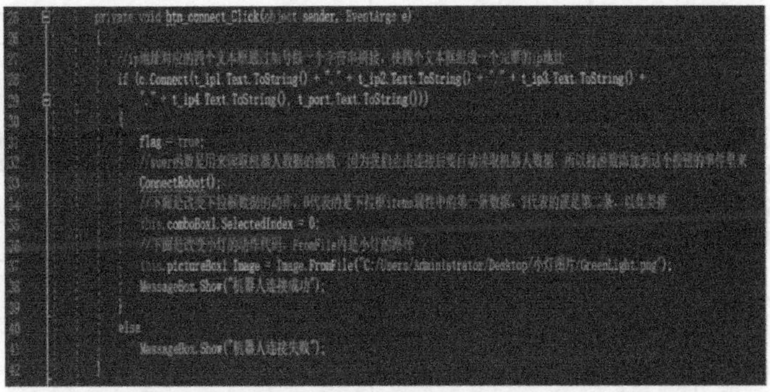 private void btn_connect_Click(object sender, EventArgs e)
		{
		if (c.Connect(t_ip1.Text.ToString() + "." + t_ip2.Text.ToString() + "." + t_ip3.Text.ToString() +
		"." + t_ip4.Text.ToString(), t_port.Text.ToString()))
		{
		flag = true;
		ConnectRobot();
		this.comboBox1.SelectedIndex = 0;
		this.pictureBox1.Image = Image.FromFile("C:/Users/Administrator/Desktop/小灯图片/GreenLight.png");
		MessageBox.Show("机器人连接成功");
		}
		else
		MessageBox.Show("机器人连接失败"); 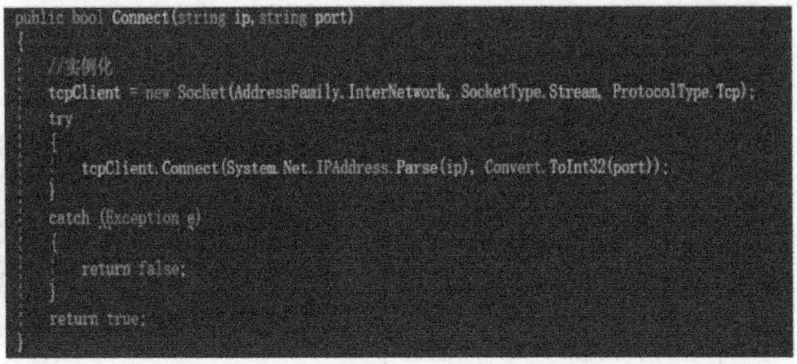
		}
		
		public bool Connect(string ip, string port)
		{
		//实例化
		tcpClient = new Socket(AddressFamily.InterNetwork, SocketType.Stream, ProtocolType.Tcp);
		try
		{
		tcpClient.Connect(System.Net.IPAddress.Parse(ip), Convert.ToInt32(port));
		}
		catch (Exception e)
		{
		return false;
		}
		return true;
		}

（续）

操作步骤及说明		示意图
	1）使用 using 引入 HslCommunication. ModBus 和 System. Threading	1 using System; 2 using System.Collections.Generic; 3 using System.ComponentModel; 4 using System.Data; 5 using System.Drawing; 6 using System.Linq; 7 using System.Text; 8 using System.Threading.Tasks; 9 using System.Windows.Forms; 10 using W1; 11 using HslCommunication.ModBus; 12 using System.Threading;
	2）声明一个私有浮点型的数组，数组大小为 6，并对其初始化	41 42 private float[] dbRobot = new float[6] { 0, 0, 0, 0, 0, 0 };
（3）读取机器人各关节数据功能的实现	3）声明 ModbusTcpNet 对象，命名为 bustcp（名字可自己任意起）	44 private ModbusTcpNet bustcp;

	4）创建连接机器人功能步骤 5）中缺少的 ConnectRobot（）函数
	代码解析：因为这个函数主要是与机器人建立通信，所以首先要通过 new 来实例化通信对象，也就是函数里的 ModbusTcpNet，同样，ModbusTcpNet 也需要两个参数，一个是 IP 地址，一个是端口号，那么可采用与连接机器人功能步骤 5）中同样的方式将 IP 地址和端口号参数给 ModbusTcpNet；然后开启一个新的和机器人通信的线程，参考图中的线程三步走（由图可发现线程内的 receive 函数又报错了，原因也是还没有创建这个函数，下面的步骤会创建该函数）
		void ConnectRobot()
		{
		bustcp = new ModbusTcpNet(t_ip1.Text.ToString() + "." + t_ip2.Text.ToString() + "."
		+ t_ip3.Text.ToString() + "." + t_ip4.Text.ToString(), Convert.ToInt32(t_port.Text.ToString()));
		Thread th = new Thread(receive);
		th.IsBackground = true;
		th.Start();

（续）

<table>
<tr><th colspan="2">操作步骤及说明</th><th>示意图</th></tr>
<tr><td rowspan="2">（3）读取机器人各关节数据功能的实现</td><td>5）创建步骤4）中缺少的receive()函数
代码解析：因为要不断地接收机器人的各个关节数据，这是一个循环重复的过程，所有把接收机器人数据的代码写入到一个循环内，也就是右图中的while内，while右侧的括号中是循环条件，这里的循环条件为flag，为什么是flag呢？其实flag就是在连接机器人功能步骤4）中声明的变量，因为程序的逻辑是当单击“连接机器人”按钮后程序就会接收到机器人发来的数据，这也就是为什么在连接机器人功能步骤5）的代码中将flag设置为true的原因，当单击“连接机器人”按钮后，flag变为true，这时while的循环条件也就变为true，因为当循环条件为真（true）时，才会执行循环体，当循环条件为假（false）时，就会停止循环，所以单击“连接机器人”按钮后会执行这个接收机器人数据的循环
因为机器人发来的数据肯定是小数，所以通过调用ModbusTcp内的ReadFloat函数来读取关节对应地址的数据，ReadFloat函数内的参数就是机器人各个关节对应的接口地址，然后将读取到的数据存放到dbRobot数组中，因为一共6个关节，这也就是步骤2）声明一个私有浮点型数组的原因
由图同样可发现show()函数报错了，原因还是没有创建这个函数，该函数是用来将接收到的机器人数据显示到界面上的一个功能函数，下面的步骤会创建该函数
Thread.Sleep(100)表示每100ms去接收一次数据</td><td>

```
59  void receive()
60  {
61      while (flag)
62      {
63          var Value = bustcp.ReadFloat("10");
64          dbRobot[0] = Value.Content;
65          Value = bustcp.ReadFloat("12");
66          dbRobot[1] = Value.Content;
67          Value = bustcp.ReadFloat("14");
68          dbRobot[2] = Value.Content;
69          Value = bustcp.ReadFloat("16");
70          dbRobot[3] = Value.Content;
71          Value = bustcp.ReadFloat("18");
72          dbRobot[4] = Value.Content;
73          Value = bustcp.ReadFloat("20");
74          dbRobot[5] = Value.Content;
75          show();
76          //每100毫秒去读取一次数据
77          Thread.Sleep(100);
78      }
79  }
```

</td></tr>
<tr><td>6）先创建一个四字节大小的数组，然后创建步骤5）中缺少的show()函数
代码解析：BitConverter.GetBytes()是以字节数组的形式返回指定的单精度浮点值，这里指定的单精度浮点值就是获取到的并且存到了浮点数组的机器人各个关节数据；BitConverter.ToSingle()是返回从字节数组中指定位置开始的四个字节转换来的单精度浮点数，这里从指定0位置开始，也就是从头开始，要转换的对象就是建立的字节数组；最后将转换好的数据写入到文本框中，因为文本框只接收字符串类型的数据，所以通过Convert.ToString()的方式可将数据转换为文本框可以接收的类型（注：图中只显示了三个关节，其余三个关节同理）</td><td>

```
80  byte[] b1 = new byte[4] { 0, 0, 0, 0 };
    1 个引用
81  void show()
82  {
83      //关节1
84      b1[0] = BitConverter.GetBytes(dbRobot[0])[2];
85      b1[1] = BitConverter.GetBytes(dbRobot[0])[3];
86      b1[2] = BitConverter.GetBytes(dbRobot[0])[0];
87      b1[3] = BitConverter.GetBytes(dbRobot[0])[1];
88      dbRobot[0] = BitConverter.ToSingle(b1, 0);
89      textBox1.Text = Convert.ToString(dbRobot[0]);
90      //关节2
91      b1[0] = BitConverter.GetBytes(dbRobot[1])[2];
92      b1[1] = BitConverter.GetBytes(dbRobot[1])[3];
93      b1[2] = BitConverter.GetBytes(dbRobot[1])[0];
94      b1[3] = BitConverter.GetBytes(dbRobot[1])[1];
95      dbRobot[1] = BitConverter.ToSingle(b1, 0);
96      textBox2.Text = Convert.ToString(dbRobot[1]);
97
98      b1[0] = BitConverter.GetBytes(dbRobot[2])[2];
99      b1[1] = BitConverter.GetBytes(dbRobot[2])[3];
100     b1[2] = BitConverter.GetBytes(dbRobot[2])[0];
101     b1[3] = BitConverter.GetBytes(dbRobot[2])[1];
102     dbRobot[2] = BitConverter.ToSingle(b1, 0);
103     textBox3.Text = Convert.ToString(dbRobot[2]);
```

</td></tr>
</table>

（续）

操作步骤及说明		示意图
（4）断开机器人功能的实现	1）双击界面设计窗口中的“断开机器人”按钮，进入代码编写界面	
	2）因为在单击“断开机器人”按钮后机器人的关节数据就不能再读取了，也就是读取机器人各关节数据功能步骤5）中的循环就不再执行了，所以要将 flag 设为 false，然后调用 conn 中的 disconnect（）函数。单击“断开机器人”按钮后有两个动作，一个是小灯变红，一个是给出“断开成功”的提示信息，这两个动作和连接机器人是同理的	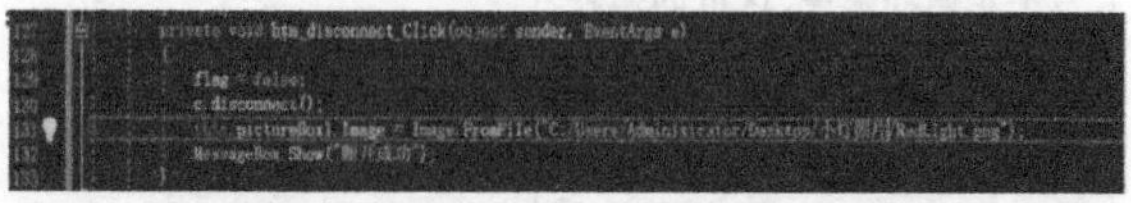
（5）写入数据功能的实现	1）双击界面设计窗口中的“写入数据”按钮，进入代码编写界面	
	2）添加异常处理代码块，其中 try 部分是可能发生异常的代码，catch 部分是对异常进行处理的代码	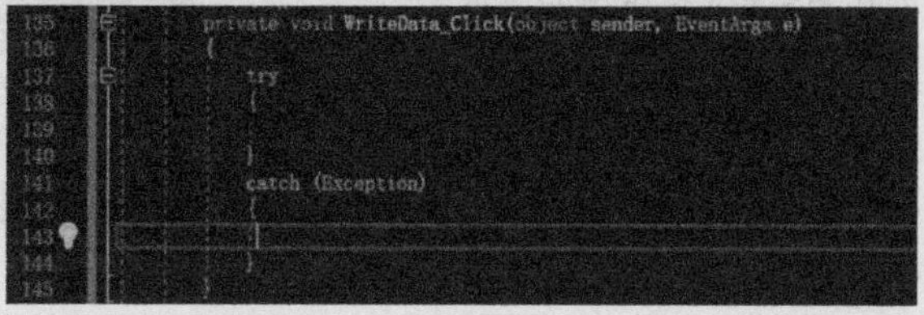
	3）因为 int 型和 float 型数据对应的地址区域是不同的，所以要添加一个条件判断，让程序知道输入的数据在什么范围内时调用什么函数。可以看到，如果输入的地址在 40307～40406 之间，就调用发送整型数据的函数，如果地址在 40407～40605 之间，就调用发送浮点型数据的函数 通过 t_address. Text. ToString（）的方式将地址文本框输入的地址获取到，然后转为整型数字，和 40307 比较大小，其余同理 sendBoolAndIntValue 函数中需要两个参数，一个是 ushort 类型的地址，一个是 ushort 类型的值，函数传递参数的内容不再赘述，前面部分已经提到 这里的（ushort）（Convert. ToInt32（t_address. Text. ToString（））-40001）一小段代码是对获取到的文本框输入的数据进行一个类型转换，首先将其转为整型与 40001 做一个减法运算，然后将运算结果转为 ushort 类型，其余同理 如果机器人没有连接就单击“写入数据”按钮肯定是不行的，所以将相应提示代码写入 catch 部分	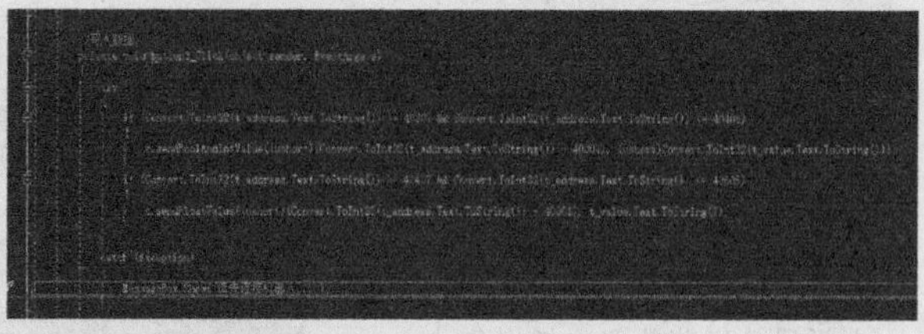

（续）

操作步骤及说明		示意图
(6)读取对应地址数据功能的实现	1)双击界面设计窗口中的"读取 float 数"按钮,进入代码编写界面 2)读取对应地址数据功能和读取机器人各关节数据功能同理,可参考读取机器人各关节数据部分,这里只提供一下参考代码	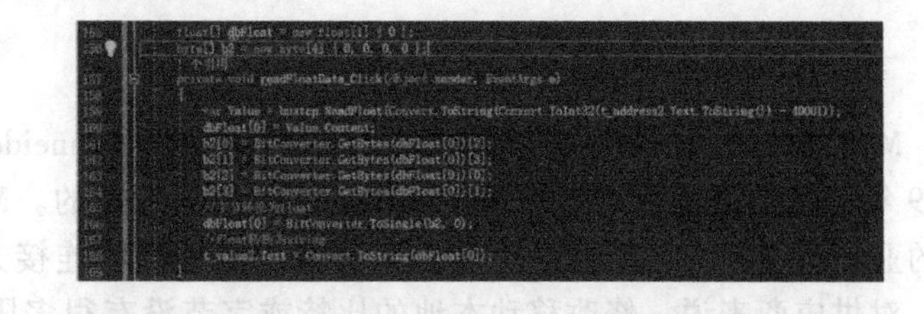
	3)双击界面设计窗口中的"读取 int 数"按钮,进入代码编写界面	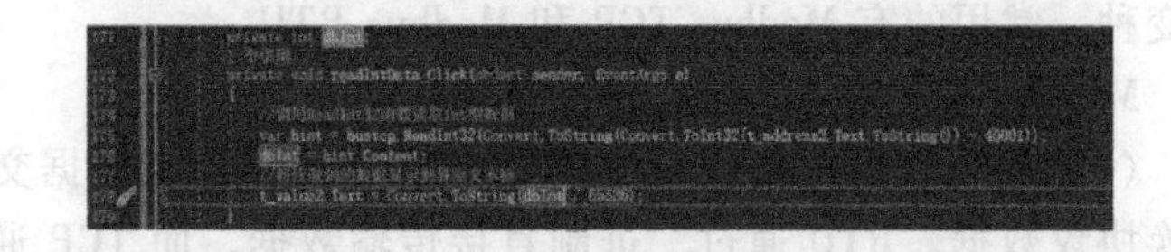
(7)下拉框改变事件	1)单击界面设计窗口中的"坐标系选择"对应的下拉框,然后单击属性窗口的"事件",找到 SelectedIndexChanged 事件,双击该事件右侧的空白处,进入代码编写界面	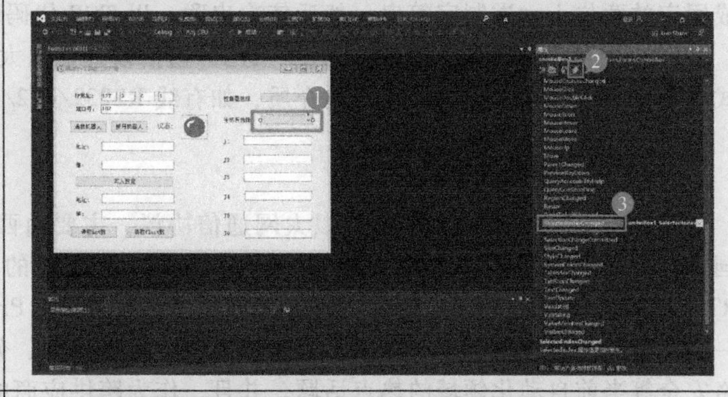
	2)在代码编写界面添加如右图所示的代码 代码解析:comboBox1. SelectedIndex 是获取下拉框数据的索引值,下拉框索引值默认从 0 开始,也就是 Items 中的第一条数据索引是 0,第二条数据索引是 1,以此类推	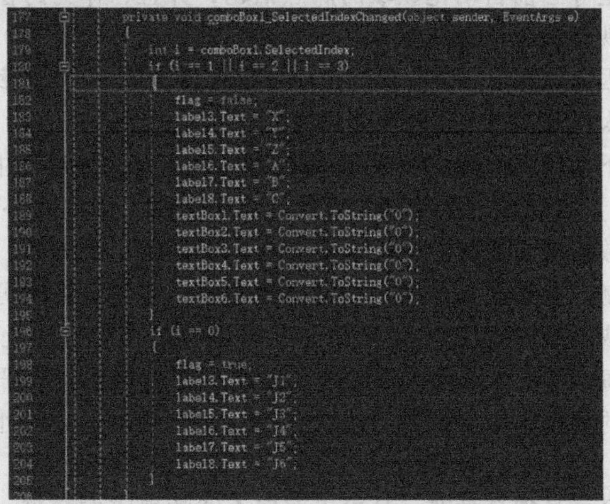
	3)双击界面设计窗口中除自己定义控件(文本框、按钮等)的其他空位置,进入后台代码编写界面,添加 Control. CheckForIllegalCrossThreadCalls = false;该代码是为了解决 system. invalldOperationException"线程间操作无效"的异常	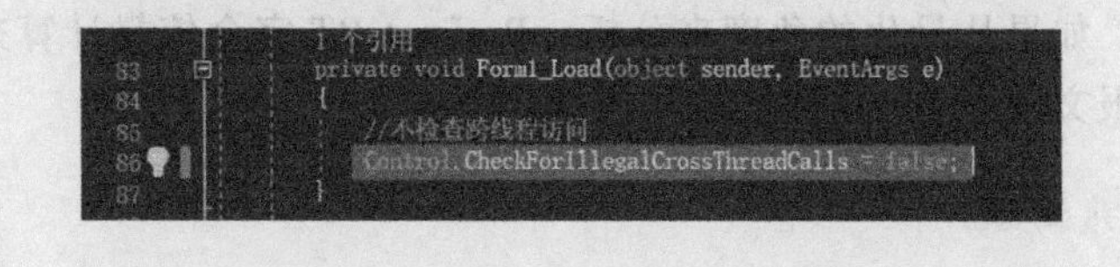

知识拓展

一、Modbus 协议

Modbus 是一种串行通信协议，是施耐德电气 Schneider Electric（原 Modicon）公司于1979 年为使用可编程逻辑控制器（PLC）通信而发布的。Modbus 已经成为工业领域通信协议的业界标准，并且现在是工业电子设备之间常用的连接方式。Modbus 协议易于部署和维护，对供应商来说，修改移动本地的比特或字节没有很多限制。目前 Modbus 通信协议有许多变种，常用的有 Modbus TCP 和 Modbus RTU。

Modbus TCP 和 Modbus RTU 的区别：

（1）概念不同　Modbus 是一种标准的工业控制数据交换协议，可以通过 RTU 和 ASCII 交换协议数据。RTU 通过二进制直接传输数据，而 TCP 通过将每个字节的二进制数据转换成固定的两位十六进制字符串，然后依次串联，以 TCP 代码的形式传输数据。

（2）通信模式不同　Modbus TCP 采用的通信模式是以太网；Modbus RTU 相应的通信模式是异步串行传输，包括各种传输介质，如有线 RS232/422/485/、光纤、无线等。

二、Profinet 协议

Profinet 是一个开放式的工业以太网通信协议，主要由西门子公司和 Profibus & Profinet 国际协会提出。Profinet 应用 TCP/IP 的相关标准，是实时的工业以太网，主要包括 Profinet RT（实时）、CBA、IRT（等时实时）三种通信协议等级。Profinet 为自动化通信领域提供了一个完整的网络解决方案，囊括了实时以太网、运动控制、分布式自动化、故障安全以及网络安全等当前自动化领域的热点话题，并且，作为跨供应商的技术，可以完全兼容工业以太网和现有的现场总线技术。

因为使用了 IEEE 802 以太网标准和 TCP/IP，大多数的 Profinet 通信是通过没有被修改的以太网和 TCP/IP 包来完成的。

下面以 Profinet RT 为例来介绍在整个通信的过程中实时性能是如何来保证的。

1）从通信的终端设备来看，首先采用了优化的协议栈，因此大大缩短了在终端设备上处理数据报文的时间，这是实时性能保证的一个方面。其次是终端设备上采用的分时间段处理机制，这样在每个通信的循环周期内，终端设备既可以处理 RT 的实时数据，又可以处理 TCP 或 UDP 的数据，而且在每个循环周期内应优先处理 RT 的实时数据。这里需要强调的是，每个 PN 终端设备只对自己负责，需要发送的数据会按要求循环发送，由其他设备发给自己的数据也会立即进行接收，且发送和接收是并行处理。

2）从通信的传输设备来看，首先采用百兆全双工的交换网络，因此每个终端设备的每个端口都是独享带宽，且可以双向不间断地收发数据。其次是交换机支持 802. IP 或 802. IQ 标准，使发到交换机网络的 PN 数据帧被优先处理和转发。

如果从量化的角度来分析，Profinet RT 完全依靠计算来精确保证每个发送循环所能发送的报文及对 RT 数据的时间预留。

评价反馈

评价反馈见表 8-4。

表 8-4　评价反馈表

基本素养(30 分)				
序号	评估内容	自评	互评	师评
1	纪律(无迟到、早退、旷课)(10 分)			
2	安全规范操作(10 分)			
3	团结协作能力、沟通能力(10 分)			
理论知识(40 分)				
序号	评估内容	自评	互评	师评
1	了解 C#语言基本控件(10 分)			
2	了解 C#语言编程应用软件(20 分)			
3	了解 C#语言编程基础方式(10 分)			
技能操作(30 分)				
序号	评估内容	自评	互评	师评
1	了解 Visual Studio 2019 软件的基础操作(10 分)			
2	利用 C#语言编写常用控件(10 分)			
3	利用 C#语言对控制界面进行代码编写(10 分)			
综合评价				

练习与思考

一、填空题

1. 常用的控件有 Button（按钮）控件、________、________、________和 PictureBox（图片）控件。

2. 常用的数据类型有 int（整型）、________、________和________。

3. ________是单击事件，即当单击该控件时，程序会触发相应的动作。

4. 目前 Modbus 通信协议有许多变种，常用的有________和________。

二、简答题

以 Profinet RT 为例，在整个通信的过程中是如何保证实时性能的？

附 录

附录 A 脚本示例

一、机器人运动路径部分

```
-------函数名称:setTargetPosAnt()
-------函数功能:更换机器人工具坐标系,从 thisObject 点到 targetObject 点
-------调用方式:setTargetPosAnt(thisObject,targetObject)
setTargetPosAnt=function(thisObject,targetObject)
local P=simGetObjectPosition(targetObject,-1)   --声明局部变量
local A=simGetObjectQuaternion(targetObject,-1)
simSetObjectPosition(thisObject,-1,P)           --设置物体/点/关节坐标
simSetObjectQuaternion(thisObject,-1,A)         --设置物体/点/关节四元数
end

--------函数名称:moveToplace()
--------函数功能:机器人移动到 objectHandle 点,并等待 waitTime 秒
--------调用方式:moveToplace(objectHandle,waitTime)
moveToplace=function(objectHandle,waitTime)
local targetP=simGetObjectPosition(objectHandle,targetBase)      --声明局部变量
local targetO=simGetObjectQuaternion(objectHandle,targetBase)
simRMLMoveToPosition(target,targetBase,-1,nil,nil,maxVel,maxAccel,maxJerk,targetP,
targetO,nil)            --移动至指定位置
simWait(waitTime)   --等待
end

i=0.001
threadFunction=function()
    --移动至指定位置抓取夹具 1
    simSetObjectPosition(cy,-1,{-10000*i,-2000*i,114.5941*i})
    simSetIntegerSignal('daogui',0)
```

```
    moveToplace(p01,0)
    moveToplace(p2,0)
simSetObjectParent(j6,pTCP,true)
--移动至指定位置抓取物料
    moveToplace(p3,0)
    moveToplace(p4,0)
    moveToplace(p5,0)
    moveToplace(home1,0)
    moveToplace(p6,0)
    moveToplace(p7,0)
    moveToplace(p8,0)
    setTargetPosAnt(target,pj4)
    setTargetPosAnt(TCP,pj4)
    moveToplace(p9,0)
    moveToplace(p10,0)
    simMoveToJointPositions({ly2,lz2},{-4.5*i,-4.5*i},0.5)
simSetObjectParent(pwuliao1_1,pj4,true)
--获取 RFID 信息并放置物料
    moveToplace(p9,0)
    simSetIntegerSignal('daogui1',1)
    moveToplace(p11,0)
    moveToplace(p12,0)
    moveToplace(p13,0)
    moveToplace(p14,0.5)
    out=simAuxiliaryConsoleOpen("Debug3",20,1)
    simAuxiliaryConsolePrint(out,string.format("\nID:B1"))
    moveToplace(p13,0)
    moveToplace(pbw1,0)
    moveToplace(pbw2,0)
    simMoveToJointPositions({ly2,lz2},{0*i,0*i},0.5)
    simSetIntegerSignal('bianweiji1',1)
    simSetObjectParent(pwuliao1_1,-1,true)
    moveToplace(pbw1,0)
    setTargetPosAnt(target,pTCP)
setTargetPosAnt(TCP,pTCP)
--放回夹具 1
    moveToplace(p15,0)
    simSetIntegerSignal('daogui2',2)
    moveToplace(p5,0)
```

```
        moveToplace(p4,0)
        moveToplace(p3,0)
        moveToplace(p2,0)
    simSetObjectParent(j6,kuaihuangongjutai,true)
    moveToplace(p01,0)
    --移动至指定位置抓取夹具 2
        moveToplace(p16,0)
        moveToplace(j7,0)
        simSetObjectParent(j5,pTCP,true)
    moveToplace(p17,0)
    --移动至指定位置
        moveToplace(p18,0)
        moveToplace(p19,0)
        simSetIntegerSignal('daogui3',3)
    moveToplace(home1,0)
    --发送信号使旋转供料启动
    simSetIntegerSignal('xzgl1',1)
    --移动至指定位置抓取物料
        moveToplace(p20,0)
        moveToplace(p21,1)
        setTargetPosAnt(target,pj3)
        setTargetPosAnt(TCP,pj3)
        simMoveToJointPositions({ly0,lz0},{-6*i,-6*i},0.5)
        moveToplace(p22,0)
        simMoveToJointPositions({ly0,lz0},{0.5*i,0.5*i},0.5)
        simSetObjectParent(pwuliao2_1,j5,true)
    moveToplace(p23,0)
    --移动至指定位置并安装物料
        moveToplace(p24,0)
        simSetIntegerSignal('daogui4',4)
        moveToplace(p25,0)
        moveToplace(p26,0)
        moveToplace(p27,0)
        simMoveToJointPositions({ly0,lz0},{-6*i,-6*i},0.5)
        simSetObjectParent(pwuliao2_1,pwuliao1_1,true)
        setTargetPosAnt(pwuliao2_1,pw1)
        moveToplace(p26,0)
        setTargetPosAnt(target,pTCP)
        setTargetPosAnt(TCP,pTCP)
```

```
--移动至指定位置并放回夹具 2
        simSetIntegerSignal('daogui5',5)
        moveToplace(p19,0)
        moveToplace(p18,0)
        moveToplace(p17,0)
        moveToplace(j7,0)
        simSetObjectParent(j5,kuaihuangongjutai,true)
    moveToplace(p16,0)
    --移动至指定位置获取夹具 3
        moveToplace(p28,0)
        moveToplace(xipan,0)
        simSetObjectParent(xipan3,pTCP,true)
        setTargetPosAnt(target,pxipan0)
    setTargetPosAnt(TCP,pxipan0)
    --移动至指定位置
    moveToplace(p28,0)
    --井式供料启动,中间法兰弹出并放置
        simSetIntegerSignal('daogui6',6)
        simSetIntegerSignal('jsgl1',1)
    moveToplace(p29,0)
    --等待信号,与"三、井式供料、传送带、相机光源脚本"中的 simSetIntegerSignal('lujing1',1)
对应
        simWaitForSignal('lujing1',1)
        moveToplace(ppdys2,0)
    simClearIntegerSignal('lujing1')
    --抓取物料
        simSetObjectParent(pwuliao3_1,pxipan0,true)
        moveToplace(p29,0)
        moveToplace(p30,0)
        moveToplace(p31,0)
        simSetObjectParent(pwuliao3_1,pwuliao1_1,true)
    moveToplace(p30,0)
    --输出法兰弹出并放置
        simSetIntegerSignal('jsgl2',2)
        moveToplace(p29,0)
        simWaitForSignal('lujing2',2)
        moveToplace(p32,0)
        simClearIntegerSignal('lujing2')
        simSetObjectParent(pwuliao4_1,pxipan0,true)
```

```
        moveToplace(p29,0)
        moveToplace(p33,0)
        moveToplace(p34,0)
        moveToplace(p35,0)
        simSetObjectParent(pwuliao4_1,pwuliao1_1,true)
        moveToplace(p30,0)
        moveToplace(p28,0)
        setTargetPosAnt(target,pTCP)
    setTargetPosAnt(TCP,pTCP)
    --移动至指定位置并放回夹具3
        moveToplace(xipan,0)
        simSetObjectParent(xipan3,kuaihuangongjutai,true)
        moveToplace(p28,0)
        simSetIntegerSignal('daogui7',7)
        moveToplace(p01,0)
    moveToplace(p2,0)
    --重新获取夹具1
        simSetObjectParent(j6,pTCP,true)
        moveToplace(p3,0)
        moveToplace(p4,0)
        moveToplace(p5,0)
        simSetIntegerSignal('daogui8',8)
        moveToplace(home1,0)
        moveToplace(p36,0)
        moveToplace(p37,0)
        setTargetPosAnt(target,pj4)
    setTargetPosAnt(TCP,pj4)
    --夹取组装好的物料
        moveToplace(pbw1,0)
        moveToplace(pbw2,0)
        simMoveToJointPositions({ly2,lz2},{-4.5*i,-4.5*i},0.5)
        simSetObjectParent(pwuliao1_1,pj4,true)
        simSetIntegerSignal('bianweiji2',2)
    simWait(0.5)
    moveToplace(pbw1,0)
    --放置至RFID
        moveToplace(p13,0)
    out=simAuxiliaryConsoleOpen("Debug3",20,1)
        simAuxiliaryConsolePrint(out,string.format("\nkuwei:21"))
```

```
moveToplace(p12,0)
--移动至物料库
    simSetIntegerSignal('daogui9',9)
    moveToplace(p11,0)
    moveToplace(p9,0)
    moveToplace(p38,0)
simMoveToJointPositions({ly2,lz2},{0*i,0*i},0.5) --使关节移动
--放置物料
simSetObjectParent(pwuliao1_1,cangchu,true)
--返回快换架,放下夹具
    moveToplace(p9,0)
    setTargetPosAnt(target,pTCP)
    setTargetPosAnt(TCP,pTCP)
    moveToplace(p8,0)
    moveToplace(p7,0)
    moveToplace(p6,0)
    moveToplace(home1,0)
    moveToplace(p5,0)
    moveToplace(p4,0)
    moveToplace(p3,0)
    moveToplace(p2,0)
    simSetObjectParent(j6,kuaihuangongjutai,true)
    moveToplace(p01,0)
    simSetIntegerSignal('daogui10',10)
    moveToplace(home1,0)
end
--声明机器人名称及关联点变量
cy=simGetObjectHandle('Cylinder')
target=simGetObjectHandle('target')
targetBase=simGetObjectHandle('Robot_ER3B_C10')
TCP=simGetObjectHandle('TCP')
pTCP=simGetObjectHandle('pTCP')
home1=simGetObjectHandle('home1')
cangchu=simGetObjectHandle('cangchu')
--声明并创建机器人6轴、外部轴变量
r1=simGetObjectHandle('r1')
r2=simGetObjectHandle('r2')
r3=simGetObjectHandle('r3')
r4=simGetObjectHandle('r4')
```

```
r5 = simGetObjectHandle('r5')
r6 = simGetObjectHandle('r6')
l1 = simGetObjectHandle('l1')
--声明并创建旋转供料位置对应变量
rx = simGetObjectHandle('rx')
pxz1 = simGetObjectHandle('pxz1')
pxz2 = simGetObjectHandle('pxz2')
pxz3 = simGetObjectHandle('pxz3')
pxz4 = simGetObjectHandle('pxz4')
pxz5 = simGetObjectHandle('pxz5')
pxz6 = simGetObjectHandle('pxz6')
--声明并创建物料变量
pwuliao2_1 = simGetObjectHandle('pwuliao2_1')
pwuliao1_1 = simGetObjectHandle('pwuliao1_1')
pw1 = simGetObjectHandle('pw1')
--声明并创建变位机变量
rb = simGetObjectHandle('rb')
lb = simGetObjectHandle('lb')
pbw1 = simGetObjectHandle('pbw1')
pbw2 = simGetObjectHandle('pbw2')
--声明并创建井式供料变量
lj = simGetObjectHandle('lj')
pwuliao3_1 = simGetObjectHandle('pwuliao3_1')
pwuliao4_1 = simGetObjectHandle('pwuliao4_1')
ppdys1 = simGetObjectHandle('ppdys1')
pjsgl1 = simGetObjectHandle('pjsgl1')
ppdys2 = simGetObjectHandle('ppdys2')
Path = simGetObjectHandle('Path')
--声明并创建工具变量
kuaihuangongjutai = simGetObjectHandle('kuaihuangongjutai')
j6 = simGetObjectHandle('j6')
pj4 = simGetObjectHandle('pj4')
ly2 = simGetObjectHandle('ly2')
lz2 = simGetObjectHandle('lz2')
j7 = simGetObjectHandle('j7')
j5 = simGetObjectHandle('j5')
pj3 = simGetObjectHandle('pj3')
lz0 = simGetObjectHandle('lz0')
ly0 = simGetObjectHandle('ly0')
```

```
xipan = simGetObjectHandle('xipan')
xipan3 = simGetObjectHandle('xipan3')
pxipan0 = simGetObjectHandle('pxipan0')
--声明并创建运动点
p01 = simGetObjectHandle('p01')
p2 = simGetObjectHandle('p2')
p3 = simGetObjectHandle('p3')
p4 = simGetObjectHandle('p4')
p5 = simGetObjectHandle('p5')
p6 = simGetObjectHandle('p6')
p7 = simGetObjectHandle('p7')
p8 = simGetObjectHandle('p8')
p9 = simGetObjectHandle('p9')
p10 = simGetObjectHandle('p10')
p11 = simGetObjectHandle('p11')
p12 = simGetObjectHandle('p12')
p13 = simGetObjectHandle('p13')
p14 = simGetObjectHandle('p14')
p15 = simGetObjectHandle('p15')
p16 = simGetObjectHandle('p16')
p17 = simGetObjectHandle('p17')
p18 = simGetObjectHandle('p18')
p19 = simGetObjectHandle('p19')
p20 = simGetObjectHandle('p20')
p21 = simGetObjectHandle('p21')
p22 = simGetObjectHandle('p22')
p23 = simGetObjectHandle('p23')
p24 = simGetObjectHandle('p24')
p25 = simGetObjectHandle('p25')
p26 = simGetObjectHandle('p26')
p27 = simGetObjectHandle('p27')
p28 = simGetObjectHandle('p28')
p29 = simGetObjectHandle('p29')
p30 = simGetObjectHandle('p30')
p31 = simGetObjectHandle('p31')
p32 = simGetObjectHandle('p32')
p33 = simGetObjectHandle('p33')
p34 = simGetObjectHandle('p34')
p35 = simGetObjectHandle('p35')
```

```
p36=simGetObjectHandle('p36')
p37=simGetObjectHandle('p37')
p38=simGetObjectHandle('p38')

maxVel={2,2,2,2}              --声明最大速度
maxAccel={2,2,2,2}            --声明最大加速度
maxJerk={0.5,0.5,0.5,1}   --声明最大冲击
--Put some initialization code here:
simSetThreadSwitchTiming(2) --Default timing for automatic thread switching
--Here we execute the regular thread code:
res,err=xpcall(threadFunction,function(err) return debug.traceback(err) end)
if not res then
    simAddStatusbarMessage('Lua runtime error: '..err)
end

--Put some clean-up code here:
```

二、第七轴运动部分（如无需第七轴运动可屏蔽）

```
i=0.001
threadFunction=function()
    --第七轴关节移动,与“一、机器人运动路径部分”中的 simSetIntegerSignal('daogui',0)
对应
    simWaitForSignal('daogui',0)          --等待信号发生,同步执行动作
simMoveToJointPositions(l1,100*i,0.15)
simClearIntegerSignal('daogui')          --清空指定信号
--第七轴关节移动,与“一、机器人运动路径部分”中的 simSetIntegerSignal('daogui1',1)
对应
    simWaitForSignal('daogui1',1)
    simMoveToJointPositions(l1,-200*i,0.15)
simClearIntegerSignal('daogui1')
--第七轴关节移动,与“一、机器人运动路径部分”中的 simSetIntegerSignal('daogui2',2)
对应
    simWaitForSignal('daogui2',2)
    simMoveToJointPositions(l1,100*i,0.17)
simClearIntegerSignal('daogui2')
--第七轴关节移动,与“一、机器人运动路径部分”中的 simSetIntegerSignal('daogui3',3)
对应
    simWaitForSignal('daogui3',3)
    simMoveToJointPositions(l1,-100*i,0.15)
```

```
    simClearIntegerSignal('daogui3')
    --第七轴关节移动,与"一、机器人运动路径部分"中的 simSetIntegerSignal('daogui4',4)
对应
        simWaitForSignal('daogui4',4)
        simMoveToJointPositions(l1,0 * i,0.15)
    simClearIntegerSignal('daogui4')
    --第七轴关节移动,与"一、机器人运动路径部分"中的 simSetIntegerSignal('daogui5',5)
对应
        simWaitForSignal('daogui5',5)
        simMoveToJointPositions(l1,100 * i,0.15)
    simClearIntegerSignal('daogui5')
    --第七轴关节移动,与"一、机器人运动路径部分"中的 simSetIntegerSignal('daogui6',6)
对应
        simWaitForSignal('daogui6',6)
        simMoveToJointPositions(l1,0 * i,0.15)
    simClearIntegerSignal('daogui6')
    --第七轴关节移动,与"一、机器人运动路径部分"中的 simSetIntegerSignal('daogui7',7)
对应
        simWaitForSignal('daogui7',7)
        simMoveToJointPositions(l1,100 * i,0.15)
    simClearIntegerSignal('daogui7')
    --第七轴关节移动,与"一、机器人运动路径部分"中的 simSetIntegerSignal('daogui8',8)
对应
        simWaitForSignal('daogui8',8)
        simMoveToJointPositions(l1,-100 * i,0.15)
    simClearIntegerSignal('daogui8')
    --第七轴关节移动,与"一、机器人运动路径部分"中的 simSetIntegerSignal('daogui9',9)
对应
        simWaitForSignal('daogui9',9)
        simMoveToJointPositions(l1,100 * i,0.15)
    simClearIntegerSignal('daogui9')
    --第七轴关节移动,与"一、机器人运动路径部分"中的 simSetIntegerSignal('daogui10',10)
对应
        simWaitForSignal('daogui10',10)
        simMoveToJointPositions(l1,0 * i,0.15)
        simClearIntegerSignal('daogui10')
    end

    --Put some initialization code here:
```

```
simSetThreadSwitchTiming(2) --Default timing for automatic thread switching
l1=simGetObjectHandle('l1')         --建立默认句柄
--Here we execute the regular thread code:
res,err=xpcall(threadFunction,function(err) return debug.traceback(err) end)
if not res then
    simAddStatusbarMessage('Lua runtime error: '..err)
end

--Put some clean-up code here:
```

三、井式供料、传送带、相机光源脚本

```
--------********setTargetPosAnt 函数定义*******---------------
--------*****更换机器人工具坐标系*****-----------------
setTargetPosAnt=function(thisObject,targetObject)
local P=simGetObjectPosition(targetObject,-1)
local A=simGetObjectQuaternion(targetObject,-1)
simSetObjectPosition(thisObject,-1,P)
simSetObjectQuaternion(thisObject,-1,A)
end

i=0.001
threadFunction=function()
--等待信号,使井式供料气缸动作,信号与“一、机器人运动路径部分”中的 simSetInteger-
Signal('jsgl1',1)对应
    simWaitForSignal('jsgl1',1)
    simMoveToJointPositions(lj,85*i,1.5)
simMoveToJointPositions(lj,0*i,1.5)
--中间法兰变换坐标
    setTargetPosAnt(pwuliao3_1,ppdys1)
--使物料按路径运动
    p=simGetPositionOnPath(Path,0)   --沿路径获取绝对插值点位置
    o=simGetOrientationOnPath(Path,0)   --沿路径获取绝对插值点方向
    simMoveToPosition(pwuliao3_1,-1,p,o,1,1)   --移动到目标位置
    simFollowPath(pwuliao3_1,Path,3,0,1,0.1)  --沿路径移动
--相机补光灯闪烁
    simSetObjectPosition(cy,-1,{259.4510*i,-550.1006*i,-102.1574*i})
simWait(1)
    simSetObjectPosition(cy,-1,{-10000*i,-2000*i,114.5941*i})
--弹窗弹出
```

```
    out=simAuxiliaryConsoleOpen("Debug1",20,1)
    simAuxiliaryConsolePrint(out,string.format("\nyanse:Bule"))
--清空信号,信号与"一、机器人运动路径部分"中的simSetIntegerSignal('jsgl1',1)对应
    simClearIntegerSignal('jsgl1')
--设置信号,返回"一、机器人运动路径部分",使机器人运动至指定位置抓取物料
    simSetIntegerSignal('lujing1',1)
--等待信号,使井式供料气缸动作,信号与"一、机器人运动路径部分"中的simSetInteger-
Signal('jsgl2',2)对应
    simWaitForSignal('jsgl2',2)
--井式供料气缸伸出、缩回
    simMoveToJointPositions(lj,85*i,1.5)
    simMoveToJointPositions(lj,0*i,1.5)
--输出法兰变换坐标
    setTargetPosAnt(pwuliao4_1,ppdys1)
--使物料按路径运动
    p=simGetPositionOnPath(Path,0)   --沿路径获取绝对插值点位置
    o=simGetOrientationOnPath(Path,0)   --沿路径获取绝对插值点方向
    simMoveToPosition(pwuliao4_1,-1,p,o,1,1)   --移动到目标位置
    simFollowPath(pwuliao4_1,Path,3,0,1,0.1)   --沿路径移动
--相机补光灯闪烁
    simSetObjectPosition(cy,-1,{259.4510*i,-550.1006*i,-102.1574*i})
simWait(1)
    simSetObjectPosition(cy,-1,{-10000*i,-2000*i,114.5941*i})
--弹窗弹出
    out=simAuxiliaryConsoleOpen("Debug1",20,1)
simAuxiliaryConsolePrint(out,string.format("\nx1:10.00 y1:10.00 a1:35.00"))
--清空信号
simClearIntegerSignal('jsgl2')
--设置信号,返回"一、机器人运动路径部分"
    simSetIntegerSignal('lujing2',2)

end

--Put some initialization code here:
simSetThreadSwitchTiming(2) --Default timing for automatic thread switching
cy=simGetObjectHandle('Cylinder')
lj=simGetObjectHandle('lj')
pwuliao3_1=simGetObjectHandle('pwuliao3_1')
pwuliao4_1=simGetObjectHandle('pwuliao4_1')
```

```
Path=simGetObjectHandle('Path')
ppdys1=simGetObjectHandle('ppdys1')

--Here we execute the regular thread code:
res,err=xpcall(threadFunction,function(err) return debug.traceback(err) end)
if not res then
    simAddStatusbarMessage('Lua runtime error: '..err)
end

--Put some clean-up code here:
```

四、旋转供料脚本

```
threadFunction=function()
--等待信号,使旋转轴转动
simWaitForSignal('xzgl1',1)
simMoveToJointPositions({rx},{30*math.pi/180},0.15)
--清空信号
    simClearIntegerSignal('xzgl1')
end

--Put some initialization code here:
simSetThreadSwitchTiming(2) --Default timing for automatic thread switching
rx=simGetObjectHandle('rx')

--Here we execute the regular thread code:
res,err=xpcall(threadFunction,function(err) return debug.traceback(err) end)
if not res then
    simAddStatusbarMessage('Lua runtime error: '..err)
end

--Put some clean-up code here:
```

五、伺服变位机脚本

```
i=0.001
threadFunction=function ()
    simWaitForSignal ('bianweiji1', 1)   --等待信号，变位机气缸伸出
    simMoveToJointPositions (lb, 8*i, 0.15)
simClearIntegerSignal ('bianweiji1')

    simWaitForSignal ('bianweiji2', 2)   --等待信号，变位机气缸缩回
```

```
    simMoveToJointPositions（lb，0＊i，0.15）
    simClearIntegerSignal（'bianweiji2'）
end

--Put some initialization code here：
simSetThreadSwitchTiming（2）--Default timing for automatic thread switching
lb=simGetObjectHandle（'lb'）

--Here we execute the regular thread code：
res，err=xpcall（threadFunction，function（err）return debug.traceback（err）end）
if not res then
    simAddStatusbarMessage（'Lua runtime error：'..err）
end

--Put some clean-up code here：
```

附录B　A平台I/O对照表

input(fidbus. mtcp_ro_b[X])	类型	信号说明
0	BOOL	井式供料模块-料仓检测信号
1	BOOL	井式供料模块-供料气缸工进信号
2	BOOL	井式供料模块-供料气缸复位信号
3	BOOL	快换工具模块-1#工具位信号
4	BOOL	快换工具模块-2#工具位信号
5	BOOL	快换工具模块-3#工具位信号
6	BOOL	快换工具模块-4#工具位信号
7	BOOL	伺服变位机模块-原点信号
8	BOOL	伺服变位机模块-左限位信号
9	BOOL	伺服变位机模块-右限位信号
10	BOOL	伺服变位机模块-夹紧工装工进信号
11	BOOL	伺服变位机模块-夹紧工装复位信号
12	BOOL	第七轴+三色灯模块-机器人行走轴原点信号
13	BOOL	第七轴+三色灯模块-机器人行走轴左限位信号
14	BOOL	第七轴+三色灯模块-机器人行走轴右限位信号
15	BOOL	旋转变位机模块-原点信号
16	BOOL	旋转变位机模块-物料检测信号
17	BOOL	带传送模块-物料输送到位信号
18	BOOL	仓库 2-1

（续）

input(fidbus. mtcp_ro_b[X])	类型	信号说明
19	BOOL	仓库 2-2
20	BOOL	仓库 2-3
21	BOOL	仓库 1-1
22	BOOL	仓库 1-2
23	BOOL	仓库 1-3
24	BOOL	
25	BOOL	
26	BOOL	
27	BOOL	
28	BOOL	
29	BOOL	
30	BOOL	
31	BOOL	
32	BOOL	旋转变位机模块供料完成
33	BOOL	旋转变位机模块回原完成
34	BOOL	旋转变位机模块报警状态
35	BOOL	
36	BOOL	
37	BOOL	
38	BOOL	
39	BOOL	
40	BOOL	伺服变位机位置 1 完成
41	BOOL	伺服变位机位置 2 完成
42	BOOL	伺服变位机位置 3 完成
43	BOOL	伺服变位机模块回原完成
44	BOOL	伺服变位机模块报警状态
45	BOOL	等待 A 平台任务完成信号
46	BOOL	
47	BOOL	
48	BOOL	第七轴位置 1 完成
49	BOOL	第七轴位置 2 完成
50	BOOL	第七轴位置 3 完成
51	BOOL	第七轴模块回原完成
52	BOOL	第七轴模块报警状态
53	BOOL	
54	BOOL	

（续）

input(fidbus. mtcp_ro_b[X])	类型	信号说明
55	BOOL	
56	BOOL	RFID 读取完成
57	BOOL	RFID 写入完成
58	BOOL	
59	BOOL	
60	BOOL	任务启动
61	BOOL	
62	BOOL	
63	BOOL	
input(fidbus. mtcp_ro_i[X])	类型	信号说明
0	INT	RFID 读取数据
Output(fidbus. mtcp_wo_b[X])	类型	信号说明
0	BOOL	井式供料模块-供料气缸工进信号
1	BOOL	伺服变位机模块-夹紧气缸工进信号
2	BOOL	第七轴+三色灯模块-三色灯-红
3	BOOL	第七轴+三色灯模块-三色灯-绿
4	BOOL	第七轴+三色灯模块-三色灯-黄
5	BOOL	变频器正转
6	BOOL	变频器反转
7	BOOL	变频器清除报警
8	BOOL	PLC 初始化
9	BOOL	打磨
10	BOOL	抛光
11	BOOL	
12	BOOL	
13	BOOL	
14	BOOL	
15	BOOL	
16	BOOL	
17	BOOL	
18	BOOL	
19	BOOL	
20	BOOL	
21	BOOL	
22	BOOL	
23	BOOL	

（续）

Output(fidbus. mtcp_wo_b[X])	类型	信号说明
24	BOOL	
25	BOOL	
26	BOOL	
27	BOOL	
28	BOOL	
29	BOOL	
30	BOOL	
31	BOOL	
32	BOOL	旋转变位机模块开始供料
33	BOOL	旋转变位机模块开始回原
34	BOOL	旋转变位机模块清除报警
35	BOOL	
36	BOOL	
37	BOOL	
38	BOOL	
39	BOOL	
40	BOOL	伺服变位机位置 1 开始
41	BOOL	伺服变位机位置 2 开始
42	BOOL	伺服变位机位置 3 开始
43	BOOL	伺服变位机模块开始回原
44	BOOL	伺服变位机模块清除报警
45	BOOL	
46	BOOL	
47	BOOL	
48	BOOL	第七轴位置 1 开始
49	BOOL	第七轴位置 2 开始
50	BOOL	第七轴位置 3 开始
51	BOOL	第七轴模块开始回原
52	BOOL	第七轴模块清除报警
53	BOOL	
54	BOOL	
55	BOOL	
56	BOOL	RFID 开始读取
57	BOOL	RFID 开始写入
58	BOOL	RFID 初始化
59	BOOL	相机拍照

（续）

Output(fidbus. mtcp_wo_b[X])	类型	信号说明
60	BOOL	
61	BOOL	
62	BOOL	
63	BOOL	
Output(fidbus. mtcp_wo_i[X])	类型	信号说明
0	INT	
1	INT	
2	INT	
3	INT	
4	INT	
5	INT	

附录 C　B 平台 I/O 对照表

input(fidbus. mtcp_ro_b[X])	类型	信号说明
0	BOOL	任务启动
1	BOOL	第七轴模块回原完成
2	BOOL	第七轴模块位置 1、2、3 完成
3	BOOL	
4	BOOL	
5	BOOL	
6	BOOL	
7	BOOL	
8	BOOL	
Output(fidbus. mtcp_wo_b[X])	类型	信号说明
0	BOOL	第七轴模块清除报警
1	BOOL	第七轴模块回原完成
2	BOOL	第七轴模块位置 1
3	BOOL	第七轴模块位置 2
4	BOOL	第七轴模块位置 3
5	BOOL	任务完成发送信号
6	BOOL	
7	BOOL	
8	BOOL	相机拍照

附录 D　I/O 输出变量对照表

I/O	类型	信号说明
9	BOOL	气爪闭合
8	BOOL	气爪张开
10	BOOL	吸盘
13	BOOL	快换固定

附录 E　工业机器人应用编程职业技能等级考核（博诺 中级）

一、实操考核任务书

工业机器人应用领域一体化教学创新平台由博诺 BN-R3 型工业机器人、立体仓储模块、旋转供料模块、井式供料模块、人机交互模块、带传送模块、视觉检测模块、RFID 模块、伺服变位机模块、行走轴模块、末端快换模块、模拟焊接模块、码垛模块、打磨抛光模块和涂胶模块等组成。考核时，平台上各模块参考布局如图 E-1 所示。关节坐标系下工业机器人工作原点位置为（0°，0°，0°，0°，-90°，0°）。

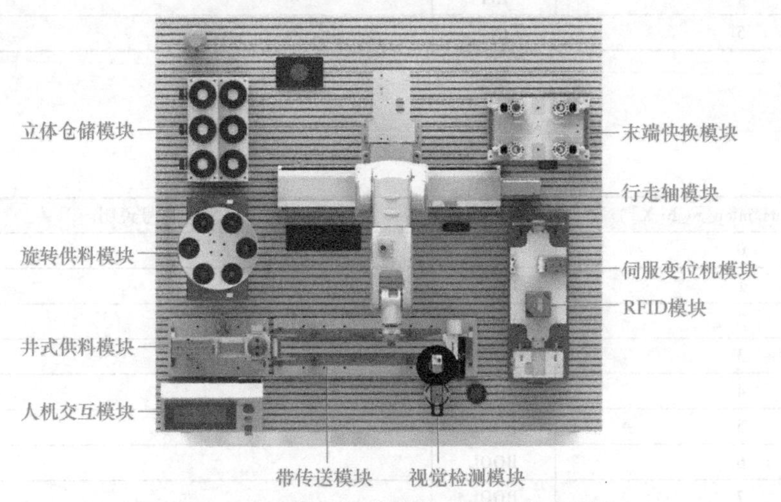

图 E-1　工业机器人应用领域一体化教学创新平台

工业机器人所用末端工具如图 E-2 所示，其中平口夹爪工具用来取放柔轮组件，弧口夹爪工具用来取放刚轮组件，吸盘工具用于取放输出法兰和中间法兰。

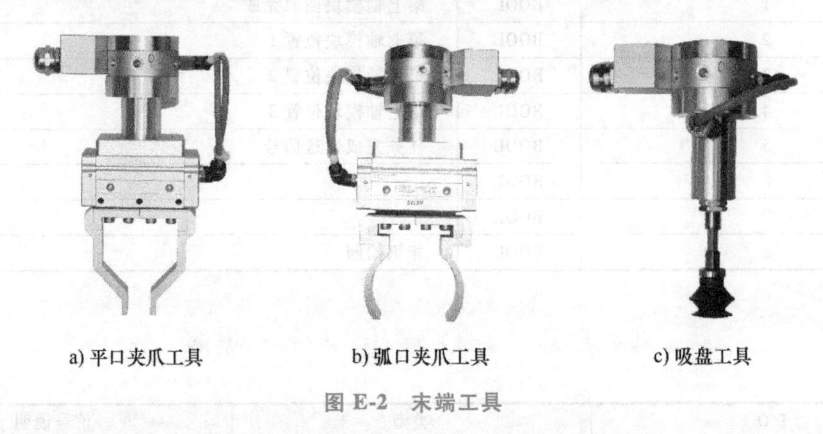

a) 平口夹爪工具　　b) 弧口夹爪工具　　c) 吸盘工具

图 E-2　末端工具

谐波减速器的四个待装配工件及装配示意图如图 E-3 所示。

1. 任务一　机器人周边系统应用编程

通过 PLC 编程软件，打开指定的考核环境工程，对 PLC、HMI 和 RFID 进行组态及编

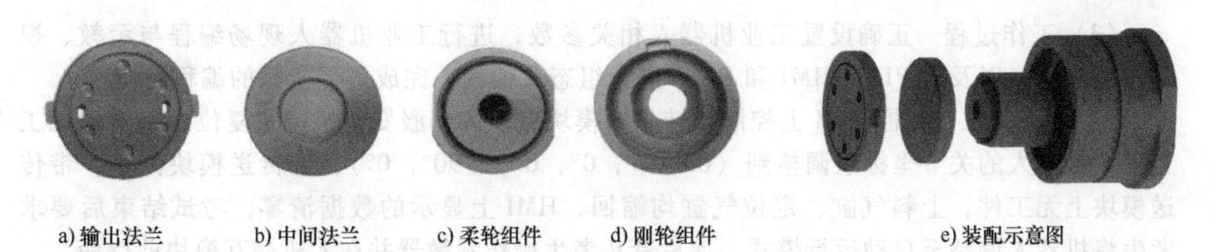

图 E-3 谐波减速器的四个待装配工件及装配示意图

程，建立 PLC 与工业机器人的通信，实现 RFID 模块的控制，绘制 HMI 画面并配置相关变量，正确显示立体仓位信息、被检测工件信息、RFID 读写数据，如图 E-4 所示。

打开视觉软件，连接相机，将需要检测的工件以合适的位置平放在输送带末端，触发相机拍照，利用视觉软件相关工具训练学习工件，用串口调试软件获取工件信息。

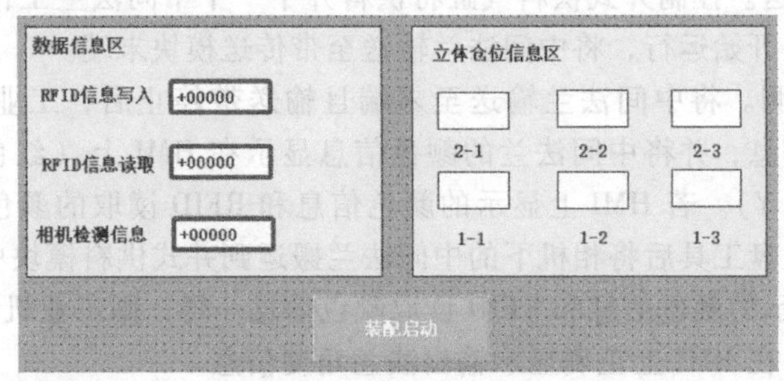

图 E-4 HMI 搭建参考界面

2. 任务二 工业机器人装配工作站应用编程

本任务需要完成关节部件的装配，其操作步骤如下：

步骤 1：刚轮在装配模块上正确定位。

步骤 2：将中间法兰装配到刚轮底座内。

步骤 3：将装配好的关节成品返回立体仓储模块的指定位置。

（1）工件准备 手动将一个刚轮组件放入立体仓储模块，如图 E-5 所示；手动将两个颜色不同的中间法兰放置到井式供料模块中，如图 E-6 所示（评判时由考评师随机指定，其中一个必须为读取数据对应颜色）。

图 E-5 刚轮组件放置位置

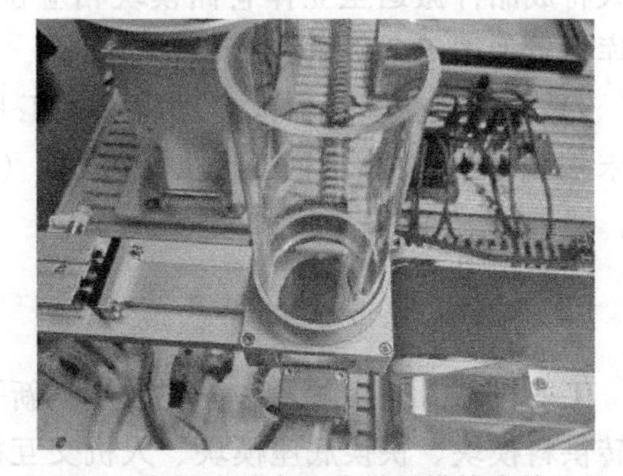

图 E-6 中间法兰在井式供料模块中的位置

（2）工件视觉学习训练 打开 MVP 视觉软件，连接相机，将中间法兰放在相机镜头正下方带传送模块处，触发相机拍照，利用视觉软件相关工具学习工件，获取工件信息。

(3) 工作过程 正确设置工业机器人相关参数，进行工业机器人现场编程与示教、视觉编程应用，以及对 PLC、HMI 和 RFID 进行组态及编程，完成如下步骤的编程与调试。

1）系统复位。在原 HMI 上控制旋转供料模块复位和伺服变位机模块复位；将末端无工具工业机器人的关节坐标系调整到（0°，0°，0°，0°，-90°，0°）；带传送模块停止，带传送模块上无工件，上料气缸、定位气缸均缩回，HMI 上显示的数据清零，考试结束后要求考生将机器人调整至自动运行模式，此后禁止考生操作示教器并在人机交互模块前待命。

2）刚轮组件准备。按下 HMI 上的“装配启动”按钮，工业机器人自动获取弧口夹爪工具并返回原点，然后机器人抓取立体仓库上 1-2 位置的刚轮组件，将刚轮组件搬运至 RFID 模块上方，通过 HMI 上“RFID 信息读取”输出框显示数字 2（红色—“1”，蓝色—“2”，黄色—“3”），随后将刚轮组件搬运至面向机器人一侧方向的变位机的定位模块上，定位气缸伸出夹持刚轮组件。

3）中间法兰输送。控制井式供料气缸将供料井中一个中间法兰工件推至带传送模块入口，然后带传送模块开始运行，将中间法兰输送至带传送模块末端。

4）中间法兰检测。将中间法兰输送至末端且输送带停止后，工业机器人触发相机拍照，获取中间法兰信息，并将中间法兰的颜色信息显示在 HMI 上（红色—显示 R，蓝色—显示 B，黄色—显示 Y）。若 HMI 上显示的颜色信息和 RFID 读取的颜色信息不一样，则工业机器人自动更换吸盘工具后将相机下的中间法兰搬运到井式供料模块中，然后重复执行步骤 3）；若 HMI 上显示的颜色信息和 RFID 读取颜色信息一样，则工业机器人执行步骤 5）进行中间法兰装配，并在 HMI 上正确显示输出法兰角度信息。

5）中间法兰装配。获取中间法兰颜色信息后，机器人调整吸盘角度正确吸附中间法兰工件，将中间法兰正确搬运至刚轮组件上，完成中间法兰的装配。

6）成品检测。机器人自动更换弧口夹爪工具来抓取装配完成的成套工件，将其搬运至 RFID 模块上写入数据，通过 HMI 写入信息区域写入“12”数字信息（“12”表示装配成品件入 1-2 号库位）。

7）井式供料模块工件清零。若一套关节成品装配完成并入库后料筒中还有工件，则继续执行步骤 3）、4），直至料筒中没有工件。

8）成品入库。成套工件检测完成后，机器人将成品件搬运至立体仓储模块相应位置，入库位置如图 E-7 所示。

9）系统复位。机器人自动将末端工具放回末端快换模块并返回工作原点位置（0°，0°，0°，0°，-90°，0°）。

图 E-7 入库位置

二、离线编程及验证实操考核任务书

工业机器人应用领域一体化教学创新平台由博诺 BN-R3 型工业机器人、立体仓储模块、旋转供料模块、快换底座模块、人机交互模块、原料仓储模块、RFID 模块、伺服变位机模块、末端快换模块、绘图模块、码垛模块、打磨抛光模块、涂胶模块、井式供料模块、带传送模块和视觉检测模块等组成。考核时，平台上各模块参考布局如图 E-8 所示。关节坐标系下工业机器人工作原点位置为（0°，0°，0°，0°，-90°，0）。

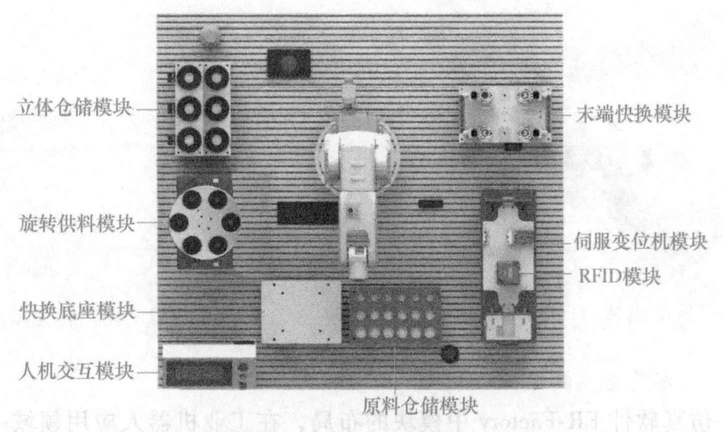

图 E-8　工业机器人应用领域一体化教学创新平台

工业机器人所用末端工具如图 E-9 所示，其中平口夹爪工具用来取放柔轮组件，弧口夹爪工具用来取放刚轮组件，吸盘工具用于取放码垛物料、中间法兰和输出法兰，绘图笔工具用于完成绘图任务，涂胶工具用于模拟涂胶工艺，激光笔用于模拟焊接和雕刻工艺。

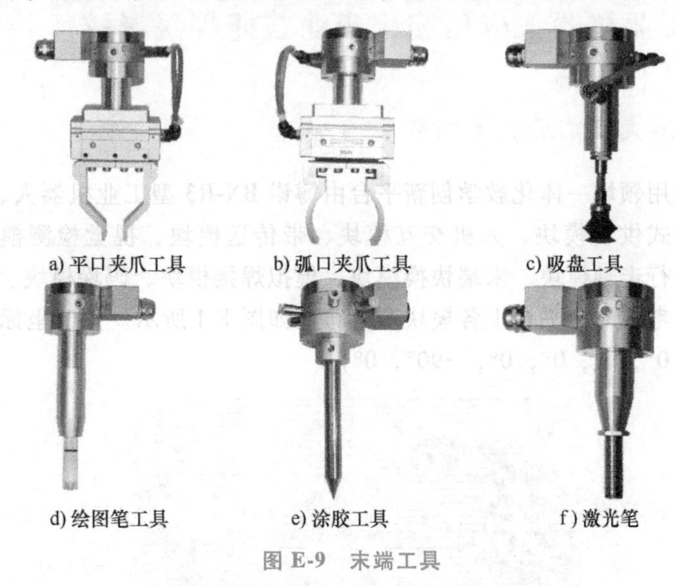

图 E-9　末端工具

工业机器人应用领域一体化教学创新平台绘图模块如图 E-10 所示。绘图模块由立体绘图面板、可调节支架和安装底板组成，工业机器人通过绘图笔工具进行轨迹示教任务。

1. 任务一　工业机器人离线编程

打开工业机器人仿真软件 ER-Factory，导入工业机器人考核平台、工业机器人、绘图笔工具和绘图模块等仿真模型，搭建工业机器人绘图工作站。将绘图笔工具安装到工业机器人上，调节绘图板倾角为 30°，创建工业机器人控制系统，创建绘图笔工具坐标系和绘图模块工件坐标系。通过仿真软件 ER-Factory 进行如图 E-11 所示绘图顺序（❶→❷→❸→❹→❺→❻→❶）的离线编程（绘图笔应垂直绘图板进行绘图，调用绘图笔工具坐标系和绘图模块工件坐标系），并在仿真软件中验证功能，导出仿真过程视频保存于“D：\ 1+X 考核 \ ＊＊号工位”文件夹中。工业机器人需从工作原点开始运行，绘图完成后再返回工作原点。

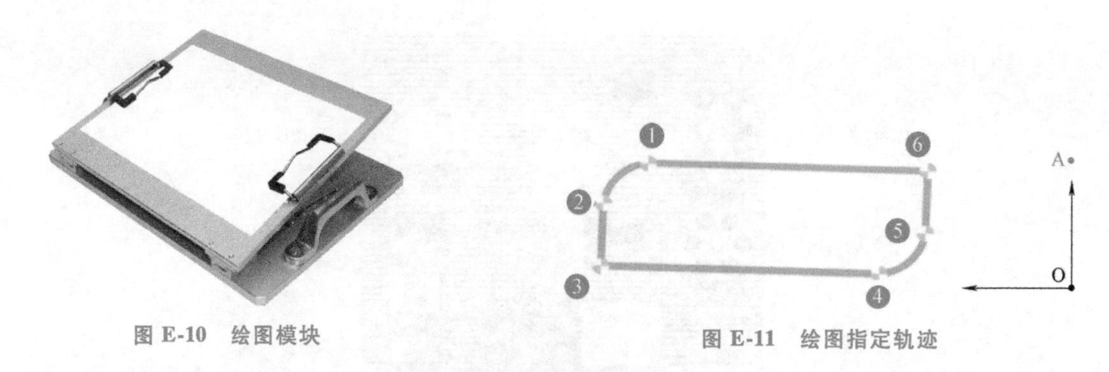

图 E-10 绘图模块

图 E-11 绘图指定轨迹

2. 任务二 工业机器人离线编程验证

根据任务一仿真软件 ER-Factory 中模块的布局，在工业机器人应用领域一体化教学创新平台上手动安装绘图模块和绘图笔工具，并在绘图模块上夹持一张空白 B5 纸，在真实机器人示教器中创建绘图笔工具坐标系和绘图模块工件坐标系。将仿真软件中离线程序导入示教器中，并自动运行程序，验证其真实运动轨迹。

附录 F 工业机器人应用编程职业技能等级考核（博诺 高级）

一、工业机器人虚拟调试考核任务书

工业机器人应用领域一体化教学创新平台由博诺 BN-R3 型工业机器人、立体仓储模块、旋转供料模块、井式供料模块、人机交互模块、带传送模块、视觉检测模块、RFID 模块、伺服变位机模块、行走轴模块、末端快换模块、模拟焊接模块、码垛模块、打磨抛光模块和涂胶模块等组成。考核时，平台上各模块参考布局如图 F-1 所示。关节坐标系下工业机器人工作原点位置为（0°，0°，0°，0°，-90°，0°）。

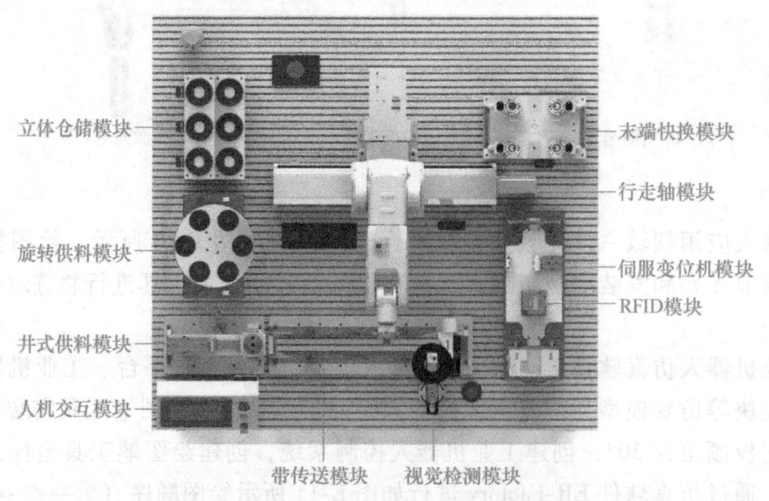

图 F-1 工业机器人应用领域一体化教学创新平台

工业机器人所用末端工具如图 F-2 所示，其中平口夹爪工具用来取放柔轮组件，弧口夹爪工具用来取放刚轮工件，吸盘工具用于取放输出法兰和中间法兰。

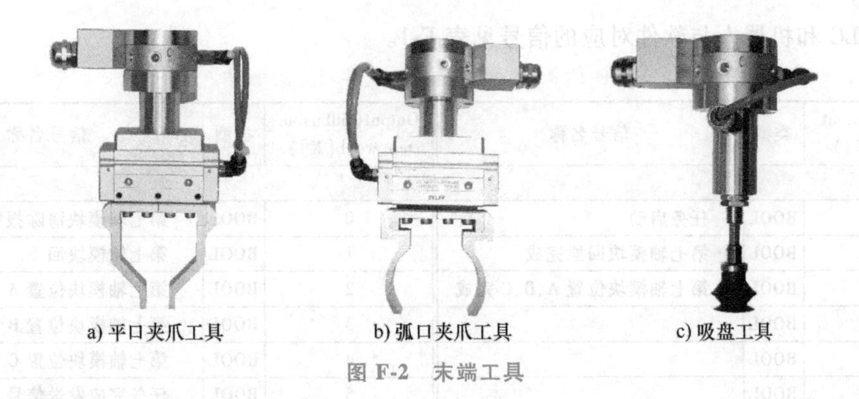

a) 平口夹爪工具　　b) 弧口夹爪工具　　c) 吸盘工具

图 F-2　末端工具

谐波减速器的四个待装配工件及装配示意图如图 F-3 所示。

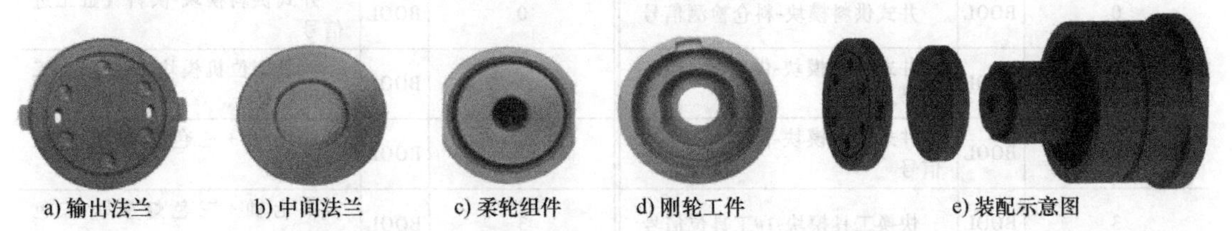

a) 输出法兰　　b) 中间法兰　　c) 柔轮组件　　d) 刚轮工件　　e) 装配示意图

图 F-3　谐波减速器的四个待装配工件及装配示意图

（1）平台要求

1）运行平台：Microsoft Windows 10。

2）开发平台：工业机器人应用编程虚拟调试软件。

3）CPU：Intel i7 或六代以上 i5。

4）显卡：NVIDIA GTX 1050 及以上，显存 2GB 及以上。

（2）基本配置

1）参考资料里面提供工业机器人程序、PLC 通信程序、虚拟调试场景等应用程序，可直接根据任务书要求调用，完成虚拟调试考核任务。图 F-4 所示为工业机器人应用编程场景示意图。

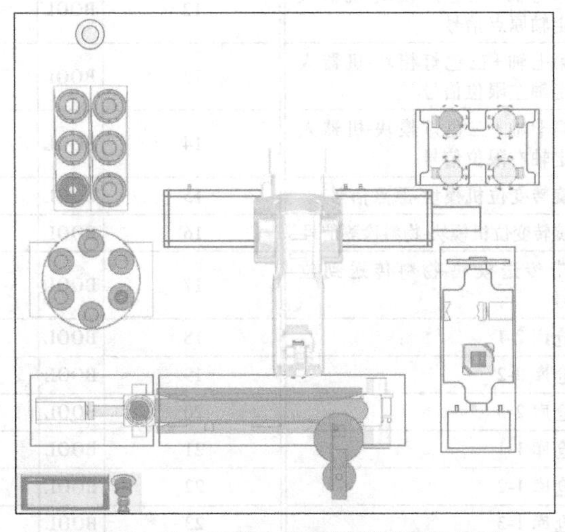

图 F-4　工业机器人应用编程场景示意图

2）PLC 和机器人与软件对应的信号见表 F-1。

表 F-1 PLC 和机器人与软件对应的信号

input(fidbus. mtcp_ro_b[X])	类型	信号名称	Output(fidbus. mtcp_wo_b[X])	类型	信号名称
设备 A					
0	BOOL	任务启动	0	BOOL	第七轴模块清除报警
1	BOOL	第七轴模块回原完成	1	BOOL	第七轴模块回原
2	BOOL	第七轴模块位置 A、B、C 完成	2	BOOL	第七轴模块位置 A
3	BOOL		3	BOOL	第七轴模块位置 B
4	BOOL		4	BOOL	第七轴模块位置 C
5	BOOL		5	BOOL	任务完成发送信号
设备 B					
0	BOOL	井式供料模块-料仓检测信号	0	BOOL	井式供料模块-供料气缸工进信号
1	BOOL	井式供料模块-供料气缸工进信号	1	BOOL	伺服变位机模块-夹紧气缸工进信号
2	BOOL	井式供料模块-供料气缸复位信号	2	BOOL	第七轴+三色灯模块-三色灯-红
3	BOOL	快换工具模块-1#工具位信号	3	BOOL	第七轴+三色灯模块-三色灯-绿
4	BOOL	快换工具模块-2#工具位信号	4	BOOL	第七轴+三色灯模块-三色灯-黄
5	BOOL	快换工具模块-3#工具位信号	5	BOOL	变频器正转
6	BOOL	快换工具模块-4#工具位信号	6	BOOL	变频器反转
7	BOOL	伺服变位机模块-原点信号	7	BOOL	变频器清除报警
8	BOOL	伺服变位机模块-左限位信号	8	BOOL	PLC 初始化
9	BOOL	伺服变位机模块-右限位信号	9	BOOL	打磨
10	BOOL	伺服变位机模块-夹紧工装工进信号	10	BOOL	抛光
11	BOOL	伺服变位机模块-夹紧工装复位信号	11	BOOL	
12	BOOL	第七轴+三色灯模块-机器人行走轴原点信号	12	BOOL	
13	BOOL	第七轴+三色灯模块-机器人行走轴左限位信号	13	BOOL	
14	BOOL	第七轴+三色灯模块-机器人行走轴右限位信号	14	BOOL	
15	BOOL	旋转变位机模块-原点信号	15	BOOL	
16	BOOL	旋转变位机模块-物料检测信号	16	BOOL	
17	BOOL	带传送模块-物料传送到位信号	17	BOOL	
18	BOOL	仓库 2-1	18	BOOL	
19	BOOL	仓库 2-2	19	BOOL	
20	BOOL	仓库 2-3	20	BOOL	
21	BOOL	仓库 1-1	21	BOOL	
22	BOOL	仓库 1-2	22	BOOL	
23	BOOL	仓库 1-3	23	BOOL	

（3）任务描述　现需要在虚拟仿真软件中完成工业机器人装配工作站的场景搭建、仿真运动参数配置、工业机器人程序和 PLC 程序编写以及仿真验证，如图 F-5 所示，使工业机器人能够在虚拟工作站中完成工件的装配。

图 F-5　任务描述

1. 任务一　工业机器人应用系统仿真布局搭建

打开工业机器人仿真软件 IRobotSIM，根据任务书工作要求导入场景文件，在提供的场景文件中导入并布置井式供料模块、带传送模块、伺服变位机模块，搭建工业机器人装配工作站。模块摆放准确位置如图 F-6 所示。

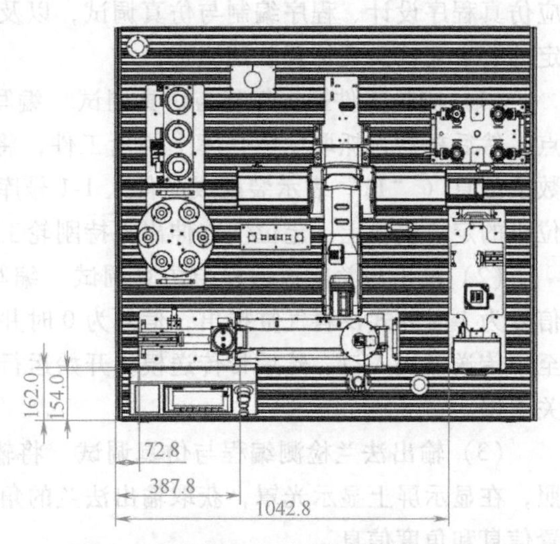

图 F-6　模块摆放准确位置（单位：mm）

本任务的要求如下：

1）打开考核环境中提供的场景文件，将工业机器人工作站放置在合适的位置。

2）将模型库中的井式供料模块、带传送模块、伺服变位机模块导入机器人工作站中并进行合理布局，以保证工业机器人可以顺利地完成装配。任务模型如图 F-7 所示。

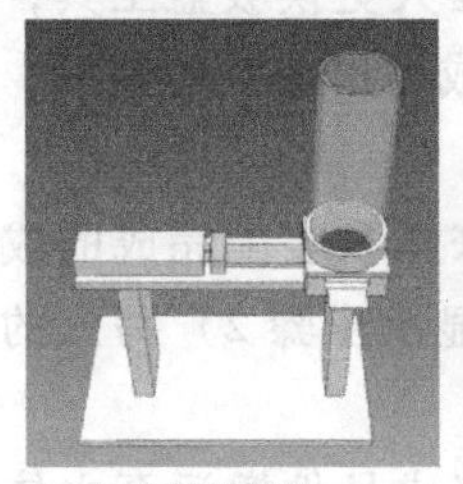
井式供料模块

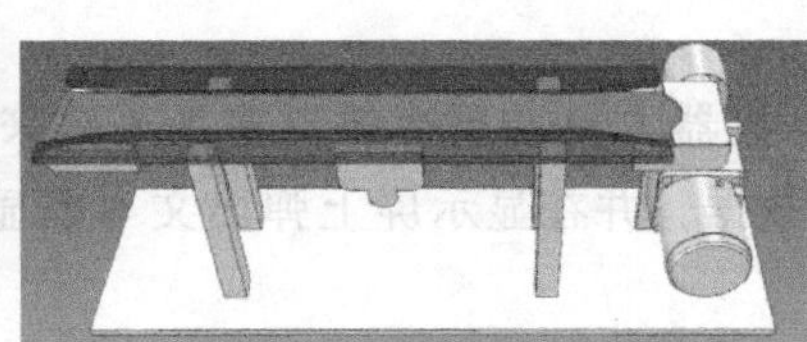
带传送模块

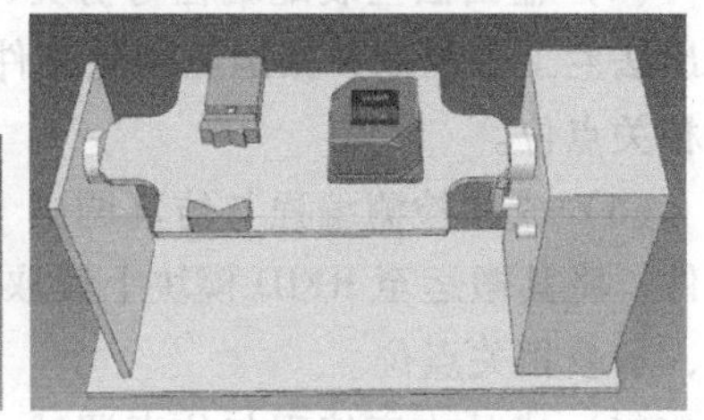
伺服变位机模块

图 F-7　任务模型

2. 任务二　工业机器人装配应用运动仿真设计

根据系统运行要求，在工作站中完成工件装配所需功能模块的仿真运动设计，其中主要包括井式供料模块、带传送模块和伺服变位机模块等运动对象的功能实现与 PLC 信号关联，完成以下运动仿真和信号控制：

（1）井式供料模块运动配置　完成井式供料模块运动设计，启动仿真验证井式供料模块的气缸推出和缩回的功能。

（2）带传送模块运动配置　完成带传送模块运动设计，启动仿真验证带传送模块控制传送带进行正转和反转的功能。

（3）PLC 信号配置　在完成运动对象的设计之后，将 PLC 数据与系统功能模块进行信号关联，见表 F-2，并保证功能模块的运动仿真可以通过 PLC 信号进行控制。

表 F-2 PLC 数据

序号	数据名称	寄存器地址	数据来源连接
1	井式供料气缸	M#bool201	PLC#0
2	带传送运行	M#int303	PLC#1
3	带传送到位	M#int305	PLC#2
4	相机触发信号	M#int203	PLC#3

3. 任务三 工业机器人虚拟装配逻辑程序设计与仿真

根据任务要求，结合工作站中创建的运动对象，按照以下要求在虚拟仿真软件中完成对应仿真程序设计、程序编制与仿真调试，以及启动仿真运行，以保证虚拟工作站能够按照规定的要求完整实现仿真装配流程。

（1）刚轮工件搬运编程与仿真调试 编写工业机器人自动获取弧口夹爪工具并返回原点，然后机器人抓取立体仓库上刚轮工件，将刚轮工件搬运至 RFID 模块上方，写入“11”数字信息（“11”表示装配成品件入 1-1 号库位），随后将刚轮工件搬运至处于水平状态变位机的定位模块上，定位气缸伸出夹持刚轮工件的程序，示教相关点位。

（2）输出法兰输送编程与仿真调试 编写 PLC 控制井式供料气缸推出与缩回的动作，信号为 1 时井式供料气缸推出，信号为 0 时井式供料气缸缩回。供料气缸将输出法兰工件推至带传送模块入口，然后带传送模块开始运行，将输出法兰传送至带传送模块末端，示教相关点位。

（3）输出法兰检测编程与仿真调试 将输出法兰传送至末端后，触发工业相机进行拍照，在显示屏上显示光罩，获取输出法兰的角度，并在显示屏上弹出文本框显示检测到的位置信息和角度信息。

（4）输出法兰装配编程与仿真调试 获取输出法兰信息后，机器人更换吸盘工具，将输出法兰工件吸取并搬运至刚轮工件上，沿顺时针方向旋转 90°，完成输出法兰的装配，示教相关点位。

（5）成品检测编程与仿真调试 机器人自动更换弧口夹爪工具来抓取装配完成的成套工件，将其搬运至 RFID 模块上读取数据，并在显示屏上弹出文本框显示步骤 2）写入的信息，示教相关点位。

（6）成品入库编程与仿真调试 成套工件检测完成后，机器人将成品件搬运至立体仓库相应位置，示教相关点位。

4. 任务四 工件装配虚拟调试验证

1）在自动模式下加载工业机器人程序，启动仿真后，工业机器人按照装配流程完成刚轮和输出法兰装配的仿真动作。

2）在系统运行过程中，不得发生碰撞或夹具工件掉落。

二、工业机器人双机协作综合应用编程任务书

工业机器人应用领域一体化教学创新平台 C 型由平台 A 和平台 B 组合而成，安装有两台博诺 BN-R3 型工业机器人以及快换工具模块、旋转供料模块、伺服变位机模块、立体仓储模块、井式供料模块、带传送模块、RFID 模块和视觉检测模块等，平台上各模块参考布局如图 F-8 所示。

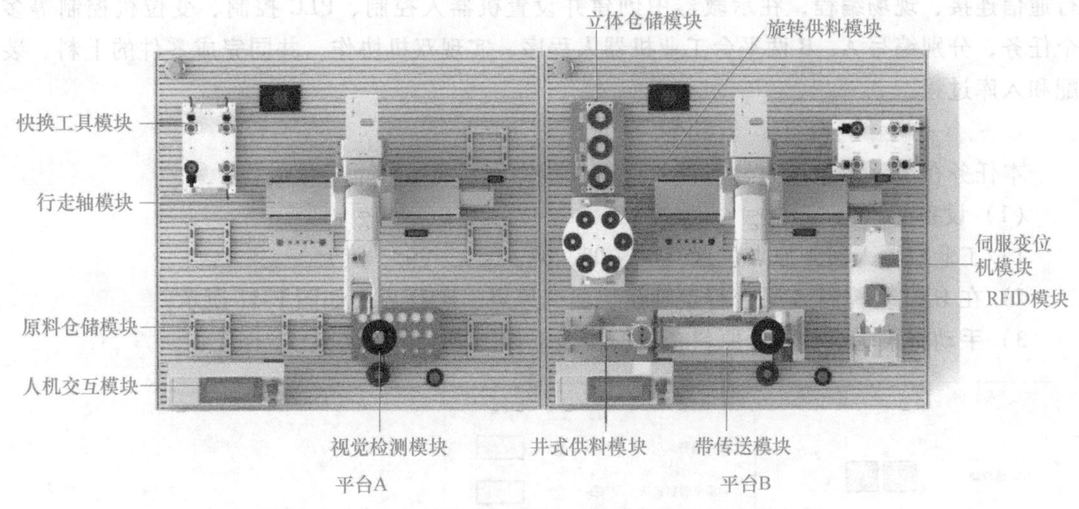

图 F-8　工业机器人应用领域一体化教学创新平台 C 型

工业机器人所用末端工具如图 F-9 所示，其中平口夹爪工具用来取放柔轮、波发生器、轴套及其装配体；弧口夹爪工具用来取放刚轮组件及装配成品，吸盘工具用于取放输出法兰和中间法兰。

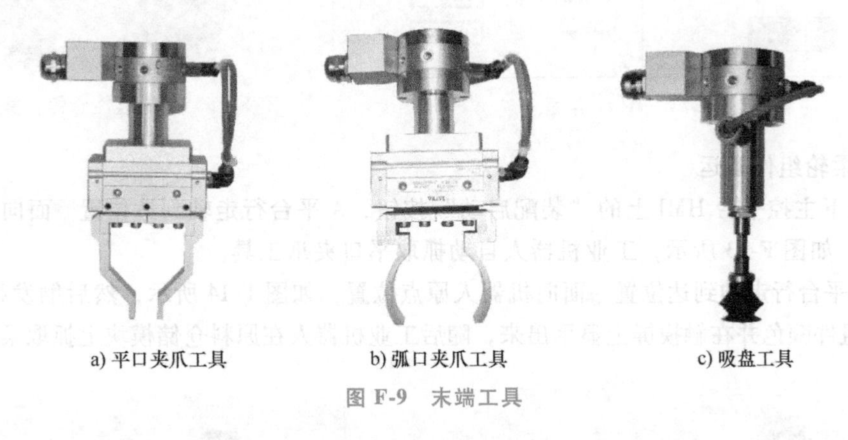

a) 平口夹爪工具　b) 弧口夹爪工具　c) 吸盘工具

图 F-9　末端工具

待搬运零件如图 F-10a 所示，待装配零件如图 F-10b 所示。

a) 柔轮组件　b) 刚轮组件

图 F-10　待搬运及待装配零件

（1）平台要求

1）实训平台：平台 A、平台 B 机器人协同工作。

2）演示程序时，以平台 B 为主控，并实现一键启动。

（2）任务描述　现有工业机器人应用领域一体化创新实训平台，要求对工业机器人进行通信连接、现场编程，在示教器中创建并设置机器人控制、PLC 控制、变位机控制等多个任务，分别编写 A、B 两平台工业机器人程序，实现双机协作，共同完成零件的上料、装配和入库过程。

1. 任务一　柔轮组件搬运上料

本任务在 A 平台上通过对机器人进行编程操作，完成如下工作流程：

（1）设备初始化

1）工业机器人回到原点位置（0°，0°，0°，0°，-90°，0°）。

2）在 HMI 上控制 A 平台行走轴模块回到原点，HMI 界面如图 F-11 所示。

3）手动将柔轮组件放到原料仓储模块上，如图 F-12 所示。

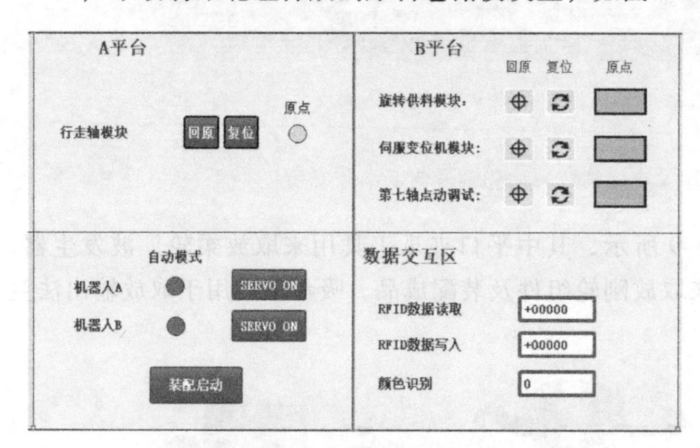

图 F-11　HMI 界面

图 F-12　柔轮组件仓储位置（A 平台）

（2）柔轮组件搬运

1）按下主控平台 HMI 上的“装配启动”按钮，A 平台行走轴到达位置❶面向机器人左边限位器，如图 F-13 所示，工业机器人自动抓取平口夹爪工具。

2）A 平台行走轴到达位置❷面向机器人原点位置，如图 F-14 所示，然后触发相机拍照，识别柔轮组件颜色并在触摸屏上显示出来，随后工业机器人在原料仓储模块上抓取柔轮组件。

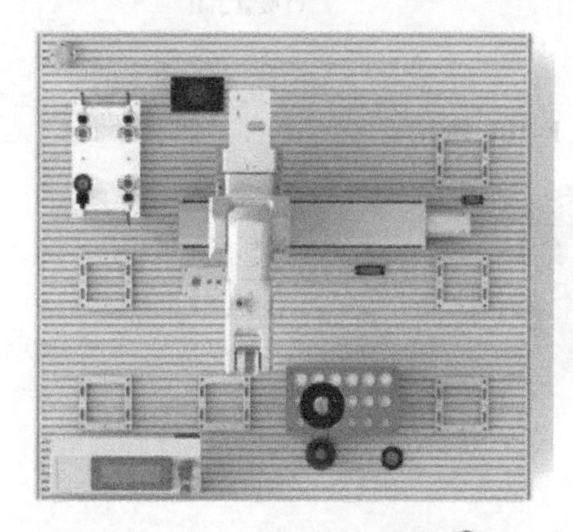

图 F-13　A 平台行走轴位置❶

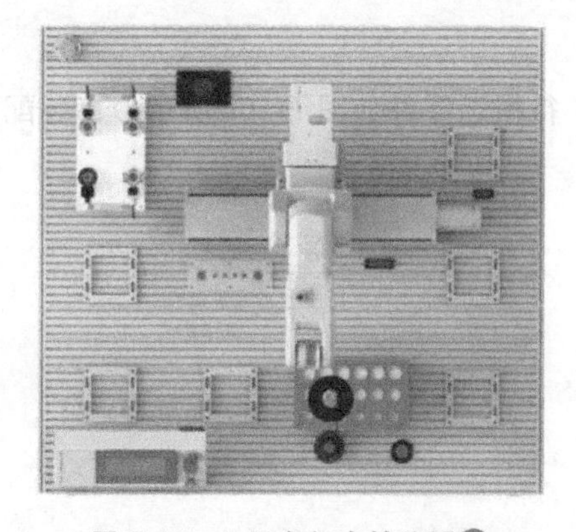

图 F-14　A 平台行走轴位置❷

3）A 平台行走轴到达位置❸面向机器人右边限位器，如图 F-15 所示，工业机器人将柔轮组件搬运到位于 B 平台的旋转供料模块，如图 F-16 所示。

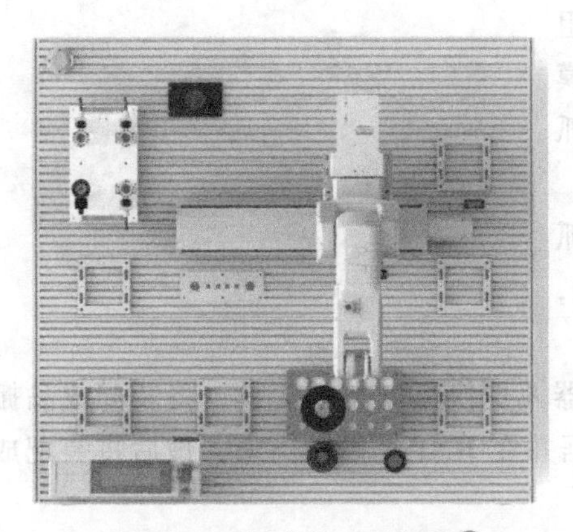

图 F-15　A 平台行走轴位置❸

图 F-16　将柔轮组件放置到位于 B 平台的旋转供料模块

4）A 平台行走轴到达位置❶，工业机器人自动放回平口夹爪工具。

（3）设备复位

1）A 平台行走轴回到原点。

2）A 平台工业机器人回到工作原点位置。

2. 任务二　谐波减速器装配（图 F-17）

本任务在 B 平台上通过对机器人进行编程操作，完成如下工作流程：

（1）设备初始化

1）在 HMI 上控制旋转变位机、伺服变位机和行走轴回到原点位置，工业机器人回到原点位置，清空 HMI 数据交互区数据。

2）手动将 1 个刚轮组件放入立体仓储模块的 2-1 库位，如图 F-18 所示。

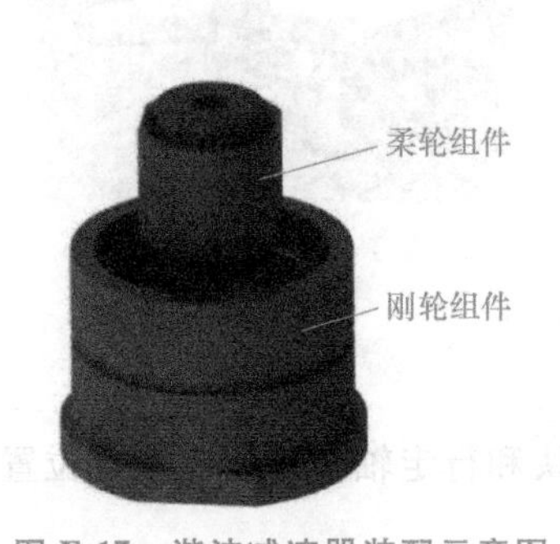

图 F-17　谐波减速器装配示意图

图 F-18　立体仓储模块刚轮组件摆放位置

（2）谐波减速器的装配

1）刚轮组件出库。B 平台机器人自动更换弧口夹爪工具，取出位于立体仓库上的刚轮组件。

2）刚轮组件搬运。将刚轮组件搬运到 RFID 模块感应区域内，通过 HMI 输入待写入数据“11”，然后将刚轮组件放置到水平位置的伺服变位机上，气缸推出夹紧刚轮组件，如图 F-19 所示。

3）柔轮组件旋转供料。A 平台机器人将柔轮组件搬运到旋转供料模块后，B 平台上的旋转供料模块旋转 180°开始供料，将柔轮组件输送到机器人抓取位，如图 F-20 所示。

4）装配　B 平台机器人更换平口夹爪工具，抓取柔轮组件到伺服变位机上的刚轮组件中进行装配，如图 F-21 所示。

图 F-19　刚轮组件放置位置

5）成品入库　变位机装夹气缸打开，工业机器人更换弧口夹爪工具，将装配成品搬运到 RFID 模块感应区域内，读取 RFID 芯片内的数据并在 HMI 上显示出来，最后将装配成品放置到立体仓储模块的 1-1 库位，如图 F-22 所示。

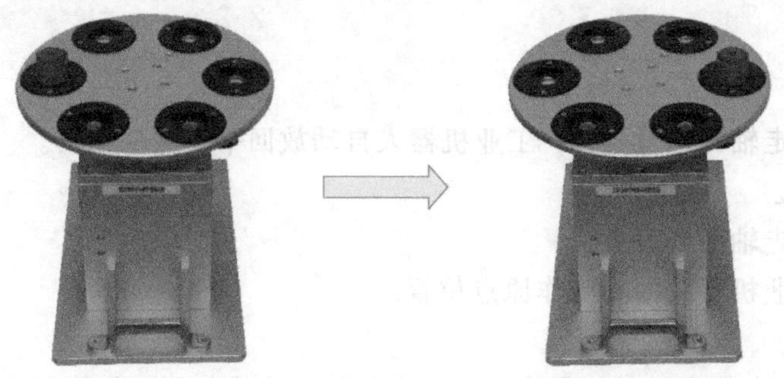

图 F-20　柔轮组件旋转供料

图 F-21　谐波减速器装配位置

图 F-22　成品入库

（3）设备复位

1）工业机器人放回末端工具。

2）工业机器人、旋转变位机模块、伺服变位机模块和行走轴模块回到原点位置。

考核要求：

1）评分环节要求考生将机器人切换至自动运行模式，此后禁止考生操作示教器。

2）按下 B 平台触摸屏上的“装配启动”按钮后，A 平台机器人与 B 平台机器人同时开始工作。

3）考核过程中遇到意外情况时，及时按下急停按钮。

三、工业机器人二次开发任务书

工业机器人应用领域一体化教学创新平台 C 型由平台 A 和平台 B 组合而成，安装有两台博诺 BN-R3 型工业机器人以及快换工具模块、旋转供料模块、伺服变位机模块、立体仓储模块、井式供料模块、带传送模块、RFID 模块、视觉检测模块等，平台上各模块参考布局如图 F-23 所示。

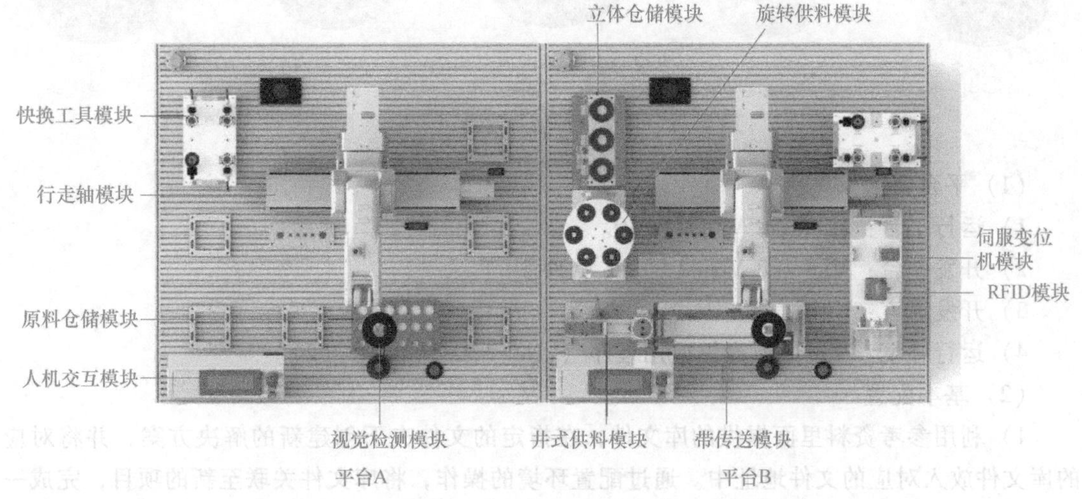

图 F-23　工业机器人应用领域一体化教学创新平台 C 型

要求利用 Microsoft Visual Studio 软件开发窗体应用程序，以实现对工业机器人关节和位姿的数据采集。

关节坐标系下工业机器人工作原点位置为（0°，0°，0°，0°，-90°，0°）。

工业机器人所用末端工具如图 F-24 所示，其中平口夹爪工具用来取放柔轮、波发生器、轴套及其装配体；弧口夹爪工具用来取放刚轮组件及谐波减速器装配体，吸盘工具用于取放输出法兰和中间法兰。

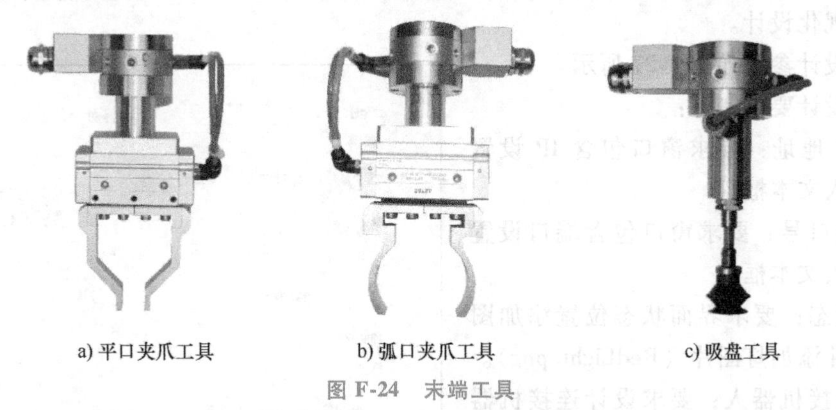

a) 平口夹爪工具　　b) 弧口夹爪工具　　c) 吸盘工具

图 F-24　末端工具

A 平台待装配零件及装配关系如图 F-25，B 平台待装配零件及装配关系如图 F-26 所示。

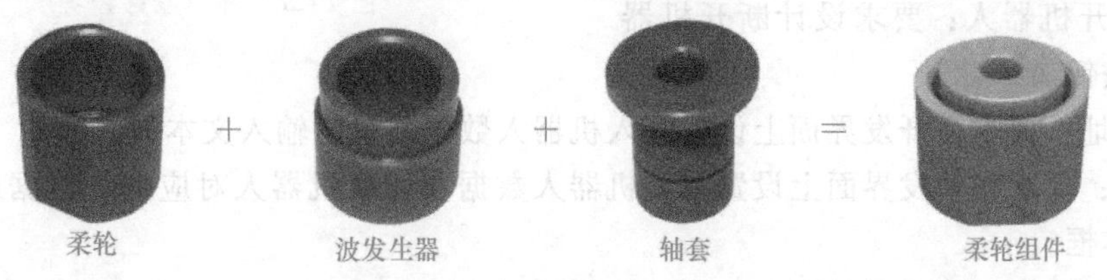

图 F-25　A 平台待装配零件及装配关系

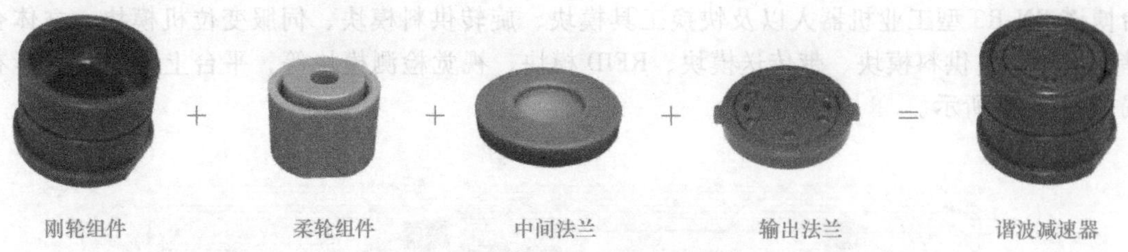

图 F-26 B 平台待装配零件及装配关系

（1）平台要求

1）运行平台：Microsoft Windows 10。

2）开发平台：Microsoft Visual Studio 软件。

3）开发语言：C#语言。

4）运行环境：Windows 窗体应用程序（. Net Framework 4. 7. 2）。

（2）基本配置

1）利用参考资料里面提供的库文件，在指定的文件夹下创建新的解决方案，并将对应的库文件放入对应的文件地址中。通过配置环境的操作，将库文件关联至新的项目，完成一个新解决方案的环境配置。

2）解决方案名称：命名规则为“1+X+A 或 B+工位号”，A 为上午场、B 为下午场，示例：1+X-A-01。

（3）任务描述　现需要使用 Microsoft Visual Studio 软件开发窗体应用程序，在窗体应用程序中预留接口，与机器人控制器通信，实现对机器人控制器数据的读取、写入功能。

1. 任务一　界面设计

现依据已经搭建的解决方案的环境，将工业机器人的寄存器、机器人连接和机器人状态等进行可视化设计。

界面设计参考如图 F-27 所示。

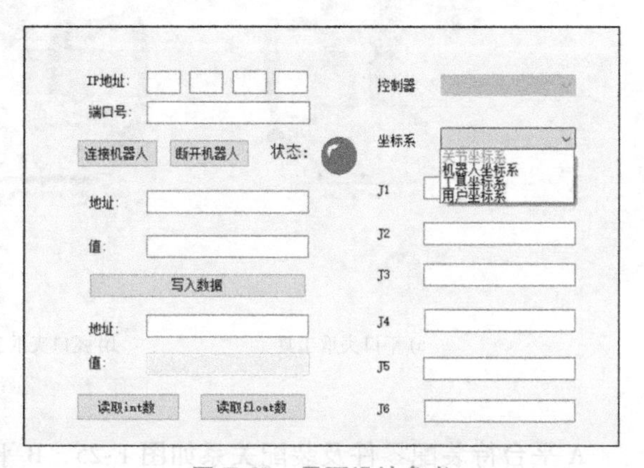

图 F-27　界面设计参考

界面设计要求如下：

1）IP 地址：要求窗口包含 IP 设置功能的输入文本框。

2）端口号：要求窗口包含端口设置功能的输入文本框。

3）状态：要求界面状态位置添加图片控件，并添加灯图片（RedLight. png）。

4）连接机器人：要求设计连接机器人的功能按钮。

5）断开机器人：要求设计断开机器人的功能按钮。

6）地址：要求在开发界面上设置写入机器人数据地址的输入文本框。

7）值：要求在开发界面上设置写入机器人数据和读取机器人对应地址数据后显示读取内容的文本框。

8）写入数据：要求设计写入数据的功能按钮。

9）读取数据：要求设计读不同类型数据的按钮，数据类型包括 int 型和 float 型。

10）坐标系选择：要求在开发界面上设置选择下拉框：关节坐标系、机器人坐标系、工具坐标系和用户坐标系。

11）控制器选择：要求在开发界面上设置选择下拉框：博诺和库卡。

12）关节 1~6：要求在开发界面读取机器人当前位姿数据（J1、J2、J3、J4、J5、J6），并显示在所对应的界面中。

2. 任务二　机器人数据读写功能的实现及验证

按照如下顺序操作机器人及上位机应用程序，调试功能：

1）在界面（图 F-27）上输入机器人的 IP 地址和端口号，控制器选择为“博诺”。

2）单击“连接机器人”按钮，与机器人建立连接，机器人坐标位姿数据框（关节 1~6）显示机器人当前关节坐标位姿，并且状态变为绿灯（GreenLight. png）。

3）控制示教器操作机器人，将机器人移动到任意安全位姿，观察界面发现关节 1~6 的数据值随着机器人的移动实时变化。

4）单击“断开机器人”按钮，断开与机器人的连接，此时移动机器人，机器人坐标位姿数据框（关节 1~6）中的数据无变化，并且状态变为红灯（RedLight. png）。

5）在界面上写入“地址”文本框中输入位置值（由考评员指定 40307~40605 之间的数字，40307~40406 为 int 型，40407~40605 为 float 型），在“值”文本框中输入数值（由考评员指定 1~9 之间的任意数字，如果输入的地址为 40307~40406，则值要输入整数；如果输入的地址为 40407~40606，则值要输入小数），如图 F-28 所示。

6）单击“写入数据”按钮，将界面中输入的数值发送到指定的机器人数据位置。

7）在界面上读取“地址”文本框中输入位置值（由考评员指定 40307~40605 之间的数字），单击“读取 int 数”或“读取 float 数”按钮（如果位置值为 40307~40406 之间的数字，则考生单击“读取 int 数”按钮；如果位置值为 40407~40605 之间的数字，则考生单击“读取 float 数”按钮），在“值”文本框中会显示当前机器人此时位置处的数值，如图 F-29 所示。

图 F-28　写入数据　　图 F-29　读取数据

8）单击坐标系下拉框选择除了第一条的任何一条数据后，J1~J6 变为 X、Y、Z、A、B、C，再选择第一条数据时再由 X、Y、Z、A、B、C 变为 J1~J6，并且显示机器人的数据。

9）通过步骤 6）中发送到机器人中的数据，在机器人中建立程序。在进行考评打分时，单击“写入数据”按钮机器人接收到发送过来的数据后，旋转供料模块旋转。

参考文献

[1] 邓三鹏，许怡赦，吕世霞．工业机器人技术应用［M］．北京：机械工业出版社，2020.
[2] 邓三鹏，岳刚，权利红，等．移动机器人技术应用［M］．北京：机械工业出版社，2018.
[3] 邓三鹏，周旺发，祁宇明．ABB 工业机器人编程与操作［M］．北京：机械工业出版社，2018.
[4] 祁宇明，孙宏昌，邓三鹏．工业机器人编程与操作［M］．北京：机械工业出版社，2019.
[5] 孙宏昌，邓三鹏，祁宇明．机器人技术与应用［M］．北京：机械工业出版社，2017.
[6] 蔡自兴，谢斌．机器人学［M］．3 版．北京：清华大学出版社，2015.